机电产品设计与采购系列手册

计算机电缆设计与采购手册

《计算机电缆设计与采购手册》编委会　组编

物资云　中缆在线　主编

机械工业出版社

本手册较系统地介绍了计算机电缆产品的设计、生产、选型、价格、采购、敷设和运维等。全书采用图表、文字相结合的形式，信息量大，实用性强。

本手册共 5 篇，内容包括电缆电性能参数；电缆的结构设计及生产制造；电缆的选型；电缆的敷设、竣工验收和运行维护；电缆价格核算及影响因素分析；优质电缆制造企业考核标准；电缆常见问题解析等。

本手册可供计算机电缆产品生产、科研、设计、采购和使用部门的工程技术人员使用，也可以作为高等院校相关专业师生的参考资料。

图书在版编目（CIP）数据

计算机电缆设计与采购手册 /《计算机电缆设计与采购手册》编委会组编；物资云，中缆在线主编. —北京：机械工业出版社，2018.1
ISBN 978-7-111-58936-5

Ⅰ. ①计…　Ⅱ. ①计…　②物…　③中…　Ⅲ. ①电子计算机—电缆—技术手册　Ⅳ. ①TP303-62

中国版本图书馆 CIP 数据核字（2018）第 008151 号

机械工业出版社（北京市百万庄大街 22 号　邮政编码　100037）
责任编辑：朱　历
责任校对：张万英　封面设计：付海明
北京联兴盛业印刷股份有限公司印刷
2018 年 1 月第 1 版第 1 次印刷
169mm×239mm・21.75 印张・438 千字
标准书号：ISBN 978-7-111-58936-5
定价：98.00 元

《计算机电缆设计与采购手册》编委会

主 任 委 员：（排名不分先后）

柏广森　　徐　静　　张佳勇　　刘　冰

副主任委员：（排名不分先后）

许启发　　盛金伟　　张存丘

编　　　委：（排名不分先后）

张艳敏　李立辉　丁红梅　张慎学　陆正荣　胥　云

史冬云　何　键　吴永志　李　根　柏建华　陈金柱

荔建荣　董文锋　洪生华　陈玉超

序言一

伴随着计算机技术和信息化技术的发展，特别是这些技术在工业等领域的全面应用，计算机电缆产业得到快速发展，虽存争议，但由于其损耗小、信号传输能力强和抗干扰性能好等优点，满足了通信工程和自动化控制对高精度的要求，因而广泛应用于计算机网络及自动化检测控制系统中，现已经形成种类齐全、具有相当生产规模和自主研发能力的计算机电缆产业体系。

尽管计算机电缆产业体系和生产工艺日渐成熟，应用领域也日趋广泛，但其尚未有正式的国家标准和行业标准发布，应用者还是主要依据经验、产品样本或制造者的推荐进行选用。总体来说，关于计算机电缆应用的书稿不少，但如《计算机电缆设计与采购手册》（简称《手册》）这样从基本概念、设计选型，到敷设验收、运行维护，再到市场价格分析这样全方位面向制造者和应用者的书很少；既有理论，又有应用经验总结的书籍更是十分难得。《手册》虽然来得晚了一些，但由于其丰富的内涵，仍不失为行业的"美味"，无论对制造者的设计与生产，还是对应用者的采购与使用，都具有极高的"营养"价值。

我相信，在国家大力倡导"促进电线电缆产品质量提升"的大背景下，《计算机电缆设计与采购手册》的出版，不仅为制造者和应用者提供了最直接、准确的数据，而且可以通过应用者的正确选择，倒逼制造者更关注产品质量，消除恶性竞争等违法违规现象，营造更好的市场环境，促进电线电缆行业健康发展。

作为北京佰策邦信息科技有限公司旗下的专业级电线电缆产品信息平台，中缆在线独创的"电线电缆通用产品库"和"电线电缆网络红本价"系统，在改善国内电线电缆标识混乱，指导买卖双方交易，促进产品质量提升，推进行业有序发展等方面发挥着重要作用。这次，中缆在线又承担了主编《计算机电缆设计与采购手册》的工作，实在值得庆贺。通观《手册》，虽不能称完美，但用心之深，也令我感动，真心希望各位读者能为他们提出宝贵的建议，也期望中缆在线为行业做更多的贡献。

中国仪器仪表学会　刘冰

2017 年 9 月　大连

序言二

随着大数据时代的到来，信息交互量越来越大，作为电子计算机系统、监控回路、自动化控制系统的信号传输及检测仪器、仪表连接用连接线，计算机电缆有着巨大的应用市场。

随着测控系统中计算机作用越来越重要，"控制和仪表电缆""数据传输控制和仪表电缆""计算机用控制电缆"逐渐向"计算机电缆"演变。这些电缆无论是从产品结构还是从工艺水平上看，都已经成为相对成熟的线缆产品，但是，先前的这些电缆就缺少权威标准，对于计算机电缆，目前既没有国家标准，也没有行业标准。虽然计算机电缆有关设计和使用可以依据电缆理论，但是目前亦无比较全面、实用的书籍方便使用。

《计算机电缆设计与采购手册》一书是迄今为止比较全面的计算机电缆工具书，《手册》不仅对设计院和制造企业关注的产品标准、性能参数与设计选型等进行了有针对性、有重点的阐述，同时对敷设安装、运行维护的相关知识进行了系统的介绍。此外，《手册》利用大量篇幅对长期困扰用户的采购规范、价格和品牌进行了详细说明，并通过国家电线电缆质量监督检验中心（江苏）出具的检验报告，对工作电容、电感电阻比以及屏蔽抑制系数的影响因素进行了分析。

《手册》的主编单位中缆在线作为电线电缆行业专业的技术与价格咨询服务机构，电线电缆到货验收和质量监管服务专家，专注电线电缆行业，依托互联网技术，充分利用和发掘电线电缆技术、价格和品牌竞争力等大数据，十一年如一日，致力于重塑行业质量生态与营商生态，释放质量诚信红利，从根本上解决行业质量问题，提升行业核心竞争力。

《手册》的出版是中缆在线在理想的道路上迈出的坚实一步，不仅对计算机电缆的标准建立等方面起到积极的推进作用；还将为用户提供价格、品牌以及质量考评的依据，助力用户采购"性价比高"的品牌产品，使我国计算机电缆产品质量迈上一个新的台阶。

哈尔滨理工大学　赵洪

2017 年 9 月　哈尔滨

前　言

20 世纪 60 年代，大型工程建设和自动化控制系统都采用传统的 PVC 绝缘控制电缆和信号电缆，当时的主要功能是连接继电器、断路器、指针式仪表和信号灯等。随着自动控制、计算机网络、遥测与遥控技术的不断发展，此类电缆被广泛地应用于发电、冶金、矿山、石油化工、交通和科技国防等领域，作为计算机控制系统（如 DCS 系统）、自动化控制系统的检测装置和仪器仪表连接用电缆。因此类电缆和计算机控制系统的密切联系，电缆的名称由"控制和仪表电缆""数据传输控制和仪表电缆"和"计算机用控制电缆"逐渐向"计算机电缆"演变。

虽然计算机电缆已广泛应用于市场，却缺失权威标准，企业各自为政，产品的标识、结构尺寸、性能参数和验收标准等都不统一：一方面导致设计院和用户在设计和采购产品时没有标准可依；另一方面造成市场上计算机电缆质量良莠不齐，假冒伪劣产品大行其道。导致低质低价的恶性竞争，不仅产品质量无法保证，还严重损害了用户的利益，同时也严重影响了计算机电缆行业健康快速发展。

应广大终端用户要求并基于行业责任，中缆在线联合中国仪器仪表学会及多家知名计算机电缆制造企业，查阅大量专业资料，结合多年积累的技术和经验，编撰了《计算机电缆设计与采购手册》，旨在全面解析计算机电缆的技术、价格与品牌竞争力，去伪存真，厘清乱象，促进行业健康有序发展。

本手册由中缆在线张艳敏主编，对全书进行统稿，第 1 篇由李立辉、丁红梅、张慎学、陆正荣和陈玉超编写，第 2 篇由胥云、史冬云、李根和柏建华编写，第 3 篇由何键、吴永志和陈金柱编写，第 4 篇及第 5 篇由荔建荣、董文锋和洪生华编写。值此成书之际，向他们表示衷心的感谢！

由于编者水平有限，《手册》中难免有疏漏与错误，恳请广大读者批评指正！

编　者

2017 年 9 月

目　　录

第1篇 设计选型篇

第1章 计算机电缆综述

1.1 计算机电缆制造及应用相关标准

1.1.1 计算机电缆制造标准

国内最新的计算机电缆标准（规范）为国家电线电缆质量监督检验中心于2009年发布实施的技术规范 TICW 6—2009《计算机及仪表电缆》，该技术规范编制主要参照英国标准 BS 5308:1986《仪表电缆》。

在国家电线电缆质量监督检验中心尚未发布《计算机及仪表电缆》规范之前，计算机电缆的生产制造、企业标准的制定以及招投标等，都参照 BS 5308:1986。BS 5308:1986 自 2005 年 12 月 21 日起作废，取而代之的是 BS EN 50288-7:2005《模拟和数字通信及控制中使用的多元件金属电缆 第 7 部分：仪器和控制电缆的分规范》。2009 年 7 月 31 日，由英国电缆协会（British Cables Association，BCA）发起、英国标准学会（Britain Standard Institute，BSI）制定的公共规范 PAS 5308:2009《控制及仪表电缆》发布实施。此公共规范作为英国标准 BS EN 50288-7:2005 的补充规范。2017 年 5 月，我国计算机及仪表电缆的行业标准（中华人民共和国机械行业标准），亦开始起草编制。

为了方便比较各标准在内容和要求上的差异和共同点，表 1-1-1 列出了以上四个标准的详情以供查阅。

表 1-1-1　计算机电缆标准对比表

	项目	BS 5308-1,2:1986	BS EN 50288-7:2005	PAS 5308-1,2:2009	TICW 6—2009
导体	种类	见表 1-1-2	第 1 种，第 2 种，第 5 种	见表 1-1-2	第 1 种，第 2 种，第 5 种
	标称截面	见表 1-1-2	截面积 0.5 mm², 0.75 mm²,1.0 mm², 1.5 mm²,2.5 mm²	见表 1-1-2	截面积 0.5 mm², 0.75 mm²,1.0 mm², 1.5 mm²,2.5 mm²
绝缘	材料	PE,PVC	PVC,PP,PE,WJ1,XLPE	PE,XLPE,PVC	PVC,PE,WJ1,XLPE,G,F
	厚度	见表 1-1-2	见表 1-1-2	见表 1-1-2	见表 1-1-2

（续）

项目		BS 5308-1,2:1986	BS EN 50288-7:2005	PAS 5308-1,2:2009	TICW 6—2009
成缆元件	节距	不超过 100 mm	截面积 1.5 mm² 及以下，不超过 100 mm 截面积 2.5 mm²，不超过 150 mm	不超过 100 mm	截面积 1.5 mm² 及以下不超过 100 mm，截面积 2.5 mm² 及耐火型电缆不超过 120 mm，星绞节距不大于 150 mm
	标识	无分屏蔽成缆元件采用颜色标识；有分屏蔽成缆元件采用颜色标识或带号聚酯区分	若无特殊规定，成缆元件采用线芯印字或带号包带区分，编码需符合 IEC 60189-2 或 EN 60708 的规定	无分屏蔽成缆元件采用颜色标识或者印字标识；有分屏蔽成缆元件采用颜色标识或带号聚酯区分	成缆元件区分采用色带或数字或色谱识别。如采用色谱识别，对绞线组优先采用蓝/白，红/白，绿/白，红/蓝，蓝/白为标志对
分屏蔽	形式	铝/塑复合带	复合带绕包 金属丝编织 复合屏蔽（复合带+编织）	铝/塑复合带	金属带绕包或纵包 金属丝编织
	编织密度	—	≥84%	—	≥80%
	编织单丝直径	—	见表 1-1-3	—	≥0.12
	复合屏蔽	—	编织密度≥51%	—	—
	带屏蔽	重叠率≥25% 引流线≥0.5 mm²	重叠率≥20% 带有引流线	重叠率≥25% 引流线≥0.5 mm²	厚度 0.05～0.10 mm 绕包重叠率≥25% 纵包重叠率≥15% 引流线≥0.2 mm²
	包带注	1×0.05×50%或 2×0.05×25%	非吸湿性材料	1 层 50%重叠率或 2 层 25%重叠率	1×0.05×50%或 2×0.05×25%
成缆	绕包带材	无总屏： 1×0.023×25%； 总屏： 1×0.023×50%或 2×0.023×25%	非吸湿性材料	无总屏： 1×0.023×25%； 总屏： 1×0.023×50%或 2×0.023×25%	1×0.05×50%或 2×0.05×25%
	填充	非吸湿性材料	非吸湿性材料	非吸湿性材料	—
总屏蔽	形式	铝/塑复合带	金属丝编织 复合带绕包 复合屏蔽（复合带+编织）	铝/塑复合带	铜丝编织 复合带绕包或纵包 复合屏蔽（复合带+编织）
	编织密度	—	≥84%	—	≥80%
	编织单丝直径	—	见表 1-1-3	—	见表 1-1-3
	复合屏蔽	—	编织密度≥51%	—	编织密度≥80%
	带材屏蔽	重叠率≥25% 引流线≥0.5 mm²	重叠率≥20% 带有引流线	重叠率≥25% 引流线≥0.5 mm²	厚度 0.05～0.10 mm 重叠率≥15% 引流线≥0.5 mm²
	绕包带		绕包带		1 层 0.05 mm 厚的带材

（续）

项目		BS 5308-1,2:1986	BS EN 50288-7:2005	PAS 5308-1,2:2009	TICW 6—2009
内衬层	材料	PE 绝缘：PE PVC 绝缘：PVC	PVC,PE,WH1	PE 绝缘：PE PVC 绝缘：PVC	符合 GB/T 2952—2008 的要求
	厚度	见表 1-1-4	$S=0.04d+0.7$（最小厚度 0.8 mm，无金属保护套） d 为缆芯假设直径（mm）	见表 1-1-4	$S=0.02d+0.6$（最小厚度 1.2 mm） d 为缆芯假设直径（mm）
铠装	形式	钢丝	钢丝 金属带 金属丝编织	钢丝	钢丝 钢带
	钢丝直径	见表 1-1-5	见表 1-1-5	见表 1-1-5	见表 1-1-5
	钢带厚度	—	见表 1-1-6	—	见表 1-1-6
	编织铠装单丝直径	—	$d_前$≤20 mm 0.3 mm $d_前$>20 mm 0.4 mm	—	—
	编织铠装密度	—	≥82%	—	—
外护套	材料	PVC	PVC,PE,WH1	PVC	PVC,PE,WH1,G,F
	厚度	见表 1-1-7	见表 1-1-7	见表 1-1-7	见表 1-1-7
成品电缆性能	导体电阻	见表 1-1-8	见表 1-1-8	见表 1-1-8	见表 1-1-8
	火花电压	4 kV，无击穿	—	4 kV，无击穿	4 kV，无击穿
	介电强度	持续时间 1 min，频率为 40～62 Hz，电压为 1 000 V	持续时间 1 min，U=90 V： ≥0.75 kVac 或 ≥1.5 kVdc；U=300 V： ≥1.0 kVac 或 ≥2.0 kVdc；U=500 V： ≥2.0 kVac 或 ≥3.0 kVdc	持续时间 1 min，频率为 40～62 Hz，电压为 2 000 V	持续时间 1 min，无铠装和无屏蔽，工频 1 500 V；有铠装或有屏蔽，工频 1 000 V
	绝缘电阻/MΩ·km	导体与导体/屏蔽/铠装： PE≥5 000 PVC≥25 单独屏蔽对电缆： 屏蔽与屏蔽≥1	PE、PP 和 XLPE≥1 000 PVC、WJ1≥10	导体与导体/屏蔽/铠装： PE≥5 000 PVC≥25 单独屏蔽对电缆： 屏蔽与屏蔽≥1	导体与导体/屏蔽/铠装： PE、XLPE 和 F≥3 000； G、PVC 和 WJ1≥25； 单独屏蔽对电缆： 屏蔽与屏蔽≥1
	工作电容/(nF/km)	见表 1-1-9	聚烯烃<150；其他<250	见表 1-1-9	见表 1-1-9
	电容不平衡	PE 绝缘： 250 pF/250 m	聚烯烃绝缘： 500 pF/500 m	PE 绝缘： 250 pF/250 m	屏蔽电缆线对地的最大值为 500 pF/250 m
	电感电阻比(L/R)	1.0 mm² 及以下 ≤25 μH/Ω； 1.5 mm²≤40 μH/Ω	1.0 mm² 及以下 <25 μH/Ω； 1.5 mm²<40 μH/Ω； 2.5 mm²<60 μH/Ω	1.0 mm² 及以下 ≤25 μH/Ω； 1.5 mm²≤40 μH/Ω 2.5 mm²≤60 μH/Ω	1.0 mm² 及以下 ≤25 μH/Ω 1.5 mm²≤40 μH/Ω 2.5 mm²≤65 μH/Ω

注：1. 包带的表示方式全部采用层数×(最小)厚度×最小重叠率，下同。

　　2. PVC—聚氯乙烯；PE—聚乙烯；PP—聚丙烯；WJ1—无卤低烟阻燃聚烯烃绝缘；XLPE—交联聚乙烯；F—氟塑料；G—硅橡胶；WH1—无卤低烟阻燃聚烯烃护套。下同。

表 1-1-2　计算机电缆绝缘厚度

导体标称截面积/mm²	BS 5308:1986 和 PAS 5308:2009①					BS EN 50288-7:2005			TICW 6—2009				
	导体种类	绝缘厚度/mm				绝缘最小厚度/mm			绝缘标称厚度/mm				
		PE,XLPE②		PVC		90 V	300 V	500 V	PVC WJ1	G	PE	XLPE	F
		标称	最小	标称	最小								
0.5	1	0.50	0.45	—	—	0.20	0.26	0.44	0.6	0.7	0.5	0.4	0.35
	5	0.60	0.50	0.60	0.50								
0.75	5	—	—	0.60	0.50	0.20	0.26	0.44	0.6	0.7	0.6	0.5	0.35
1.0	1	0.60	0.50	—	—	0.26	0.26	0.44	0.6	0.7	0.6	0.5	0.40
1.5	2	0.60	0.50	0.60	0.50	0.30	0.35	0.44	0.7	0.8	0.6	0.6	0.40
2.5	2	0.60	0.50	0.60	0.50			0.53	0.7	0.8	0.7	0.6	0.40

① 导体标称截面积 2.5 mm² 不适用于标准 BS 5308:1986。

② XLPE 绝缘仅适用于 PAS 5308:2009。

表 1-1-3　计算机电缆编织金属丝直径　　　　（单位：mm）

标准号	编织前假定直径		单丝标称直径	标准号	编织前假定直径		单丝标称直径
	大于	小于或等于			大于	小于或等于	
BS EN 50288-7:2005	—	3	0.10	TICW 6—2009	—	10	0.15
	3	6	0.15		10	20	0.20
	6	15	0.20		20	30	0.25
	15	25	0.30		30	—	0.30
	25	—	0.40				

表 1-1-4　计算机电缆内衬层厚度　　　　（单位：mm）

标准号	铠装前假定直径		标称厚度
	大于	小于或等于	
BS 5308:1986 PAS 5308:2009	0	5	0.8
	5	10	1.1
	10	15	1.2
	15	25	1.3
	25	30	1.5
	30	—	1.7

表 1-1-5　计算机电缆铠装钢丝直径　　　（单位：mm）

标准号	铠装前假定直径 d	钢丝直径	标准号	铠装前假定直径 d	钢丝直径
PAS 5308.1:2009	$d \leq 10$	0.90	TICW 6—2009	$d \leq 10$	0.80～1.60
	$10 < d \leq 15$	1.25		$15 < d \leq 25$	1.60～2.00
	$15 < d \leq 25$	1.60		$25 < d \leq 35$	2.00～2.50
	$25 < d \leq 30$	2.00		$35 < d \leq 60$	2.50～3.15
	$30 < d$	2.50		$60 < d$	3.15
BS EN 50288-7:2005	$d \leq 15$	0.90±0.035	BS 5308:1986	$d \leq 10$	0.90
	$15 < d \leq 25$	1.25±0.040		$10 < d \leq 15$	1.25
	$25 < d \leq 35$	1.60±0.045		$15 < d \leq 25$	1.60
	$35 < d \leq 45$	2.00±0.050		$25 < d \leq 30$	2.00
	$45 < d \leq 60$	2.50±0.060		$30 < d$	2.50
	$60 < d$	3.15±0.070		—	—

表 1-1-6　计算机电缆铠装钢带厚度　　　（单位：mm）

标准号	铠装前假定直径 大于	铠装前假定直径 小于或等于	厚度	标准号	铠装前假定直径 大于	铠装前假定直径 小于或等于	厚度
TICW 6—2009	0	15	0.2	BS EN 50288-7:2005	—	30	0.2
	15.1	25	0.2				
	25.1	35	0.5		30	70	0.5
	35.1	50	0.5				
	50.1	70	0.5		70	—	0.8
	70	—	0.8				

表 1-1-7　计算机电缆外护套厚度　　　（单位：mm）

标准	挤护套前假定直径 大于	挤护套前假定直径 小于或等于	标称厚度	标准	标称厚度
BS 5308:1986 PAS 5308:2009	—	10	1.3	BS EN 50288-7:2005	有金属护套：$0.028d+1.1$（最小厚度 1.3 mm）无金属护套：$0.04d+0.7$（最小厚度 0.8 mm）d 为挤护套前假定直径
	10	15	1.4		
	15	20	1.6		
	20	25	1.7	TICW 6—2009	氟塑料护套：$0.025d+0.4$（最小 0.6 mm）硅橡胶护套：$0.035d+1.0$（最小 1.4 mm）其他材料护套：$0.025d+0.9$（最小 1.0 mm）d 为挤护套前假定直径
	25	30	1.8		
	30	—	1.9		

表 1-1-8　计算机电缆 20 ℃导体直流电阻

导体标称截面积 /mm²	导体种类	BS 5308:1986 PAS 5308:2009① / (Ω/km)	BS EN 50288-7:2005 / (Ω/km)		TICW 6—2009 / (Ω/km)	
			不镀金属	镀金属	不镀金属	镀锡金属
0.5	1	36.8	36.0	36.7	36.0	36.7
0.5	2	—	36.0	36.7	36.0	36.7
0.5	5	39.7	39.0	40.1	39.0	40.1
0.75	1		24.5	24.8	24.5	24.8
0.75	2	—	24.5	24.8	24.5	24.8
0.75	5	26.5	26.0	26.7	26.0	26.7
1.0	1	18.4	18.1	18.2	18.1	18.2
1.0	2		18.1	18.2	18.1	18.2
1.0	5	—	19.5	20.0	19.5	20.0
1.5	1		12.1	12.2	12.1	12.2
1.5	2	12.3	12.1	12.2	12.1	12.2
1.5	5		13.3	13.7	13.3	13.7
2.5	1	—	7.41	7.56	7.41	7.56
2.5	2	7.6	7.41	7.56	7.41	7.56
2.5	5	—	7.98	8.21	7.98	8.21

① 导体标称截面积 2.5 mm² 不适用于标准 BS 5308:1986。

表 1-1-9　工作电容

标准	BS 5308:1986				PAS 5308:2009					TICW 6—2009				
绝缘材料	PE			PVC	PE,XLPE				PVC	PE,XLPE			G	PVC,F,WJ1
标称截面积 /mm²　　　　　电缆类型	0.5	1.0	1.5	0.5~1.5	0.5	1.0	1.5	2.5	0.5~2.5	0.5~1.0	1.5	2.5	0.5~2.5	0.5~2.5
0	75	75	85	250	75	75	85	105	250	75	85	90	120	250
1	75	75	85	250	75	75	85	105	250	75	85	90	120	250
2	115	115	115	250	115	115	120	140	250	115	125	130	140	280

注：1. 0 代表无屏蔽电缆。

2. 1 代表仅有总屏蔽电缆（1 成缆元件及 2 成缆元件除外）。

3. 2 代表有总屏蔽的 1 成缆元件和 2 成缆元件的电缆以及所有带分屏蔽对的电缆。

通过总结以上表格所列内容，可以对比得出以下结论。

1. BS 5308:1986 与 PAS 5308:2009 比较

从整体布局和内容上看，这两个标准非常相似，但是也有以下不同：

1）在 PAS 5308:2009 中，电缆增加了一个规格（2.5 mm²），绝缘材料增加了交联聚乙烯（XLPE）。

2）对于电缆介电强度测试，PAS 5308:2009 将 BS 5308:1986 中所规定电缆经受的电压从 1 000 V 提高至 2 000 V，提高了试验要求。另外，对于 PAS 5308:2009 中规定 PVC 绝缘电缆的导体与导体/屏蔽/铠装绝缘电阻不小于 5 000 MΩ·km，与 PAS 5308:2009 中规定 PE 绝缘电缆的绝缘电阻值一致，该数值有待于进一步考证。

2. PAS 5308:2009 与 BS EN 50288:2005 比较

PAS 5308:2009 中明确说明该标准是基于 BS 5308:1986 编制的，而 BS EN 50288:2005 代替了 BS 5308:1986，那么 PAS 5308:2009 与 BS EN 50288:2005 相比存在哪些差异呢？

1）电压等级。PAS 5308:2009 只有一个电压等级，而 BS EN 50288:2005 有三个电压等级，且综合来看，前者的电压等级高于后者。

2）结构数据参数。PAS 5308:2009 给出了详细的结构数据表，与 BS 5308:1986 相类似，而 BS EN 50288:2005 给出了相应结构数据的计算公式。

3）绝缘材料和屏蔽方式。PAS 5308:2009 涉及三种绝缘材料（聚乙烯、交联聚乙烯和聚氯乙烯），屏蔽形式只采用铝/塑复合带，屏蔽结构有总屏、分屏+总屏两种形式，铠装只有钢丝铠装一种结构；而 BS EN 50288:2005 规定了五种绝缘材料（聚氯乙烯、聚丙烯、聚乙烯、无卤低烟阻燃聚烯烃和交联聚乙烯），屏蔽形式涉及了复合带绕包、金属丝编织和复合屏蔽（复合带+编织）三种，屏蔽有分屏、总屏及分屏+总屏三种结构，铠装包括钢丝铠装、金属带铠装和金属丝编织铠装三种结构。BS EN 50288:2005 丰富的绝缘材料、屏蔽形式和铠装形式使其更能满足客户的实际应用。

4）绝缘电阻和工作电容。PAS 5308:2009 对绝缘电阻及工作电容的要求总体上要比 BS EN 50288:2005 更为严格。

3. TICW 6—2009 与 PAS 5308:2009 和 BS EN 50288:2005 比较

TICW 6—2009 综合了 PAS 5308:2009 和 BS EN 50288:2005 的相关内容，如分屏绕包带材方面与 PAS 5308:2009 相同；结构数据方面，采用公式而非采用具体的结构数据表的方式与 BS EN 50288:2005 相同；TICW 6—2009 的绝缘材料更加丰富，增加了氟塑料和硅橡胶；绝缘电阻值和工作电容值从整体上看，介于 BS EN 50288:2005 和 PAS 5308:2009 之间。另外，铠装电缆的内衬层材料国内与国外标准也存在差异，国内铠装部分参照 GB/T 2952—2008《电缆外护层》，在此标准中规定了铠装材料和外护套材料，而并未规定内护套的材料，一般内衬层材质会在型号中体现；而国外的标准一般内衬层材料与绝缘材料相一致，如 PAS 5308:2009 中，聚乙烯绝缘电缆的内衬层材料为聚乙烯，聚氯乙烯绝缘电缆的内衬层材料为聚氯乙烯；另外，BS EN 50288-7:2005 中明确规定内衬层材料为聚氯乙烯、聚乙烯或无卤低烟阻燃聚烯烃，若绝缘采用无卤低烟材料，内衬层也应采用无卤低烟材料。

1.1.2 计算机电缆试验标准

计算机电缆试验项目及标准见表 1-1-10。

表 1-1-10 计算机电缆试验项目及标准

序号	项 目 名 称	试验类型	试 验 标 准
1	结构尺寸		
1.1	导体	T，S	GB/T 4909.2—2009
1.2	绝缘厚度	T，S	GB/T 2951.11—2008
1.3	护套厚度	T，S	GB/T 2951.11—2008
1.4	屏蔽	T，S	正常目力和千分尺检查
1.5	单元绞合及成缆	T，S	正常目力和直尺检查
1.6	铠装	T，S	GB/T 2952.1—2008
1.7	电缆外径	T，S	GB/T 2951.11—2008
2	绝缘机械物理性能	T，S	GB/T 2951.11，12，13，14，21，31—2008 TICW 6—2009 附录 A
3	护套机械物理性能	T，S	GB/T 2951.11，12，13，14，21，31，32，41—2008 JB/T 10696.7—2007，TICW 6—2009 附录 A
4	电缆电性能		
4.1	导体电阻	T，S	GB/T 3048.4—2007
4.2	电压试验	T，R	GB/T 3048.8—2007
4.3	绝缘电阻	T，S	GB/T 3048.5—2007
4.4	工作电容	T，S	GB/T 5441—2016
4.5	电容不平衡	T	GB/T 5441—2016
4.6	屏蔽抑制系数	用户要求时	TICW 6—2009 附录 B
5	电缆燃烧性能		
5.1	不延燃	T	GB/T 18380.12—2008
5.2	阻燃性	T	GB/T 18380.33～36—2008
5.3	耐火性	T	GB/T 19216.21—2003
5.4	卤素气体释放量和透光率	T	GB/T 17650.2—1998，GB/T 17651—1998
6	标识		
7	交货长度	T，R	GB/T 6995—2008
		T，R	计米器

注：R 为例行试验，S 为抽样试验，T 为型式试验。

1.1.3 计算机电缆燃烧性能标准

具有燃烧性能的计算机电缆，除了符合技术规范 TICW 6—2009《计算机及仪表电缆》外，还需符合国家标准 GB/T 19666—2005《阻燃和耐火电线电缆通则》。计算机电缆的燃烧性能包括阻燃性能、耐火性能、无卤性能和低烟性能。

阻燃性能是指在规定试验条件下，电缆试样被燃烧，在撤去试验火源后，火焰的蔓延应在限定范围内，残焰或残灼在限定时间内能自行熄灭。通俗地讲，在火灾情况下，电缆有可能被烧坏而不能运行，但能够把燃烧限制在局部范围内，不产生蔓延，保护其他的设备，避免造成更大的损失。阻燃电缆不是不燃电缆，只是在一定的条件下能阻止继续燃烧；当突破条件的限制，阻燃就不再可能。依据不同敷设条件下电缆的阻燃性能要求，计算机电缆阻燃性能试验分为单根燃烧试验和成束燃烧试验。

耐火性能是指电缆在规定的火源和时间下燃烧时，能持续地在指定状态下运行的能力。耐火计算机电缆的主要功能只是在外护层、填充层以及绝缘层被火烧蚀后，依靠缠绕在铜导体上耐火层的保护而继续正常运行一段时间。在电气设计和使用中应注意，耐火计算机电缆不是不燃或难燃电缆。选用耐火计算机电缆时，要综合考虑使用场所的重要性和火灾造成的危害程度等因素。

无卤性能是指电缆使用的材料不含卤素，燃烧产物的腐蚀性较低。低烟性能是指电缆燃烧时产生的烟尘较少，透光率（能见度）较高。无卤性能和低烟性能通常同时具备，应用在人员较为密集的场合，在火灾发生时，产生的烟尘及腐蚀性产物较低，从而减少对人员的伤害。

1.2 计算机电缆种类和型号

1.2.1 计算机电缆的种类

计算机电缆有多种分类方法，可按导体标称截面积、绝缘材料、屏蔽形式与材料、铠装形式和材料和燃烧性能等进行分类，现在分述如下。

1．按导体标称截面积分类

计算机电缆的导体是按一定等级的标称截面积制造的，这样既便于生产，也便于施工。我国计算机电缆常用标称截面积为 $0.5 \, mm^2$、$0.75 \, mm^2$、$1.0 \, mm^2$、$1.5 \, mm^2$ 和 $2.5 \, mm^2$。

2．按绝缘材料分类

计算机电缆按照绝缘材料可分为聚氯乙烯绝缘计算机电缆、聚乙烯绝缘计算机电缆、交联聚乙烯绝缘计算机电缆、无卤低烟阻燃聚烯烃绝缘计算机电缆、氟塑料绝缘计算机电缆和硅橡胶绝缘计算机电缆等。

3．按屏蔽形式和材料分类

计算机电缆按照屏蔽形式分为分屏蔽计算机电缆、总屏蔽计算机电缆及分屏蔽加总屏蔽计算机电缆。

计算机电缆按照屏蔽材料可分为铜线或镀锡铜线编织屏蔽计算机电缆、铜带（铜/塑复合带）绕包屏蔽计算机电缆、铝/塑复合带绕包屏蔽计算机电缆、钢带（钢/

塑复合带）绕包屏蔽计算机电缆以及铝/塑复合带+铜丝编织复合屏蔽计算机电缆等。

4. 按铠装形式和材料分类

计算机电缆按照铠装形式和铠装材料可分非铠装计算机电缆、双层钢带铠装计算机电缆和钢丝铠装计算机电缆。

5. 按燃烧性能分类

计算机电缆按照燃烧性能可分为普通计算机电缆、阻燃计算机电缆和耐火计算机电缆三大类，其中阻燃计算机电缆又可分为含卤阻燃计算机电缆和无卤低烟阻燃计算机电缆两类。

1.2.2　计算机电缆型号及产品表示方法

1. 计算机电缆常用型号

计算机电缆常用型号（以聚乙烯绝缘为例）见表 1-1-11。

表 1-1-11　计算机电缆常用型号及名称

型　　号	名　　称
DJYPV	铜芯聚乙烯绝缘铜丝编织分屏蔽聚氯乙烯护套计算机电缆
DJYPVP	铜芯聚乙烯绝缘铜丝编织分屏蔽及总屏蔽聚氯乙烯护套计算机电缆
DJYVP	铜芯聚乙烯绝缘铜丝编织总屏蔽聚氯乙烯护套计算机电缆
DJYP2V	铜芯聚乙烯绝缘铜带分屏蔽聚氯乙烯护套计算机电缆
DJYP2VP2	铜芯聚乙烯绝缘铜带分屏蔽及总屏蔽聚氯乙烯护套计算机电缆
DJYVP2	铜芯聚乙烯绝缘铜带总屏蔽聚氯乙烯护套计算机电缆
DJYP3V	铜芯聚乙烯绝缘铝/塑复合带分屏蔽聚氯乙烯护套计算机电缆
DJYP3VP3	铜芯聚乙烯绝缘铝/塑复合带分屏蔽及总屏蔽聚氯乙烯护套计算机电缆
DJYVP3	铜芯聚乙烯绝缘铝/塑复合带总屏蔽聚氯乙烯护套计算机电缆
DJYPV-22	铜芯聚乙烯绝缘铜丝编织分屏蔽钢带铠装聚氯乙烯护套计算机电缆
DJYPVP-22	铜芯聚乙烯绝缘铜丝编织分屏蔽及总屏蔽钢带铠装聚氯乙烯护套计算机电缆
DJYVP-22	铜芯聚乙烯绝缘铜丝编织总屏蔽钢带铠装聚氯乙烯护套计算机电缆
DJYP2V-22	铜芯聚乙烯绝缘铜带分屏蔽钢带铠装聚氯乙烯护套计算机电缆
DJYP2VP2-22	铜芯聚乙烯绝缘铜带分屏蔽及总屏蔽钢带铠装聚氯乙烯护套计算机电缆
DJYVP2-22	铜芯聚乙烯绝缘铜带总屏蔽钢带铠装聚氯乙烯护套计算机电缆
DJYP3V-22	铜芯聚乙烯绝缘铝/塑复合带分屏蔽钢带铠装聚氯乙烯护套计算机电缆
DJYP3VP3-22	铜芯聚乙烯绝缘铝/塑复合带分屏蔽及总屏蔽钢带铠装聚氯乙烯护套计算机电缆
DJYVP3-22	铜芯聚乙烯绝缘铝/塑复合带总屏蔽钢带铠装聚氯乙烯护套计算机电缆
DJYPV-32	铜芯聚乙烯绝缘铜丝编织分屏蔽细钢丝铠装聚氯乙烯护套计算机电缆
DJYPVP-32	铜芯聚乙烯绝缘铜丝编织分屏蔽及总屏蔽细钢丝铠装聚氯乙烯护套计算机电缆
DJYVP-32	铜芯聚乙烯绝缘铜丝编织总屏蔽细钢丝铠装聚氯乙烯护套计算机电缆

（续）

型　号	名　称
DJYP2V-32	铜芯聚乙烯绝缘铜带分屏蔽细钢丝铠装聚氯乙烯护套计算机电缆
DJYP2VP2-32	铜芯聚乙烯绝缘铜带分屏蔽及总屏蔽细钢丝铠装聚氯乙烯护套计算机电缆
DJYVP2-32	铜芯聚乙烯绝缘铜带总屏蔽细钢丝铠装聚氯乙烯护套计算机电缆
DJYP3V-32	铜芯聚乙烯绝缘铝/塑复合带分屏蔽细钢丝铠装聚氯乙烯护套计算机电缆
DJYP3VP3-32	铜芯聚乙烯绝缘铝/塑复合带分屏蔽及总屏蔽细钢丝铠装聚氯乙烯护套计算机电缆
DJYVP3-32	铜芯聚乙烯绝缘铝/塑复合带总屏蔽细钢丝铠装聚氯乙烯护套计算机电缆

2．计算机电缆代号及其含义

计算机电缆代号及其含义见表 1-1-12。

表 1-1-12　计算机电缆代号及其含义

系列名称/电缆结构		代　号	含　义
阻燃系列	有卤	ZA	阻燃 A 类
		ZB	阻燃 B 类
		ZC	阻燃 C 类
		ZD	阻燃 D 类
	无卤低烟	WDZ	无卤低烟阻燃
		WDZA	无卤低烟阻燃 A 类
		WDZB	无卤低烟阻燃 B 类
		WDZC	无卤低烟阻燃 C 类
		WDZD	无卤低烟阻燃 D 类
耐火系列	有卤	N	耐火
		ZAN	阻燃 A 类耐火
		ZBN	阻燃 B 类耐火
		ZCN	阻燃 C 类耐火
		ZDN	阻燃 D 类耐火
	无卤低烟	WDZN	无卤低烟阻燃耐火
		WDZAN	无卤低烟阻燃 A 类耐火
		WDZBN	无卤低烟阻燃 B 类耐火
		WDZCN	无卤低烟阻燃 C 类耐火
		WDZDN	无卤低烟阻燃 D 类耐火
系列代号		DJ	计算机及仪表用电缆
导体		省略	铜导体

（续）

系列名称/电缆结构	代　号	含　义
绝缘层	Y	聚乙烯绝缘
	E	无卤低烟阻燃聚烯烃绝缘
	V	聚氯乙烯绝缘
	YJ	交联聚乙烯绝缘
	G	硅橡胶绝缘
	F	氟塑料绝缘
屏蔽层	P	铜线或镀锡铜线编织屏蔽
	P2	铜带（铜/塑复合带）屏蔽
	P3	铝/塑复合带屏蔽
	P4	钢带（钢/塑复合带）屏蔽
	P5	铝/塑复合带+铜丝编织总屏蔽
内衬层/护套	Y	聚乙烯内衬层/护套
	E	无卤低烟阻燃聚烯烃内衬层/护套
	V	聚氯乙烯内衬层/护套
	G	硅橡胶内衬层/护套
	F	氟塑料内衬层/护套
铠装层	2	钢带铠装
	3	细圆钢丝铠装
外护套	2	聚氯乙烯外护套
	3	聚乙烯/无卤低烟阻燃聚烯烃外护套
结构特征	R	软结构（移动敷设用）

3. 计算机电缆产品表示方法

产品用型号、规格及规范编号表示，如图 1-1-1 所示。

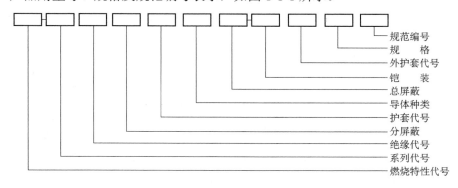

图 1-1-1　型号、规格及规范编号

产品表示示例：

1）10 对 2 芯 0.75 mm^2 铜芯聚乙烯绝缘铝/塑复合带分屏蔽及总屏蔽聚氯乙烯护套计算机电缆，表示为：DJYP3VP3　　10×2×0.75　　TICW 6—2009

2）4 对 3 芯 1.0 mm^2 铜芯聚氯乙烯绝缘铜线编织分屏蔽及总屏蔽细钢丝铠装聚氯乙烯护套 A 级阻燃计算机电缆，表示为：ZA-DJYPVP-32　　4×3×1.0　　TICW 6—2009

3）12 对 2 芯 0.75 mm^2 铜芯交联聚乙烯绝缘铜带分屏蔽及总屏蔽聚氯乙烯护套阻燃 A 类耐火计算机电缆，表示为：ZAN-DJYJP2VP2　　12×2×0.75　　TICW 6—2009

1.3　计算机电缆的典型结构及性能

1.3.1　分屏蔽非铠装/铠装普通/阻燃计算机电缆

1．电缆结构图

以四线组聚乙烯绝缘铜丝编织分屏蔽非铠装/钢丝铠装聚氯乙烯外护套普通/阻燃 C 类计算机电缆为例，表征分屏蔽非铠装/铠装普通/阻燃计算机电缆的结构，其结构图如图 1-1-2 和图 1-1-3 所示。

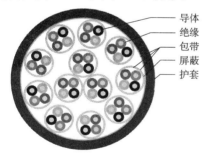
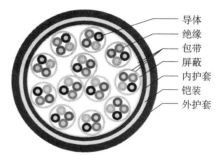

图 1-1-2　（ZC）-DJYPV　　　　　图 1-1-3　（ZC）-DJYPV-32

2．电缆主要结构参数

1）导体。导体应符合 GB/T 3956—2008 的规定，镀锡圆铜线应符合 GB/T 4910—2009 的规定。导体表面应光洁、无毛刺、无油污及无机械损伤。

2）绝缘。绝缘应紧密挤包在导体上，且应容易剥离而不损伤绝缘体、导体或镀层，绝缘表面应平整、光滑。绝缘厚度标称值符合表 1-1-13 的要求，绝缘厚度的平均值应不小于标称值，其最薄处厚度应不小于标称值的 90%−0.1 mm。

3）成缆元件。两根、三根或四根绝缘线芯应均匀地绞合构成一个成缆元件。1.5 mm^2 及以下任一成缆元件的最大绞合节距为 100 mm；2.5 mm^2 成缆元件的最大节距为 120 mm。电缆中相邻非屏蔽成缆元件宜采用不同的绞合节距。对于非屏蔽两对电缆也可采用四芯星绞组形式。星绞节距应不大于 150 mm。成缆元件可采用色带或数字或色谱识别。如采用色谱识别，对线组色谱推荐采用蓝/白、红/白、绿/白、红/蓝及蓝/白对为标志对，其色谱推荐按表 1-1-14 规定执行。三线组和四线组色谱由制造企业自定。

表 1-1-13　计算机电缆绝缘标称厚度

标称截面积 /mm²	绝缘标称厚度/mm				
	PVC、WJ1	PE	XLPE	G	F
0.5	0.6	0.5	0.4	0.7	0.35
0.75	0.6	0.6	0.5	0.7	0.35
1.0	0.6	0.6	0.5	0.7	0.40
1.5	0.7	0.6	0.6	0.8	0.40
2.5	0.7	0.7	0.6	0.8	0.40

表 1-1-14　绝缘线芯色谱

线对序号	1	2	3	4	5	6	7	8	9	10
中心对 1	蓝/白	—	—	—	—	—	—	—	—	—
中心对 2	蓝/白	红/蓝	—	—	—	—	—	—	—	—
中心对 3	蓝/白	红/白	红/蓝	—	—	—	—	—	—	—
中心对 4	蓝/白	红/白	绿/白	红/蓝	—	—	—	—	—	—
中心对 5	蓝/白	红/白	绿/白	红/白	红/蓝	—	—	—	—	—
层绞对	蓝/白	除第 1 对（蓝/白），最后 1 对（红/蓝）以外的奇数对和偶数对以此类推								红/蓝

注：绝缘颜色可按用户要求选用。

4）成缆元件屏蔽（分屏蔽）。分屏蔽可采用金属带绕包或纵包或金属丝编织形式。对于金属带屏蔽，屏蔽带下应纵放一根标称截面积不小于 0.2 mm² 的圆铜线或镀锡圆铜线作为引流线，并与复合膜金属的一面相接触。推荐铜带引流线采用圆铜线，铝/塑复合膜引流线采用镀锡圆铜线。金属带绕包的重叠率应不低于 25%，纵包重叠率应不低于 15%。金属丝编织屏蔽采用圆铜线或镀锡圆铜线，其材料分别符合 GB/T 3953—2009 和 GB/T 4910—2009 的要求，编织单线直径不小于 0.12 mm，其编织密度应不小于 80%。

5）缆芯绞合。缆芯应按同心式绞合，最外层绞向应为右向。固定敷设用电缆，缆芯绞合节距应不大于成缆外径的 20 倍；移动敷设用软电缆，缆芯绞合节距应不大于成缆外径的 16 倍。

6）铠装。如果用户对电缆有铠装要求，铠装应符合 GB/T 2952—2008 标准的规定。内衬层应绕包或挤包一层合适的非吸湿性的材料。内衬层标称厚度值应按式（1-1-1）的规定，其任一点的最薄处厚度应不小于标称值的 80%−0.2 mm。

$$S = 0.02d + 0.6 \text{（最小厚度 1.2 mm）} \hspace{2cm} (1\text{-}1\text{-}1)$$

式中，S 为挤出型内衬层的标称厚度，mm；d 为挤内衬层前缆芯假设直径，mm。

计算机电缆的铠装一般采用钢带和钢丝两种材料，钢带铠装常用的是镀锌钢带或涂漆钢带。铠装圆金属丝标称直径及铠装钢带标称厚度应分别符合表 1-1-15 和表 1-1-16 的规定。

表 1-1-15　铠装圆金属丝标称直径　　　　　（单位：mm）

铠装前假设直径 d	铠装圆金属丝标称直径
$d \leqslant 10$	0.8～1.25
$10.1 < d \leqslant 15$	1.25～1.6
$15.1 < d \leqslant 25$	1.6～2.0
$25.1 < d \leqslant 35$	2.0～2.5
$35.1 < d \leqslant 60$	2.5～3.15
$d > 60$	3.15

表 1-1-16　钢带或镀锌、镀锡钢带标称厚度　　　（单位：mm）

铠装前假设直径 d	钢带标称厚度
$d \leqslant 25$	0.2
$25 < d \leqslant 70$	0.5
$d > 70$	0.8

注：铠装前假定直径在 10.0 mm 以下时，宜用直径 0.8～1.6 mm 的细钢丝铠装，也可采用 0.1～0.2 mm 的镀锡钢带重叠绕包一层作为铠装，其重叠率不小于 25%。

7）护套。护套应紧密挤包在缆芯上，护套应均匀光洁、圆整及无缺陷。护套应为表 1-1-17 所列的挤包固体介质的一种，外护套材料应与绝缘的工作温度等级相适应。

表 1-1-17　护套混合料　　　　　　　　　　（单位：℃）

护套混合料	代号	正常运行时导体最高温度
聚乙烯	PE	70
无卤低烟阻燃聚烯烃	WH1	70
聚氯乙烯（PVC）	ST1 ST2	70 90
硅橡胶	G	180
氟塑料	F	200

护套厚度的标称值 T_S（以 mm 为单位）应按下列公式计算：

氟塑料护套：$T_S = 0.025d + 0.4$，最小厚度为 0.6 mm。

硅橡胶护套：$T_S = 0.035d + 1.0$，最小厚度为 1.4 mm。

其他护套材料：$T_S = 0.025d + 0.9$，最小厚度为 1.0 mm。

式中，d 为挤包护套前电缆的假设直径，mm。

护套平均厚度应不小于标称厚度，其最薄处厚度应不小于标称厚度的 85%– 0.1 mm。

3．电缆主要技术指标

1）导体直流电阻。20 ℃时的导体直流电阻见表 1-1-8，导电线芯中的铜单线允许镀锡。

2）耐压试验。对于无屏蔽和无铠装的电缆，在导体之间施加 1 500 V 的工频电压并维持 1 min，绝缘不击穿；对于有屏蔽或有铠装的电缆，在导体之间和导体与接地的屏蔽和铠装之间施加 1 000 V 的工频电压并维持 1 min，绝缘不击穿。

3）绝缘电阻。待测的每一导体相对于其他连接在一起的导体/屏蔽/铠装之间的绝缘电阻，用直流 500 V 电压稳定充电 1 min 后，测得的 20 ℃时绝缘电阻符合下述要求：聚乙烯、交联聚乙烯和氟塑料绝缘不小于 3 000 MΩ·km，聚氯乙烯、硅橡胶和无卤低烟阻燃聚烯烃绝缘不小于 25 MΩ·km，有单独屏蔽对的电缆屏蔽之间的绝缘电阻不小于 1 MΩ·km。

4）工作电容（线间电容）。成缆元件 1 kHz 时的工作电容应不超过表 1-1-18 规定。

表 1-1-18　工作电容值　　　　　　（单位：pF/m）

电缆品种	绝缘材料								
	PE、XLPE			G			PVC、WJ1、F		
	0.5 mm² 0.75 mm² 1.0 mm²	1.5 mm²	2.5 mm²	0.5 mm² 0.75 mm² 1.0 mm²	1.5 mm²	2.5 mm²	0.5 mm² 0.75 mm² 1.0 mm²	1.5 mm²	2.5 mm²
-1 型	75	85	90	120	120	120	250	250	250
-2 型	115	125	130	140	140	140	280	280	280

注：1．-1 型是指无屏蔽电缆和总屏蔽电缆（除 1 成缆元件和 2 成缆元件外）。

　　2．-2 型是指有分屏蔽电缆以及 1 成缆元件和 2 成缆元件的总屏蔽电缆。

5）电容不平衡。屏蔽电缆长度为 250 m，频率为 1 kHz 时，线对地的最大电容不平衡值应不超过 500 pF。对于长度不是 250 m（小于 100 m 长度作 100 m 考虑）测量值应作如下修正：测量值应乘上 $250/L$，L 是试验电缆的长度（m）。

6）电感电阻比（L/R）。成缆元件的电感电阻比应不超过表 1-1-19 的规定值。

7）屏蔽抑制系数。只有分屏蔽结构的电缆应不

表 1-1-19　电感电阻比

标称截面积/mm²	L/R/（μH/Ω）
0.5	25
0.75	25
1.0	25
1.5	40
2.5	65

大于 0.05。

8）电缆的燃烧性能。电缆的燃烧性能符合 GB/T 19666—2005 的要求；单根阻燃的试验方法应符合 GB/T 18380.12—2008 和 GB/T 18380.22—2008 的要求；阻燃 A 级的试验方法应符合 GB/T 18380.33—2008 的要求；阻燃 B 级的试验方法应符合 GB/T 18380.34—2008 的要求；阻燃 C 级的试验方法应符合 GB/T 18380.35—2008 的要求；阻燃 D 级的试验方法应符合 GB/T 18380.36—2008 的要求。

9）无卤低烟电缆性能。pH 值≥4.3，电导率≤10 μS/mm，电缆燃烧时透光率≥60%。

1.3.2　总屏蔽非铠装/铠装普通/阻燃计算机电缆

1．电缆结构图

以四线组聚乙烯绝缘铜丝编织总屏蔽非铠装/钢丝铠装聚氯乙烯外护套普通/阻燃 C 类计算机电缆为例，表征总屏蔽非铠装/铠装普通/阻燃计算机电缆的结构，其结构图如图 1-1-4 和图 1-1-5 所示。

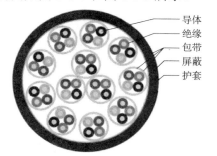

图 1-1-4　（ZC）-DJYVP

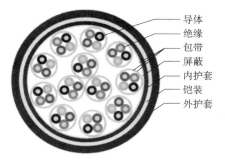

图 1-1-5　（ZC）-DJYVP-32

2．电缆主要结构参数

从结构来看，与分屏蔽非铠装/铠装普通/阻燃计算机电缆相比较，总屏蔽非铠装/铠装普通/阻燃计算机电缆减少了分屏蔽增加了总屏蔽。总屏蔽结构参数如下。

对于金属带屏蔽，屏蔽带下应纵放一根标称截面积不小于 0.5 mm² 的圆铜线或镀锡圆铜线作为引流线，并与复合膜金属的一面相接触。推荐铜带引流线采用圆铜线，铝/塑复合膜引流线采用镀锡圆铜线。金属带绕包或纵包的重叠率应不低于 15%。

金属丝编织屏蔽采用圆铜线或镀锡圆铜线，分别符合 GB/T 3953—2009 和 GB/T 4910—2009 的要求，编织金属丝的标称直径应符合表 1-1-20 的规定，其编织密度应不小于 80%。

其他组件的结构参数参见第 1.3.1 节第 2 条《电缆主要结构参数》。

3．电缆主要技术指标

1）屏蔽抑制系数。只有总屏蔽结构的电缆应不大于 0.05。

表 1-1-20　　编织金属丝标称直径　　　　　　　　　（单位：mm）

编织前假定直径	编织金属丝标称直径	编织前假定直径	编织金属丝标称直径
$d \leqslant 10$	0.15	$20 < d \leqslant 30$	0.25
$10 < d \leqslant 20$	0.20	$30 < d$	0.30

2）其他性能指标参见本章第 1.3.1 节中的第 3 条《电缆主要技术指标》。

1.3.3　分屏蔽加总屏蔽非铠装/铠装普通/阻燃计算机电缆

1．电缆结构图

以四线组聚乙烯绝缘铜丝编织分屏蔽加总屏蔽非铠装/钢丝铠装聚氯乙烯外护套普通/阻燃 C 类计算机电缆为例，表征分屏蔽加总屏蔽非铠装/铠装普通/阻燃计算机电缆的结构，其结构图如图 1-1-6 和图 1-1-7 所示。

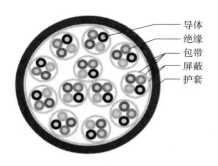

图 1-1-6　（ZC）-DJYPVP

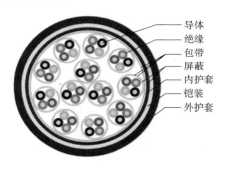

图 1-1-7　（ZC）-DJYPVP-32

2．电缆主要结构参数

从结构来看，与分屏蔽非铠装/铠装普通/阻燃计算机电缆相比较，分屏蔽加总屏蔽非铠装/铠装普通/阻燃计算机电缆增加了总屏蔽结构。总屏蔽结构参数如下。

对于金属带屏蔽，屏蔽带下应纵放一根标称截面积不小于 0.5 mm² 的圆铜线或镀锡圆铜线作为引流线，并与复合膜金属的一面相接触。推荐铜带引流线采用圆铜线，铝/塑复合膜引流线采用镀锡圆铜线。金属带绕包或纵包的重叠率应不低于 15%。

金属丝编织屏蔽采用圆铜线或镀锡圆铜线，分别符合 GB/T 3953—2009 和 GB/T 4910—2009 的要求，编织金属丝的标称直径应符合表 1-1-20 的规定，其编织密度应不小于 80%。

其他组件的结构参数参见第 1.3.1 节第 2 条《电缆主要结构参数》。

3．电缆主要技术指标

1）屏蔽抑制系数。分屏蔽加总屏蔽结构的电缆应不大于 0.01。

2）其他性能指标参见本章第 1.3.1 节中的第 3 条《电缆主要技术指标》。

1.3.4　分屏蔽非铠装/铠装耐火计算机电缆

1．电缆结构图

以四线组聚乙烯绝缘铜丝编织分屏蔽非铠装/钢丝铠装聚氯乙烯外护套耐火计算机电缆为例，表征分屏蔽非铠装/铠装耐火计算机电缆的结构，其结构图如图 1-1-8 和图 1-1-9 所示。

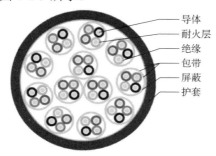
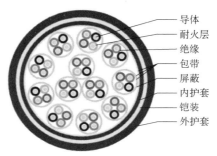

图 1-1-8　N-DJYPV　　　　　　图 1-1-9　N-DJYPV-32

2．电缆主要结构参数

1）耐火层。耐火计算机电缆应在铜导体外设置耐火层。常用耐火层用耐火云母带绕包而成，耐火层外挤包塑料绝缘层的厚度在保证绝缘性能的基础上允许小于表 1-1-2 绝缘厚度的要求，但不能小于原标称厚度的 80%。

2）成缆元件。两根、三根或四根绝缘线芯应均匀地绞合构成一个成缆元件。耐火电缆任一成缆元件的最大节距为 120 mm。电缆中相邻非屏蔽成缆元件宜采用不同的绞合节距。对于非屏蔽两对电缆也可采用四芯星绞组型式。星绞节距应不大于 150 mm。成缆元件可采用色带或数字或色谱识别。如采用色谱识别，对线组色谱推荐采用蓝/白、红/白、绿/白、红/蓝和蓝/白对为标志对，其色谱推荐按表 1-1-14 规定执行。三线组和四线组色谱制造企业自定。

其他组件的结构参数参见第 1.3.1 节第 2 条《电缆主要结构参数》。

3．电缆主要技术指标

1）电缆的耐火特性。电缆的耐火特性应符合 GB/T 19666—2005 的要求，试验方法应符合 GB/T 19216.21—2003 的要求。

2）其他性能指标参见第 1.3.1 节中的第 3 条《电缆主要技术指标》。

1.3.5　总屏蔽非铠装/铠装耐火计算机电缆

1．电缆结构图

以四线组聚乙烯绝缘铜丝编织总屏蔽非铠装/钢丝铠装聚氯乙烯外护套耐火计算机电缆为例，表征总屏蔽非铠装/铠装耐火计算机电缆的结构，其结构图如图 1-1-10 和图 1-1-11 所示。

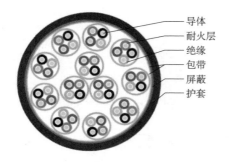
图 1-1-10　N-DJYVP

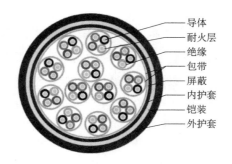
图 1-1-11　N-DJYVP-32

2．电缆主要结构参数

总屏蔽非铠装/铠装耐火计算机电缆耐火层和成缆元件参见第 1.3.4 节第 2 条《电缆主要结构参数》，其他组件的结构参数参见第 1.3.2 节第 2 条《电缆主要结构参数》。

3．电缆主要技术指标

1）电缆的耐火特性。电缆的耐火特性应符合 GB/T 19666—2005 的要求，试验方法应符合 GB/T 19216.21—2003 的要求。

2）其他性能指标参见第 1 章第 1.3.2 节中的第 3 条《电缆主要技术指标》。

1.3.6　分屏蔽加总屏蔽非铠装/铠装耐火计算机电缆

1．电缆结构图

以四线组聚乙烯绝缘铜丝编织分屏蔽加总屏蔽非铠装/钢丝铠装聚氯乙烯外护套耐火计算机电缆为例，表征分屏蔽加总屏蔽非铠装/铠装耐火计算机电缆的结构，其结构图如图 1-1-12 和图 1-1-13 所示。

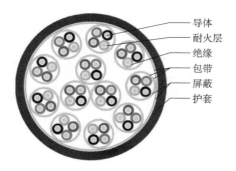
图 1-1-12　N-DJYPVP

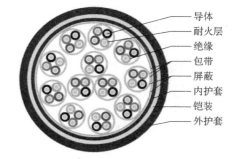
图 1-1-13　N-DJYPVP-32

2．电缆主要结构参数

分屏蔽加总屏蔽非铠装/铠装耐火计算机电缆耐火层和成缆元件的结构参数参见 1.3.4 节第 2 条《电缆主要结构参数》，其他组件的结构参数参见第 1.3.3 节第

2 条《电缆主要结构参数》。

3．电缆主要技术指标

1）电缆的耐火特性。电缆的耐火特性应符合 GB/T 19666—2005 的要求，试验方法应符合 GB/T 19216.21—2003 的要求。

2）其他性能指标参见本章第 1.3.3 节中的第 3 条《电缆主要技术指标》。

1.3.7　普通计算机电缆与本安计算机电缆的性能比较

本安计算机电缆即用于本质安全电路（简称本安电路）中的计算机电缆，简称本安计算机电缆，其与普通计算机电缆是否有区别，如果有区别，区别在哪儿？若无区别，为什么在企业内部关于二者制定出不同的企业标准？为什么招标书中会出现本安计算机电缆与普通计算机电缆两类？为什么生产制造厂家对本安计算机电缆研制与开发津津乐道？为了更好地了解本安计算机电缆，首先应从仪表用本安电路和本安技术谈起。

本安电路是指在规定的试验条件，并在正常的工作或故障状态下，产生电火花及热效应均不能点燃周围爆炸混合物的电路。本质防爆技术的基本原理是从限制能量入手，可靠地将电路中的电压和电流限制在一个允许的范围内，以保证电气设备正常工作；或发生短接和元器件损坏等故障情况下，产生的电火花和热效应不至于引起周围可能存在危险气体的爆炸。

本安回路是由本安型现场设备、关联设备及二者之间的连接电缆组成，如图 1-1-14 所示。

现场设备主要分为简单设备和非简单设备，将既不会产生也不会存储超过 1.2 V、0.1 A、25 mW 和 20 μJ 的电气设备认定为简单设备，主要包括简单触头、热电偶、电阻温度探测器（RTD）、发光二极管（LED）和电阻元件等；非简单设备是指可能产生或存储的能量超过上述数值的电气设备，典型产品有变送器、电磁阀、转换器和接近开关等。

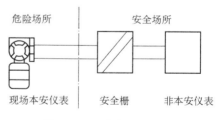

图 1-1-14　本安回路组成

关联设备作为限能设备能有效地保护危险场所的现场设备，在正常工作条件下能使系统完好地工作，而在故障条件下能限制到达危险场所的电压与电流。在实践应用中，关联设备主要是指安全栅，它又分为齐纳式安全栅和隔离式安全栅。本安防爆系统安全性的保障主要取决于关联设备（安全栅）。

由于关联设备与现场设备间的连接电缆存在分布电容和分布电场，因此其储能势必对本安系统的防爆性能造成影响。据报道，自从本安防爆技术第一次应用，人们就意识到了传输电缆对系统本安性能有直接的影响，特别是传输电缆的自身电容和电感的储能对系统点燃性能的影响。不过，由于生产能力的限制，制约了生产规模的扩大，致使本安仪表与关联设备之间的电缆长度不可能很长；同时实践证明了这些传输电缆自身电容和电感还不足以影响系统的本安性能。因此，人们对本安系统传输电缆没有引起足够的重视。近年来，随着我国危险产业生产规模的不断扩大和自动化程度的不断提高：一方面使得生产现场离控制室越来越远；另一方面生产过程的检测与控制系统也变得越来越庞大，从而导致传输电缆长度的大幅度增加，而且实践也证明了电缆长度的增加足以影响系统的本安性能。因此，有必要对本安系统传输电缆加以深入地探讨，以引起人们认识并重视这种影响，确保危险产业的生产安全。

　　电缆是个储能元件，储能的大小决定了对系统的影响。而电缆的储能与电缆的分布电容和电感密切相关。电缆电容反比于芯线间距，电缆芯线距离越小，即电缆越细，电容越大；此外，电缆电容也随电缆绝缘材料介电常数的变化而变化，计算机电缆电容典型值为 70 pF/m 左右，一般为 100 pF/m，最大的可达 300 pF/m 左右。由于电缆电阻对电容的影响很小，故通常不予考虑。试验表明，只有当电缆长度大于 1 km 时，电缆电阻对电容才会产生微小的影响。对于一个本安系统，当电路具有比较高的电压（如采用 28 V 安全栅）并采用细长电缆时，电缆电容应为主要考虑的因素，尤其是对于用于 IIC 爆炸性环境及电缆长度大于 500 m 的情况，就应引起重视。

　　电缆电感正比于电缆芯线间距，因此，电缆电感随电缆尺寸的增大而增大。在通常情况下，计算机仪表电缆电感为 0.66 μH/m，最大的可达 1.05 μH/m。但是，电感为 1 μH/m 的电缆通常属矿用电缆，不适用于工厂过程自动化控制系统。由于电感 L 的储能是 $LI^2/2$，很显然电缆电感中的储能主要是取决于电缆中的电流。众所周知，电缆电阻正比于电缆长度，一根无限长的电缆的电阻为无穷大，因此电缆的电流近似为零，即电缆电感的储能趋于零；电缆电感正比于电缆长度，一根长度趋于零的电缆中的储能也为零，如图 1-1-15 所示。由此可以看出，当电缆很长时，如仍忽略电缆电阻，按集中参数来考虑电缆分布电感中的储能将是很保守的。为此，通常用一个被称为电感电阻比（L/R）的参数替代分布电感参数。在一般情况下，当电缆长度较长时，用 L/R 来描述电缆分布电感对本安性能的影响将更趋合理。经验表明，当电压较低、电缆长度大于 1 000 m 时，电缆电感是主要的不安全因素。

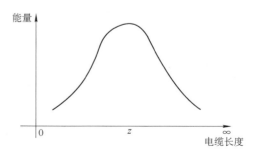

图 1-1-15　电缆长度与能量的关系

　　由此可以看出，本安与非本安计算机电缆的差异与现场使用的情况密切相关，应根据具体情况区别对待。本书将在本篇第 2 章详细介绍本安系统允许电缆分布参数的确定，在第 5 章介绍如何选择本安计算机电缆。

第 2 章　计算机电缆性能参数的确定

计算机电缆有 4 个一次电气参数：电阻 R、电感 L、电容 C 和电导 G。其中电阻和电导是耗能参数，电感和电容是储能参数。当电缆接通电源后，电阻和电导要消耗信号的一部分能量使信号沿长度逐步减弱；而电容和电感则能够将电能储存起来，断电之后，能量依然存在。电容和电感的数值越大，储存的能量越大。

2.1　普通计算机电缆性能参数的确定

2.1.1　工作电容参数的确定

1. 计算法

计算机电缆是由若干传输信号回路组成，属于对称电缆。对称电缆回路间的电容称工作电容，则单独回路电缆的工作电容可按式（1-2-1）进行计算。

$$C = \frac{\varepsilon_r \times 10^{-6}}{36\ln\dfrac{2a-d}{d}} \qquad (1\text{-}2\text{-}1)$$

多回路电缆中，回路的工作电容可按式（1-2-2）进行计算。

$$C = \frac{\lambda\varepsilon_r \times 10^{-6}}{36\ln\left(\dfrac{2a}{d}\varphi\right)} \qquad (1\text{-}2\text{-}2)$$

式中，λ 为总绞入系数（1.01~1.02）；a 为回路线芯中心距，mm；d 为导体直径，mm；ε_r 为等效相对介电常数；φ 为由于接地金属护层和邻近导线产生影响而引用的修正系数，其数值见表 1-2-1。

表 1-2-1　工作电容的修正系数 φ 数值

$\dfrac{d_1}{d}$	φ 值	
	对绞组	星形四线组
1.6	0.706	0.588
1.8	0.712	0.611
2.0	0.725	0.619
2.2	0.736	0.630
2.4	0.739	0.647

注：d 为导体直径，mm；d_1 为绝缘线芯直径，mm。

2．测试法

计算机电缆属于对称电缆，其工作电容的正规试验方法是采用 GB/T 5441—2016《通信电缆试验方法》将制造长度电缆回路（线对）一端的两根线芯导体接到电桥的测试端钮上，另一端 2 根线芯导体开路，测试频率为 800～1 000 Hz，测出电容值应换算成单位长度的工作电容，可按式（1-2-3）进行计算。

$$C = C_X / l \qquad (1\text{-}2\text{-}3)$$

式中，C 为电缆的回路工作电容，pF/m；C_X 为制造长度电缆（线对）工作电容测量值，pF；l 为制造长度，m。

电缆工作电容也可用普通的 RCL 电桥或带电容档的万用表参照上述方法测试和换算。电缆的工作电容并联于电缆的回路（线对）之间，沿电缆长度均匀分布，也称电缆的回路电容或分布电容。

2.1.2 电容不平衡的确定

计算机电缆一般由许多线芯组成，其中每两个线芯组成一个线对，两个线对组成一个四线组。电容耦合系数是用来表征不同线对间的电容耦合情况，线对至线对电容等效电路如图 1-2-1 所示。

线对 1，2 与线对 3，4 之间不平衡参数（CUPP）定义为

$$\text{CUPP} = (C_1 + C_3) - (C_2 + C_4) \qquad (1\text{-}2\text{-}4)$$

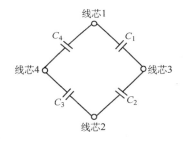

图 1-2-1 四线组部分电容分布图

传统的计算机电缆线对电容不平衡测试方法是根据国家标准 GB/T 5441—2016《通信电缆试验方法》的方法基础上改进的。通信电缆标准中给出的线对电容不平衡的基本测试方法是通过手动控制来实现的,测试方法的原理如图 1-2-2 所示。幅度恒定的 1 000 Hz 正弦波经变压器 T₁ 加在标准测试回路上，然后通过机械开关，手动选择不同的测试回路来测试不同的参数，该测试回路同时完成电容间的相加或相减；变压器 T₂ 输出与被测值成比例的正弦波电压，然后这个电压经放大、相敏检波和低通滤波，输出与被测值成比例的直流电压。

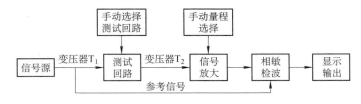

图 1-2-2 测试原理图

电缆安装通常达不到理想的环境，电缆的制造也不会完全理想化，总会存在有

噪声影响系统的传输性能。经归纳,有两种可能的噪声:第一种来自内部被称为串音,它来自于同一电缆的其他线对的电磁场影响,导致被串线对产生噪声电流;第二种来自外部,如电力线路,或者安装于外部的其他设备所发射的电磁波。

无论是内部或外部的电磁场都会对被串线对的两条导线产生感应电流或感应电动势,由于两条导线的电阻不会绝对相等,两条导线的对地电容也不会完全相等,也就是对地的电容不平衡,所以就会存在感应出来不需要的串音。很明显如果需要减小噪声,就必须控制电容不平衡。线对间及对地电容不平衡控制办法见表1-2-2。

表 1-2-2　线对间及对地电容不平衡控制

参数	线对间的电容不平衡控制
绝缘层偏心率	如果导体没有适当地位于绝缘层中心而是总偏向某一方向,将会引起电容不平衡超过范围。可以通过退扭装置调整导体在对绞线和缆芯中的几何位置来平衡这种偏心情况
绝缘层直径(DOD)	导体的绝缘层直径的变化将引起导体内部分长度上电容的变化,其结果是将出现电容不平衡。必须使 DOD 的公差范围限制在一定范围以内
导体直径变化	导体直径必须控制在一定范围以内,在对绞和成缆过程中电线的延伸应保持在允许的范围内
对绞和成缆节距	在给定电缆中,与线对位置及对应的对绞节距相关的线对几何布局,必须保证其串音耦合符合要求。为满足这个条件,无分屏蔽计算机电缆应采用很小的对绞节距,且各线对采用不同节距。沿一根对绞线,对绞节距的变化应控制在一定范围内。对于有分屏蔽计算机电缆,这种配合因素被屏蔽所强化,对绞节距可以适当增大
对绞和成缆节距	小对绞节距可以平衡对地电容不平衡,与线间电容不平衡的说明一样

2.1.3　电感电阻比参数的确定

1. 计算法

（1）电感回路的电感

计算机电缆的电感是由外电感和内电感两部分组成的,其计算公式为

$$L = \lambda \left\{ 4\ln\left[\frac{2a-d}{d} + Q(x) \right] \right\} \times 10^{-4}$$

（1-2-5）

式中,L 为计算机电缆回路的电感,H/km;λ 为总的绞入率;a 为回路两导线中心间的距离,mm;d 为导线直径,mm;$Q(x)$ 为 x 的特定函数,其值如表1-2-3 和图 1-2-3 所示。

式（1-2-5）右边括号内两项:第一项为回路的外电感,第二项为两根导线

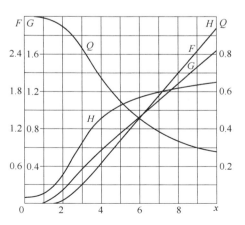

图 1-2-3　$F(x)$、$G(x)$、$H(x)$ 和 $Q(x)$ 的函数值

的内电感之和。外电感的大小决定于电缆结构的几何尺寸（导线直径和导线间距离），与频率无关；内电感的数值与传输电流的频率有关，频率愈高，集肤现象愈显著，内电感愈小。

表 1-2-3　　$Q(x)$ 的函数值

x	$Q(x)$	x	$Q(x)$
0	1	3.5	0.766
0.5	0.999 8	4.0	0.686
1.0	0.997	4.5	0.616
1.5	0.987	5.0	0.556
2.0	0.961	7.0	0.400
2.5	0.913	10.0	0.282
3.0	0.845	>10	$\dfrac{2\sqrt{2}}{x}$

　　计算机电缆屏蔽回路以及有屏蔽的单四线组电缆回路电感 L（H/km）的计算公式为

$$L = \lambda \left[4\ln \frac{2a}{d} \frac{r_s^2 - (\frac{c}{2})^2}{r_s^2 + (\frac{c}{2})^2} + Q(x) - 8\frac{\mu_r \sqrt{2}}{Kr_s} \frac{(\frac{a}{2})^2 r_s^2}{r_s^4 - (\frac{a}{2})^4} \right] \times 10^{-4} \qquad (1\text{-}2\text{-}6)$$

式中，r_s 为屏蔽体的半径，mm；K 为涡流系数，见表 1-2-4；μ_r 为屏蔽体的相对磁导率，见表 1-2-5；其他符号见前面所列。

表 1-2-4　　各种常用金属的涡流系数 $K = \sqrt{\omega\mu\sigma}$　　　　（单位：1/mm）

f/Hz	铜	钢	铝	铅
50	0.151	0.535	0.118	0.042
10^3	0.674	2.391	0.528	0.188
10^4	2.130	7.560	1.670	0.598
6×10^4	5.218	18.519	4.091	1.464
10^5	6.736	23.907	5.281	1.889
1.56×10^5	8.414	29.862	6.597	2.360
2.52×10^5	10.693	37.951	8.383	2.999
5×10^5	15.061	53.458	11.809	4.225
10^6	21.300	75.600	16.700	5.975
8.5×10^6	62.098	220.404	48.687	17.420
10^7	67.357	239.070	52.810	18.895
10^8	213.00	756.000	167.000	59.750
计算公式	$21.3\times10^{-3}\sqrt{f}$	$75.6\times10^{-3}\sqrt{f}$	$16.7\times10^{-3}\sqrt{f}$	$5.975\times10^{-3}\sqrt{f}$

　　μ（H/m）为真空磁导率，$\mu = 4\pi\times10^{-7}\mu_r$，$\mu_r$ 见表 1-2-5，计算钢的涡流系数时取 $\mu_r = 100$。σ 为电导率，见表 1-2-5。

表 1-2-5 金属主要电特性（20 ℃）

金属名称	电阻温度系数α_{20} /（1/℃）	相对磁导率μ_r	电阻率$\rho_阻$ /（Ω·mm²/m）	电导率σ /（S·m/mm²）
软铜线	0.003 95	1	0.017 48	57.20
半硬及软铝线	0.004 10	1	0.028 3	35.33
钢	0.004 6	100～200	0.200	5.00
铅	0.004 11	1	0.221 0	4.52

在一般情况下，由于屏蔽体的作用，回路外电感降低，故回路电感也将减少。

（2）电缆回路直流电阻

导线的直流电阻一般按每千米长度的电阻来计算

$$R_0 = 2\lambda\rho\frac{1}{S} = 2\lambda\rho\frac{1}{\frac{n\pi}{4}d^2} \tag{1-2-7}$$

或

$$R_0 = \lambda\rho\frac{8\,000}{n\pi d^2} \tag{1-2-8}$$

式中，ρ 为导电线芯的电阻率，Ω·mm²/m；l 为电缆长度，m；S 为导电线芯截面积，mm²；n 为单线总根数。

然后利用电缆回路电感与电阻比=L/R，计算电缆回路感阻比。

2．测试法

（1）计算机电缆电感的测试

电缆电感的测试方法尚无标准可依，但可用普通的 RCL 电桥或带电感档的万用表测量。将制造长度电缆回路（线对）一端的 2 根线芯导体接仪器的测试端钮上，另一端 2 根线芯导体开路，测试频率为 800～1 000 Hz。电缆的电感串联在电缆回路（线对）的往返线路上，沿电缆长度均匀分布，故电感测量值除以电缆长度称电缆的回路电感，电感测量值除以电缆 2 倍长度称电缆的分布电感，则测出的电感值换算成单位长度的电感为

$$L_m = L_X/l \tag{1-2-9}$$

$$L = L_m/2 = L_X/2l \tag{1-2-10}$$

式中，L_m 为电缆的回路电感，μH/m；L 为电缆的回路分布电感，μH/m；L_X 为制造长度电缆回路电感的测量值，mH；l 为被测电缆的长度，m。

（2）20 ℃导体直流电阻的测试

电缆 20 ℃导体直流电阻的正规测试方法应按 GB/T 3048.4—2007 进行，用单臂电桥或双臂电桥测量。非仲裁试验也可用普通的 RCL 电桥或万用表测量，将制造长度电缆回路（线对）一端的 2 根线芯导体接到仪器的测试端钮上，另一端 2 根

线芯导体短路，测出的电阻值应换算成单位长度的电阻为

$$R_m = R_X / l \qquad (1\text{-}2\text{-}11)$$

$$R = R_X / 2l \qquad (1\text{-}2\text{-}12)$$

式中，R_m 为电缆的回路电阻，Ω/m；R 为电缆的回路分布电阻，Ω；R_X 为制造长度电缆回路电阻的测量值，Ω；l 为被测电缆的长度，m。

在环境温度下的直流电阻应换算成 20 ℃直流电阻，计算公式为

$$R_{20} = \frac{R_X}{1 + a_{20}(t - 20)} \qquad (1\text{-}2\text{-}13)$$

式中，R_{20} 为 20 ℃时导体直流电阻，Ω/m；a_{20} 为导体材料 20 ℃时的电阻温度系数，1/℃；t 为测量时的环境温度，℃。

电感电阻比等于回路电感除以回路电阻，即 l_m / R_m；或分布电感除以分布电阻（直流电阻），即 L/R。

2.1.4　屏蔽抑制系数的确定

目前屏蔽型电缆屏蔽特性主要通过屏蔽层表面转移阻抗来进行衡量。电缆屏蔽层的转移阻抗越小，屏蔽层电流产生的感应电压越小，电缆的屏蔽性能越好。但在电缆生产中，常常通过屏蔽抑制系数的测量直接反映屏蔽型电缆的屏蔽性能。

根据上海电缆研究所提出的高压变电站用屏蔽型控制电缆的屏蔽性能试验方法（经由原水电部南京自动化研究所、东北电管局技术改造局和上海电缆研究所联合发文《(84) 南字继第 6 号文》确认模拟试验对评定控制电缆的屏蔽性能是一项有效和可靠的试验方法）进行试验，即模拟高压变电站开关设备操作过程所产生的暂态电压，对屏蔽型电缆的屏蔽性能进行评定试验。

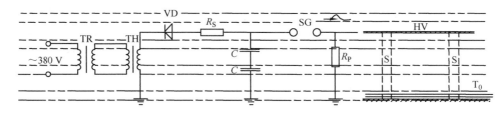

图 1-2-4　试验原理线路[1]

TR—感应调压器　TH—高压变压器　VD—高压整流器　R_S—充电电阻　C—高压脉冲电容器

SG—导火球隙　R_P—放电电阻　S—支柱瓷套　HV—高压导线　T_0—被测试电缆

1．暂态电场模拟试验

高压导线采用 ϕ200 mm 铜管（长 20 m）水平放置在绝缘支柱上（距地高度约 800 mm），在其下方沿地坪水平放置被测试电缆样品，电缆样品与高压导线的耦合长度均为 20 m。电缆样品一端浮空，另一端直接引入控制室内并将其任一对绞线

对接至 64M 脉冲峰值电压表，对无屏蔽层的电缆样品，仅测量任一线芯的对地电压；对有屏蔽层的电缆样品，利用短引接线将屏蔽层接至测量仪器的接地端并接地。当暂态脉冲高压源通过 $\phi250$ mm 导火球隙放电而施加至高压导线时，仪器立即自动记录电缆样品线芯上所耦合的暂态电压值。

2．试验结果计算

在暂态高压源为同一电压值下，分别记录电缆样品对绞线对在屏蔽层接地的条件下所耦合的暂态电压值（V_k，取 30 个点的数学平均值），再经过数据统计处理，并以无屏蔽电缆样品对绞线对所耦合的对地暂态电压值（V_0，取 30 个点的数学平均值）为基准，按式（1-2-14）计算屏蔽结构电缆的屏蔽抑制系数 R，计算公式为

$$R = \frac{V_k}{V_0} \qquad (1\text{-}2\text{-}14)$$

2.2　本安计算机电缆性能参数的确定

为了确保本安系统的安全运行，在进行系统布线之前，必需首先获知本安系统允许电缆分布参数，然后根据所用电缆单位长度的分布参数来确定系统允许的电缆长度。由于电缆单位长度的分布参数是一定的（必要时，可按前述的计算法或测试法确定），因此允许电缆分布参数的准确与否将直接影响系统本安性能。通常，要获知本安系统允许电缆分布参数不外乎有两种途径：其一是可从本安系统认可文件中得到；其二是可以通过计算的方法（能量比较法或查最小点燃曲线法）求出。

2.2.1　本安认可文件中获取数据

按照我国本安防爆检验的惯例，在进行关联设备（如安全栅）检验认可时，常在认可文件中给出最高开路电压 U_{oc}、最大短路电流 I_{sc}、最大允许外接电容 C_a 和最大允许外接电感 L_a 4 个参数。而在进行本安设备检验认可时，则通常采用回路检定的方法：一方面在认可文件中规定配套使用的关联设备的型号规格；另一方面在认可文件中规定系统允许的电缆分布参数值。这就是人们常说的"联合取证"，即国际上常称的"系统认可"。因此，在进行本安系统布线时，只要仔细阅读安全认可文件，将本安系统传输分布参数控制在认可文件中规定的允许电缆分布参数范围内（对简单设备只须将电缆分布参数控制在相应关联设备检验认可时给出的允许外接电容和电感参数内）。

另外，以原联邦德国物理技术研究所（PTB）为代表的国际权威检验机构，根据 IEC/31 届技术委员会第 9 工作组发表的一种主张，即本质安全型设备在安装方面应具有广泛灵活性的精神要求。在按"系统认可"方式进行本安设备检验的同时，研究开发了一种"整体认可"的检验方式。其核心思想是，无论对本安设备还是关联设备，都可以单独取得合格证书；同时在检验时分别考虑两个故障。依此，对于

一个本安系统，相当于考虑的最多故障数为 4 个。因此，从本安系统角度考虑，考核要求提高了。此外，通过德国的长期实践，证明了这种认可方式的可行性。目前，这种认可方式已经广为各国厂商、销售商、用户和检验机构所普遍接受。其中美国工厂联研会（FM）已将"整体认可"方式纳入了 FM 检验标准。

标准规定，对关联设备的检验应在认可文件中给出 4 个参数：①最高开路电压 U_{oc}；②最大短路电流 I_{sc}；③最大外部电容 C_a；④最大外部电感 L_a。

相应地，对于本安设备的检验应在认可文件中给出 4 个参数：①最高允许电压 U_{max}；②最大允许电流 I_{max}；③最大内部等效电容 C_1；④最大内部等效电感 L_1。

这样，在进行系统设计时，只要比较关联设备和本安设备的参数，当它们满足 $U_{max} \geqslant U_{oc}$ 和 $I_{max} \geqslant I_{sc}$ 时，用户即可以自行将它们构成本安系统。在现场布线时，用户只要根据认可文件中给的参数，即可通过式（1-2-15）和式（1-2-16）推算出系统允许电缆分布参数 C_p，L_p。

$$C_P = C_a - C_1 \tag{1-2-15}$$

$$L_P = L_a - L_1 \tag{1-2-16}$$

2.2.2　本安计算机电缆分布参数的确定

根据国家标准 GB 3836—2010《爆炸性环境》和《中华人民共和国爆炸危险场所电气安全规程》的规定，凡属防爆电气设备都必须经国家劳动安全部门指定的检验单位认可后，方可投入使用。因此，在一般情况下，本安系统传输电缆允许分布参数都可从检验认可文件（产品使用说明书）中得到，不须由用户自行设计计算。但是，为了便于广大技术人员进行本安产品及其系统的安全设计，这里介绍两种允许电缆分布参数的计算方法。

1. 能量比较法

众所周知，对于各类级别的爆炸性混合物都有其最小点燃能量 W_0，见表 1-2-6。由于在与关联设备相连的本安设备及其连接电缆中存在着一定的电容和电感储能元件（包括电缆分布电容 C_P、电感 L_P 和本安设备内部等效电容 C_1 和电感 L_1）。当它们的储能达到表 1-2-6 中相应类别、级别爆炸性气体混合物的最小点燃能量 W_0 时，电路一旦发生故障，将导致点燃的危险。为此，必须控制关联设备允许外接电

表 1-2-6　爆炸性气体混合物最小点燃能量

类别	级别	最小点燃能量 W_0/mJ
I		0.280
II	A	0.200
	B	0.060
	C	0.019

容 C_a（$C_a=C_P+C_1$）和允许外接电感 L_a（$L_a=L_P+L_1$），使它们的储能分别小于相应爆炸性气体混合物的最小点燃能量 W_0。

根据集中电容和电感储能式

$$W_C = \frac{1}{2}CU^2 \tag{1-2-17}$$

$$W_L = \frac{1}{2}Li^2 \tag{1-2-18}$$

关联设备允许外接电容 C_a 和允许外接电感 L_a 可通过式（1-2-19）和式（1-2-20）计算得到

$$C_a < 2W_0/U_{oc}^2 \tag{1-2-19}$$

$$L_a < 2W_0/I_{sc}^2 \tag{1-2-20}$$

式中，W_0 为最小点燃能量；U_{ac} 为最高开路电压；I_{sc} 为最高短路电流。

另外，关于允许电缆电感电阻比（L/r），可作如下推导。

首先，为了简化问题，假设所有电感均为电缆分布电感，即 $L_1=0$，如图 1-2-5 所示。

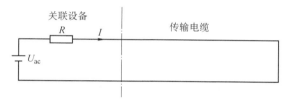

图 1-2-5　二线制本安系统示意图

由于电缆电感正比于电缆电阻和电缆长度，设传输电缆的电阻为 r，电缆电感电阻比为 k，则电缆电感 $L(=kr)$ 中的储能为

$$W_L = \frac{1}{2}LI^2 = \frac{1}{2}kr\left(\frac{U_{ac}}{R+r}\right)^2 = \frac{1}{2}\frac{kU_{ac}^2 r}{(R+r)} \tag{1-2-21}$$

将等式两边对 r 求导，可得

$$W_L' = \frac{kU_{ac}^2}{2}\frac{R-r}{(R+r)^3} \tag{1-2-22}$$

根据导数理论，当 $W_L'=0$，即 $r=R$ 时，传输电缆分布电感中的储能将达到最大。其最大值为

$$W_{Lmax} = \frac{kU_{ac}^2}{8R} \tag{1-2-23}$$

由于 $U_{ac}=I_{sc}R$，故 $W_{Lmax}=\dfrac{kU_{ac}I_{sc}}{8}$。

根据爆炸理论，$W_{\text{Lmax}} < W_0$，则有：$k_{\max} < \dfrac{8W_0}{U_{\text{ac}}I_{\text{sc}}}$。利用式（1-2-20），可将式

（1-2-23）改写成 $k_{\max} < \dfrac{4L_aI_{\text{sc}}}{U_{\text{ac}}}$，即允许电缆电感电阻比的最大值为

$$(L/r)_{\max} < \frac{8W_0}{U_{\text{ac}}I_{\text{sc}}} \tag{1-2-24}$$

$$或 \quad (L/r)_{\max} < \frac{4L_aI_{\text{sc}}}{U_{\text{ac}}} \tag{1-2-25}$$

这里要注意的是，上述推导将所有的电感视为电缆电感，即式（1-2-24）、式（1-2-25）是在本安设备内部等效电感 L_1 为零的情况下推出的。如果传输电缆很短，主要电感是在负载上，可同样得出上述类似的结论。但是，此时的 L/r 值不是电缆电感电阻比，而是本安传输电缆和本安设备总的等效电感电阻比。为此，针对这种情况，有时为了便于直接计算出电缆电感电阻比（L_c/R_c），也可采用式（1-2-26）

$$\frac{L_c}{R_c} = \frac{8eR_0 + (64e^2R_o^2 - 72U_{\text{oc}}^2 eL)^{1/2}}{4.5U_{\text{oc}}^2} \tag{1-2-26}$$

式中，e 为用火花试验装置试验出来的最小点燃能量，对于不同爆炸性场所其值分别为：Ⅰ类场所为 50×10^{-5}J，ⅡA 类场所为 24×10^{-5}J，ⅡB 类场所为 11×10^{-5}J，ⅡC 类场所为 4×10^{-5}J；R_o 为电路的最小电阻（不包括电缆），Ω；U_{oc} 为最高开路电压，V；L 为电路的最大集中电感（不包括电缆），H。

2. 查曲线法

国家标准 GB 3836.4—2010，按本安电路中是否含有镉、锌、镁和铝材质，分别给出了电阻、电容和电感三种基本电路各类、各级别的最小点燃曲线。并可借助于其中的电容最小点燃曲线和电感最小点燃曲线，来确定关联设备的允许外接电容 C_a 和外接电感 L_a，其规则是：关联设备的允许外接电容 C_a 取相应类别电容最小点燃曲线上电压为 $1.5U_{\text{oc}}$ 所对应的电容值，关联设备的允许外接电感 L_a 取相应类级别电感最小点燃曲线上电流为 $1.5I_{\text{sc}}$ 所对应的电感值（这里仅考虑正常工况下安全系数取 1.5 的情况下，不考虑取 2.0 的情况，因为 GB 3836.4—2010 修改版中已将正常工况下的安全系数规定为 1.5，下同）。要特别说明的是，在确定关联设备允许外接电容 C_a 和允许外接电感 L_a 参数时，应查用含有镉、锌、镁和铝等材料的曲线，因为电缆本身防腐蚀的需要，电缆导体中必然含有镉或锌等。

以上介绍的两种计算方法，原则上都可用来计算关联设备的最大允许外接电容和外接电感。但是它们在实际应用中都有一定的局限性。在一般情况下，应优选采用查曲线法，当要查的电路参数超出了最小点燃曲线范围时，则可考虑使用能量比较法。只要按上述计算法确定了关联设备允许外接电容 C_a 和外接电感 L_a，由于本安设备的内部等效电容 C_1 和等效电感 L_1 是一定的，通过式（1-2-15）和式（1-2-16）

即可求出允许电缆分布参数 C_p 和 L_p。

2.2.3　本安计算机电缆感应能量的确定

电缆是无源器件，自身不产生电流、电压或功率。在自动化控制系统中，计算机电缆通常传输 0～20 mA 弱电信号，但当它与大功率动力电缆及其他高压高频电气设备及其连接线同处于一个系统中时，受强磁场或交变电磁场的感应或干扰，会产生三种感应能量：静电感应电压、强磁场干扰感应电压和高频辐射干扰感应电压。感应能量的大小与静电场强度、磁场交变的速率和电缆屏蔽高频辐射能力有关。

上列三种感应能量描述了外界强电磁场对电缆的感应和干扰所产生的电气参数，它主要反映电缆在电磁场和高频辐射干扰作用下的屏蔽效果，这在产品制造标准中并无规定，但中国国家级仪器仪表防爆安全监督检验站对此有要求并对试验方法做出了具体的规定。

（1）强磁场干扰感应电压的测试方法

在 400 A/m 外磁场作用下，被测电缆长 2 m，终端短路，始端两线芯间并联 100 Ω电阻后接电压表输入端，测电缆在外磁场中的感应电压（屏蔽悬空）。

（2）静电感应电压测试方法

被测电缆长 2 m，置于一厚绝缘板上，终端短接，屏蔽接地，加 15 kV 高压静电对电缆附近放电，测量始端芯线间的最大感应电压值。

（3）高频辐射干扰感应电压测试方法

被测电缆长 1 m，置于电磁钳中，用信号发生器注入电磁钳 120 dBμV 信号，频率 20～200 MHz 范围内，用双通道功率计测量电缆的感应电压，测试布置如图1-2-6 所示。

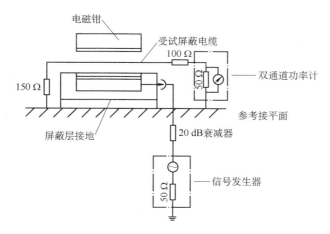

图 1-2-6　高频辐射干扰感应电压测试布置图

第3章　计算机电缆材料性能及结构设计

从某种意义上讲，电线电缆制造业是一个材料精加工和组装的行业：一是材料用量巨大，线缆产品的制造成本中，材料的成本要占60%～90%；二是所用材料的类别与品种非常多；三是材料的选用对产品结构、制造工艺、产品性能和使用寿命起决定性的作用。因此，产品结构设计必须与材料的选用同时进行。

3.1　导体材料性能及结构设计

3.1.1　导体材料性能

电缆导体的设计是关系到电缆的电性能及机械物理性能的关键。根据电缆性能的需要，导体材料可以是退火铜线或镀金属层（镀锡、镀银或镀镍）退火铜线。带有镀层的导体可有效地防止镀层内的导体被氧化，根据电缆工作温度的不同选择适合不同温度等级的镀层，镀镍可达250℃，镀银可达到200℃，镀锡可达150℃。由于计算机电缆的使用温度相对较低，所以一般选择铜或镀锡铜导体。

铜（纯铜）是电线电缆工业的重要材料，主要用于电线电缆的导体。铜的主要特点是：

1）导电性好，仅次于银而居第二位。

2）导热性好，仅次于银和金而居第三位，热导率为银的73%。

3）塑性好，在热加工时，首次压力加工量可达30%～40%。

4）铜在干燥空气中具有较好的耐腐蚀性，但在潮湿空气中表面易生成有毒的铜绿。铜与盐酸或稀硫酸作用甚微。

5）易于焊接。

6）力学性能较好，有足够的抗拉强度和伸长率。

铜线表面镀锡的目的是增加焊接性及保护铜导体在聚氯乙烯或橡胶绝缘挤出时不被侵蚀，并防止橡胶绝缘的老化。计算机电缆采用的镀锡铜导体应符合GB/T 4910—2009中TXR型镀锡铜线的要求，伸长率及电阻率要求见表1-3-1。

表1-3-1　镀锡铜线伸长率及电阻率

标称直径 d/mm	伸长率（最小值）(%)	电阻率ρ_{20}（最大值）/（Ω·mm^2/m）
0.05<d≤0.09	6	0.018 51
0.09<d≤0.25	12	0.018 02

（续）

标称直径 d/mm	伸长率（最小值）（%）	电阻率 ρ_{20}（最大值）/（Ω·mm²/m）
0.25＜d≤0.50	15	0.017 70
0.50＜d≤2.00	20	0.017 60
2.00＜d≤4.00	25	0.017 60

3.1.2　导体线芯结构

按照 TICW 6—2009 的规定，计算机电缆的导体应采用符合 GB/T 3956 的第 1 种圆形实心导体或第 2 种圆形绞合导体，移动敷设用软电缆的导体应采用 GB/T 3956 中的第 5 种柔软圆形绞合导体。导体结构及直流电阻见表 1-3-2～表 1-3-4。

表 1-3-2　第 1 种圆形实心导体结构及直流电阻

标称截面积 /mm²	导体中单线根数	最大外径 /mm	20 ℃导体最大电阻/（Ω/km）	
			不镀金属	镀金属
0.5	1	0.9	36.0	36.7
0.75	1	1.0	24.5	24.8
1.0	1	1.2	18.1	18.2
1.5	1	1.5	12.1	12.2
2.5	1	1.9	7.41	7.56

表 1-3-3　第 2 种圆形绞合导体结构及直流电阻

标称截面积 /mm²	导体中单线最少根数	最大外径 /mm	20 ℃导体最大电阻/（Ω/km）	
			不镀金属	镀金属
0.5	7	1.1	36.0	36.7
0.75	7	1.2	24.5	24.8
1.0	7	1.4	18.1	18.2
1.5	7	1.7	12.1	12.2
2.5	7	2.2	7.41	7.56

表 1-3-4　第 5 种柔软圆形绞合导体结构及直流电阻

标称截面积 /mm²	导体中单丝最大直径/mm	最大外径 /mm	20 ℃导体最大电阻/（Ω/km）	
			不镀金属	镀金属
0.5	0.21	1.1	39.0	40.1
0.75	0.21	1.3	26.0	26.7
1	0.21	1.5	19.5	20.0
1.5	0.26	1.8	13.3	13.7
2.5	0.26	2.4	7.98	8.21

在挤包绝缘之前，导电线芯不允许整根焊接，单线或股线的导电线芯可以焊接，但在同一层内相邻两个焊接点之间的距离不少于 300 mm。

在导体结构设计上应考虑敷设条件、使用环境及直流电阻方面的需求。耐火计算机电缆导体结构推荐选用 GB/T 3956—2008 的第 1 种圆形实心导体，如耐火计算机电缆 N-DJYP2VP2 10×2×0.5 的导体选择 7/0.3 mm 绞线结构，由于线芯根数较多且单根线芯的线径较小，易造成云母带损伤，并且线芯线径小，热容量小，往往在 700~800 ℃时，虽然熔断器没有被烧断，但导线本身已经被烧断，失去了传递信号的作用。因此，在设计耐火计算机电缆导体时应注意这一点。

另外，在发生火灾时，由于环境温度的急剧上升，导致耐火计算机电缆的电阻急剧升高，使得电缆的压降比正常时增大，为使耐火计算机电缆所连接的电气设备在火灾初期仍能正常工作，选用耐火计算机电缆时要比正常选用的普通电缆规格大一二个级别。

3.2　绝缘材料性能及结构设计

绝缘层是电线电缆的主要结构部分，其主要作用是保证产品具有良好的电气性能。绝缘层的设计包括绝缘材料、绝缘结构（挤包型、绕包型和组合型）的选择以及绝缘厚度的确定，此外还必须确定加工工艺方法等。

3.2.1　绝缘材料性能

计算机电缆常用的绝缘材料有聚氯乙烯、聚乙烯、交联聚乙烯、无卤低烟聚烯烃、氟塑料和硅橡胶等。其中最常用的为聚氯乙烯、聚乙烯和交联聚乙烯。下面分别介绍这几种常用计算机电缆绝缘材料的性能。

1．聚氯乙烯绝缘材料性能

聚氯乙烯绝缘材料是以聚氯乙烯树脂为主要原料，加入各种配合剂经混合塑化、造粒而制得的混合物，具有机械性能优越、耐化学腐蚀、不延燃、耐气候性好、电绝缘性能好、容易加工和成本低等优点。

聚氯乙烯树脂是由氯乙烯聚合而成的线型热塑性高分子化合物，其分子结构为

$$\cdots\cdots -\underset{\underset{Cl}{|}}{\overset{\overset{H}{|}}{C}}-\underset{\underset{H}{|}}{\overset{\overset{H}{|}}{C}}-\left(\underset{\underset{Cl}{|}}{\overset{\overset{H}{|}}{C}}-\underset{\underset{H}{|}}{\overset{\overset{H}{|}}{C}}\right)_{n}-\underset{\underset{Cl}{|}}{\overset{\overset{H}{|}}{C}}-\underset{\underset{H}{|}}{\overset{\overset{H}{|}}{C}}-\cdots\cdots$$

从该分子结构看，聚氯乙烯以碳链为主链，呈线型，含有 C-Cl 极性键。聚氯乙烯树脂具有下列基本特性：

1）聚氯乙烯树脂是热塑性的高分子材料，可塑性和柔软性较好。

2）由于 C-Cl 极性键的存在，树脂具有较大的极性，因此介电常数 ε 和介质损耗角的正切值较大，在低频情况下，有较高的耐电强度。另外由于极性键的存在，分子间的作用力较大，机械强度较高。

3）由于分子结构中含有氯原子，所以树脂具有不延燃性和较好的耐化学腐蚀性及耐气候性。氯原子能破坏分子的晶体结构，树脂的耐热性较低，耐寒性较差，加入适量的配合剂，可以改善树脂的性能。

聚氯乙烯的聚合方法有悬浮聚合、乳液聚合、本体聚合和溶液聚合四种。用作电线电缆绝缘料的聚氯乙烯主要采用悬浮聚合方法，悬浮聚合过程中所得树脂的结构形状有疏松型树脂（XS 型）和紧密型树脂（XJ 型）。疏松型树脂质地疏松，吸油性大，易于塑化，加工操作控制方便，晶点少，因此电线电缆用的树脂是疏松型。聚氯乙烯树脂的特性见表 1-3-5。

表 1-3-5　聚氯乙烯树脂性能

项目	疏松型树脂	紧密型树脂
粒子直径/μm	50～150	20～100
颗粒外形	不规则，由多球并合而成	球形表面光滑，呈单球
颗粒断面结构	疏松多孔，微粒间间隙大	微粒间间隙小
吸收增塑剂	快	慢
塑化性能	塑化速度快	塑化速度慢

根据电线电缆的使用要求和特性，绝缘用聚氯乙烯塑料的型号、名称、使用温度及主要用途见表 1-3-6。

表 1-3-6　绝缘用 PVC 塑料型号、名称、使用温度及用途

型号	名称	导体线芯最高允许工作温度/℃	主要用途
J-70	70 ℃绝缘级软聚氯乙烯塑料	70	仪表通信电缆，0.6/1 kV 及以电缆的绝缘层

计算机电缆绝缘用聚氯乙烯料的技术要求见表 1-3-7。

表 1-3-7　绝缘用 PVC 塑料的机械物理性能与电性能

技术指标		J-70
拉伸强度/MPa		≥15.0
断裂伸长率（%）		≥150
热变形（%）		≤40
冲击脆化性能	试验温度/℃	−15
	结果	通过
200 ℃时热稳定时间/min		≥60
20 ℃体积电阻率/Ω·m		≥$1×10^{12}$
介电强度/（MV/m）		≥20
工作温度时体积电阻率	试验温度/℃	70±1
	体积电阻率/Ω·m	$1×10^9$

2．聚乙烯绝缘材料性能

聚乙烯是一种只含有碳和氢两种元素的高分子聚合物，其通式可用$(-CH_2-CH_2-)_n$表示。其中 n 为 $10^2 \sim 10^6$。由于乙烯聚合时需加入催化剂，所以聚乙烯还含有残余的少量催化剂。聚乙烯的分子并不一样长，由于聚合反应器内的温度、压力、催化剂含量的差异以及乙烯聚合反应的过程，如链增长、链传递和链终止反应都不尽相同，最终得到的聚乙烯产品实际上是大大小小各种不同分子量的聚乙烯的混合物。聚乙烯按聚合方法，分子量高低和链结构之不同，分高密度聚乙烯、中密度聚乙烯、低密度聚乙烯及线性低密度聚乙烯。

低密度聚乙烯，由于是游离基反应聚合而成的，所以分子支化度较高。特别是釜式法，因反应停留时间长，使得长支链较多；而高、中密度聚乙烯由于是离子型聚合，所以分子支化度很少，基本上呈直链结构，不存在长支链，短支链也极少。但线性低密度聚乙烯短支链要多些，短支链的长度和数量取决于共聚单体的碳链长度和数量。低密度聚乙烯、高密度聚乙烯和线性低密度聚乙烯的分子示意图如图3-1-1 所示。

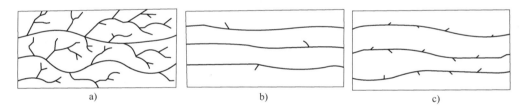

图 3-1-1　聚乙烯分子结构示意图

a）低密度聚乙烯（LDPE）　b）高密度聚乙烯（HDPE）　c）线性低密度聚乙烯（LLPE）

聚乙烯塑料是以聚乙烯树脂为基材再配以适当添加剂如抗氧剂、润滑剂、改性剂和填充剂物质所组成。聚乙烯具有优良的电绝缘性（介电常数及介质损耗角正切都很小），良好的化学稳定性，低的透气性和较小的吸水性，比重小，无毒性，并有良好的塑性，易于加工成型。聚乙烯电绝缘性能有如下几个特点：

1）介电常数和介质损耗角正切很小，并且在很宽的频率范围内几乎不变，因此是很理想的高频绝缘材料。

2）体积电阻率和介电强度在浸水 7 天后仍然变化不大，因此许多水下的电缆采用聚乙烯作为绝缘料。

计算机电缆聚乙烯绝缘材料性能要求见表 1-3-8。

3．交联聚乙烯绝缘材料性能

聚乙烯受到高能射线或交联剂的作用，在一定条件下能从线型分子结构转变成网状立体结构，同时由热塑性塑料转变成不溶不熔的热固性塑料。交联聚乙烯与热塑性聚乙烯相比，具有以下优点：

1）耐热性能。网状立体结构的交联聚乙烯具有十分优异的耐热性能，在 300 ℃

以下不会分解及碳化，长期工作温度可达 90 ℃，特殊配方的交联聚乙烯，长期工作温度可达 125 ℃和 150 ℃。交联聚乙烯绝缘的电缆，也提高了短路时的承受能力，其短路时承受温度可达 250 ℃。

表 1-3-8 聚乙烯的一般性能

序号	项　　目	技术指标			
		NDJ	NLDJ	NMJ	NGJ
1	熔体流动质量速率/（g/10min）	≤0.4	≤1.0	≤1.5	≤0.4
2	密度/（g/cm³）	≤0.940	≤0.940	0.940~0.955	0.955~0.978
3	拉伸强度/MPa	≥13.0	≥14.0	≥17.0	≥20.0
4	拉伸屈服应力/MPa	—	—	—	≥16.0
5	断裂拉伸应变（%）	≥500	≥600	≥600	≥650
6	低温冲击脆化温度（-76℃）	通过	通过	通过	通过
7	耐环境应力开裂/h	96	500	500	500
8	维卡软化点/℃	—	—	110	110
9	空气烘箱热老化 试验温度/℃	100±2	100±2	100±2	100±2
	试验时间/h	240	240	240	240
	老化后拉伸强度/MPa	≥12.0	≥13.0	≥16.0	≥20.0
	老化后断裂伸长应变（%）	≥400	≥500	≥500	≥650
10	低温断裂伸长率（%）	—	—	—	175
11	耐热应力开裂/h				96
12	介电强度/（kV/mm）	≥25	≥25	≥35	≥35
13	体积电阻率/Ω·m	≥1.0×10¹⁴	≥1.0×10¹⁴	≥1.0×10¹⁴	≥1.0×10¹⁴
14	介电常数			≤2.45	≤2.45
15	介质损耗因数			≤0.001	≤0.001

注：NDJ—黑色耐候低密度聚乙烯绝缘料　NLDJ—黑色耐候线性低密度聚乙烯绝缘料　NMJ—黑色耐候中密度聚乙烯绝缘料　NGJ—黑色耐候高密度聚乙烯绝缘料

2）绝缘性能。交联聚乙烯保持了聚乙烯原有的良好绝缘特性，且绝缘电阻进一步增大。其介质损耗角正切值很小，且受温度影响不大。

3）机械特性。由于在大分子间建立了新的化学键，交联聚乙烯的硬度、刚度、耐磨性和抗冲击性均有提高，从而弥补了聚乙烯易受环境应力而龟裂的缺点。

4）耐化学特性。交联聚乙烯具有较强的耐酸碱和耐油性，其燃烧产物主要为水和 CO_2，对环境的危害较小，满足现代消防安全的要求。

以上众多优越性能使交联聚乙烯特别适合用作计算机电缆的绝缘材料。

聚乙烯经交联形成交联聚乙烯的方法分为化学交联和物理交联两类，计算机电缆交联的工艺方法主要采用化学交联，有硅烷交联和过氧化物交联两种。

（1）硅烷交联聚乙烯

制成硅烷交联聚乙烯主要有两个过程：接枝和交联。在接枝过程中，聚合物在游离引发剂及热解成的自由基作用下，失去 3 号碳原子上的 H 原子产生自由基，该自由基与乙烯基硅烷的-CH=CH$_2$ 基反应，生成含有三氧基硅酯基的接枝聚合物。在交联过程中，接枝聚合物首先在水的作用下发生水解生成硅醇，-OH 与邻近的 Si-O-H 基团缩合形成 Si-O-Si 键，从而使聚合物大分子间产生交联。

硅烷交联生产分为一步法和二步法，两者的不同在于硅烷接枝过程发生地点不同。接枝过程在电缆料生产商处进行的为二步法，接枝过程在电缆制造厂进行的为一步法。目前国内市场占有量最大的二步法硅烷交联聚乙烯绝缘料由所谓的 A 料和 B 料组成，A 料为硅烷接枝聚乙烯，B 料为催化剂母料，其重量比一般为 A∶B=95∶5，A 料和 B 料由电缆料厂制成后出售给电缆厂。电缆厂在使用前将 A 料和 B 料按比例混合后，在普通挤出机中即可挤制电缆绝缘线芯，而后在温水或蒸汽中使绝缘层交联。

还有一类的二步法硅烷交联聚乙烯绝缘料，其 A 料的生产方式不同，是在合成聚乙烯时引入乙烯基硅烷直接得到含有硅烷支链的聚乙烯，这种方法本质上是树脂的生产技术，须由大型石化企业来完成。

一步法也有两种类型：①传统的一步法工艺是将各种原料按配方中的配比由特制的精密计量系统，投入专门设计的专用挤出机中一步完成接枝和挤制电缆绝缘线芯。在这一过程中，不需要造粒，不需要电缆料厂的参与，由电缆厂独自完成。此类一步法硅烷交联电缆的生产装置及配方技术大多为国外引进，价格昂贵。②另一类一步法硅烷交联聚乙烯绝缘料是由电缆料生产厂家生产，是将所有原料按配方中的配比经一种特殊方法混合在一起，包装后出售，没有 A 料和 B 料之分，电缆厂可直接在挤出机中一步同时完成接枝和挤制电缆绝缘线芯。该方法的独到之处是无需昂贵的专用挤出机，在普通的 PVC 挤出机中即能完成硅烷接枝过程，且省去了二步法在挤出前 A 料和 B 料需混合的工作。

（2）过氧化物交联聚乙烯

过氧化物交联聚乙烯是先用聚乙烯树脂配合适量的交联剂和抗氧剂，根据需要有时还加入填充剂和软化剂等组份，充分混和，制成可交联的聚乙烯混合物颗粒。然后用挤出机等设备将此混合物挤包在导体上，加工成型，再将包有可交联聚乙烯混合物的导体，通过一个有一定压力和一定温度的交联管道设备，使聚乙烯中的交联剂引发，分解成化学活性很高的游离基，夺取聚乙烯分子中的氢原子，使聚乙烯主链的某些碳原子转变为活性游离基。两个大分子链上的游离基相互结合，即产生交联，交联好的聚乙烯电缆尚需经过冷却，再卷绕收线。

化学交联聚乙烯的交联剂一般是有机过氧化物。因为过氧化物的交联效果很好，可以不必添加助交联剂。常用的过氧化物为过氧化二异丙苯（DCP），但也有采用 2，5 二甲基 2，5 一二（特丁过氧基）己烷、2，5 二甲基 2，5 一二（特丁过氧基）己炔-3 和 α，α'双（特丁过氧基）二异丙苯。

在配制可交联聚乙烯电缆料的过程中，要严格控制温度，不能使交联剂先期分解而焦烧。若以过氧化二异丙苯（DCP）为交联剂时，整个配制过程温度不得超过 135 ℃。

以过氧化二异丙苯（DCP）为例，其与聚乙烯的交联反应如下。

（1）DCP 分解成游离基

$$\text{（苯）—C(CH}_3)_2\text{—O—O—C(CH}_3)_2\text{—（苯）} \xrightarrow{\text{加热}} 2\ \text{（苯）—C(CH}_3)_2\text{—O·}$$

（2）游离基转移生成枯基醇

$$2\ \text{（苯）—CO(CH}_3)_2\text{—O·} + 2\ \sim\text{—C—C—C—C—}\sim$$

$$\longrightarrow 2\sim\text{C—C—C—C}\sim + 2\ \text{（苯）—CH(CH}_3)\text{—OH}$$

（3）带有活性基聚乙烯分子之间交联

$$2\sim\text{—C—C—C—C—}\sim \longrightarrow \sim\text{CH}_2\text{—CH}_2\text{—CH—CH}_2\sim$$

（4）枯基醇不稳定，在高温下分解为

$$\text{（苯）—C(CH}_3)_2\text{—OH} \xrightarrow{\text{高温}} \begin{cases} \text{（苯）—C(CH}_3)\text{=O} + \text{CH}_4 \\ \text{（苯）—C(=CH}_2)\text{—CH}_3 + \text{H}_2\text{O} \end{cases}$$

　　交联剂的种类和用量对聚乙烯的物性和加工工艺影响很大，不同交联剂对聚乙烯的交联作用是不同的，DCP 的交联速度要比过氧化己烷的快。不过，过氧化己烷的交联速度可通过提高温度来加快。换句话说，过氧化己烷的可交联料，加工温度可比 DCP 的可交联料高，所以工艺安全性较好。

　　4. 无卤低烟阻燃聚烯烃绝缘材料性能

塑料已广泛用作电线电缆的包覆材料，但大多数塑料（除氟塑料外）都易于燃烧，属于非阻燃性材料。为了提高电线电缆的阻燃性能，一般均采用添加含有卤素的卤化物和三氧化二锑的方法。这些阻燃剂的缺点是燃烧时发烟量大，产生大量有毒、有害和有强烈腐蚀性的卤化物。根据电线电缆火灾事故的分析，烟雾和腐蚀性有害气体不仅妨碍消防工作和人员疏散，而且腐蚀各种设备，特别是精密仪器，进而造成所谓的"二次灾害"。为了达到低烟、低毒和阻燃的目的，国内外许多专家都致力于低烟与低卤阻燃材料的开发，特别是无卤低烟阻燃材料在近几年得到了迅速发展。

无卤低烟阻燃电缆材料一般采用聚烯烃作为基础聚合物，主要包括聚乙烯（PE）、乙丙橡胶（EPR）和乙烯—醋酸乙烯共聚物（EVA）等。聚烯烃是无卤材料，系纯碳氢化合物，它具有质轻、无毒、电绝缘性能好、耐化学腐蚀性能好和成型加工方便等特点，广泛应用于电器、化学、食品、机械和建筑等行业。聚烯烃燃烧时放出 H_2O 和 CO_2，不产生明显的烟雾和有害气体。由于聚烯烃本身并不阻燃，用作电缆料时，在高电压、加热和放电等条件下，很容易燃烧引起火灾，并且火势能沿电缆迅速扩散。因此，聚烯烃需要添加阻燃剂或阻燃协效剂，才能制成实用的无卤阻燃电缆材料。阻燃剂的选取通常有如下要求。

1）与电缆料中的基体材料复配时相容性好。

2）在少量添加的情况下可达到阻燃要求，利于控制成本。

3）添加阻燃剂后，电缆在燃烧时释放发出的烟雾较少。

4）为保证阻燃材料的正常使用，不能由于阻燃剂的加入导致体系力学性能和电气性能剧烈下降。

一般来说，无卤阻燃体系添加的阻燃剂主要包括金属水合物、膨胀阻燃剂和无机磷系阻燃剂等，不同的阻燃剂其阻燃机理也各不相同。无卤阻燃剂的缺点是填充量大，使阻燃材料的物理性能和力学性能降低。克服该缺点的方法是同时使用能促使树脂炭化的特殊阻燃剂，一般称阻燃协效剂。阻燃协效剂能抑制材料燃烧时发生滴落现象，并和无机阻燃剂有良好地协同作用，因此可以减少无机阻燃剂的填充量，起到改善材料机械性能的作用。所以，阻燃协效剂的开发应用是发展无卤阻燃技术的关键。通常选用的无卤阻燃协效剂有硼化物、金属氧化物和有机硅化物等。

5. 氟塑料绝缘材料性能

氟塑料是对各种含氟聚合物的总称。是指含有氟原子的单体自聚或者与其他不含氟的材料共聚而成的聚合物。由于氟塑料有着优异的电气性能、热稳定性能和机械物理性能，因此适合用作电线电缆的绝缘材料。氟塑料具有以下特点。

1）耐高温。氟塑料有着超乎寻常的热稳定性，使得氟塑料电缆能适应 150～200 ℃的高温环境，而常见的聚氯乙烯、聚乙烯电缆只适用于 70～90 ℃的工作环境。另外，在同等导体截面积时，氟塑料电缆可以传输更大的许用电流，这就大大提高了电缆的使用范围。由于这种独特的性能，氟塑料电缆常用于飞机、舰艇、高温炉以及电子设备的内部布线、引接线等。

2）阻燃性好。氟塑料的氧指数高，燃烧时火焰扩散范围小，产生的烟雾量少。用其制作的电缆适合对阻燃性要求严格的地方，例如计算机网络、地铁、车辆和高层建筑等公共场合，一旦发生火灾，人们可以有一定的时间疏离，而不被浓烟熏倒，争取到宝贵的救援时间。

3）电气性能优异。相对于聚乙烯而言，氟塑料的介电常数更低，并且在很宽的频率范围内几乎不变，因此是很理想的高频绝缘材料。此外，氟塑料电缆的介电强度与绝缘电阻好，适合作重要仪表仪器的控制电缆。

4）机械化学性能完美。氟塑料的化学键能高，具有高度的稳定性，几乎不受温度变化的影响，有着优良的耐气候老化性能和机械强度；而且不受各种酸、碱和有机溶剂的影响，因此适用于环境气候变化大和有腐蚀性场合，如石化、炼油和油井仪器控制等。

5）利于焊接连线。在电子仪器中，常采用焊接方法进行接线，由于一般塑料的熔融温度低，在高温时容易融化，需要熟练的焊接技术，而有些焊点必须要有一定的焊接时间，这也成为氟塑料电缆受到欢迎的原因，如通信设备和电子仪器的内部接线常采用氟塑料绝缘电缆。

电线电缆领域使用的氟塑料种类繁多，常用的有聚四氟乙烯（简称 PTFE 或 F4，最高工作温度 260 ℃）、聚全氟乙丙烯（简称 FEP 或 F46，最高工作温度 205 ℃）、聚偏氟乙烯（简称 PVDF 或 F2，最高工作温度 150 ℃）、四氟乙烯-乙烯共聚物（简称 PETFE 或 F40，最高工作温度 180 ℃）和四氟乙烯-全氟烷基乙烯基醚共聚物（简称 PFA，最高工作温度 200 ℃）。其中计算机电缆常用的聚全氟乙丙烯性能见表1-3-9。

表 1-3-9　聚全氟乙丙烯性能指标

序号	项目	指标		
		优等品	一等品	合格品
1	外观	半透明颗粒，其中不得夹带金属屑和砂粒等杂质，含有可见黑点的粒子百分数不超过 1%		
2	熔体流动速率（372 ℃，5 kg）/（g/10min）	4.0～12.0	2.1～4.0	
3	最小抗张强度/MPa	25.0	20.0	19.0
4	最小断裂伸长率（%）	300	275	275
5	相对密度	2.12～2.17		
6	熔点/℃	265±10	265±15	
7	最大介电系数（10^6Hz）	2.15		
8	最大损耗角正切（10^6Hz）	$7.0×10^{-4}$		
9	挥发分最大值（380 ℃，30min）（%）	0.10	0.30	
10	耐热应力开裂（250 ℃，6h）	不开裂		

注：试验方法见 HG/T 2904—1997。

6. 硅橡胶绝缘材料性能

硅橡胶的分子主链为硅氧键，硅原子上连有一个或两个有机侧基，如甲基、乙烯基或苯基等。其分子结构通式为

$$R-\underset{\underset{R}{|}}{\overset{\overset{R}{|}}{Si}}-O\left[\underset{\underset{R}{|}}{\overset{\overset{R}{|}}{Si}}-O\right]_n\underset{\underset{R}{|}}{\overset{\overset{R}{|}}{Si}}-R$$

式中，R 可以是甲基（CH_3）、乙烯基（CH_3CH_2）和苯基（C_6H_5）等。

硅橡胶的品种随着取代基 R 的不同多达几十种。在电缆工业中获得应用的有二甲基硅橡胶、甲基乙烯基硅橡胶、苯基硅橡胶和氟基硅橡胶等。

二甲基硅橡胶，简称甲基硅橡胶，其分子结构式为

$$\left[\underset{\underset{CH_3}{|}}{\overset{\overset{CH_3}{|}}{Si}}-O\right]_n$$

$$(n=5\,000\sim10\,000)$$

这种硅橡胶硫化活性低，压缩永久变形大，目前甲基硅橡胶在电缆工业中已较少采用。

甲基乙烯基硅橡胶，其分子式结构为

$$\left[\underset{\underset{CH_3}{|}}{\overset{\overset{CH_3}{|}}{Si}}-O\right]_m\left[\underset{\underset{CH=CH_2}{|}}{\overset{\overset{CH_3}{|}}{Si}}-O\right]_n$$

$$(m=5\,000\sim10\,000,\ n=10\sim20)$$

这种硅橡胶易于硫化，压缩永久变形小，耐热老化及工艺性能好。可在−70 ℃～+300 ℃的温度范围内保持弹性，耐老化性能和电气绝缘性能同样很好。由于在二甲基硅橡胶分子链中引入少量乙烯基，便大大提高了它的硫化活性，提高了硫化剂的交联效率和热老化性能，特别是高温下压缩永久变形小。不过乙烯基含量也不宜太多，否则热稳定性反而变差。最适宜的乙烯基含量在 0.1%～0.15%摩尔为最好。目前此种硅橡胶在电缆行业中应用最多。

苯基硅橡胶，全名是甲基乙烯基苯基硅橡胶，其分子结构式为

$$\left[\underset{\underset{CH_3}{|}}{\overset{\overset{CH_3}{|}}{Si}}-O\right]_m\left[\underset{\underset{C_6H_5}{|}}{\overset{\overset{C_6H_5}{|}}{Si}}-O\right]_n\left[\underset{\underset{CH=CH_2}{|}}{\overset{\overset{CH_3}{|}}{Si}}-O\right]_p$$

其中包括：低苯基硅橡胶（苯基含量 6%～11%）、中苯基硅橡胶（苯基含量 20%～40%）和高苯基硅橡胶（苯基含量 40%～50%）。这三种硅橡胶均适用于制造

电线电缆。苯基硅橡胶除兼有乙烯硅橡胶的优点外，少量苯基的引入，打破了大分子的规整性，阻碍了分子链在低温时的结晶。低苯基硅橡胶具有极为优越的耐寒性，在$-90\ ℃\sim-100\ ℃$下仍保持良好的弹性，而且耐热性可进一步提高，可在$-100\sim+350\ ℃$温度范围内使用。

氟硅橡胶，其分子结构式为

$$
\left[\begin{array}{c} CH_3 \\ | \\ Si-O \\ | \\ CH_2CH_2CF_3 \end{array}\right]_m \left[\begin{array}{c} CH_3 \\ | \\ Si-O \\ | \\ CH=CH_2 \end{array}\right]_n
$$

这种硅橡胶具有优良的耐油性和耐溶剂性能。

此外还有腈硅橡胶和硼硅橡胶等。

由于硅橡胶分子结构和其他合成橡胶有显著的不同，所以其具有以下特点：

1）由于硅橡胶的分子主链为硅氧键，其分解能比 C-C 键大得多（在电线电缆常用高分子材料中，除氟橡胶以外，有机硅聚合物的链能最高，为 121 kcal/mol），而且硅为不燃元素，使硅橡胶具有无机材料的特点，即具有很高的耐热性和优异的耐寒性，长期工作温度为$-100\sim+200\ ℃$；优良的电绝缘性能，即使在温度和频率变化时或受潮时仍比较稳定，同时具有耐电晕及耐电弧的优越性能。

2）以 Si-O 为主键，其上连接着有机基团，由于分子的可移动性和链的可旋转性较大，使硅橡胶具有有机材料的特点，即高柔软性和低表面张力。硅橡胶是一种柔软度较好的弹性体，聚合物在自由状态时卷缩成螺旋状，分子链柔顺，分子间引力小表面张力弱，具有高抗压缩形变和低温弹性以及良好的可塑性。

3）分子结构中没有双键，属于饱和性橡胶，又因分子链被烃基所包围，使其具有较好的疏水性、较小的吸水性和良好的防霉性。硅橡胶长期存放后，其吸水性不超过 0.015%，对各种藻类霉菌无滋生作用，故不会生霉。很适合热带、湿热带条件下使用。具有优异的耐臭氧老化、热氧老化、光老化和大气老化的性能。硅橡胶在室外曝晒几年后性能无显著变化。

4）硅橡胶分子结构对称，属于非极性橡胶。

5）硅橡胶因分子结构中富有无机成分，以及绝缘橡皮主要组份材料的补强填充剂是高介电性能白炭黑（SiO_2）及金属氧化物，有机硅橡皮混合物燃烧后生成不燃的二氧化硅灰烬而自熄，具有不熔不溶的特性，其灰烬物仍为骨骼结构的绝缘体，持久包覆在导线上，具有良好的绝缘性。由于在混合物中不含有炭黑等导电性物质，所以燃烧后的生成物不会由于炭化焦烧形成导电性漏电，而导致线路电击穿以及电气短路或电压下降等现象。此外，其燃烧灰烬能缓冲和吸收包覆在其线芯表面，有效保护耐火云母带不易曲折和损坏。硅橡胶聚合物这种特有的不易于烧蚀的耐火性能，非常有利于耐火电线电缆在火焰直接燃烧条件下能够有效地保持输电线路的完整性和可靠性，有机硅绝缘聚合物燃烧反应的过程为

$$\begin{bmatrix} CH_3 \\ | \\ Si-O \\ | \\ CH_3 \end{bmatrix}_m \begin{bmatrix} CH_3 \\ | \\ Si-O \\ | \\ CH=CH_2 \end{bmatrix}_m +9O_2$$

$$\xrightarrow{\text{燃烧}} +2SiO_2 \downarrow +5CO_2 \uparrow +6H_2O \uparrow$$

6）由于硅橡胶分子结构中不含有卤素，因此有机硅聚合物具有无味、无毒、无腐蚀、低烟、阻燃和自熄等优良性能。其特征在于燃烧时，聚合物产生和放出淡淡的洁净白烟，刺激气味小，烟密度是平缓增加的，不明显增加烟量，对人身环境和设施的危害减小。此外，有机硅橡胶绝缘在燃烧时形成绝缘壳体结构的过程中，将产生吸热作用，延迟了电缆本体燃烧时燃烧速度急剧上升的时间，阻碍了氧气的供给和燃烧壳体的流动。因此，抑制了电线电缆的燃烧。所以，在电线电缆低烟、阻燃及耐火性能方面发挥了重要的作用。而且在燃烧时放出气体的毒性和卤素方面，有机硅聚合物毒性是属于低微的，对人身安全及环境保护设施造成的威胁较小。几种高分子材料燃烧时放出气体浓度比较见表 1-3-10。

表 1-3-10　几种高分子材料燃烧时放出气体浓度比较

材料	最大浓度/10^{-4}（%）			
	CO	HCl	HF	SO$_2$
硅橡胶	60	—	—	—
聚乙烯	195	—	—	—
尼龙-6.6	194	—	—	—
聚丙烯	173	—	—	—
聚氯乙烯	420	450	—	—
氯磺化聚乙烯	750	400	—	50
氯丁烯	550	200	—	—
氟塑料	480	—	80	—

3.2.2　绝缘材料和结构选择原则

计算机电缆应根据其使用条件按电缆性能要求来选择绝缘材料，在绝缘材料选择过程中应考虑以下几方面。

1. 电气性能

根据 GB/T 2900.10—2013 的定义，电缆的绝缘就是电缆中耐受电压特定功能的绝缘材料组件。因此对于绝缘材料来说，电气性能是选择材料首先考虑的因素。一般来讲，通过电阻率、介电常数、介电损耗以及介电强度衡量绝缘材料的电气性能。

（1）电阻率

绝缘材料的电阻率是材料的固有性质。体积电阻率用来判断通过一定厚度的材料的电流，而表面电阻率用来判断横穿表面的电流量。直流电条件下的电阻率是按照 ASTM D257 方法测定的。体积电阻率是通过将试样放在两个电极之间测定的，并测量了通过的电流。体积电阻率（ρ_v）可用式（1-3-1）进行计算

$$\rho_v = \frac{R_V A}{t} \qquad (1\text{-}3\text{-}1)$$

式中，ρ_v 为电阻率，$\Omega \cdot cm$；R_v 为电阻，Ω；A 为面积，mm^2；t 为厚度，mm。

绝缘材料的电阻率在 $10^6 \sim 10^{18} \Omega \cdot cm$ 范围内。有效绝缘材料的体积电阻率至少为 $10^6 \Omega \cdot cm$。

除电流通过表面外，表面电阻率的测定基本上与体积电阻率相同。表面电阻率 ρ_s 的单位为 Ω，可按式（1-3-2）进行计算

$$\rho_s = \frac{R_s \pi D_m}{g} \qquad (1\text{-}3\text{-}2)$$

式中，R_s 为表面电阻，Ω；g 为电极与环电极间的距离，mm；D_m 为间隙的平均直径，mm。

采用 ICEA T-27-581 方法测定给定长度的电线试样的电阻率（ρ）时，可由式（1-3-3）进行计算

$$\rho = \frac{R 2\pi L}{2.3 \log_{10} \dfrac{d_1}{d_2}} \qquad (1\text{-}3\text{-}3)$$

式中，ρ 为电阻率，$\Omega \cdot cm$；R 为电阻；L 为试样长度；d_1 为导体直径；d_2 为绝缘材料直径。

体积电阻率越高，绝缘性能越好。

（2）介电常数

介电常数（ε'）或有效介电常数可由式（1-3-4）进行计算

$$\varepsilon' = \frac{C}{C_o} \qquad (1\text{-}3\text{-}4)$$

式中，C 为测量的电容，F；C_o 为真空状态下的电容，介电常数是材料在电场中起到电容器作用或储存能量的量度。

绝缘材料的常用值为 $2 \sim 3.5$，在选择材料时，应考虑到温度对介电常数的影响。

（3）介电损耗

在交流电场（E）中，介电常数可由式（1-3-5）进行计算

$$\varepsilon = \varepsilon' - j\varepsilon'' \qquad (1\text{-}3\text{-}5)$$

式中，ε' 为介电常数的实数部分；ε'' 为介电常数的虚数部分。

$\tan\delta$ 的计算式为

$$\tan\delta = \varepsilon'' / \varepsilon' \qquad (1\text{-}3\text{-}6)$$

绝缘材料应该具有低的 $\tan\delta$ 值，以避免介电损耗，$\tan\delta$ 可能限定一根电缆的

总长度。就计算机电缆而言，在工作频率内，损耗值愈小愈好。

（4）介电强度

在施加电压时，材料耐电击穿的能力称为介电强度。介电强度是通过对一定厚度的材料施加电压并升到电击穿发生测得的。介电强度（D）的计算式为

$$D = \frac{V}{t} \tag{1-3-7}$$

式中，V 为击穿发生时的电压；t 为试样厚度。

由于杂质的存在导致早期击穿，故测量的介电强度值通常比理论值小。

计算机电缆常用绝缘材料的电气性能见表 1-3-11。

表 1-3-11　计算机电缆常用绝缘材料的电气性能

材料	20 ℃体积电阻率/（Ω·cm）	介电强度/（kV/mm）	介电常数/kHz	损耗率/kHz
聚氯乙烯	1.4×10^{12}	19.7～27.6	3.5～11.7	0.058～0.090
聚乙烯	$>10^{22}$	17.7～27.3	2.28～3.5	$1 \sim 2 \times 10^{-4}$
交联聚乙烯	$>10^{15}$	21.7～98.4	2.3	$3 \sim 5 \times 10^{-4}$
聚全氟乙烯	$\geqslant 1 \times 10^{16}$	78.7	2.2	0.000 027
聚四氟乙烯	$\geqslant 1.0 \times 10^{17}$	15.7～19.7	≤2.2	$\leqslant 2.5 \times 10^{-4}$
硅橡胶	$10^{13} \sim 10^{15}$	20～30	3.0～3.5	0.000 1～0.010 0

从表 1-3-11 可以看出，聚氯乙烯树脂是一种极性较大的电介质，电绝缘性能较好，但比较非极性材料（如聚乙烯、氟塑料和硅橡胶）稍差。树脂的体积电阻率大于 $10^{12}\, \Omega \cdot cm$；树脂在 25 ℃和 50 Hz 频率下的介电常数 ε 为 3.4～3.6，当温度和频率变化时，介电常数也随之明显的变化；聚氯乙烯的介质损耗正切 $\tan\delta$ 为 0.058～0.09。树脂的击穿场强不受极性影响，在室温和工频条件下的击穿场强比较高。但聚氯乙烯的介质损耗较大，因而不适用于高压和高频场合。聚乙烯绝缘电阻和耐电强度高，在较宽的频率范围内，介电常数 ε 和介质损耗角正切 $\tan\delta$ 值小，且基本不受频率变化的影响，作为通信电缆的绝缘材料，是近乎理想的一种介质。但聚乙烯还有不少缺点：软化温度低；接触火焰时易燃烧和熔融，并放出与石蜡燃烧时同样的臭味；耐环境应力龟裂性和蠕变性较差。为了提高其软化温度，交联聚乙烯就应运而生。对于计算机电缆长期工作温度在 70 ℃的情况下，从电气性能、加工性能及价格方面综合考虑，聚乙烯为最佳的绝缘材料。

2．力学性能

绝缘材料的力学性能（抗拉强度、伸长率及柔软性）同样是重要的因素。抗拉强度是指在材料拉力试验机上对塑料试样施加静态拉伸载荷并以一定速度拉伸直至试样断裂。此时试样单位截面上所承受的拉力，可表示为

$$\sigma = \frac{P}{S} \tag{1-3-8}$$

式中，σ 为抗张强度，MPa；P 为拉断力，N；S 为试片截面积，mm^2。

抗拉强度反映了材料在外力作用下抵抗变形的能力。

而材料的断裂伸长率为试样拉断时长度增加的百分比，它表征了材料拉伸变形能力，可表示为

$$\varepsilon = \frac{L - L_0}{L_0} \times 100\% \qquad (1\text{-}3\text{-}9)$$

式中，ε 为拉断时的伸长率（%）；L 为拉断时试样的实际长度，mm；L_0 为试样的原始长度，mm。

对某些机械破坏较突出的场合所应用的产品，机械应力主要由护套来承受，但绝缘材料也应具有足够的机械强度。

3. 耐热性能

高分子绝缘材料在短时间或长期承受高温作用下或温度剧变时，仍能保持良好的机械性和电绝缘性的能力称为耐热性。一般来说耐热性包括两种含义：一种是在各种温度下耐热变形的能力，另一种是指在热作用下耐热氧老化的能力。

研究各种高分子材料在热氧作用下的稳定性，对相应确定电线电缆的长期使用温度具有重要意义。因为在电线电缆制造过程中，有时温度可达 200 ℃ 左右，如果材料不具备一定的热氧化能力，加工过程中就可能被氧化而失去使用价值。所有高分子材料的氧化反应都表现为两种可能：一是聚合物大分子或网状分子断链降解，使结构松散并降低分子量，导致软化、发黏和低分子物挥发；二是被氧化的链段连接起来，被氧桥连成一个网状结构，使结构紧实、分子量增大，导致硬脆开裂。不同种类的高分子材料，由于其分子结构不同，所以对氧化作用的反应能力也不同。为了保证电线电缆有一定的使用寿命，必须限制其使用温度。计算机电缆常用绝缘材料的最高连续工作温度见表 1-3-12。

表 1-3-12 计算机电缆常用材料的允许工作温度

材料名称	允许工作温度/℃
聚氯乙烯	70
聚乙烯	70
低烟无卤阻燃聚烯烃	70
交联聚乙烯	90
聚四氟乙烯	260
聚全氟乙丙烯	200
硅橡胶	180

对于计算机电缆来说，产品的工作电压不太高，因此绝缘材料的耐热等级、热变形和长期热老化往往是选择绝缘材料最重要的因素。

4. 阻燃性能

如果阻燃计算机电缆绝缘材料是非阻燃的聚烯烃类塑料，特别是在阻燃等级要求较高时，建议挤包隔氧层。所谓隔氧层就是挤包高氧指数、高温度指数的材料，

隔氧层的厚度应根据阻燃等级决定。一般来讲，这种材料的机械性能较差。隔氧层的作用是一旦遇火燃烧，隔氧层会烧结成一种保护壳，起到隔绝氧气的作用，控制燃烧要素，使燃烧变得困难从而达到阻燃的目的。

而现如今，人们对于阻燃电缆要求不仅仅是阻燃，而且要求无烟无腐蚀性气体产生。因此，低烟无卤阻燃电缆应运而生。无卤是通过对其所有被覆材料燃烧时，释放出的腐蚀性气体的含量来评定的。低烟是通过电缆燃烧时测定的最小透光率来评定，与电缆用阻燃材料及电缆结构密切相关。而电缆的阻燃性能不仅与电缆结构有关，还与材料氧指数、阻燃机理有关。

5. 耐火性能

一般来说，耐火计算机电缆绝缘不具有耐火性。根据 GB/T 19666—2005 的规定，为满足其耐火性应在导体上设置耐火层，耐火计算机电缆常用的耐火层用耐火云母带绕包而成。这种电缆工艺简单，价格较低，生产长度和使用范围不受影响，耐火性能较好。

耐火电缆用的云母带由云母纸、补强材料、有机硅黏结剂及添加剂组成。根据组成成分的不同，云母纸有白云母、金云母和氟金云母（即为合成云母）三类。云母带高温下电气绝缘性能的高低主要取决于云母纸的性能和品种。而在三种云母纸中的常温性能，合成云母带最好；白云母带次之；金云母带较差。对于在高温下的绝缘性能，合成云母带即氟金云母带，不含结晶水，熔点 1 375 ℃，耐高温性能最好；金云母在 800 ℃以上释放出结晶水，耐高温性能次之；白云母 600 ℃释出结晶水，耐高温性能较差。

3.2.3　绝缘厚度的确定和表示

1. 绝缘厚度的确定

从电压等级来讲，电压愈高，绝缘厚度愈厚。对于高压产品，绝缘厚度的确定主要根据电性能要求进行设计，同时在结构上还应考虑均匀内外电场的半导层的设计。对于计算机电缆，因其工作电压低，在绝缘材料选定之后，绝缘厚度主要根据其力学性能来确定。因为如果按其工作电压来考虑，其绝缘厚度可以较薄。但是产品在制造、安装敷设或使用中，绝缘层会受到拉、压、弯和剪切等机械应力的作用，而导线截面积的大小对这些应力的数值影响很大，截面积愈大，自重也大，弯曲应力愈大。因此，在每一产品中，绝缘厚度总是随着导线芯截面积的增大而增加。为了方便，绝缘厚度总是分档增加。除了考虑到产品的力学性能将绝缘厚度按导线截面积增加而分档加厚外，还有一些规律存在。

1）如所用绝缘材料的电性能或机械性能较好，就可以适当减少绝缘厚度，如交联聚乙烯的电性能明显优于聚氯乙稀，因此同等截面积交联聚乙烯绝缘电缆绝缘厚度要比聚氯乙烯绝缘电缆绝缘厚度薄。

2）用于使用环境条件较差或对安全性要求特别高的产品，应适当增加其绝缘厚度。

3）目前，各类产品已确定的绝缘厚度（包括分档），是在多次试验和长期实践的基础上得到的，并可作出有关的经验计算公式，但随着材料的改进和新材料的出现，以及挤出工艺研究工作的深入，将会使绝缘厚度的设计更为合理。

2．绝缘厚度的表示

绝缘厚度是绝缘结构尺寸最重要的一个参数，由于沿同一圆周上的绝缘厚度不可能绝对一致，而电场影响最严重之处是绝缘的最薄点，因此绝缘厚度必须同时满足以下几项指标：

1）绝缘标称厚度，即设计和工艺上控制的厚度（δ_0）。

2）绝缘最薄厚度，同一圆截面上绝缘最薄一点的厚度。计算机电缆绝缘最薄厚度规定为绝缘标称厚度的 90%，再减 0.1 mm，即 $\delta_{min} = 0.9\delta_0 - 0.1$ mm。

3）绝缘最厚厚度，同一圆截面上绝缘最厚一点的厚度。一般不做规定，但绝缘最厚厚度大，绝缘层呈不均匀椭圆状说明工艺水平差且费料。

4）绝缘平均厚度。规定沿同一截面六等分测量 6 点，求其平均值。计算机电缆绝缘平均厚度应不小于标称厚度。

5）绝缘厚度的不圆率。

$$不圆率 = \frac{最厚点厚度 - 最薄点厚度}{平均厚度} \times 100\% \qquad (1\text{-}3\text{-}10)$$

不少企业为了严格控制工艺，在企业内控质量标准中规定不圆率应不大于15%。

表示绝缘厚度不均匀性的还另有其他名称，如不均匀率和椭圆度等，计算方法略有差异，行业中尚未统一，但其含义基本相同。

3.3　屏蔽材料性能及结构设计

电线电缆产品采用的屏蔽层，实际上有两种完全不同的概念：一是传输高频电磁波（如射频、电子线缆）或微弱电流（如信号、计测用线缆）的电线电缆，为了阻拦外界电磁波的干扰，或是防止电线电缆中的高频信号对外界产生干扰，以及线对之间的相互干扰而设置的结构，可称为电磁屏蔽；另一种是中高压电力电缆等为了均衡导线表面或绝缘表面的电场而设置的结构，可称为电场屏蔽。严格来说，电场屏蔽层没有要求"屏蔽"的作用，仅是电场均衡层。根据传输介质的特点，计算机电缆屏蔽作用属于电磁屏蔽。

3.3.1　通用屏蔽材料性能

计算机电缆通用屏蔽材料包括编织用铜线或镀锡铜线、铝/塑复合带以及铜带或铜/塑复合带。

1. 编织用铜线或镀锡铜线

计算机电缆编织用铜线应符合 GB 3953—2009《电工圆铜线》的规定。圆铜线型号规格见表 1-3-13。

表 1-3-13　编织用铜线规格型号

名称	型号	规格范围/mm
软圆铜线	TR	0.12～0.30

圆铜线机械性能应符合表 1-3-14 的规定。

表 1-3-14　圆铜线机械性能

标称直径/mm	TR	
	伸长率（%）	电阻率ρ_{20}（最大值）/（$\Omega \cdot mm^2/m$）
0.12～0.30	15	0.017 241

计算机电缆编织用镀锡铜线应符合 GB/T 4910—2009《镀锡圆铜线》中的规定。镀锡圆铜线型号规格应符合表 1-3-15 的规定。

表 1-3-15　编织用镀锡铜线规格型号

名称	型号	规格范围/mm
镀锡软圆铜线	TXR	0.12～0.30
可焊镀锡软圆铜线	TXRH	0.20～0.30

注：其他规格由供需双方协议决定。

镀锡圆铜线伸长率及电阻率应符合表 1-3-16 的规定。

表 1-3-16　镀锡圆铜线伸长率及电阻率

标称直径/mm	伸长率（%）	电阻率ρ_{20}（最大值）/（$\Omega \cdot mm^2/m$）	
		TXR	TXRH
$0.12 < d \leqslant 0.25$	12	0.018 02	0.018 31
$0.25 < d \leqslant 0.30$	15	0.017 70	0.017 93

2. 铝/塑复合带、铜/塑复合带

计算机电缆用铝/塑复合带、铜/塑复合带一般由金属箔和塑料层两部分组成。铝/塑复合带用铝箔应符合 GB/T 3198—2010 的规定。铜/塑复合带用铜带应符合 GB/T 2059—2000 的规定。其塑料层通常用乙烯-丙烯酸共聚物、乙烯-甲基丙烯酯共聚物或者低密度聚乙烯等制成。

根据 YD/T 723.5—2007 的规定，金属塑料复合箔应连续紧密复合，其表面应平滑、平整、均匀、无杂质、无折皱、无花斑以及无机械损伤。金属塑料复合箔在竖直使用时应不垮带。未分切的金属塑料复合箔侧边允许有 2～5 mm 的塑料膜保护，侧边应平整，无卷边、缺口和毛刺等缺陷，层间错位不大于 1 mm。分切的金

属塑料复合箔切割端面应平整，不平整度小于 0.5 mm，并且应无卷边、缺口、刀痕、毛刺和机械损伤。复合带放带时不自黏，边缘应无明显的波浪形（俗称荷叶边）。铝/塑复合带、铜/塑复合带的机械性能、环境性能和介电性能要求见表 1-3-17。

表 1-3-17　铝/塑复合带、铜/塑复合带机械性能、环境性能以及介电性能

序号	项　目		要　求
1	抗张强度/MPa	铝	≥45
		铜	≥180
2	断裂伸长率（%）		≥5
3	剥离强度/（N/cm）		金属箔与塑料层间剥离强度≥2.6
4	剪切强度（外层塑料有黏性能时做）		金属箔拉断或塑料层与铝箔之间的粘结产生破坏时，塑料层之间的热合区应未产生剪切破坏
5	热合强度（外层塑料有黏结性能时做）/（N/cm）		≥8.72
6	耐水性（68±1 ℃，168 h）		金属箔与塑料层间剥离强度≥2.6 N/cm
7	耐填充复合物（68±1 ℃，168 h）		金属箔与塑料膜间不分层
8	电导率	铝	≥52%IACS
		铜	≥90%IACS
9	介电强度	单面金属塑料复合带	直流 0.5 kV，1 min 不击穿
		双面金属塑料复合带	直流 1 kV，1 min 不击穿

3．铜带

国家标准 GB/T 11091—2014《电缆用铜带》中列出了电缆用铜带的牌号、状态和规格，见表 1-3-18。计算机电缆从工艺实现过程及铜带性能等方面考虑，通常采用软化退火状态（O60）铜带。牌号由供需双方协商确认。

铜带的力学性能应符合表 1-3-19 的规定。规定塑性延伸强度和维氏硬度试验结果仅供参考。

表 1-3-18　牌号、状态和规格

牌号	代号	供应状态	规格/mm	
			厚度	宽度
TU1	T10150	软化退火（O60）、退火到 1/8 硬（O80）、退火到 1/4 硬（O81）	0.07～0.80	15～305
TU2	T10180			
TU3	C10200			
TUP0.003	C10300			
T2	T11050			
TP1	C12000			

注：1．经供需双方协商，也可供应其他牌号、状态和规格的带材。
　　2．产品的长度由供需双方商定。

表 1-3-19 机械性能

牌号	状态	抗拉强度/MPa	规定塑性延伸强度/MPa	伸长率（%）	维氏硬度/HV
TU1，TU2，TU3，TUP0.003	O60	200～260	65～100	≥35	50～60
	O80	220～275	70～105	≥32	50～65
	O81	235～290	—	≥30	55～70
T2，TP1	O60	220～270	70～110	≥30	50～65
	O80	230～285	75～120	≥28	55～70
	O81	245～300	—	≥25	—

注：厚度小于 0.2 mm 的带材，其试验结果仅供参考或由供需双方商定。

3.3.2 非通用屏蔽材料性能

随着铜价的上涨，在满足电缆性能的前提下，寻求替代铜的新材料是一种必然趋势。由于铜包铝线兼备铜铝两种金属的特性，具有导电性好、密度小、柔软性好、加工简易和单位成本低等优点，铜包铝线替代纯铜线在国内电线电缆行业中正逐步得到了应用。但是，在铜包铝的使用过程中，发现其加工过程中浪费较大，且机械强度较低。为此，人们开始考虑铜包铝合金材料。本节从技术角度入手，分析铜包铝线及铜包铝合金线替代铜线作为计算机电缆编织屏蔽材料的可能性。

1．主要性能

铜线执行标准为 GB/T 3953—2009，铜线根据软硬状态分为软圆铜线、硬圆铜线和特硬圆铜线三种。计算机电缆编织屏蔽采用的铜线为软圆铜线。

铜包铝线执行标准为 GB/T 29197—2012《铜包铝线》，铜包铝线按铜层体积比（10%、15% 和 20%）和软硬状态（软态 A、硬态 H）的不同可分为以下 6 类：①10A—10%铜层体积比的软态铜包铝线；②10H—10%铜层体积比的硬态铜包铝线；③15A—15%铜层体积比的软态铜包铝线；④15H—15%铜层体积比的硬态铜包铝线；⑤20A—20%铜层体积比的软态铜包铝线；⑥20H—20%铜层体积比的硬态铜包铝线。

铜包铝合金线执行标准为 NB/T 42018—2013《屏蔽用铜包铝合金线》，屏蔽用铜包铝合金线可分为：①10A—10%铜层体积软态铜/镀锡铜包铝合金线；②15A—15%铜层体积软态铜/镀锡铜包铝合金线；③20A—20%铜层体积软态铜/镀锡铜包铝合金线。

编织屏蔽用铜线、铜包铝线和铜包铝合金线的性能指标见表 1-3-20 和表 1-3-21。

从表 1-3-21 可以看出，铜包铝合金线的力学性能介于铜线和铜包铝线之间。

在化学性能方面，铜线的表面抗氧化性能较好，铜包铝线和铜包铝合金线表面的铜层隔断了铝线/铝合金线表面与空气的接触，因而抗氧化性能较好，但导线的端面暴露出铜与铝两种金属，由于两者的电极电位相差很大，在潮湿的环境中易产生电化学腐蚀。

表 1-3-20　编织屏蔽用铜线、铜包铝线和铜包铝合金线密度及直流电阻

材料		密度/（g/cm³）	电阻率/（Ω·mm²/m）
铜		8.89	≤0.017 241
铜包铝线	10A 类	3.32±0.12	≤0.027 430
	10H 类		
	15A 类	3.63±0.12	≤0.026 760
	15H 类		
	20A 类	3.94±0.12	≤0.025 940
	20H 类		
铜包铝合金线	10A 类 CCAA	3.32～3.45	≤0.027 900
	10A 类 CCAAT	3.32～3.45	≤0.028 400
	15A 类 CCAA	3.63～3.75	≤0.027 000
	15A 类 CCAAT	3.63～3.75	≤0.027 500
	20A 类 CCAA	3.94～4.06	≤0.026 200
	20A 类 CCAAT	3.94～4.06	≤0.026 700

表 1-3-21　编织屏蔽用铜线、铜包铝线和铜包铝合金线抗拉强度和伸长率

材料	直径	抗拉强度/MPa		伸长率最小值（%）	
		H 类别	A 类别	H 类别	A 类别
铜	0.12≤d≤0.30	—	—	—	15
铜包铝线	0.080≤d≤0.120	≥205	≤172	≥1.0	≥5
	0.120<d≤0.360	≥207	≤172	≥1.0	≥5
	0.360<d≤0.574	≥207	≤172	≥1.0	≥10
	0.574<d≤0.642	≥207	≤138	≥1.0	≥10
铜包铝合金线	0.100<d≤0.200	—	≥180	—	≥10
	0.200<d≤0.400	—	≥175	—	≥12
	0.400<d≤0.600	—	≥170	—	≥13

2．屏蔽效果

屏蔽效果就是屏蔽体在产品工作时，保护其不受外界电磁场的干扰，同时限制产品中的电磁场不对外界的电子设备产生干扰的能力。理论和实践证明，在相同的干扰频率，采用适当的编织角的前提下，屏蔽层编织厚度愈厚，直流电阻愈小，则屏蔽效果愈好。因此，在编织角和覆盖率等参数不变的前提下，只要通过适当增大

铜包铝线/铜包铝合金线的规格，以降低编织屏蔽层直流电阻，就可以确保其屏蔽性能不低于铜线编织结构。

实例分析：以编织屏蔽型计算机电缆为例，假设电缆编织前外径为 10.6 mm。编织材料分别选择圆铜线，铜包铝线（CCA-15A）及铜包铝合金线（CCAA-15A），它们的编织屏蔽有关参数见表 1-3-22，屏蔽效能参数见表 1-3-23。

表 1-3-22　几种编织屏蔽材料的相关参数

试样	编织材料	屏蔽前外径/mm	锭数	根数	编织丝直径/mm	编织角/（°）	编织节距/mm	编织密度（%）
1#	圆铜线	10.6	24	6	0.20	48.9	40	80
2#	铜包铝线	10.6	24	6	0.20	48.9	40	80
3#	铜包铝线	10.6	24	6	0.25	69.0	91	80
4#	铜包铝合金线	10.6	24	6	0.20	48.9	40	80
5#	铜包铝合金线	10.6	24	6	0.25	69.0	91	80

表 1-3-23　屏蔽效能参数

试样	屏蔽抑制系数
1#	样品感应电压均值为 0.011 kV；对比样感应电压均值为 1.162 kV，屏蔽抑制系数为 0.01
2#	样品感应电压均值为 0.015 kV；对比样感应电压均值为 1.162 kV，屏蔽抑制系数为 0.03
3#	样品感应电压均值为 0.010 kV；对比样感应电压均值为 1.160 kV，屏蔽抑制系数为 0.01
4#	样品感应电压均值为 0.015 kV；对比样感应电压均值为 1.162 kV，屏蔽抑制系数为 0.03
5#	样品感应电压均值为 0.010 kV；对比样感应电压均值为 1.160 kV，屏蔽抑制系数为 0.01

表 1-3-23 中 1#试样编织层为圆铜线，2#、3#试样均为铜包铝线，4#、5#试样均为铜包铝合金线。从试验结果可知，1#试样屏蔽效能参数优于 2#和 4#试样，其原因是在同等编织的工艺参数和相同的线径条件下，由于 1#试样的直流电阻要低于 2#和 4#试样；而 3#和 5#试样在编织密度相同的条件下，由于适当提高编织丝的直径，其电流与电阻与 1#试样相近，所以屏蔽效能及参数也相近。以铜包铝线/铜包铝合金线替代铜线，应用于计算机电缆编织屏蔽，只要规格选择适当，编织结构合理，电缆的屏蔽性能指标可等同于铜线编织。

虽然理论上可以采用铜包铝线/铜包铝合金线代替铜线作为计算机电缆编织线，但由于铜包铝线/铜包铝合金线在潮湿的介质中易产生电化学腐蚀；铜铝结合界面在较高温度下易形成硬而脆的 $CuAl_2$ 金属间化合物，使电阻率降低，甚至降低结合强度，从而缩短电缆的使用寿命，所以建议用户谨慎选择。

3.3.3　屏蔽形式的选择

计算机电缆屏蔽形式按照屏蔽材料可分为铜线或镀锡铜线编织屏蔽、铜带（铜/塑复合带）绕包屏蔽、铝/塑复合带绕包屏蔽以及铝/塑复合带+铜丝编织复合屏蔽。

不同屏蔽形式优缺点及适用场合详见表 1-3-24。

表 1-3-24 屏蔽形式优缺点及适用场合对比

屏蔽形式	优点	缺点	适用场合
铜线编织屏蔽	耐纵向拉力大，电缆较柔软	编织覆盖率受到一定限制，加工成本较高	适用于低频电磁干扰，移动场合
镀锡铜线编织屏蔽	耐纵向拉力大，电缆较柔软，耐腐蚀氧化	编织覆盖率受到一定限制，加工成本较高	适用于低频电磁干扰，移动及存在腐蚀的场合
铜带绕包屏蔽	屏蔽效果好，防潮，有一定径向防护能力	电缆较硬，抗挠寿命较短	适用于射频干扰，固定使用场合，与铜/塑复合带相比应用于相对强干扰场所
铜/塑复合带绕包屏蔽	与铜带相比，铜/塑复合带便于绕包，比铜带屏蔽柔软，材料成本低	与铜带比较，其屏蔽效果不如铜带屏蔽好	适用于射频干扰的场合，与铜带相比，应用于相对弱干扰并且对电缆柔软性要求较高的场合
铝/塑复合带绕包屏蔽	重量轻、较柔软及防潮，屏蔽效果较好、加工成本相对较便宜	抗挠寿命较短	适用于射频干扰,固定使用及潮湿的场合
铝/塑复合带+铜丝编织屏蔽	能够在整个频谱提供最好的屏蔽效果。结合了箔层屏蔽 100% 的覆盖范围与编织屏蔽优异的机械强度和低直流阻抗等优点	加工及原材料成本高	适用于高低频混合的干扰场合

计算机电缆屏蔽形式按照屏蔽结构可分为分屏蔽、总屏蔽以及分屏蔽加总屏蔽三种。

1）分屏蔽。只对每个线对单独屏蔽，适用于防止线对间的相互干扰。

2）总屏蔽。只对整个成缆线芯屏蔽，适用于防止外界电磁场的干扰。

3）分屏蔽加总屏蔽。将每个线对单独用金属带或金属丝编织屏蔽，多线芯成缆后再加总屏蔽的结构，适用于要求线对或分组线芯之间互相屏蔽，又对外界有总屏蔽要求的电线电缆。

3.4 护层材料性能及结构设计

3.4.1 护层材料的性能

电缆护层的作用是保护护套内各层结构在敷设和运行过程中，免受机械损伤和各种环境因素如水、日光、生物和火灾等引起的破坏，以保证电缆长期稳定的电气性能。所以作为电缆三大组成部分之一的护层直接影响到电缆的使用寿命。电缆护层分内护层、铠装层和外护套。

1．电缆的内护层

内护层是相对于铠装电缆的外护套而言的，最常用的材料是聚氯乙烯，其型号、用途及技术要求见表 1-3-25 和表 1-3-26。

表 1-3-25　护层级聚氯乙烯塑料的型号及用途

型号	名称	使用温度/℃	主要用途
H-70	70 ℃护层级软聚氯乙烯塑料	70	450/750 V 及以下电线电缆的护层
HⅠ-90	Ⅰ型 90 ℃护层级软聚氯乙烯塑料	90	35 kV 及以下电力电缆及其他类似电缆护层

表 1-3-26　护层用聚氯乙烯塑料的技术要求

技术指标		H-70	HⅠ-90
拉伸强度/MPa		≥15.0	≥16.0
断裂伸长率（%）		≥180	≥180
热变形		≤50	≤40
冲击脆化性能	试验温度/℃	−25	−20
	结果	通过	通过
200 ℃时热稳定时间/min		≥50	≥180
20 ℃体积电阻率/Ω·m		≥1×10^8	≥1×10^9
介电强度/（MV/m）		≥18	≥18
热老化	试验温度/℃	100±2	100±2
	试验时间/h	168	240
	老化后拉伸强度/MPa	≥15.0	≥16.0
	拉伸强度最大变化率（%）	±20	±20
	老化后断裂拉伸应变（%）	≥180	≥180
	断裂拉伸应变最大变化率（%）	±20	±20
热老化质量损失	试验温度/℃	100±2	100±2
	试验时间/h	168	240
	质量损失/（g/m^2）	23	20

2. 电缆的铠装层

计算机电缆的铠装一般采用钢带和钢丝两种材料。钢带铠装层常用的是镀锌钢带或涂漆钢带，铠装钢带应符合 YB/T 024—2008 规定。

（1）镀锌钢带

根据 YB/T 024—2008 的要求，钢带表面镀层应均匀完整，不允许有锌层剥落和锈蚀。镀锌钢带用锌锭镀锌，电镀锌用锌锭应符合 GB/T 470—2008 中 1 号锌的规定。热镀锌用锌锭应符合 GB/T 470—2008 中 1 号～4 号的规定。镀锌钢带的镀层重量应不小于表 1-3-27 的规定。

镀锌钢带采用纵向试样 180°的弯曲试验，弯心直径为钢带厚度弯曲处。锌层不允许有粉碎和剥落。热镀锌钢带应进行硫酸铜溶液试验。试样浸入溶液中 60 s 后，表面不允许出现挂铜。

表 1-3-27 镀锌钢带锌层重量 （单位：g/m²）

代号	三点试验平均值	三点试验最小值	
	双面	双面	单面
R200	200	170	68
R275	275	230	94
R350	350	300	120
D40	40	—	—

注：100 g/m² 的锌层重量（双面）相当于每面锌层厚度约为 7.1 μm。

（2）镀锌钢丝

铠装用镀锌钢丝应符合 GB/T 3082—2008 规定。根据 GB/T 3082—2008，铠装用镀锌钢丝的抗张强度、伸长率和扭转次数应符合表 1-3-28 的规定。

表 1-3-28 镀锌钢丝性能指标

公称直径 /mm	抗拉强度 /（N/mm²）	断后伸长率		扭转试验		缠绕	
		（%）	标距 /mm	次数（360°）	标距/mm	芯棒直径与钢丝公称直径之比	缠绕圈数
>0.8~1.2	345~495	≥10	250	≥24	150	1	8
>1.2~1.6		≥10		≥22			
>1.6~2.5		≥10		≥20			
>2.5~3.2		≥10		≥19			
>3.2~4.2		≥10		≥15			
>4.2~6.0		≥10		≥10			
>6.0~8.0		≥9		≥7			

钢丝的锌层重量、均匀性（硫酸铜试验）和牢固（缠绕试验）符合表 1-3-29 的规定。

中间尺寸的钢丝，按相邻较大钢丝直径的规定值。镀锌层应附着牢固，经缠绕试验后，锌层不得有用裸手指能够擦掉的开裂或起层。钢丝表面应镀有均匀的锌层，不得有裂纹、斑疤和未镀锌的地方。

3．电缆的外护套

计算机电缆外护套常采用的材料是聚氯乙烯，聚乙烯和无卤低烟阻燃聚烯烃。

（1）聚氯乙烯

1）热老化质量损失。PVC 护套料的热老化质量损失是一项重要的温度等级评定指标。它的好坏可说明某温度等级的 PVC 电缆料中所用的原材料是否适用于该温度等级。若失重量过大则说明 PVC 护套材料在使用温度下助剂易析出挥发，材料易变硬变脆而失去原有性能。

2）200 ℃热稳定时间。200 ℃热稳定时间是评价 PVC 护套料耐热、耐高温能力的重要指标。其稳定性差，材料在高温加工时容易产生焦料，挤出时容易产生气泡，材料经过挤出后老化性能严重变差。

表 1-3-29 钢丝的锌层重量、均匀性（硫酸铜试验）和牢固性（缠绕试验）要求

公称直径/mm	Ⅰ组			Ⅱ组		
	镀层重量 /（g/mm²）	缠绕试验		镀层重量 /（g/mm²）	缠绕试验	
		芯棒直径为钢丝直径的倍数	缠绕圈数		芯棒直径为钢丝直径的倍数	缠绕圈数
0.9	≥112	2	6	≥150	2	6
1.2	≥150			≥200		
1.6	≥150	4		≥220	4	
2.0	≥190			≥240		
2.5	≥210			≥260		
3.2	≥240			≥275		
4.0	≥270	5		≥290	5	
5.0						
6.0				≥300		
7.0	≥280					
8.0						

3）密度。PVC 护套料的密度标准无统一明确规定，其与产品的质量和成本密切相关，适宜的填充是为了使 PVC 护套料获得标准或客户所要求的性能；过度的填充则是为了降低成本，同时会使材料机械性能等严重下降，电缆容易开裂。

（2）聚乙烯

1）炭黑含量、炭黑分散度和炭黑吸收系数。聚乙烯护套料中的炭黑不只是染色作用，更重要的是用它来防护紫外线，以免护套材料被紫外线杀伤而造成老化，但不是任何品种的聚乙烯在炭黑含量（2.6±0.25）%、分散度≤3 级时都具有良好的防紫外线性能。只有选择适宜的炭黑，确保炭黑含量及分散度满足标准要求，同时使吸收系数≥400，这样聚乙烯护套料才会具备优良的防紫外线能力。

2）200 ℃氧化诱导期。氧化诱导期为聚乙烯护套料抗热、抗氧能力的体现。聚乙烯护套料生产中，除需选用分子量及分子结构适宜的树脂作为基体外，还需协配加入足量的抗氧剂以保证材料具有优良的抗热和抗氧化能力。如果聚乙烯护套料中不加抗氧剂或加入的抗氧剂量不足或协配不当，均会在短期内使聚乙烯护套料开始产生大量分子断链和氧化交联现象，进而逐渐变硬变脆并开始龟裂，使电缆很快失去保护。

3）耐环境应力开裂。耐环境应力开裂是指聚乙烯护套材料在自然环境应力下是否易龟裂（产生裂纹而导致护套破坏从而使电缆失去保护）。此项性能基本取决于所选用的聚乙烯树脂材料本身，一般而言，只有共聚的含有一定含量第二单体（当

然也可含有第三单体）的聚乙烯树脂才会具有优良的耐环境应力开裂性能。相同含量时，第二单体的种类也会很大程度影响该性能。在第二单体种类和含量相同时，不同的分子量和分子结构也会产生不同的耐环境应力开裂性能。因此，此项性能主要取决于所用聚乙烯树脂基体，若"选材"不当就很容易产生不良的耐环境应力开裂性能。以上三大指标综合性能的好坏，决定了聚乙烯护套料的使用寿命，单项性能好，并不说明护套材料寿命长，但单项性能很差却可以说明护套材料的寿命很短。

4）低温冲击脆化温度。低温冲击脆化用于评价聚乙烯护套料在寒冷地区是否容易开裂。低温冲击脆化性能差的护套料在低温下会变得很脆，用作寒冷地区敷设电缆的护套时会出现：①电缆在敷设施工中受到摔、弯、碰和撞等外力时，易出现开裂；②电缆在使用时，受到外力易开裂。

5）拉伸强度和断裂伸长率。拉伸强度和断裂伸长率反映的是护套料承受外力的能力。只有拉伸强度和断裂伸长率多个试样测试结果平行性较好，并且符合标准要求时，才会具有良好地承受外力的能力。如果多个试样测试结果极度分散，那么即使最终结果符合标准要求，它也不会具备良好的承受外力能力，因为这样的材料会存在大量缺陷。

（3）无卤低烟阻燃聚烯烃

1）氧指数。几乎在所有人眼里，氧指数都代表了低烟无卤阻燃材料阻燃性能的指标。大多数人认为，氧指数越高则阻燃性能越好，或者说氧指数达标则材料阻燃性能达标。其实不然，氧指数高不一定通得过线缆阻燃试验，原因在于材料在燃烧中是否滴流及滴流的程度大小，这在很大程度上决定了线缆是否能通过阻燃试验及线缆的阻燃水平。

2）热变形和高温压力。热变形和高温压力是一个容易被忽视的，但却代表了耐温等级的指标。一提到耐温性能，大家都会想到热老化的指标，容易忽视掉热变形和高温压力这一指标。那么，对于热塑性低烟无卤阻燃材料来说，热变形和高温压力性能差则意味着：①线缆护套熔点低、易变形，在低于线缆最高使用温度时就能变软甚至熔化，同时在外力及自重的作用下使线缆变形甚至破坏，从而使线缆失去正常保护；②线缆护套易开裂：线缆局部受热受力时容易在较软的区域开裂，比如在阳光下爆晒或受到烘烤时会在爆晒和烘烤面开裂；③线缆阻燃性差：虽然材料氧指数并不低，但制成的线缆在进行燃烧试验时不能通过。原因在于材料温度指数低及线缆燃烧时无卤材料滴流。无卤料挤出性能比其他材料差，故大家都着力于挤出性能的改善，但挤出性能非常好的无卤材料也可能会存在以下问题：可能阻燃剂添加量不足而导致阻燃性不够；材料太软而造成耐温性不够，致使高温压力不合格；同时，由于材料温度指数低及滴流，从而导致线缆阻燃性不合格。

3.4.2　护层结构的选择

电缆护层由内护层、铠装层和外护套三部分组成。

　　内护层是防止铠装的钢带、钢丝在生产、安装或运行中碰伤缆芯而设置的。

　　铠装层的作用是防止和承受各种机械力,当电缆敷设于地下、管道中、水下和竖井中等场合时,为了防护可能受到的外来机械力的破坏,或承受电缆自重的拉力,必须具备有钢带、钢丝等构成的铠装层。敷设于地下的电缆,工作中可能承受一定的正压力作用,可选择钢带铠装结构。电缆敷设在既有正压力作用又有拉力作用的场合(如水中、垂直竖井或落差较大的土壤中),应选用钢丝铠装。钢带铠装一般采用左向双层间隙绕包,绕包间隙不大于带宽的 50%,且内层钢带的间隙应为外层钢带靠近中间部位所覆盖。钢丝铠装一般采用束铠形式。

　　在保证产品阻燃性能方面,护层结构设计对其至关重要,有金属带铠装层的计算机电缆相比于无铠装层的计算机电缆易于实现优良的阻燃性能,此铠装层在一定程度上起到防火墙作用。而金属丝铠装很容易将底部的燃烧温度传导到上部,使其内部塑料的氧指数降低,熔融的塑料会从它们的缝隙流出,加剧燃烧,其阻燃效果与没有金属丝铠装层的计算机电缆相当,甚至有时其阻燃性能低于非铠装的电缆。

　　外护套的作用主要有三个方面:一是对护套内的各层结构起到机械保护作用;二是可以保证铠装层不被腐蚀,同时通过对护套料配方的调整,可以起到防紫外线、防鼠和防白蚁等作用;三是增加电缆的绝缘性能,该作用中压电缆尤为突出。

　　在选择护层的结构组合时,主要是根据电缆的敷设环境(温度、湿度和腐蚀)、受力和使用条件等因素来选择。

　　1)在潮湿、含化学腐蚀环境或易受水浸泡环境敷设的电缆,铠装上应有聚乙烯外护套。

　　2)除低温–20 ℃以下环境或药用化学液体浸泡场所,以及有低毒难燃性要求的电缆挤塑外护套宜用聚乙烯外,可采用聚氯乙烯外护套。

　　3)移动式电气设备等需经常弯移或有较高柔软性要求回路的电缆,应采用硅橡胶或聚氯乙烯外护套。

　　4)放射线作用场所的电缆,应具有适合耐受放射线辐照强度的聚氯乙烯等防护外护套。

　　5)敷设于保护管中的电缆,应具有挤塑外护套。

　　6)空气中固定敷设电缆时的护层选择,应符合下列规定:①小截面挤塑绝缘电缆直接在臂式支架上敷设时,宜具有钢带铠装;②在地下客运、商业设施等安全性要求高而鼠害严重的场所,塑料绝缘电缆可具有金属套或钢带;③电缆位于高落差的受力条件需要时,可含有钢丝铠装;④除本条①、②项外,敷设在梯架或托盘等支承密接的电缆,可不含铠装。

　　7)除应按第③项的规定采用,以及高温 60 ℃以上场所应采用聚乙烯等耐热外护套的电缆外,宜用聚氯乙烯外护套。

　　以铜芯聚乙烯绝缘聚氯乙烯护套铝/塑复合带分屏蔽计算机电缆为例,计算机电缆的护层结构见表 1-3-30。

表 1-3-30　计算机电缆护层结构

型号	护层结构		
	内衬层	铠装层	外护套
DJYP3V	无	无	聚氯乙烯
DJYP3V-22	聚氯乙烯	钢带铠装	聚氯乙烯
DJYP3V-32	聚氯乙烯	钢丝铠装	聚氯乙烯

3.4.3　护层厚度的确定

1. 电缆的铠装层

计算机电缆常用的铠装类型有双金属带间隙铠装和金属丝铠装。铠装圆金属丝的标称直径和铠装金属带的层数、厚度及宽度应符合表 1-3-31 和表 1-3-32 的规定。

表 1-3-31　铠装圆金属丝标称直径　　　　　（单位：mm）

铠装前假定直径 d	铠装金属丝标称直径	铠装前假定直径 d	铠装金属丝标称直径
$d \leqslant 10.0$	0.80～1.25	$25.1 \leqslant d \leqslant 35.0$	2.0～2.5
$10.1 \leqslant d \leqslant 15.0$	1.25～1.6	$35.1 \leqslant d \leqslant 60.0$	2.5～3.15
$15.1 \leqslant d \leqslant 25.0$	1.6～2.0	$d > 60.0$	3.15

表 1-3-32　金属带层数、厚度及宽度　　　　　（单位：mm）

铠装前假定直径 d	层数×厚度	宽度
$d \leqslant 15.0$	$\geqslant 2 \times 0.2$	$\leqslant 20$
$15.1 \leqslant d \leqslant 25.0$	$\geqslant 2 \times 0.2$	$\leqslant 25$
$25.1 \leqslant d \leqslant 35.0$	$\geqslant 2 \times 0.5$	$\leqslant 30$
$35.1 \leqslant d \leqslant 50.0$	$\geqslant 2 \times 0.5$	$\leqslant 35$
$50.1 \leqslant d \leqslant 70.0$	$\geqslant 2 \times 0.5$	$\leqslant 45$
$d > 70.0$	$\geqslant 2 \times 0.8$	$\leqslant 60$

注：铠装前假定直径在 10.0 mm 以下时，宜用直径为 0.8～1.6 mm 的细钢丝铠装，也可采用厚度 0.1～0.2 mm 的镀锡钢带重叠绕包一层作为铠装，其重叠率应不小于 25%。

2. 电缆的外护套

挤包护套厚度的标称值 T_S（以 mm 计）的计算式为

氟塑料护套：$T_S = 0.025d + 0.4$，最小厚度为 0.6 mm；

硅橡胶护套：$T_S = 0.035d + 1.0$，最小厚度为 1.4 mm；

其他护套材料：$T_S = 0.025d + 0.9$，最小厚度为 1.0 mm。

其中，d 为挤包护套前电缆的假定直径，mm。

护套平均厚度应不小于标称厚度，其最薄处厚度应不小于标称厚度的 85%-0.1 mm。

第4章 计算机电缆的制造工艺

4.1 计算机电缆制造的工艺特征

4.1.1 大长度连续叠加组合生产方式

计算机电缆是以长度为基本计量单位，所有计算机电缆都是从导体加工开始，在导体的外围一层层加上绝缘、屏蔽、成缆和护层等制成计算机电缆产品。产品结构越复杂，叠加的层次就越多。这种生产方式称为"大长度连续叠加组合生产方式"，对计算机电缆生产的影响是全局性和控制性的，涉及和影响到以下三个环节。

1．生产工艺流程和设备布置

生产车间的各种设备必须按产品要求的工艺流程合理排放，使各阶段的半成品，顺次流转。设备配置要考虑生产效率不同而进行生产能力的平衡，有的设备可能必须配置两台或多台，才能使生产线的生产能力得以平衡。因此，设备的合理选配组合和生产场地的布置，必须根据产品和生产能力来平衡综合考虑。

2．生产组织管理

生产组织管理必须科学合理、周密准确及严格细致，操作者必须一丝不苟地按工艺要求执行，任何一个环节出现问题，都会影响工艺流程的通畅，影响产品的质量和交货。比如计算机电缆的某一个线对或基本单元长度短了，或者质量出现问题，则整根电缆就会长度不够，造成报废。反之，如果某个单元长度过长，则必须去除掉浪费环节。

3．质量管理

大长度连续叠加组合的生产方式，使生产过程中任何一个环节、瞬时发生一点问题，就会影响整根电缆质量。质量缺陷越是发生在内层，而且没有及时发现终止生产，那么造成的损失就越大。因为计算机电缆的生产不同于可以拆开重装及更换零部件组装式的产品，计算机电缆的任一部件或工艺过程一旦出现质量问题，就几乎是无法挽回和弥补的。事后的处理也是十分消极的，要么锯短，要么做降级处理，甚至报废整根电缆。因此，计算机电缆的质量管理，必须贯穿整个生产过程。质量管理检查部门要对整个生产过程巡回检查、操作人员自检及上下工序互检，这是保证产品质量，提高企业经济效益的重要保证和手段。

4.1.2 生产工艺门类多，物料流量大

计算机电缆制造涉及的工艺门类广泛，从有色金属的熔炼和压力加工，到塑料、

橡胶等化工技术，纤维材料的绕包、编织等的工艺技术，金属材料的绕包及金属带材的纵包、焊接等金属成型加工工艺等。计算机电缆制造所用的各种材料，不但类别、品种及规格多，而且数量大。因此，各种材料的用量、备用量、进料周期和批量必须核定。同时，必须重视废品的分解处理、回收重复利用等工作，做好材料定额管理，重视节约工作。此外，计算机电缆生产中，从原材料及各种辅助材料的进出、存储，各工序半成品的流转到产品的存放、出厂，物料流量大，必须合理布局，动态管理。

4.1.3　专用设备多

在计算机电缆产品的制造中，有许多是本行业特有的工艺技术，还有许多工艺方法，虽与其他行业有相近性，但为了适应线缆产品的结构、性能要求，满足大长度连续并尽可能高速生产的要求，也必须不断地改进设计，从而形成了线缆制造的专用设备系列，如挤塑机系列、拉线机系列、绞线机系列和绕包机系列等。计算机电缆的制造工艺和专用设备的发展密切相关，互相促进。新工艺要求促进新专用设备的产生和发展；而新专用设备的开发又提高促进了新工艺的推广和应用。

4.2　计算机电缆制造的工艺流程

4.2.1　计算机电缆制造的工艺流程图

计算机电缆的主要制造工艺有导体绞合、挤塑（交联）、成缆元件绞合、屏蔽、成缆、铠装、护套、印字、检验、包装和入库等。根据屏蔽形式及有无铠装，计算机电缆制造基本工艺流程如图 1-4-1 所示。

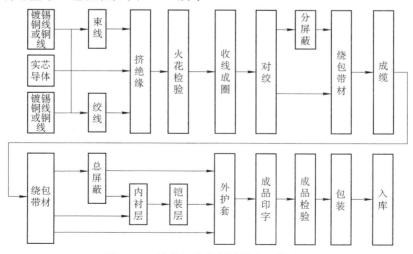

图 1-4-1　计算机电缆制造基本工艺流程

4.2.2　计算机电缆制造工艺的简述

4.2.2.1　计算机电缆绞线工艺

计算机电缆导体分为单根实芯导体和绞合导体两种,其中绞合导体又分为正规绞合和束绞两种。导体的正规绞合是把单线或股线按同心圆的方式,相邻层绞向相反,分层有规则地绞合在绞线轴线周围,中心层通常是一根单线或 2～5 根相同直径的单线绞合成的线芯。束绞是多根单线以同一绞向不按绞合规律一起绞合而成,各单线之间的位置相互不固定,束线的外形也很难保持圆整。由于束绞线的绞合全部是向一个方向,与普通绞线一层左向、一层右向的绞合不同,所以束线比普通绞线更柔软。

1. 绞线的特点

无论是正规绞合导体还是束绞导体,它们与实芯单根导体相比具有以下特点。

（1）柔软性好

与相同截面积的单根导电线芯相比较,多根单线绞合的导电线芯更柔软。因为绞线在弯曲时受压缩的部分向受拉伸部分作微小的滑移,绞线弯曲的外力只要克服单线的弯曲应力和单线间的滑移摩擦力。而单根导线在弯曲时,单线外侧受拉伸,单线内侧受压缩,两者对弯曲产生阻力。单线和绞线弯曲情况如图 1-4-2 所示。绞线的柔软性能有利于安装,可减少因弯曲、振动和摆动所造成的损坏。

图 1-4-2　单线和绞线弯曲情况

a）单线　b）绞线

（2）可靠性好

单线在制造过程中由于受到材料性能、工艺及生产条件的限制,会出现一些缺陷,这会极大地影响单线的可靠性,而绞线则是由多根单线构成的,缺陷得以分散,导线的可靠性明显提高。

（3）强度高

相同截面积的绞线与单根导线相比强度要大得多。因为绞线中的单线直径比单根导线直径小得多,在使用同样杆材的情况下,小线径经受的变形程度高于大线径的变形程度,因而其强度也高,经绞合后引起的强度损失较小（约 5%）。此外,在线材生产中接头是不可避免的,线材经接头后强度有所下降,但绞线中单线的接头按工艺要求都应间隔一定距离,而单线却无法做到这一点,这也是绞线强度高于单根导线的另一原因。

2. 常见质量问题原因分析及预防措施

绞线过程中常出现的各种质量问题,其原因分析及预防措施见表 1-4-1。

表 1-4-1　绞线常见质量问题的原因分析及预防措施

序号	质量问题	原因分析	处理办法及预防措施
1	线芯规格错误	1）开车未检查 2）上道工序填错跟踪卡	1）严格按工艺卡片核对 2）上车前严格检查绝缘线芯规格
2	线芯有擦伤和毛刺	1）导轮分线板和筒体模具有损伤 2）模具选择不合适或线芯不对中心 3）导轮分线板与模具之间距离太小 4）放线盘张力太小，线芯松开被轧伤 5）放线盘张力太大，线芯硬擦伤	1）更换损坏部件 2）选择合适模具或调整线芯入模角度 3）加大导轮分线板与模具之间距离 4）调整放线盘张力 5）调整放线盘张力
3	绞线节距不对	1）牵引速度不正确 2）绞笼转速不正确	1）正确选择变速级别 2）按节距表正确选择规定节距

4.2.2.2　计算机电缆挤塑工艺

挤塑过程的工艺条件对制品的产量和质量影响很大，特别是塑化（熔融）过程，直接影响制品的物理机械性能和外观，决定这一过程的主要因素是温度和螺杆转速。

1. 挤出温度

在塑料的挤出过程中，物料聚集态的转变以及决定物料流动的黏度都取决于温度。因此，温度是塑料挤出工艺最重要的工艺参数。

由于温度影响着塑料的熔融过程和熔体的流动性，因此挤出温度直接影响到挤出制品的质量。有研究指出，低温挤出的优点为：保持挤出塑料层的形状比较容易，由于挤包层中热能较小，缩短了冷却时间。此外，温度低还会减少塑料降解，这对容易产生热降解的塑料（如聚氯乙烯）尤为重要，同时对挤出过程易发生其他物理-化学变化（如交联聚乙烯挤出温度高时容易发生先期交联）的塑料也是很重要的。但挤出温度过低，会使挤包层失去光泽，并出现波纹和不规则破裂等现象。另外，温度低，塑料熔融区延长，从均化段出来的熔体中仍夹杂有固态物料，这些未熔物料和熔体一起成型于制品上，其影响是不言而喻的。

温度对产品的物理性能影响是复杂的，电缆用乙烯类塑料绝缘层抗张强度与挤出温度有关，对应于最大的抗张强度有一最佳的挤出温度。有研究指出，提高低密度聚乙烯护套的挤出温度，能提高抗应力开裂强度。但也应当指出，挤出温度过高，易使塑料焦烧，或出现"打滑"现象。另外温度较高挤包层的形状稳定性差，收缩率增加，甚至引起挤出塑料层变色和出现气泡等。

挤出物料的热量来自机筒加热和螺杆旋转的剪切和摩擦热，前者在运行初期是很重要的，后者在运行稳定后则是主要的。升高机筒温度很自然地会增加从机筒到塑料的热交换。在挤出稳定运行之后，螺杆旋转剪切和摩擦的热量，常常会使塑料达到或超过所需温度。此时机内控制系统切断加温电源，挤出机进入"自热挤出"过程，并应视情况对机筒和螺杆进行冷却。从实践经验得出，冷却螺杆还有助于改善挤出质量，但同时也降低了挤出流率。改善质量是由于冷却使螺杆均化段的有效槽深减少，增强了剪切作用。挤出过程中温度不是孤立的，在流率和螺杆转数不变时，提高挤出温度会使挤出压力降低。在低流率下，温度对压力的影响是很明显的，但影响随流率的增加而逐渐减小。挤出温度升高，还会使所需螺杆的功率降低。

　　由于塑料品种的不同，甚至同种塑料（如聚乙烯）因其结构组成的不同，其挤出温度控制不尽相同。表 1-4-2 列了电线电缆生产中几种常用塑料的挤出温度，该表中操作温度的比较，只有对同一设备才有意义。设备不同，机筒壁厚薄不一样，测温点的深浅不一样，仪表误差不同，而且测温仅是测机筒和机头的温度，与物料的实际温度也不一样。因此，应随时观察挤出过程中塑料的塑化质量，并调节温控。表 1-4-2 中所示的挤出温度仅供参考。

表 1-4-2　　常用塑料的挤出温度　　　　　　　　（单位：℃）

序号	塑料品种	加料段	熔融段	均化段	机脖	机头	模口
1	聚氯乙烯	150~160	160~170	175~185	175~180	170~175	170~180
2	聚乙烯	140~150	180~190	210~220	210~215	190~200	200~210
3	聚乙烯	130~140	160~170	175~185	170~180	170~175	170~180
4	氟-46	260	310~320	380~400	380~400	350	250

　　采用这样温度设置的原因如下。

　　1）加料段采用低温。这是由加料段所承担的"任务"决定的，该段要产生足够的推力，机械剪切并搅拌混合，如温度过高，使塑料早期熔融，不但导致挤出过程中分解，而且引起"打滑"，造成挤出压力波动，导致挤出量不均匀。还因过早熔融，致混合不充分，塑化不均匀，所以该段一般采用低温。在这一段还要对塑料进行预热，以保证能够在熔融段熔融，因此，温度也不能比熔融段低太多。

　　2）熔融段温度要有幅度较大的提高。这是因为塑料在该段要实现塑化的缘故，需要大量热量，只有达到一定的温度才能确保大部分组成得以塑化。

　　3）均化段温度最高。塑料在熔融段已大部分塑化，而其中小部分高分子组成尚未开始塑化，而进入均化段，这部分组成尽管很小，但其塑化是必须实现的，而其塑化的温度往往需要更高。因此，均化段的挤塑温度有稍许升高的必要，有些时候，可以维持不变，而是以塑化时间的延续，实现充分塑化。

　　4）机脖的温度要保持均化段的温度或稍有降低。这是因为塑胶出筛板变旋转运动为直线运动，且由筛板将塑胶分散为条状物，必须在其熔融态将其彼此压实，显然温度下降太多是不行的。

　　5）机头温度一般要下降。机头承接已塑化且由机脖压实的胶料，起继续挤压使之密实，塑胶在此有固定的表层与机头内壁长期接触，若温度过高，势必出现分解甚至是焦烧，特别是在机头的死角处。

　　6）模口处温度升高、降低都有实例。一般模口温度升高可提高制品表面质量，但模口温度过高，易造成表层分解，更易导致成型冷却困难，使产品难于定型；模口温度降低，降低了表层分解的可能性，便于冷却成形，但易出现表面无光泽，光洁度差等现象。

因此，尽管各种塑料的挤出温度控制不一，但都有一个普遍的规律，即从加料段起到模口止都有一个温度从低到高再到低的变化规律。如果挤出过程中温度控制的不合适，塑料就会产生很多缺陷，影响产品质量。

2. 螺杆转速

由挤出机物料输送和均化段黏流体的流率分析可知，塑料流率（即挤出速度）和螺杆转速成正比，由于调节方便，螺杆转速是挤出过程中表征挤出速度的重要操作变量。因此，在一般情况下，提高螺杆转速是现代挤出机提高生产能力，实现高速挤出的重要手段。但对塑料熔融长度分析得知，螺杆转速增加：一方面由于增强剪切作用，使剪切摩擦增加；另一方面，在没有机头压力控制的情况下，螺杆转速增加，流率增加，物料在机内停留的时间缩短，导致塑料塑化程度下降。而且后者的影响超过前者，会因熔融长度延长至均化段而破坏正常的挤出过程。所以需要增加螺杆转速来提高挤出速度时，还必须提高加热温度或控制机头压力来提高塑料的塑化程度，以保证高速挤出时的塑料挤出质量。

塑料挤出速度或塑化的好坏与使用的塑料材料和温度控制有关，各种塑料的塑化温度有所不同。如果快速挤出塑料，只有材料优良，温度适当，才能实现。另外，挤出速度与挤出厚度（出胶量）也有密切关系，正常挤出过程中，出胶量大（塑料层厚），挤出速度慢；反之，挤出速度就快。在保证质量的前提下，可适当提高挤出速度。

3. 牵引速度

挤包制品是由牵引装置拖动通过机头的。为保证产品的质量，要求牵引速度均匀稳定，与螺杆转速协调，以保证挤出厚度和制品外径的均匀性。如果牵引速度不稳定，挤包层易形成竹节状。牵引过慢时会使挤出厚度大，且发生堆胶或空管现象；牵制速度过快时，易造成挤出拉薄拉细，甚至出现脱胶漏包现象。所以正常挤出过程中，一定要控制好牵引速度。

4. 冷却

塑料挤制工艺制度中的冷却也是很重要的一项，一般分成螺杆冷却、机身冷却以及产品的冷却。

（1）螺杆冷却

其作用是消除摩擦过热，稳定挤出压力，促使物料搅拌均匀，提高塑化质量。但其使用必须适当，尤其不能过甚，否则机腔内胶料骤然冷却，会导致严重事故的发生。而螺杆冷却，在挤出前是绝对禁用的，否则也会酿成严重的设备事故。

（2）机身冷却

其作用是增加机身散热，以此克服摩擦过热形成的温升，因为这一温升在挤出中甚至在切断加热电源后也不能停止，使合理的温度制程不能长期维持，必须增加散热，使机身冷却，以维持挤出热平衡。考虑到机身各段的功能，均化段冷却的使用尤其要注意。

（3）产品冷却

产品冷却是确保制品几何形状和内部结构的重要措施，塑料挤包层在离开机头后，应立即进行冷却，否则会在重力作用下发生变形。对于聚氯乙烯等非结晶材料可以不考虑结晶的问题，塑料制品可采用急冷方法用水直接进行冷却，使其在冷却水槽中冷透，不再变形。而聚乙烯、聚丙烯等结晶型聚合物的冷却，则应考虑到结晶问题，如果采用急冷方法，会给塑料制品组织带来不利的影响，产生内应力，这是导致产品日后产生龟裂的原因之一，必须在挤塑工艺中予以重视。聚乙烯和聚丙烯等结晶型塑料的挤包层宜用逐步降温的温水冷却方法进行，一般视设备辅机设施而定，冷却水槽应分段分节，水温可由塑料挤包层进入第一段水槽的 75～85 ℃温度开始，逐段降低水温，直至室温，各段水温的温差越小越合理。

5. 常见质量问题原因分析及预防措施

在挤塑过程中常出现的各种质量问题，其原因分析及预防措施见表 1-4-3。

表 1-4-3　挤塑常见质量问题的原因分析及预防措施

序号	问题	原因分析	处理办法及预防措施
1	焦烧	① 温度控制超高造成塑料焦烧 ② 螺杆长期使用而没有清洗，焦烧物积存，随塑料挤出 ③ 加温时间太长，塑料积存物长期加温，使塑料老化变质而焦烧 ④ 停车时间过长，没有清洗机头和螺杆，造成塑料分解焦烧 ⑤ 多次换模或换色，造成塑料分解焦烧 ⑥ 机头压盖没有压紧，塑料在里面老化分解 ⑦ 控制温度的仪表失灵，造成超高温后焦烧	① 经常检查加温系统是否正常 ② 定期地清洗螺杆或机头，要彻底清洗干净 ③ 按工艺规定要求加温，加温时间不宜过长，如果加温系统有问题要及时找有关人员解决 ④ 换模或换色要及时、干净，防止杂色或存胶焦烧 ⑤ 发现焦烧应立即清理机头和螺杆 ⑥ 调整好模具后要把模套压盖压紧，防止进胶 ⑦ 更换仪表
2	塑化不良	① 温度控制过低或控制的不合适 ② 塑料中有难塑化的树脂颗粒 ③ 操作方法不当，螺杆和牵引速度太快，塑料没有完全达到塑化 ④ 造粒时塑料混合不均匀或塑料本身存在质量问题	① 按工艺规定控制好温度，发现温度低要适当地把温度调高 ② 要适当地降低螺杆和牵引的速度，使塑料加温和塑化的时间增长，以提高塑料塑化的效果 ③ 利用螺杆冷却水，加强塑料的塑化和致密性 ④ 选配模具时，模套适当小些，加强出胶口的压力
3	疙瘩	① 由于温度控制较低，塑料还没有塑化好就从机头挤出来了 ② 塑料质量较差，有难塑化的树脂，没	① 塑料本身造成的疙瘩，应适当地提高温度 ② 加强塑料质量的管理

（续）

序号	问题	原因分析	处理办法及预防措施
3	疙瘩	有完全塑化就被挤出 ③ 加料时一些杂质被加入料斗内，造成杂质疙瘩 ④ 温度控制超高，造成焦烧，从而产生焦烧疙瘩 ⑤ 对模压盖没有压紧，进胶后老化变质，出现焦烧疙瘩	③ 加料时严格检查塑料是否有杂物，加料时不要把其他杂物加入料斗内，发现杂质要立即清理机头，把螺杆内的存胶跑净 ④ 发现温度超高要立即适当降低温度，如果效果不见好，要立即清洗机头和螺杆，排除焦烧物 ⑤ 压紧模压盖
4	塑料层正负超差	① 缆芯不圆，有蛇形，外径变化太大 ② 半成品有质量问题，如：钢带接头不好，钢带松套等 ③ 操作时，模具选配过大，造成倒胶而产生塑料层偏芯 ④ 调整模具时，调模螺钉没有扭紧，产生倒扣现象而使塑料层偏芯 ⑤ 螺杆或牵引速度不稳，造成超差 ⑥ 加料口或过滤网部分堵塞，造成出胶量减少而出现负差	① 经常测量缆芯外径和检查塑料层厚度，发现外径变化或塑料层不均匀，应立即调整 ② 半成品修复后使用 ③ 配模要合适 ④ 调好模具后要把调模螺钉拧紧，把压盖压紧 ⑤ 注意螺杆和牵引的电流和电压表，发现不稳，要及时找电工、钳工检修 ⑥ 检查加料口或更换过滤网
5	电缆外径粗细不均和竹节形	① 收放线或牵引的速度不均 ② 半成品外径变化较大，模具选配不合适 ③ 螺杆速度不稳，主电动机转速不均，皮带过松或打滑	① 经常检查螺杆、牵引和收放线的速度是否均匀 ② 模具选配要合适，防止倒胶现象 ③ 经常检查机械和电器的运转情况，发现问题要立即找钳工或电工修理
6	合胶缝差	① 控制温度较低，塑化不良 ② 机头长期使用，造成严重磨损 ③ 机头温度控制失灵，造成低温，使塑料层合胶效果差	① 适当地提高控制温度，特别是机头的控制温度 ② 机头外侧采用保温装置进行保温 ③ 更换温控仪
7	气孔气泡气眼	① 局部控制温度超高 ② 塑料潮湿或有水分 ③ 停车后塑料中的多余气体没有排除 ④ 自然环境潮湿	① 温度控制要合适，发现温度超高要立即调整，防止局部温度超高 ② 加料时要严格地检查塑料质量，特别是阴雨季节，发现潮湿有水，应立即停止使用，然后把潮料跑净 ③ 在加料处增设预热装置，以驱除塑料中的潮气和水分 ④ 经常取样检查塑料层是否有气孔、气眼和气泡
8	脱节或断胶	① 线芯太重与模芯局部接触，造成温度降低，使塑料局部冷却，由于塑料低温拉伸而造成脱节或断胶 ② 半成品质量较差，如钢带和塑料带松套，接头不牢或过大、导电线芯有水或有油	① 线芯或缆芯要预热挤塑 ② 挤包前严格控制半成品的质量，对质量不合格的待处理后再上机
9	坑和眼	① 紧压导电线芯绞合不密实，有空隙 ② 线芯有水、有油、有脏物 ③ 温度控制较低	① 绞合导体的紧压要符合工艺规定 ② 半成品不符合质量要求，应处理好后再生产 ③ 适当调整温度

（续）

序号	问题	原因分析	处理办法及预防措施
10	塑料层起包、棱角、耳朵、皱褶及凹凸	① 塑料包带和钢带绕包所造成的质量问题 ② 模具选配过大，抽真空后造成的 ③ 模芯损坏后产生塑料倒胶	① 检查半成品质量，不合格品不生产 ② 模具选配要合适。适当降低牵引速度，使塑料层完全冷却 ③ 装配前要检查模具，发现问题要处理后再使用
11	塑料表面出现痕迹	① 模套承线径表面不光滑或有缺口 ② 温度控制过高，塑料本身的硬脂酸钡分解，堆积在模套口处造成痕迹	① 选配模具时要检查模套承线径的表面是否光滑，如有缺陷应处理 ② 适当降低机头加温区的温度，产生硬脂酸钡后要立即清除

4.2.2.3 计算机电缆成缆工艺

成缆工艺即将绝缘线芯按一定的规则绞合起来，对绞合时产生的空隙加以填充并用带子包紧的这一整个工艺过程。计算机电缆一般需要多成缆元件绞合到一起形成一个缆芯，这样不仅使用方便而且经济。为了保证成缆后缆芯圆整度，成缆元件之间的间隙允许用非吸湿性材料填充。

1. 成缆工艺的基本概念

成缆过程中，每根绝缘线芯都有直线和旋转两种运动，当绝缘线芯旋转一周时，绝缘线芯沿轴向前进的距离称为成缆节距。成缆节距以节径比（又叫节距比，是节距长度与成缆外径之比）的形式予以限定，节径比的大小依导体结构、绝缘类型和使用要求不同而不同，一般要求柔软性较高的电缆节径比较小，以使这些电缆具有较好的弯曲性能。成缆时需选择适合的节径比，使电缆有好的结构稳定性和弯曲性，减少变形。

成缆绞合方向有左向和右向之分，区别的方法与绞合线芯相同，即将绝缘线芯成缆后，水平放置向前看，如果是左旋为左向，右旋为右向，计算机电缆最外层成缆绞合应为右向。在生产过程中面对着绞线机或成缆机的前端（即放线端），绞笼是顺时针旋转，绞出的线芯为右向，反向为左向。判别已绞好的线芯绞向可用手去比试：摊开手掌，四指并拢，大拇指自然张开，掌心向上，让四指指向绞线的前进方向，单线的斜出方向与伸开的大拇指方向一致，如果与左手相符，绞向就是左向，因与英文字母"S"的中间部分相似，所以也叫 S 向；如果与右手相符，绞向就是右向，因与英文字母"Z"的中间部分相似，所以也叫 Z 向。如图 1-4-3 所示。

2. 成缆模具

成缆采用的模具有压模、包带模，这些模具由两个半圆模加定位销组合而成。模子的形状大致相

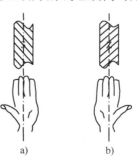

图 1-4-3 绞合方向的判定

a）左向绞向 b）右向绞向

同,如图 1-4-4 所示。

进线区是圆滑的喇叭形,为绝缘线芯
进入模具时的过渡状态,目的在于不使绝
缘线芯产生过分的弯曲。承线区是直线,
使线芯经过这个区域后基本定型。模具的
进线段和定型段长度之比大约为 2:1,它
们之间是光滑圆弧过渡,使绝缘线芯保持
良好状态。模具的内壁光滑耐磨。

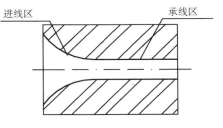

图 1-4-4 成缆模形状

3. 退扭绞合和不退扭绞合

绝缘线芯的成缆有两种方法:一种是退扭绞合,另一种是不退扭绞合。退扭绞
合是装有放线盘的线盘架借助其上的特殊装置(退扭装置),在机器旋转时,使放
线盘始终保持水平位置,在成缆时绝缘线芯只受挠曲作用,而不发生扭转作用。不
退扭绞合是装有放线盘的线盘架固定于绞笼上,当绞笼每旋转一转(360°),放线
盘跟着转一转,绝缘线芯也扭转 360°。计算机电缆的成缆单元一般为圆形,圆形
线芯在成缆时为防止线芯自身的扭转,产生内应力,通常采用退扭成缆。计算机电
缆圆形成缆单元采用退扭绞合成缆后,线芯没有回弹应力,可以保证成缆圆整度和
成缆直径的准确性。

4. 常见质量问题原因分析及预防措施

成缆过程中常见质量问题的原因分析及预防措施见表 1-4-4。

表 1-4-4　成缆常见质量问题原因分析及预防措施

序号	质量问题	原因分析	处理办法及预防措施
1	线芯规格搞错	① 开车未检查 ② 上道工序填错跟踪卡	① 上车前严格检查绝缘线芯规格 ② 严格按工艺卡片核对
2	绝缘线芯有创伤和穿孔	① 导轮分线板和模具有损伤 ② 模具选择不合适或线芯不对中心 ③ 导轮分线板与模具之间距离太小 ④ 放线盘张力太小,线芯松开被轧伤 ⑤ 放线盘张力太大,线芯硬擦伤	① 更换损坏部件 ② 选择合适模具或调整线芯入模角度 ③ 加大导轮分线板与模具之间距离 ④ 调整放线盘张力 ⑤ 调整放线盘张力
3	包带的重叠太小或发皱	① 绕包头的松紧、角度和方向不对 ② 绕包带的宽度不够或绕包头转速太低,重叠太小 ③ 绕包带的宽度过大或绕包头转速过快(重叠过多,发皱)	① 调整好绕包头的松紧、角度和方向 ② 调整绕包带宽度或绕包头转速 ③ 调整绕包带宽度或绕包头转速
4	成缆节距不对	① 牵引速度不正确 ② 绞笼转速不正确	① 正确选择变速级别 ② 按节距表正确选择绞笼转速
5	成缆外径过大	① 绝缘线芯直径大 ② 线模孔径过大 ③ 包带过松	① 绝缘外径要在工艺范围内 ② 选择合适的线模孔径 ③ 增加包带张力

（续）

序号	质量问题	原因分析	处理办法及预防措施
6	成缆外径不均匀及不圆整	① 绝缘外径不均匀，有大有小 ② 成缆结构排列不合理 ③ 配模不正确 ④ 填充不均匀或不适当 ⑤ 填充根数太少，致使电缆成油条状 ⑥ 接头处尺寸过大，致使电缆局部过大	① 处理好绝缘外径再生产 ② 改进成缆结构排列 ③ 选择正确线模 ④ 选择合适的填充根数及外径 ⑤ 增加填充根数 ⑥ 处理好接头
7	电缆部分断裂（包括绝缘线芯拉断等）	① 线模直径太小 ② 放线不均匀	① 增加线模直径 ② 均匀放线张力
8	成缆后电缆蛇形	① 成缆节距大 ② 成缆张力不均匀 ③ 收排线乱成蛇形	① 调整节距 ② 调整张力 ③ 注意排线质量

4.2.2.4　计算机电缆绕包工艺

　　计算机电缆主要的绕包工艺包括耐火计算机电缆导体外云母带的绕包、成缆后的缆芯外包带、屏蔽带绕包（如铜带、铜/塑复合带或铝/塑复合带）以及内护层外铠装钢带绕包。绕包方式有重叠绕包和间隙绕包，如图 1-4-5 所示。为使绕包带紧密、平整地绕包于缆芯上，需对绕包带施加一定的张力，在绕包过程中，张力的稳定与否将直接影响线缆外径的均匀性，进而导致线缆其他相关性能的变化。因此，线缆绕包张力的控制对线缆的生产质量十分关键。

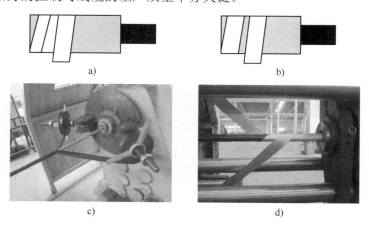

图 1-4-5　线缆绕包方式

a）重叠绕包　b）间隙绕包　c）PVC 带重叠绕包　d）钢带间隙绕包

　　张力控制的方式有机械方式和电气方式两种。采用机械方式控制绕包张力时主要是依靠带与带轮间的摩擦力来控制绕包带的张力，从而实现放带恒张力的控制。相对于机械方式，电气方式控制绕包张力时脉动性小、准确度高，且能实现不停车调整，因此得到了越来越广泛的应用。目前，电气控制绕包张力的方式有变频电动机张力控制和磁粉制动器（离合器）张力控制两种。其中变频电动机张力控制系统是通过励磁电流或励磁电压来实现电动机转速的控制，从而实现张力恒定，该张力控制系统适用于对速度和张力都有较高要求的场合，如电缆生产的收线系统；磁粉制动器张力控制系统是根据输出转距与通过其电感线圈的电流具有优良的线性关系以及相应的检测器件检测的实时数据，对磁粉制动器的励磁电流及时进行调整，从而保持绕包张力的恒定，该张力控制系统以其体积小、重量轻、励磁功率小和受控性好而多用于张力小、准确度高的场合。

常用耐火计算机电缆是用无机材料与有机绝缘材料构成的复合绝缘电缆，耐火层通常采用耐火云母带绕包在普通导体外。常采用的云母带主要包括有机硅玻璃粉云母带和大鳞片云母带，以达到防火之目的。这种电缆工艺简单，价格较低，生产长度和使用范围不受影响，耐火性能较好。

云母带绕包时，重点控制云母带宽度、绕包角度和张力，保证云母带绕包平整、紧密。绕包设备应采用稳定性好，加工精度高的绕包机，传统绕包机生产小截面积耐火电缆，质量稳定性较难保证。一般来说，云母带外面绕包一层聚酯薄膜是必要的：一方面防止刮伤云母带；另一方面防止云母带吸潮，耐火性能降低。为防止云母带吸潮，绕包完成云母带的线芯要尽快挤包绝缘。耐火计算机电缆绕包云母带时要考虑曲率半径的问题。因为曲率半径小，容易造成云母带过分弯曲，导致云母带出现裂纹，而影响耐火性能，所以选择合适的云母带以及正确的加工工艺很重要。

绕包过程中常见质量问题的原因分析及预防措施见表 1-4-5。

表 1-4-5　绕包常见质量问题原因分析及预防措施

序号	质量问题	原因分析	处理办法及预防措施
1	包带的重叠太小或发皱	① 绕包头的松紧、角度和方向不对 ② 绕包带的宽度不够或绕包头转速太低，重叠太小 ③ 绕包带的宽度过大或绕包头转速过快（重叠过多，发皱）	① 调整好绕包头的松紧、角度和方向 ② 调整绕包带宽度或绕包头转速 ③ 调整绕包带宽度或绕包头转速
2	铜带擦坏	① 放线盘刹车过紧或过松 ② 模具太小	① 调整放线盘张力 ② 更换模具
3	钢带漏包	① 钢带张力未调整好，钢带绕包角不合适 ② 电缆配模过大	① 开机时慢速试运转，观察两钢带的张力和绕包角度，逐渐调整到张力适度并平衡 ② 更换较小的配模
4	钢带重叠率过大	① 钢带宽度过大 ② 电缆外径过小 ③ 牵引速度过小	① 开机选材严格按工艺要求执行 ② 缆芯上机前一定要检查外观和外径，发现异常及时报告 ③ 设备运行时随时观察状态，发现异常及时排除，如果自行解决不了，要及时报修

（续）

序号	质量问题	原因分析	处理办法及预防措施
5	内衬层被损坏	① 钢带卷边、裂口 ② 两钢带盘放带张力过大或两钢带盘张力不一致形成缆芯的摇摆 ③ 钢带焊接不好有尖角	① 钢带复绕时和上机前要仔细检查，防止有缺陷钢带上盘生产 ② 刚开始开机时要慢速试运转，观察两钢带的张力和绕包松紧度，逐渐调整到张力适度并平衡 ③ 钢带接头一定要平整、牢固，接头边缘部分的毛刺、尖角翘起等要修锉平整
6	钢带间隙超过标准	① 钢带宽度过窄 ② 电缆实际外径超过标准 ③ 收线和牵引不同步使电缆的钢带间隙起伏	① 开机选材严格按工艺要求执行 ② 缆芯上机前一定要检查外观和外径，发现异常及时报告 ③ 设备运行时随时观察状态，发现异常及时排除，如果自行解决不了，要及时报修

4.2.2.5 计算机电缆编织工艺

编织工艺，就是采用编织机将纤维材料捻成的线或金属丝以一定规律互相交织并覆盖在电线电缆表面上，成为一个紧密的保护层（或屏蔽层）。计算机电缆的金属丝屏蔽采用编织工艺。为了形成编织，其条件是必须不少于四股或四根线，也就是每层最少应有两股或两根线。线股编织规律可以各种各样，但电线电缆产品最常用的是每股盖住其他两股而本身又被其他两股盖住的编织规律。这种编织展开后如图 1-4-6 所示。

图 1-4-6　编织层展开图

1. 编织工艺参数

（1）编织节距

锭子旋转一周，股线沿电缆轴向前进的距离，如图 1-4-7 所示，其计算公式为

$$h = \frac{v}{n_z} \tag{1-4-1}$$

式中，h 为编织节距；v 为牵引速度，mm/min；n_z 为锭子转速，r/min。

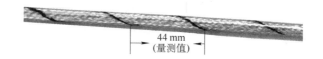

44 mm
（量测值）

图 1-4-7　节距表示图

（2）编织角

编织股线与电线电缆的横截面所形成的角度，用 α 表示，工艺中一般为 $30° \sim 60°$。

$$\alpha = \arctan \frac{h}{\pi d_{cp}} \tag{1-4-2}$$

式中，h 为编织节距；d_{cp} 为编织层的平均直径，计算式为

$$d_{cp} = D_0 + \Delta \qquad (1\text{-}4\text{-}3)$$

式中，D_0 为编织前电线电缆的外径；Δ 为编织层厚度，对于金属编织，$\Delta = 2 \times$ 编织丝金属直径。

图 1-4-8 为平面展开的一个方向线股的编织图解。

（3）编织密度

编织覆盖面积与整个被编织电线电缆产品表面积之比，当两者比值接近 1 时，编织层将无缝隙；当两者的比值小于 1 时，编织层将出现有平均分布的缝隙。两者的比值越小，则缝隙的宽度越大，也就是说编织密度越小。编织密度的高低与所用编织材料、编织用途和产品种类不同而有不同的要求，对于计算机电缆来说，其编织密度应不小于 80%。

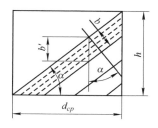

图 1-4-8　编织层图解

2. 常见质量问题原因分析及预防措施

编织过程中常见质量问题原因分析及预防措施见表 1-4-6。

表 1-4-6　编织常见质量问题原因分析及预防措施

序号	质量问题	原因分析	处理办法及预防措施
1	单丝断线	① 放线张力偏大 ② 金属丝经过处不光滑或导轮运转不灵活 ③ 并丝排距过大 ④ 单根金属丝有交叉	① 调整放线张力 ② 检查并修理 ③ 换锭 ④ 理顺
2	整锭断线	① 并丝排线不平整 ② 金属丝经过处不光滑或导轮运转不灵活 ③ 锭子放线张力偏小（一般为下锭）	① 换锭 ② 检查并修理 ③ 调整放线张力
3	断线不停机 （少锭）	① 断线感应器损坏 ② 断线感应装置距离太远 ③ 放线张力弹簧卡死	① 检查并修理 ② 调整位置（5～6 mm） ③ 检查并修理
4	编织密度 不合格	① 编织节距不合格 ② 缺股、缺根 ③ 编织丝规格不符	① 调整配换齿轮的齿数 ② 调换或补充锭数或根数 ③ 更换编织丝的规格
5	编织密度 不均匀	① 股线张力不均匀 ② 编织节距不均匀 ③ 并丝张力不均匀	① 调整股线张力 ② 适当增加电缆在牵引轮上圈数，防止电缆滑动 ③ 更换线锭
6	编织层有 洞疤	① 断丝 ② 更换线锭不规范	① 更换线锭，调整线股张力 ② 严格按工艺要求更换线锭
7	编织层表面 不光滑	① 编织接头未处理 ② 并丝张力不均匀	① 接头应修平、不外露 ② 更换线锭

第 5 章　计算机电缆选型及典型案例

根据实际情况合理地选择计算机电缆既可以节约成本,又可以使其在应用中充分发挥作用,故此正确地选用计算机电缆尤为重要。

5.1　计算机电缆结构的选择

计算机电缆结构选择时应注意从内到外各层结构的协调一致。各层结构应根据电缆的使用场合和相应的国家、行业标准作出正确地选择。

1. 导体结构

根据 GB/T 3956—2008《电缆的导体》,电缆导体分为四类:即第 1 种实心导体、第 2 种绞合导体、第 5 种软导体和第 6 种软导体。其中:

第 1 种、第 2 种导体用于固定敷设的计算机电缆中。

第 5 种导体用于移动敷设用软计算机电缆中。

2. 屏蔽和铠装结构

人们通常把编织屏蔽视为"软屏蔽",钢丝铠装视为"软铠装"。用于移动场合的屏蔽型计算机电缆应采用铜丝编织形式,铠装型计算机电缆应采用钢丝铠装形式。在设计电缆时,只有从内到外各层结构及材料软硬协调一致时,才能达到预期的效果。例如铜带屏蔽软铜导体计算机电缆,导体为软结构而屏蔽为硬结构,二者不协调;铜丝屏蔽钢带铠装软铜导体计算机电缆,导体和屏蔽均为软结构而铠装为硬结构,三者也不协调,因而都不是合理的电缆结构。

5.2　本安计算机电缆的选择

在本质安全(简称本安)防爆系统的设计中,正确地设计计算机电缆的长度和选择计算机电缆的种类是不容忽视的问题。不加分析地随意选用普通电缆会影响系统的防爆性能,但一味地采用造价昂贵的本安用特殊计算机电缆会引起投资的增加。

对于本安系统来说,尽管选用了合适的安全栅和本安现场仪表,但仍不能保证安全。因为电路在传输过程中会受到电场和磁场干扰而产生非本安能量,安全栅对这种能量是无法限制的,必须靠设计人员正确选用电缆来克服。

由于信号回路周围存在着静电电容而引起静电感应干扰,高压电源线在信号回路上由于静电感应而产生的干扰电压 e_s 可表示为

$$e_s = \sum C_{oi}E_i/C_i + C_{oi} \tag{1-5-1}$$

式中，C_i 为第 i 号高压电源线和信号线间的电容；C_{oi} 为除 C_i 外其他线与信号线间的电容；E_i 为第 i 号高压电源线的电压。

电磁干扰是由于周围磁场在信号回路产生的干扰电压 e_m，可按式（1-5-2）计算

$$e_m = d\sum M_i I_i/dt \tag{1-5-2}$$

式中，I_i 为第 i 号大电流回路中流过的电流；M_i 为信号回路和第 i 号大电流回路间的互感系数；t 为时间。

按式（1-5-1）和式（1-5-2）要实际计算一个信号回路内产生的干扰电压是很困难的，但可以通过试验测得这种感应信号。现选取一组试验数据供参考，具体内容见表 1-5-1 和表 1-5-2。

表 1-5-1　试验数据（一）　　　　　　　（单位：V）

测量内容	导线	
	普通电缆	对绞屏蔽电缆
电路中原有信号电压	35	35
加 5 kV 静电干扰后信号电压	50	35.7
干扰量	15	0.7

表 1-5-2　试验数据（二）

动力线中流过的电流/A	100	100	100
动力线与被测导线间距/mm	0	150	300
被测导线处磁场计算值/（A/m）	−800	106	53
被测导线中的感应电压/V	1	0.15	0.14

可见导线本身受电场磁场的干扰是不容忽略的。这种干扰能量与电路中原有的能量叠加起来，就足以点燃爆炸性气体，使原有的本安电路丧失本安性能；即使达不到点燃能量，这种干扰信号对控制系统所带来的危险同样是不可忽略的。

克服干扰的办法，其中之一是增加导线与干扰源间距。电流周围的磁场强度与距电流线的距离成反比

$$H = I/2\pi r \tag{1-5-3}$$

式中，H 为磁场强度，A/m；I 为电流，A；R 为距离电流线的距离，m。

从表 1-5-2 可以看出，当距离增大到 300 mm 时，干扰减小到原来的 1/7。许多公司规定，当计算机电缆与 AC 220 V，电流≥10 A 的动力线交叉时，间距不小于 150 mm，平行敷设时不小于 600 mm。

对于静电干扰，可采用钢带铜丝编织屏蔽来克服。将普通电缆放入金属槽或穿

金属管也是有效的方法，有数据显示其屏蔽效果见表 1-5-3。

表 1-5-3　不同屏蔽方法的屏蔽效果

屏蔽方法	干扰减少比
铜丝编织网（覆盖 85%）	103：1
钢带屏蔽（覆盖 90%）	376：1
镀铝带屏蔽（覆盖 100%）	6 610：1
厚壁钢管（ϕ54 mm）	8 850：1

电磁干扰不能像静电感应那样简单地消除，但对于通常使用的交流频率来说，采用双绞线具有一定的抗干扰效果，见表 1-5-4。通常采用 1～2 in 绞距，若绞距太小，使用不便。而采用金属屏蔽的效果却远不如绞线。

表 1-5-4　双绞线屏蔽效果

绞距/in	4	3	2	1	将平行线放入ϕ28 mm 厚壁铜管
电磁感应减少比	14：1	71：1	112：1	141：1	22：1

从上述分析可知，静电干扰靠屏蔽来克服，电磁干扰则主要靠线芯对绞来克服。通常设计施工中，本安系统电缆都穿金属保护管沿金属汇线槽敷设，这种金属管和槽本身已起到静电屏蔽作用，因此这里选配电缆时主要应克服电磁干扰，可采用绞距 1～2 in 的双绞线来解决，当然采用屏蔽双绞线效果更佳。

5.3　耐火计算机电缆的选择

耐火计算机电缆就是在规定火焰燃烧条件下，能够保持一定时间正常运行的计算机电缆，或者说在燃烧条件下，在一定时间内能够保持线路完整性的计算机电缆。

随着我国社会经济建设步伐的加快，耐火计算机电缆被广泛地应用在高层建筑、地铁、发电厂、核电站和隧道等重要部门及公共场所，同时许多工程开始趋向于使用无卤低烟耐火计算机电缆，以便在发生火灾后，线路能够保持一定时间的正常运行，对救援工作有很大的帮助，在很大程度上可以减少人员伤亡和财物损失。

从耐火试验可以看出，耐火计算机电缆不是可以长时间在火中使用，只是在火中能够维持一段时间的正常运行。一般耐火计算机电缆不是耐高温计算机电缆，当电缆线芯温度或环境温度超过电缆的允许范围时，电缆的外护套和内绝缘材料将老化。一旦外护套和内绝缘材料因老化而龟裂，其云母带是挡不住潮气的侵入而很快被击穿。因此，一般耐火计算机电缆的长期工作温度和普通电缆是一样的，允许使用的环境温度也是一样的。

耐火计算机电缆根据其非金属材料的阻燃性能，可分为阻燃耐火电缆和非阻燃耐火电缆。在建筑物中，发生火灾时要继续工作的设备往往是消防设备，例如消防电梯、消防泵、防排烟风机和应急疏散照明等。对这些设备供电的线路，必须采用耐火计算机电缆。当这些电线电缆在桥架内成束敷设时，要具有阻燃特性，即必须采用阻燃耐火计算机电缆。

耐火计算机电缆主要用于在火灾时仍需保持一定时间正常运行的线路，如工业及民用建筑的消防系统、应急照明系统、救生系统、报警系统及重要的监测回路等。常用于：①消防泵、喷淋泵和消防电梯的供电线路及控制线路；②防火卷帘门、电动防火门、排烟系统风机、排烟阀和防火阀的供电控制线路；③消防报警系统的手动报警线路、消防广播及电话线路；④高层建筑或机场、地铁等重要设施中的安保闭路电视线路；⑤集中供电的应急照明线路，控制及保护电源线路；⑥大、中型变配电所重要的继电保护线路及操作电源线路；⑦计算机监控线路。

5.4　阻燃计算机电缆的选择

5.4.1　阻燃计算机电缆的分类

根据阻燃计算机电缆使用的阻燃材料不同，阻燃计算机电缆分为含卤阻燃计算机电缆及无卤低烟阻燃计算机电缆两大类。

含卤阻燃计算机电缆的绝缘层、护层及辅助材料（包带及填充）全部或部分采用含卤的材料，因而具有较好的阻燃特性，但在电缆燃烧时会释放大量的浓烟和有毒气体，且气体对周围的电气设备有腐蚀性危害。电缆燃烧时不利于灭火救援工作的进行。

无卤低烟阻燃计算机电缆的绝缘层、护层及辅助材料（包带及填充）采用的是不含卤的材料，不仅具有较好的阻燃特性，且在电缆燃烧时不产生有毒气体，电缆的发烟量较小，有利于人员的疏散和灭火救援工作的进行。

无卤低烟阻燃计算机电缆与含卤阻燃计算机电缆相比，有低腐蚀与低烟的优点，但机械性能明显降低，所以在进行电缆敷设时，前者应比后者有更大的弯曲半径。从阻燃性能上相比，前者略差。

5.4.2　阻燃计算机电缆的使用场合及选用

阻燃计算机电缆在电缆桥架、线槽或其他通道中成束敷设时采用，多根电缆成束敷设在一个通道内，当电缆引燃后，放热量大增，此时如放热与吸热相平衡，则维持燃烧；当放热大于吸热时，则燃烧增强。如采用阻燃电缆，在火灾情况下有可能被烧坏而不能继续运行，但可阻止火势的快速蔓延。电缆意外着火，阻燃电缆的阻燃性能把燃烧限制在局部范围内，不会像普通电缆快速蔓延，避免对其他设备造成更大的损失。人员密度较小的作业区可选用含卤阻燃电缆，人员密度较大的公共场合应尽量选用无卤低烟阻燃电缆；在同一建筑物内选用的阻燃级别宜相同，在进行电缆敷设时，不宜将非阻燃电缆和阻燃电缆并列敷设。

在选择使用阻燃电缆时，必须注意电缆的阻燃级别（电缆的阻燃级别分为 A、B、C、D 四种，A 为最高，D 为最低），应按使用场合和敷设条件选择阻燃级别，不能笼统地只标注阻燃，不标明阻燃级别。所谓场合是根据电缆敷设的周边地理环境、敷设的方式、回路的重要性和建筑物的等级等，即建筑物使用率越高，火灾危险性越大，疏散和扑救难度越大，敷设周围环境越恶劣，则阻燃级别应越高。敷设条件是根据同一通道内电缆的非金属含量来正确选用阻燃的级别，即同一通道内电缆越多、越大，则阻燃级别越高，具体要经过计算才可确定阻燃的级别。

另外，计算机电缆阻燃与否以及阻燃级别的选择很大程度上与电缆的敷设工程密切相关，以下是人们使用过程中总结几点建议供相关人员参考。

1. 电缆布设环境

电缆布设环境在很大程度上决定着电缆受外火源侵袭几率和着火后延燃成灾的可能性，例如单独穿管（金属、石棉和水泥管）的电缆可用非阻燃型的，而置于半密闭桥架、槽盒或专用电缆沟（带盖板）的电缆，可降低 1～2 级的阻燃要求，该用 B 类电缆的可用 C 类甚至非阻燃电缆。因在此环境下受外因侵袭少，即使燃烧，由于空间狭小闭塞也容易自熄，不易成灾。反之，室内明敷，穿房爬楼，或者暗道、夹层、隧洞和廊道，这些环境人为火种容易到达，且着火后空间相对较大，空气容易流通，其阻燃等级应适度从严。当上述环境处于高温（炉前、炉后）或易燃易爆（化工、石油和矿井）环境时则必须从严处理，宁高勿低。

2. 电缆布设数量

电缆布设数量是确定阻燃类别高低的基础。在计算电缆容量时，同一通道的概念是指电缆着火时，其火焰或热量可以不受阻挡辐射到邻近电缆，并能将其引燃的空间。例如有防火板相互隔离的桥架或槽盒，其同一通道应指每一个桥架或槽盒，若周边无任何防火隔离，一旦着火互相辅助者，其电缆容量计算时以统一纳入为宜。

3. 电缆的粗细

在同一通道中电缆容量确定之后，若电缆外径细的居多（直径 20 mm 以下），则阻燃类别宜从严处置；若粗的居多（40 mm 以上），宜偏向低级别。其原因是细电缆吸热量小，容易引燃；而粗电缆热容量大，不易引燃。火灾形成的关键是引燃，引而不燃火自熄，燃而不熄火成灾。

4. 阻燃与非阻燃不宜在同一通道中混设

在同一通道中敷设的电缆，其阻燃等级以一致或接近为宜，低阻燃等级或非阻燃电缆的延燃对于高阻燃等级的电缆而言即为外火源，此时即使 A 类阻燃电缆也有着燃的可能性。

5. 电缆阻燃类别的确定要视工程的重要程度和火灾的危害程度而定

对于重要与重大工程用的电缆（譬如 30 MW 以上机组、超高层建筑、银行金融中心以及大型和特大型人流集散场所等），在其他因素相同的条件下其阻燃类别宜偏高、偏严。

6．计算机电缆与电力电缆应互相隔离敷设

相对而言，电力电缆容易起火，因为它本身是热的并有短路击穿的可能性。而对于计算机电缆因其电压低，负荷小并处于冷态，本身又不自发起火，因此建议在同一空间二者要隔离敷设。电力电缆在上，计算机电缆在下（火势朝上），并在中间加防火隔离措施（防止着烧溅落）。

5.5　计算机电缆选型的典型案例

5.5.1　火力发电工程计算机电缆的选型

5.5.1.1　电缆类型的选择

1）导体采用退火铜线，正常运行时导体温度超过 100 ℃，使用镀金属层退火铜线。

2）电缆绝缘层和护套层的材料，应根据敷设环境温度及是否有低毒性、难燃性和耐火性等要求进行选择。

3）根据环境温度采用下列相应的材料（适用于间断性负荷；当为连续负荷时，宜将适用上限降低 10 ℃）①最低温度在−20 ℃以下，不宜采用聚氯乙烯，宜采用聚乙烯；②正常运行时，导体最高温度为 70 ℃，宜采用聚氯乙烯或聚乙烯；③正常运行时，导体最高温度为 90 ℃，可采用交联聚乙烯或耐热聚氯乙烯；④正常运行时，导体最高温度为 105 ℃，宜采用耐热聚氯乙烯；⑤正常运行时，导体最高温度为 200 ℃，宜采用氟塑料或矿物绝缘材料。

4）有低毒性要求时，宜采用无卤低烟塑料。

5）有难燃性要求时，宜采用氧指数大于 30 的不延燃塑料。

6）有耐火要求时，宜采用耐火结构，并符合 GB/T 19666—2005 中规定的要求。

7）电缆敷设在易受机械外力或有严重鼠害的场所，除满足第 1）和 2）条的规定外还应有铠装层。

8）有抗干扰要求的仪表和计算机线路，应采用相应屏蔽类型的计算机电缆。

9）控制盘至就地设备或接线盒的连接，宜采用具有绝缘层和护套层的电缆。其绝缘层和护套层的选用，应符合第 2）条的规定。

计算机电缆的类型，应根据计算机信号的种类和范围选择，符合表 1-5-5 的相关规定。

5.5.1.2　电缆截面积的选择

计算机电缆的线芯截面积，宜按回路的最大允许电压及机械强度选择，且应不小于 0.75 mm^2；接至插件线芯截面积，宜采用不小于 0.5 mm^2 的多股软线。

表 1-5-5　计算机电缆类型选择表

信号种类	信号范围	电缆选择
低电平	热电阻 0～±1 V	三线组分屏计算机电缆或三线组分屏加总屏计算机电缆
高电平	＞±1 V；0～50 mA	对绞总屏计算机电缆或对绞分屏计算机电缆
开关量	输入：＜60 V	对绞总屏计算机电缆
	输出：DC 110 V 或 AC 220 V	
开关量输入加输出	＜60 V 或 DC 110 V 或 AC 220V	对绞分屏计算机电缆
脉冲量		对绞分屏计算机电缆

5.5.2　石油化工工程计算机电缆的选型

5.5.2.1　电缆类型的选择

1）寒冷地区及高温、低温场所，应考虑电缆允许使用的温度范围。

2）火灾危险场所架空敷设的电缆，应选用阻燃型电缆。

3）当采用本安系统时，所用电缆的分布电容、电感等参数符合有关规范的要求。

计算机电缆屏蔽类型的选择应符合如下规定：

1）开关量信号，宜选用总屏蔽；

2）4～20 mA 或 DC 1～5 V 信号，宜用总屏蔽；当计算机电缆经过高强度交变磁场时，宜采用对绞线芯。

3）特殊要求的计算机电缆，应按用户的要求选用。

5.5.2.2　电缆截面积的选择

1）计算机电缆的线芯截面积应满足检测、控制回路对线路阻抗的要求，及施工中对线缆机械强度的要求。其最小线芯截面积应不小于 $0.5 \ mm^2$。

2）在一般或 2 区防爆场合，对于敷设在汇线槽或保护管中的二芯及三芯计算机电缆的线芯截面积，可为 $1.0～1.5 \ mm^2$；

3）电缆明设或在电缆沟内敷设时的最小线芯截面积：1 区内应不小于 $2.5 \ mm^2$；2 区应不小于 $1.5 \ mm^2$。

第6章 计算机电缆热寿命分析

20世纪50年代以来，自从聚氯乙烯（PVC）商品化后，聚氯乙烯绝缘电线电缆在世界范围内得到广泛应用。但现代工程设计提出了更高的要求，使聚氯乙烯电缆的实用性受到限制，一般聚氯乙烯电缆的工作温度是70℃，短路容量小，若线路过载，有发生火灾的危险。以前认为聚氯乙烯的不延燃（阻燃）性是一大优点，如一般软聚氯乙烯的氧指数为25左右，阻燃聚氯乙烯氧指数不小于30，但聚氯乙烯电缆燃烧时发烟量大，并有大量酸性有毒气体逸出，按现代消防要求，电缆除了应具有阻燃性外，对发烟量和酸气逸出量均有限制。

而交联聚乙烯（代号XLPE）是通过交联这一过程，使聚乙烯这种热塑性材料转变成热固性材料。在交联过程中，聚乙烯平行松散的二维分子结构转变为网状三维结构，因而具有如下优点。

1）交联聚乙烯可长期运行在较高温度下，如绝缘导体长期工作温度90℃，过载温度135℃、短路温度250℃，故可大幅度提高线路传输容量、过载能力和短路电流。

2）优良的耐化学腐蚀性能，如可在无机盐、油、碱、酸和有机溶剂等各种苛刻的环境中使用。

3）优良的耐水性、无卤素。

聚氯乙烯绝缘电缆的可靠性远远不及交联聚乙烯绝缘电缆，加上生产聚氯乙烯树脂对环境污染严重，无疑交联聚乙烯绝缘电缆比聚氯乙烯绝缘电缆更为可靠与安全，这就是国际上大量采用交联聚乙烯电缆取代聚氯乙烯电缆的主要原因。下面从电缆热寿命角度来分析二者的差异。

6.1 计算机电缆热寿命分析的目的

考虑到计算机电缆承受的场强不高，其损坏主要由热造成，因此对计算机电缆进行了热老化寿命试验。热老化寿命评定试验的目的就是要通过一系列的试验研究得出产品的寿命与使用温度之间的关系曲线（称为寿命曲线）。这样就可以得出在各个使用温度下相应的工作寿命，从而根据使用的标准合理地选择产品的工作温度，使产品在可靠而又经济的条件下工作。因此，热寿命评定试验可以确定产品的耐温等级。对于各种产品和材料，寿命曲线有着较好的可比性，但对于自然老化来说，这种试验仍然是相对的，仅供参考。

6.2　试验原则与条件选择

6.2.1　试验原则

1）电线电缆产品所采用的高分子材料，在一定温度范围内热老化时，大多符合化学反应动力学的热老化寿命方程，即

$$\log_{10} \tau = a + \frac{b}{T} \tag{1-6-1}$$

式中，τ 为产品在温度 T 条件下工作的寿命；T 为工作温度（绝对温度，K）；a、b 为与材料热老化本质有关的系数。

式（1-6-1）也可表达成为近似式，即

$$\log_{10} \tau = a' - b't \tag{1-6-2}$$

式中，t 为工作温度，℃；a'、b' 为系数。

2）确定热老化试验的温度范围，并在其中选择 3～5 个温度进行产品的加速热老化试验。

3）选定能反映试品的主要性能作为考核的性能参数，此项性能参数应该能最灵敏地反映出试品随热老化时间而变坏的规律，能够准确地测试，试验数据有较好的重要性等。并选定此项参数低于某一个值时，即作为寿命终止的临界值。

4）在每个已选定的温度下进行热老化试验，求出每一温度下试品性能参数与热老化时间的曲线（做出老化曲线）。从各个温度下的老化曲线可列出老化曲线方程，将老化曲线延长到性能参数的临界值（寿命终止时）即为某一温度下的寿命时间，这个寿命时间也可从老化曲线方程中求得。

5）将各个温度下的寿命时间与温度的关系做成曲线，就是这一产品的寿命曲线。根据曲线同样可列出寿命曲线方程。

从寿命曲线可以确定产品在某一温度下的工作寿命，这种方法称为二次外推法。

6.2.2　试验条件选择

1. 试验温度

热寿命评定的方法总的来说是利用在高温下进行数次加速老化试验，然后用二次外推法评定在低温（即预定工作温度）下的寿命。这种方法的前提是热老化试验温度的选择一定要在老化机理基本相同的范围内，即在某一温度范围内，热老化的性质和规律基本相同。

因此，最高温度应能保证化学反应机理与工作温度时相近。例如一般的聚氯乙烯，其最高试验温度选 110 ℃较合适，天然-丁苯橡皮则可选 120 ℃。为了加速试

验过程，最低的试验温度可比产品工作温度高 10～20 ℃。在此温度范围内选取 3～5 个试验温度，一般尽量利用高分子材料热老化近似 10 ℃的规律（即温度变化 10 ℃，老化时间近似差一倍）。

2．老化周期

在每一试验温度下加速热老化试验时，周期一般取 6～10 个，以得出老化曲线的实测点数。如果老化曲线为指数规律，周期间隔就采用等比级数，即 1，2，4，8，16 等；若老化曲线为线性规律，周期间隔就采用等差级数，即 2，4，6，8，10 等，最后一点应接近寿命终止指标附近。

老化温度较高时，时间间隔应短些，反之可较长些。一般应通过预备性试验，先选定高温下的老化周期，再选较低温度时的周期。以指数规律的老化曲线为例，可按下列方法选择。

1）120 ℃时周期间隔可选择为：（1，2，4，8，16，32）天。

2）110 ℃时周期间隔可选择为：（2，4，8，16，32，64）天。

3）100 ℃时周期间隔可选择为：（3，6，12，24，48，96）天。

4）90 ℃时周期间隔可选择为：（4，8，16，32，64，128）天。

3．性能参数与寿命终止指标

作为热寿命评定的性能参数必须与产品实际损坏的性能有关（即是反映产品品质变化的主要性能）；必须与热老化的时间与温度（即热老化程度）显示明显的关系，并选择其中规律性好的一个；还必须符合线寿命方程（即在一定温度范围内性能参数与热老化的关系是均匀而不突变的）。因此，能够作为寿命评定的指标是不多的,热寿命评定的性能参数是按照实践经验和多次的加速热老化试验分析后选定的。

对于交联聚乙烯绝缘电缆一般选择抗拉强度或断裂伸长率作为热寿命评定的性能参数；对于聚氯乙烯绝缘电线电缆，一般采用静伸长率和热失重作为评定的性能参数。

根据使用条件和实践经验确定性能参数降低到某一极限值时，即认为产品丧失其工作性能，这个极限值称为寿命终止指标。事实上，同一产品在不同条件使用时，寿命终止指标应该有所不同，但一般总是综合考虑，作为分析研究产品时参考。

如果热寿命评定试验的目的是要确定产品合理的耐温等级，那么应该先确定产品的寿命（称为极限寿命，即寿命终止的时间），然后再按照热老化寿命方程求出最合理的工作温度。

根据国内的使用经验和试验证明，极限寿命时间建议为 25 000 h。

6.3　聚氯乙烯绝缘计算机电缆的热寿命

（1）试样

导线截面积为 1.5 mm^2 或 2.5 mm^2 的聚氯乙烯绝缘计算机电缆，老化后切成试片进行，因此不计截面积影响。

（2）方法

将试样放在一个内径为 65 mm 的 U 形钢管内，钢管浸在水槽里两端露出水面，水槽温度为 55 ℃±10 ℃。放电线试样的钢管内：一种是自然流通的空气；一种是人工强迫通风，风量 10.5 L/min 以上，进入钢管前风温为 53 ℃。电缆通以电流，导线中插有热电偶以测量导线温度。

（3）试验温度

导线温度选择 100 ℃、90 ℃和 80 ℃ 3 种。

每一温度热老化过程中，选测 5～6 个点，当热老化进行到某一预定时间之后，取出一组电缆，除去污物，沿导线绞合方向，切开绝缘，并沿此方向切成哑铃形试片。

（4）评定指标

选择静伸长率为评定寿命的性能参数。

试片在一定负荷下，一定时间后的伸长率称为静伸长率。此项性能参数与塑料热老化有较好的线性关系，但静负荷和计量时间需合理选择，现选择负荷为 5 kg，延伸时间为 5 min，测量温度为 18～28 ℃。

（5）寿命终止指标

选择在静伸长为 0 的一点，大约相当于相对伸长率为 100%，从实际使用观点来看，这是偏于安全的，此时电缆还有足够的柔软度。

试验后的数据见表 1-6-1。

表 1-6-1　聚氯乙烯绝缘计算机电缆热寿命评定结果

老化温度/℃	80	90	100
	通风		
老化时间/天	静伸长率（%）		
0	58±0.13	58±0.13	58±0.13
6.8	53±0.16	55±0.11	44±0.18
19.5	49±0.14	51±0.18	38±0.07
35.0	54±0.11	40±0.17	31±0.28
50.8	60±0.04	48±0.03	30±0.21
70.0	52±0.20	37±0.27	21±0.33
90.0	57±0.22	36±0.10	57±0.22
	不通风		
6.3	60±0.2	55±0.11	51±0.18
18.8	56±0.16	60±0.12	43±0.13
35.8	60±0.25	49±0.12	36±0.16
50.8	55±0.16	44±0.13	30±0.20
69.0	49±0.18	42±0.18	16±0.60

其相应的老化曲线如图 1-6-1 所示。

（6）计算在不通风条件下的寿命的方程

用数理统计方法，取显著水平为 10%，求得

$$\log_{10} \tau = 5.530\,1 - 0.035\,28t \qquad (1\text{-}6\text{-}3)$$

并作出寿命曲线，如图 1-6-2 所示。从寿命曲线中假定工作温度为 65 ℃，试验寿命约为 4 年。应该指出，由于选用静伸长率等于零（相当于相对伸长率为 100%）作为寿命终止指标，因此计算寿命曲线要比实际低得多，且试验条件远比实际工作条件苛刻。按聚氯乙烯电缆的运行经验，可以推定聚氯乙烯绝缘电缆的实际工作寿命在 15 年左右。

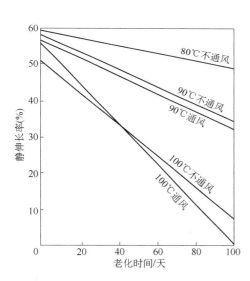

图 1-6-1　聚氯乙烯绝缘计算机
电缆长期热老化曲线

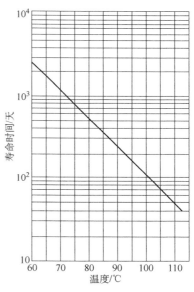

图 1-6-2　聚氯乙烯绝缘计算机
电缆寿命曲线

6.4　交联聚乙烯绝缘计算机电缆热寿命

1．试验方案设计

本试验方案参考 IEC 60216 标准《确定热老化试验程序和评定试验结果的一般规程》和 EBASCO 火力发电站设计规范等文件制订。交联聚乙烯电缆的加速老化试验为 135 ℃，168 h，因此可取 135 ℃ 为最低试验温度，以后每级增温 15 ℃，见表 1-6-2。实际试验时，先投入最高试验温度试样，观察变化趋势，调整取样时间。

2．试样

试样制取是影响试验结果的主要因素之一，结合国内试验标准，本试验采用电

缆绝缘线芯为试验对象，从绝缘线芯上剥取管状试样，管壁厚约 1 mm，外径约 3 mm。在进行热老化试验之前，先进行其他有关试验，如热延伸试验等，以确认试样的工艺和性能正常，保证热老化试验的正确性。

表 1-6-2　交联聚乙烯电缆老化试验的温度及时间

试验温度/℃	135	150	165	180
近似取样时间/h	168	96	48	36
	336	168	168	48
	504	336	336	72
	960	504	720	96
	2 000	960	1 000	120
	4 000	2 000		

3. 寿命终止参数的选择

交联聚乙烯绝缘材料热老化过程有 2 个热寿命评定的性能参数，即抗张强度和断裂伸长率。在本试验过程中，选取断裂伸长率作为寿命评定参数。电缆为固定敷设运行，电缆处于静弯曲状态，故绝缘的伸长状态稳定，按照敷设弯曲半径计算，实际伸长率数值不超过 10%。本试验的试样原始断裂伸长率为 260%，通常取断裂伸长率保留率 50% 作为寿命终止点，此时断裂伸长率仍有 130%，有足够的安全系数。

4. 数据处理及寿命推算

按 IEC 60216-1 导则及相关数学原理进行处理，首先应用作图法，分别绘出 4 个温度的断裂伸长率保留率与时间的关系，并根据假设的寿命终止点标出时间。其结果见表 1-6-3。

表 1-6-3　终止时间

试验温度/℃	180	165	150	135
终止时间/h	75	380	1 000	4 000

设 $x = 1/T$ ，$y = \log_{10} \tau$ ，并代入式（1-6-1），得到方程式

$$y = a + bx \tag{1-6-4}$$

用最小二乘法计算系数（见表 1-6-4）计算出

$$L_{xx} = \sum x^2 - (\sum x)^2 / 4$$
$$= [21.682\,1 - (9.305\,7)^2 / 4] \times 10^{-6}$$
$$= 0.033\,1 \times 10^{-6}$$
$$L_{yy} = \sum y^2 - (\sum y)^2 / 4$$
$$= [32.146\,4 - (11.057\,0)^2 / 4]$$
$$= 1.582\,1$$

表 1-6-4 系数表

编号	1	2	3	4	求和	平均值（p）
试验温度/℃	180	165	150	135		
绝对温度 T/K	453	438	428	408		
终止时间/h	75	380	1 000	4 000		
$x×10^3$	2.207 5	2.283 1	2.361 1	2.451 0	9.305 7	2.326 4
$x^2×10^6$	4.873 1	5.212 6	5.589	6.007 4	21.682 1	
y	1.875 1	2.579 8	3.000 0	3.602 1	11.057 0	2.764 3
y^2	3.515 9	6.655 4	9.000 0	12.975 1	32.146 4	
$xy×10^3$	4.139 3	5.889 9	7.092 3	8.828 8	25.950 3	

$$L_{xy} = \sum xy - (\sum x)(\sum y)/4$$
$$= [25.950\ 3 - 9.305\ 7 × 11.057\ 0/4] × 10^{-3}$$
$$= 0.227\ 0 × 10^{-3}$$

热寿命方程式

$$y = a + bx$$
$$b = L_{xy}/L_{xx} = 6\ 858.0$$
$$a = y_p - bx_p = 2.764\ 3 - 6.858.0 × 2.326\ 4 × 10^{-3} = -13.190\ 2$$

得方程式

$$y = -13.190\ 2 + 6\ 858.0x$$

当温度为 90 ℃

$$x = 2.754\ 8 × 10^{-3}$$
$$y = 5.702\ 22$$

即

$$\log_{10} \tau = 5.702\ 22$$
$$\tau = 503\ 756(h) \approx 57.5(y)$$

相关性检验（简便法）

$$r = L_{xy}/(L_{xx} × L_{yy})^{1/2}$$
$$= 0.227\ 0/0.228\ 8$$
$$= 0.992$$

当 n 等于 4 时，$r > 0.95$ 说明有明显相关性。

虽然以上只列举了一种交联聚乙烯的试验数据，实际上通过对国内外几种交联聚乙烯（或交联聚烯烃）绝缘线芯进行长期热老化试验，结果是推算的寿命评定在 40～60 年范围内。

第 2 篇　敷设运行篇

　　电缆的敷设好坏直接影响着项目的运行以及项目今后的发展,为此本篇着重介绍了自动化仪表工程计算机电缆的敷设,集散型控制系统计算机电缆的敷设以及在防爆场合所使用的本安计算机电缆的敷设。进而介绍了在电缆敷设过程中,有防火阻燃要求时,电缆敷设所采取的措施以及电缆敷设后运行和维护的相关内容。

第 1 章　自动化仪表工程计算机电缆

　　计算机电缆广泛应用于自控仪表工程中一些大型电机设备控制信号及管道电伴热上温度传感信号的传输。在自控仪表项目中,自控仪表安装工程,从某种意义上讲就是把工艺现场的测量控点与控制室的仪表(包括 DCS 系统)有机联系起来,而电缆敷设是电气专业较为重要的一项工作。尤其是一些大型的发电、冶金、石油、化工和医药等项目,针对一些设备运行时的特殊要求,所用到的电缆型号及规格也不尽相同。因此,不可避免地面临一些电缆敷设方面的实际问题。要想做好这项工作,设计人员、施工人员和运行维护人员必须对电缆的特点、适用范围和技术参数有全面及透彻地了解,只有做好电缆工程的各项工作,才能为工业项目的顺利建成和投产提供强有力的保证。

　　一般来说,自控仪表工程仪表安装施工程序如图 2-1-1 所示。

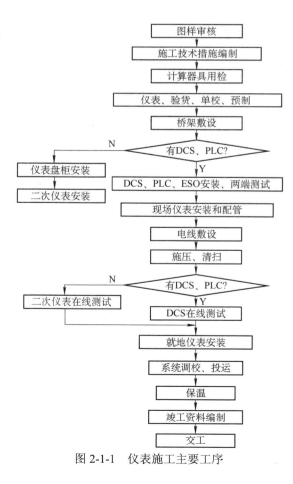

图 2-1-1　仪表施工主要工序

在一个自控仪表工程安装项目中，如何将电气、仪器仪表及自动化更好结合实现自动化生产，电缆的敷设起到至关重要的作用。为此，在电缆敷设前做充分地准备，在电缆敷设中如何把握好电缆的预留量以及敷设后运行的维护成为管理者共同追求的目标。

电缆的敷设方式主要有以下几种，每一种都有各自的优缺点，各自适用于不同的安装场合：①地下直埋；②电缆沟；③电缆隧道；④桥架或支架上。

而对于自控仪表工程电缆来说属于厂房内部的电缆敷设，采用电缆在桥架或支架上敷设，路径选择范围较广，不受设备及基础等影响，与其他管道交叉容易处理，可以利用墙壁、楼板、梁及管道支架作为安装支柱。

1.1　自控仪表工程电缆支架

常用的电缆支架按材质分类有角钢支架和铸铁支架。角钢支架在现场制作焊接，被广泛用于沟、隧道及夹层内。铸铁支架适合于在腐蚀性环境及湿度大的沟和隧道内使用。此外，还有铸铝、铸塑、陶瓷及玻璃钢支架等，均具有一定的防腐性能。

常用的电缆支架按其施工方法及装配方式又可分为预埋式电缆支架、螺栓式电缆支架和组合式电缆支架。

1.1.1　预埋式电缆支架

预埋式电缆支架是在电缆构筑物砌筑时就把支架一端或两端预埋在电缆沟壁里，另一端悬挑或中间部分横在电缆沟里，电缆敷设在上面的一种支架。预埋式电缆支架又可分为横梁式预埋电缆支架和悬臂式预埋电缆支架两大类。

横梁式预埋电缆支架（搁架）：支架的两端预埋在电缆沟壁里，整个支架像横梁一样横架在电缆沟里的支架。

悬臂式预埋电缆支架：支架一端预埋在沟壁里，另一端悬挑在电缆沟里的电缆支架。实物如图 2-1-2 所示，安装效果图如图 2-1-3 所示。

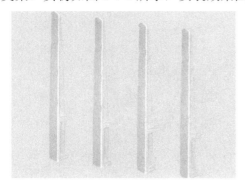

图 2-1-2　悬臂式预埋电缆支架实物图　　　　图 2-1-3　悬臂式预埋电缆支架安装效果图

1.1.2　螺栓式电缆支架

　　螺栓式电缆支架是为了适应安装方便，降低成本的要求设计生产的，适合在砖砌、混凝土浇筑的电缆沟壁中安装，特别是在拱形、圆形等弧形的电缆隧道中使用，不须预埋，强度高，安装简捷，膨胀螺栓固定，上下调节方便，组合间距可以自由调节，不需要立柱，大幅降低成本。螺栓式托臂结构示意图如图 2-1-4 所示，实物图如图 2-1-5 所示，安装效果图如图 2-1-6 所示。

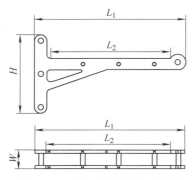

图 2-1-4　螺栓式托臂结构示意图　　　　　图 2-1-5　螺栓式托臂实物图

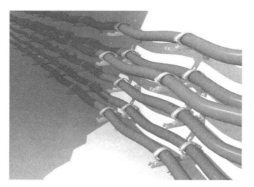

图 2-1-6　螺栓固定式电缆支架安装效果图

1.1.3　组合式电缆支架

　　组合式电缆支架，也叫装配式支架，是在工厂按照支架能够在现场直接安装的要求生产支架的各个部件，在电缆构筑物完工后，在电缆敷设前或电缆敷设过程中直接在现场安装的电缆支架，它与构筑物的连接一般是靠膨胀螺栓或构筑物内的预埋件连接。支架由立柱和托臂（横臂）组成，托臂（横臂）与立柱的连接是由托臂定位座直接插入安装在立柱上的定位孔，再由定位销（螺栓）固定的支架，此支架装卸方便插拔自由，操作方便，施工简捷。图 2-1-7 和图 2-1-8 分别为组合式电缆支架实物图及安装效果图。

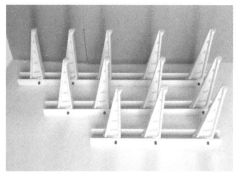 

图 2-1-7　组合式电缆支架实物图　　　　图 2-1-8　组合式电缆支架安装效果图

1.1.4　电缆夹具

　　为了节省工程成本，在实际施工操作过程中，当敷设的电缆根数相对较少时，还会采用电缆夹具、电缆挂钩来安装和固定电缆。

　　电缆固定夹具是由非磁性金属或者非金属材料制作而成的电缆固定卡子，在安装时要加橡胶垫防止涡流的产生。固定夹具使电缆能够在电缆构筑物内安装牢固，排放整齐，使电缆与支架能够刚性固定：一方面能避免单芯电缆由于短路产生的电动力，使电缆发生位移和跳动现象；另一方面能够使电缆在托臂上走向明确。可根据所架设电缆的根数灵活使用，在架设、撤除、增加及更换电缆时省时省力，夹具如图 2-1-9～图 2-1-12 所示。

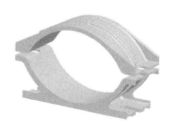 

图 2-1-9　单个电缆刚性固定夹具　　　　图 2-1-10　品字型夹具

图 2-1-11　夹板式夹具　　　　　　　图 2-1-12　Ω 型夹具

1.1.5　电缆挂钩

在简单的电缆敷设中，利用挂钩形式支撑电缆，简单方便，同时挂钩能相互串联。挂钩密度小、重量轻、成本低、运输及安装方便，用在井下安装时不仅能降低工人劳动强度，提高工作效率，而且工程造价低。电缆挂钩示意图等如图 2-1-13～图 2-1-17 所示。

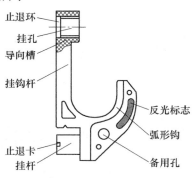

图 2-1-13　电缆挂钩结构示意图

图 2-1-14　电缆挂钩实物图

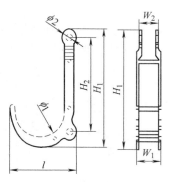

图 2-1-15　挂钩尺寸示意图

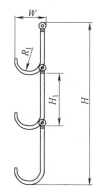

图 2-1-16　挂钩串联示意图

图 2-1-17　挂钩安装效果图

1.2　自控仪表工程电缆桥架

电缆桥架是敷设电缆的新形式,适用于计算机电缆架空敷设和电缆夹层内部电缆的敷设。具有容积大、外形美观、可靠性高和利于工厂化生产的特点。现阶段基本上符合品种全、规格多和配套强的要求。可根据不同用途和使用环境,分别选用普通型和防腐型的桥架,要求更高的还可选用铝合金桥架。

电缆桥架常用材质有中碳钢、不锈钢、铝合金和玻璃钢四种。

1)钢制桥架。钢制桥架是最常用的电缆桥架,因其加工工艺简便,承载能力强,广泛应用于电厂、工矿、企业和房地产等领域。根据客户的要求,表面可以喷塑、热镀锌、电镀锌处理和采用镀锌板。

2)铝合金桥架。具有良好地防腐效果,适合于化工及沿海高腐蚀地带。

3)玻璃钢桥架。玻璃钢桥架是采用玻璃纤维布、环氧树脂、固化剂和添加剂等防腐阻燃材料通过加热模具拉制成型,外形美观,组织结构致密,具有重量轻、绝缘性好,阻燃、防腐、耐温和机械强度高等特点,特别是对强酸强碱有良好的耐腐蚀性能。主要适用于环境恶劣,或有阻燃要求的场所,如化工车间、沿海港口、氧化铝车间和仓库等室内外架空及地沟、隧道的敷设。

电缆桥架根据其安装方式的不同,可按其结构分为线槽式、托盘式、梯架式以及组合式等,由支架、托臂和安装附件等组成。选型时应注意桥架的所有零部件是否符合系列化、通用化和标准化的成套要求。建筑物内桥架可以独立架设,也可以敷设在各种建(构)筑物和管廊支架上,应体现结构简单、造型美观、配置灵活和维修方便等特点。安装在建筑物外露天的桥架,全部零件均需进行镀锌处理,如果是安装在邻近海边或腐蚀区,则材质必须具有防腐、耐潮气、附着力好和耐冲击强度高的特点。

1)线槽式。一种全封闭型电缆桥架,它最适用于敷设计算机电缆、通信电缆、热电偶电缆及其他高灵敏系统的控制电缆,对屏蔽干扰和重腐蚀环境中电缆的防护都有较好的效果。

2)托盘式。是石油、化工、电力、轻工、电视和电信等方面应用最广泛的一种,它具有重量轻、载荷大、造型美观、结构简单和安装方便等优点,它既适用于敷设动力电缆,也适用于敷设控制电缆。

3)梯架式。具有重量轻、成本低、安装方便、散热和透气性好等优点,适用于一般外径较大电缆的敷设,特别适用于高、低压动力电缆的敷设。

4)组合式。组合式电缆桥架是一种新型桥架,是电缆桥架系列中的第二代产品。它适用于各种电缆的敷设,具有结构简单、配置灵活、安装方便和形式新颖等特点。

根据桥架固定方式的不同,分为直立式、悬挂式、侧壁式、单端和双端等型式。

1.2.1　电缆桥架命名方式

根据 JB/T 10216—2013《电控配电用电缆桥架》的规定，电缆桥架型号表示方法如图 2-1-18 所示。

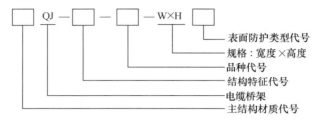

图 2-1-18　电缆桥架的型号表示方法

1）桥架主结构材质及代号，见表 2-1-1。

表 2-1-1　桥架主结构材质及代号

材质	钢制	铝合金制	玻璃钢制	耐火材料	复合材料
代号	G	L	B	F	FB

2）桥架结构特征代号，见表 2-1-2。

表 2-1-2　桥架结构特征代号

名称	代号	名称	代号
无孔托盘	C	网状托盘	WT
有孔托盘	P	双边无孔托盘	DC
梯架	T	双边有孔托盘	DP
组装式托盘	ZH	双边梯架	DT

3）桥架的主要品种及代号，见表 2-1-3。

表 2-1-3　桥架主要品种及代号

序号	名称	符号	序号	名称	符号
1	直线段	01A	7	水平四通	04A
2	90°水平弯通	02A	8	垂直四通	04B
3	45°水平弯通	02B	9	垂直上弯通	05A
4	水平三通	03A	10	垂直下弯通	05B
5	垂直上三通	03B	11	变径直通	06A
6	垂直下三通	03C	12	非标	—

4）电缆桥架的防护类型和相应的使用环境条件等级，见表 2-1-4。

表 2-1-4　桥架防护类型及相应使用环境

防护类型	防护类型代号	使用环境条件等级①
普通型	J	3K5L/3K6/3K6L
湿热型	TH	3K5L/3C2
防中等腐蚀型	F1	3K5L/3C3
防强腐蚀型	F2	3K5L/3C4
户外型	W	4K2/4C2
户外防中等腐蚀型	WF1	4K2/4C3
户外防强腐蚀型	WF2	4K2/4C4
耐火型	NⅠ～NⅢ	消防线路中

① 使用环境条件等级详见 JB/T 10216—2013 中 4.2 条的规定。

5）耐火型电缆桥架的耐火等级及代号，见表 2-1-5。

表 2-1-5　耐火型电缆桥架耐火等级及代号

耐火等级代号	NⅠ	NⅡ	NⅢ
持续工作时间/min	≥60	≥45	≥30

1.2.2　电缆桥架的选择要求

1）在工程设计中，电缆桥架的布置应根据经济合理性、技术可行性和运行安全性等因素综合比较，以确定最佳方案，还要充分满足施工安装、维护检修及电缆敷设的要求。

2）电缆桥架水平敷设时距地面的高度一般不低于 2.5 m，垂直敷设时距地面 1.8 m 以下，部分应加金属盖板保护，但敷设在电气专用房间内时除外。电缆桥架水平敷设在设备夹层或人行道上且低于 2.5 m 时，应采取保护接地措施。

3）电缆桥架、线槽及其支吊架使用在腐蚀性环境中，应采用耐腐蚀的刚性材料制造，或采取防腐蚀处理，防腐蚀处理方式应满足工程环境和耐久性的要求。对耐腐蚀性能要求较高或要求洁净的场所，宜选用铝合金电缆桥架。

4）电缆桥架在有防火要求的区段内，可在电缆梯架、托盘内添加具有耐火或难燃性能的板、网等材料构成封闭或半封闭式结构，并采取在桥架及其支吊架表面涂刷防火涂层等措施，其整体耐火性能应满足国家有关规范或标准的要求。在工程防火要求较高的场所，不宜采用铝合金电缆桥架。

5）需要屏蔽电磁干扰的电缆线路，或有防护外部影响如户外日照、油、腐蚀性液体和易燃粉尘等环境要求时，应选用无孔托盘式电缆桥架。

6）在容易积聚粉尘的场所，电缆桥架应选用盖板；在公共通道或室外跨越道路段，底层桥架上宜加垫板或使用无孔托盘。

7）以下几种情况，电缆不宜敷设在同一层电缆桥架内，若需要敷设在同一层电缆桥架内时，中间应增加隔板隔离：①1 kV 以上和 1 kV 及以下的电缆之间；②同一路径向一级负荷供电的双回路电缆；③应急照明和其他照明的电缆；④电力、控制和通信电缆。

8）当钢制电缆桥架直线段长度超过 30 m，铝合金电缆桥架超过 15 m 时，或当电缆桥架经过建筑伸缩（沉降）缝时应留有 0～30 mm 补偿余量，其连接宜采用伸缩连接板。

9）电缆梯架、托盘宽度和高度的选择应符合填充率的要求，电缆在梯架、托盘内的填充率一般情况下，计算机电缆可取 40%～50%，且宜预留 10%～25%的工程发展裕量。

10）在选择电缆桥架的荷载等级时，电缆桥架的工作均布荷载不应大于所选电缆桥架荷载等级的额定均布荷载，如果电缆桥架的支吊架的实际跨距不等于 2 m 时，则工作均布荷载应满足

$$q_G \leqslant q_E \left(\frac{2}{L_G} \right)^2 \tag{2-1-2}$$

式中，q_G 为工作均布荷载，kN/m；q_E 为额定均布荷载，kN/m；L_G 为实际跨距，m。

电缆桥架额定均布载荷等级见表 2-1-6 和表 2-1-7。

表 2-1-6　钢制电缆桥架额定均布载荷等级

载荷等级	A	B	C	D
额定均布载荷/（kN/m）	0.5	1.5	2.0	2.5

表 2-1-7　铝合金电缆桥架额定均布载荷等级

载荷等级	A	A1	B	C	D
额定均布载荷/（kN/m）	0.5	1.0	1.5	2.0	2.5

1.2.3　电缆桥架设计的基本要求

电缆桥架应根据各个系统电缆的类型与数量，合理设计选型。

1）确定方向。根据建筑平面布置图，结合空调管线和电气管线等设置情况，以及电缆路由的疏密来确定电缆桥架的最佳路由。在室内，尽可能沿建筑物的墙、柱、梁及楼板架设，允许利用综合管廊架设时，则应在管道一侧或上方平行架设，且引下线和分支线尽量避免交叉，如无其他管架借用，则需自设立（支）柱。

2）荷载计算。计算电缆桥架主干线纵断面上单位长度的电缆重量。

3）确定桥架的宽度。根据布放电缆条数、电缆直径及电缆的间距来确定电缆桥架的型号与规格，托臂的长度，支柱的长度和间距，桥架的宽度和层数。

4）确定安装方式。根据场所的设置条件确定桥架的固定方式，选择悬吊式、直立式、侧壁式或混合式，连接件和紧固件一般是配套供应的。此外，根据桥架结构选择相应的盖板。

5）绘出电缆桥架平与剖面图，局部部位还应绘出空间图，并列出材料表。

1.3　自控仪表工程电缆敷设准备

1.3.1　支架制作与安装

制作支架时应将材料矫正、平直，切口处不得有毛刺和卷边。制作好的支架牢固、平直、尺寸准确且有标识，分类存放。下料采用切割机等机械方法，误差≤5 mm。

安装支架时应符合下列要求。

1）在允许焊接的金属结构上和混凝土构筑物的预埋件上，采用焊接固定，焊接固定焊缝饱满，无变形。

2）在混凝土上，采用膨胀螺栓固定，膨胀螺栓固定选用螺栓适配，防松零件齐全，连接紧固；工艺管道采用 U 型管卡固定；钢结构梁、柱采用抱箍固定。

3）在允许焊接支架的金属设备和管道上，采用焊接固定。当设备、管道与支架不是同一种材质或需要增加强度时，预先焊接一块与设备、管道材质相同的加强板后，再在上面焊接支架。

4）支架不得与高温或低温管道直接接触。

5）支架固定牢固、横平坚直且整齐美观。在同一直线段上的支架间距均匀。

6）支架安装在有坡度的电缆沟或建筑结构上时，其安装坡度与电缆沟或建筑结构的坡度相同。支架安装在有弧度的设备或结构上时，安装弧度应与设备或结构的弧度相同。

7）无吊顶沿梁底吊装、靠墙支架安装；有吊顶在吊顶内吊装或靠墙支架安装；在公共场所结构件靠墙、地坪、柱支架、安装或屋架下弦构件上安装。支架安装的效果图如图 2-1-19 和图 2-1-20 所示。

图 2-1-19　支吊架焊在预埋件　　　　　　图 2-1-20　支吊架用膨胀螺栓固定

当设计文件未规定时，电缆桥架及电缆导管的金属支架间距宜为 1.50～3.00 m。在拐弯处、终端处及其他需要位置应设置支架。支架安装应考虑桥架顶面至楼板的距离不小于 150～200 mm（便于电缆敷设）；支架最下层至沟底、地面的距离不小于 50～100 mm。

同层支架横档在同一水平面，高低偏差不大于 5 mm。支架沿桥架、钢管走向左右偏差不大于 10 mm。电缆支架各层之间的距离效果图如图 2-1-21 所示。

图 2-1-21　电缆支架各层之间的距离效果图

1.3.2　桥架安装与接地

1．施工准备

1）按照已批准的施工组织设计（施工方案）进行技术与安全交底。

2）施工执行工艺标准、图集及规范齐全。

3）电缆桥架敷设前，应检查桥架敷设有无与其他设备、管线交叉或重叠而无法施工的地方，施工前应与各工种、监理或建设单位及设计单位协商好，并作好记录，以保证施工顺利进行。

4）根据施工图或施工所用电缆应作好电缆牵引力的计算。

2．材料准备

1）电缆桥架规格及型号必须符合设计要求，附件齐全；桥架与配件、附件和紧固件各种型钢均应采用镀锌标准件。

2）各种规格电缆桥架的直线段、弯通、桥架附件、支架、吊架、立柱及型钢等均应有产品合格证，桥架内外应光滑平整，无棱刺，不应有扭曲翘边等变形现象。

3）桥架订货或制作应按设计要求进行，不应有误，应反复校核以免造成浪费。

4）有腐蚀的场所、易燃粉尘场所应选用无盖无孔封闭型托盘，当需要因地制宜的场所，宜选用组装式托盘或有孔托盘及梯架；在容易积灰和其他需遮盖的环境或户外场所，宜带有盖板。计算机电缆与电力电缆共用同一托盘或梯架时，应选用中间有隔板的托盘或梯架；在托盘、梯架分支、引上和引下处应设适当的弯通；因受空间条件限制不便装设弯通或有特殊要求时，可选用软连接板，铰接板；伸缩缝应设置伸缩板；连接两段不同宽度或高度的托盘、梯架可配置变宽或变高板。但在施工中，支、吊架和桥架的选择应依设计或工程布置条件选择。

5）托盘、梯架的宽和高度，应按下列要求选择：①电缆在桥架内的填充率，计算机电缆可取 50%，并应留有一定的备用空位，以便今后为增添电缆用；②所选托盘、桥架规格的承载能力应满足规定。其工作均布荷载不应大于所选托盘、梯架荷载等级的额定均布荷载；③工作均布荷载下的相对挠度不宜大于 1/200。

托盘、梯架直线段，可按单件标准长度选择。单件标准长度一般规定为 2 m、3 m、4 m 和 6 m。托盘、梯架的宽度与高度常用规格尺寸系列见表 2-1-8。

表 2-1-8　钢制托盘、梯架常用规格表　　　　（单位：mm）

高度＼宽度	40	50	60	70	75	100	150	200
100	△	△	△	△				
200	△	△	△	△	△	△		
300	△		△	△	△	△		
400		△	△	△	△	△	△	△
500			△	△	△	△	△	△
600				△	△	△	△	△
800					△	△	△	△
1 000						△	△	△
1 200							△	△

注：符号△表示常用规格。

各类弯通及附件规格，应适合工程布置条件，并与托盘、梯架配套。

支、吊架规格选择，应按托盘、梯架规格层数和跨距等条件配置，并应满足荷载的要求。

钢制桥架的表面处理方式，应按工程环境条件、重要性、耐久性和技术经济性等因素进行选择。一般情况宜直接按表 2-1-9 选择适用工程环境条件的防腐处理方式，当采用表 2-1-9 中"T"类防腐方式为镀锌镍合金、高纯化等其他防腐处理的桥架，应按规定试验验证，并应具有明确的技术质量指标及检测方式。

6）桥架的外观检查：①桥架产品包装箱内应有装箱清单、产品合格证及出厂检验报告。托盘、梯架板材厚度应满足表 2-1-10 的规定，防腐层材料应符合国家现行有关标准的规定。②热浸镀锌的托盘、桥架镀层表面应均匀，无毛刺、过烧、挂灰、伤痕和局部未镀锌（直径 2 mm 以上）等缺陷，不得有影响安装的锌瘤。螺纹的镀层应光滑，螺栓连接件应能拧入。③电镀锌的锌层表面应光滑均匀，致密。不得有起皮、气泡、花斑、局部未镀和划伤等缺陷。④喷涂应平整、光滑、均匀、不起皮和无气泡水泡。⑤桥架焊缝表面均匀，不得有漏焊、裂纹、夹渣、烧穿和弧坑等缺陷。⑥桥架螺栓孔径，在螺杆直径不大于 M16 时，可比螺杆直径大 2 mm。⑦螺栓连接孔的孔距允许偏差：同一组内相邻两孔间距±0.7 mm，同一组内任意两孔间距±1 mm；相邻两组的端孔间距±1.2 mm。

表 2-1-9　表面防腐处理方式选择

环境条件				防腐层类别						
类型		代号	等级	Q 涂漆	D 电镀锌	P 喷涂粉末	R 热浸镀锌	DP	RQ	T 其他
								复合层		
户内	一般 普通型	J	3K5L、3K6	○	○	○				由设计决定
	0 类 湿热型	TH	3K5L	○	○	○	○			
	1 类 中腐蚀性	F1	3K5L、3C3	○			○	○	○	
	2 类 强腐蚀性	F2	3K5L、3C4			○		○	○	
户外	0 类 轻腐蚀性	W	4K2、4C2				○	○	○	
	1 类 中腐蚀性	WF1	4K2、4C3	○			○	○	○	

注：符号"○"表示推荐防腐类别。

表 2-1-10　托盘、梯架允许最小板材厚度　　　（单位：mm）

托盘、梯架宽度	允许最小厚度
<400	1.5
400~800	2.0
>800	2.5

7）膨胀螺栓。应根据允许拉力和剪力进行选择；可按计划验收，丝扣应完好无损。

8）电缆应有合格证。每盘电缆上应标明规格、型号、电压等级、长度及出厂日期，电缆应完好无损。

9）电缆外观完好无损，铠装无锈蚀、无机械操作、无皱折和扭曲现象，电缆外护层及绝缘层无老化及裂纹，电缆端头应密封良好。

10）其他附属材料：电缆标示牌、油漆、汽油、封铅、硬脂酸白布带、橡皮包布、黑包布和塑料绝缘带等均应符合要求。

3．施工工艺

（1）电缆桥架安装工艺流程如图 2-1-22 所示。

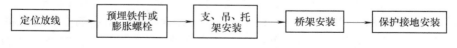

图 2-1-22　电缆桥架安装工艺流程图

（2）根据施工图确定始端到终端位置，沿图样标定走向，找好水平、垂直和弯通，用粉线袋或画线沿桥架走向在墙壁、顶棚、地面、梁、板和柱等处弹线或画线，并均匀档距画出支、吊和托架位置。

（3）预埋铁件或膨胀螺栓：①预埋铁件的自制加工不应小于 120 mm×80 mm× 6 mm，其锚固圆钢的直径不小于 10 mm；②紧密配合土建结构的施工，将预埋铁件平面紧贴模板，将锚固圆钢用绑扎或焊接的方法固定在结构内的钢筋上，待混凝土模板拆除后，预埋铁件平面外露，将支架、吊架或托架焊接在上面进行固定；③根据支架承受的荷重，选择相应的膨胀螺栓及钻头，埋好螺栓后，可用螺母配上相应的垫圈将支架或吊架直接固定在金属膨胀螺栓上。

（4）支、吊架安装：①支架与吊架所用钢材应平直，无显著扭曲。下料后长短偏差应在±3 mm 内，切口处应无卷边、毛刺。②钢支架与吊架应焊接牢固，无显著变形，焊接前厚度超过 4 mm 的支架、铁件应打坡口，焊缝均匀平整，焊缝长度应符合要求，不得出现裂纹、咬边、气孔、凹陷和漏焊等缺陷。③支架与吊架应安装牢固，保证横平竖直，在有坡度的建筑物上安装支架与吊架应与建筑物的坡度、角度一致。④支架与吊架的规格：角钢一般不应小于 25 mm×25 mm×3 mm；扁钢一般不应小于 30 mm×3 mm。⑤严禁用电气焊切割钢结构或轻钢龙骨任何部位。⑥万能吊具应采用定型产品，并应有各自独立的吊装卡具或支撑系统。⑦固定支点间距一般不应大于 1.5～2 m，在进出接线盒、箱、柜、转角、转弯和变形缝两端及丁字接头的三端 500 mm 以内应设固定支撑点。⑧严禁用木砖固定支架与吊架。

（5）桥架安装。

1）电缆桥架水平敷设时，支撑跨距一般为 1.5～3 m，电缆桥架垂直敷设时固定点间距不宜大于 2 m。桥架弯通弯曲半径不大于 300 mm 时，应在距弯曲段与直线段结合处 300～600 mm 的直线段侧设置一个支、吊架。当弯曲半径大于 300 mm 时，还应在弯通中部增设一个支、吊架。支、吊架和桥架安装必须考虑电缆敷设弯曲半径满足标准规定最小弯曲半径。

2）门型角钢支架的安装。梯型桥架沿墙垂直敷设，可使用门型角钢支架，支架的固定应尽可能配合土建施工预埋，如图 2-1-23 所示。也可在土建施工中预埋开角螺栓，用开角螺栓固定支架，如图 2-1-24 所示，也可以采用膨胀螺栓固定。

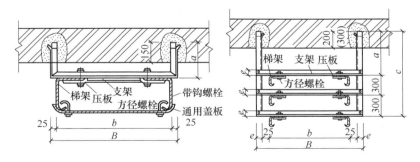

图 2-1-23　角钢支架预埋安装

3）梯型角钢支架的安装。桥架沿墙、柱水平安装时，托壁需安装在异型钢立柱上，而立柱要安装在梯型角钢支架上，使柱和墙上的桥架固定支架（或托臂）在同一条直线上。制作尺寸如图 2-1-25 和表 2-1-11 所示，底架与门型架焊接时，焊角高度 5 mm。

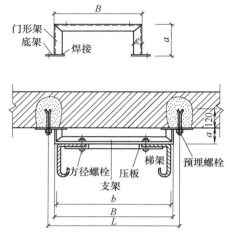

图 2-1-24　角钢支架预埋开脚螺栓安装

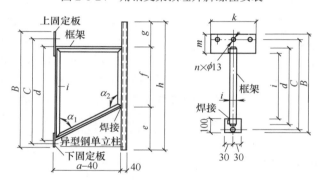

图 2-1-25　梯型角钢支架的安装

表 2-1-11　梯型角钢支架制作尺寸表

N/个	a/mm	B/mm	C/mm	d/mm	e/mm	f/mm	g/mm	h/mm	i/mm	j/mm	k/mm	l/mm	n/个
1	10~400	300	260	190	100	100	100	300	L40×4	120	140	80	3
2	10~400	400	360	290	300	200	100	600	L50×5	220	240	80	4
3	10~400	500	460	390	400	300	200	900	L50×5	260	140	140	5
4	10~400	600	560	490	500	400	300	1200	L56×5	360	240	140	6

4）电缆桥架立柱侧壁式安装。立柱是直接支撑托臂的部件，分工字钢、槽钢、角钢和异型钢立柱；立柱可以在墙上、柱上安装，也可悬吊在梁板上安装。做法是在混凝土内可预埋铁件，砌体可砌筑预制砌块，也可以采用膨胀螺栓，但必须在混凝土强度 C20 或砖强度在 MU10 以上的砖砌体上，可参照图 2-1-26～图 2-1-31。

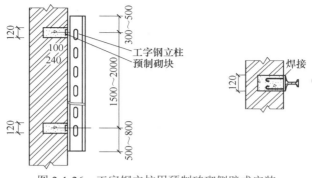

图 2-1-26　工字钢立柱用预制砖砌侧壁式安装

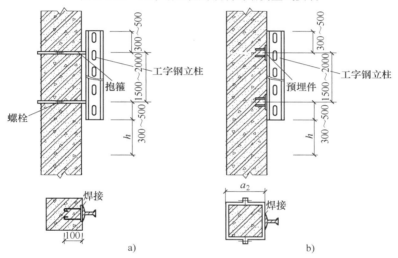

图 2-1-27　工字钢立杆沿混凝土柱侧壁式安装
a）用预埋铁件固定　b）用抱箍固定

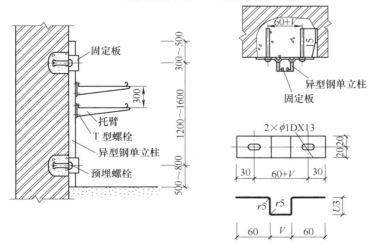

图 2-1-28　异型钢立柱在墙上侧壁式安装（一）

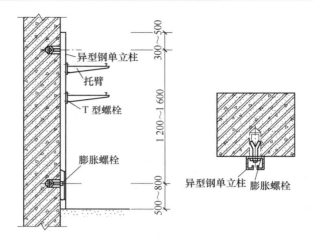

图 2-1-29　异型钢立柱在墙上侧壁式安装（二）

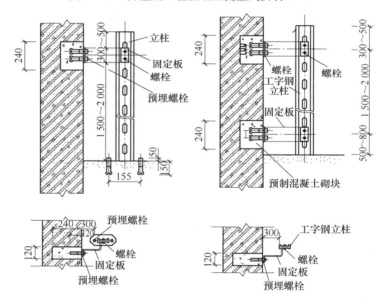

工字钢立柱直立式用固定板做法

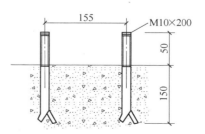

图 2-1-30　立柱底座螺栓做法图

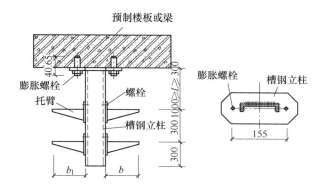

图 2-1-31　槽钢、角钢立柱悬吊安装

5）电缆桥架应敷设在易燃易爆气体管和热力管道的下方，当设计无要求时，与管道的最小净距，符合表 2-1-12 的规定。

表 2-1-12　电缆桥架与管道的最小净距　　　　　　　　（单位：mm）

管道类别		平行净距	交叉净距
一般工艺管道		400	300
易燃易爆气体管道		500	500
热力管道	有保温层	500	300
	无保温层	1 000	500

6）托臂安装。托臂是直接支撑托盘、梯架单独固定的刚性部件，托臂有螺栓固定，可预埋螺栓，也可采用膨胀螺栓，也可卡接，如图 2-1-32～图 2-1-36 所示。

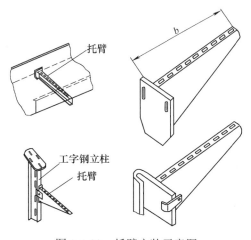

图 2-1-32　托臂安装示意图

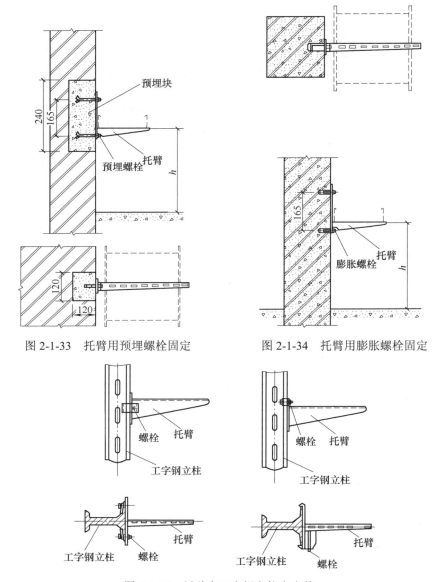

图 2-1-33　托臂用预埋螺栓固定　　　　　图 2-1-34　托臂用膨胀螺栓固定

图 2-1-35　托臂在工字钢立柱上安装

（6）桥架敷设

1）直线段钢制电缆桥架长度超过 30 m，铝合金或玻璃钢制电缆桥架长度超过 15 m 应设有伸缩节，跨越伸缩缝处设置补偿装置，可用带伸缩节的桥架。

2）桥架与支架间螺栓、桥架连接板螺栓紧固无遗漏，螺母位于桥架外侧，当铝合金桥架与钢支架固定时，有相互间绝缘防电化腐蚀措施，一般可垫石棉垫。

3）敷设在竖井内和穿越不同防火区的桥架，应按设计要求位置，有防火隔离措施，电缆桥架在电气竖井内敷设可采用角钢固定，如图 2-1-37 所示。

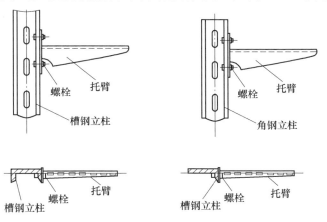

图 2-1-36　托臂在槽钢、角钢立柱上安装

4）电缆桥架在穿过防火墙及防火楼板时，应采取防火隔离措施，防止火灾沿线路延燃；防火隔离墙、板，应配合土建施工预留洞口，在洞口处预埋好护边角钢，施工时根据电缆敷设的层数和根数用角钢作固定框，同时将固定柜焊在护边角钢上；也可以先作好框，在土建施工中砌体或浇灌混凝土时安装在墙、板中。

5）槽式大跨距电缆桥架由室外进入建筑物内时，桥架向外的坡度不得小于 1/100。

6）电缆桥架与用电设备交越时，其间的净距不小于 0.5 m。

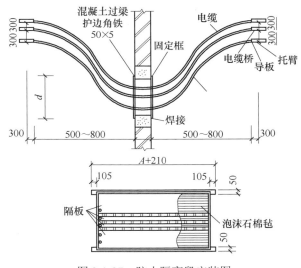

图 2-1-37　防火隔离段安装图

7）两组电缆桥架在同一高度平行敷设时，其间净距不小于 0.6 m。

8）在平行图上绘出桥架的路由，要注明桥架起点、终点、拐弯点、分支点及升降点的坐标或定位尺寸、标高，如能绘制桥架敷设轴侧图，则对材料统计将更精确。直线段要注明全长、桥架层数、标高、型号及规格。拐弯点和分支点要注明所用转弯接板的型号及规格。升降段要注明标高变化，也可用局部大图样或剖面图表示。

9）桥架支撑点，如立柱、托臂或非标准支、构架的间距、安装方式、型号规格及标高，可统一在平面上列表说明，也可分段标出用不同的剖面图、单线图或大样图表示。

10）电缆引下点位置及引下方式，一般而言，大批电缆引下可用垂直弯接板和垂直引上架，少量电缆引下可用导板或引管，注明引下方式即可。

11）电缆桥架宜高出地面 2.2 m 以上，桥架顶部距顶棚或其他障碍物不应小于 0.3 m，桥架宽度不宜小于 0.1 m，桥架内横断面的填充率不应超过 50%。

12）电缆桥架内线缆垂直敷设时，在线缆的上端和每间隔 1.5 m 处应固定在桥架的支架上，水平敷设时，在线缆的首、尾、转弯及每间隔 3～5 m 处进行固定。

13）在吊顶内设置时，槽盖开启面应保持 80 mm 的垂直净空，线槽截面利用率不应超过 50%。

14）在水平、垂直桥架中敷设线缆时，应对线缆进行绑扎，4 对电缆以 24 根为束，25 对或以上主干线电缆、光缆及其他信号电缆应根据线缆的类型、缆径和线缆芯数分束绑扎。绑扎间距不宜大于 1.5 m，间距应均匀，松紧适度。

15）桥架水平敷设时，支撑间距一般为 1.5～3 m，垂直敷设时固定在建筑物构体上的间距宜小于 2 m。

（7）桥架的接地

当设计允许利用桥架系统构成接地干线回路时，应符合下列要求。

1）金属电缆桥架及其支架引入或引出的金属电缆导管必须可靠接地（PE）或接零（PEN）。

2）盘、梯架端部之间连接电阻不应大于 0.000 33 Ω，并应用等电位连接测试仪（导通仪）或微欧姆表测试，测试应在连接点的两侧进行，对整个桥架全长的两端连接电阻不应大于 0.5 Ω 或由设计决定，否则应增加接地点，以满足要求。接地孔应消除涂层，与涂层接触的螺栓有一侧的平垫应使用带爪的专用接地垫圈。

3）伸缩缝或软连接处需采用编织铜线连接。沿桥架全长另敷设接地干线时，每段（包括非直线段）托盘、梯架应至少有一点与接地干线可靠连接；在接地部位的连接处应装置弹簧垫圈，以免松动。

电缆桥架安装如图 2-1-38 所示。

图 2-1-38　电缆桥架安装图

1.3.3　电缆管敷设

1. 敷设准备

电缆钢管用割管器和砂轮锯切管，量好切断的尺寸放在钳口内卡牢后切割，断口处平齐，刮锉光滑，无毛刺及管内铁屑除净；塑料管用配套截管器操作。钢管管径不大于 20 mm 时用拗棒弯管；管径大于 20 mm 时用液压煨弯器，塑料管弯制采用配套弹簧。电缆导管弯曲的加工制作应符合下列规定。

1）电缆导管弯曲后的角度不应小于 90°。

2）电缆导管的弯曲半径，不应小于所穿入电缆的最小允许弯曲半径。

3）电缆导管弯曲处不应有凹陷、裂缝和明显的弯扁，且弯扁程度不应大于管的外径 10%。

4）单根电缆导管的直角弯不宜超过 2 个。

2. 敷设间距

水平排列的电缆管间距均匀，管距容纳一个管径为准。混凝土等处管子外保护层距表面距离不小于 15 mm。穿墙保护管伸出墙面长度不大于 30 mm。与绝热的工艺设备、管道绝热层表面距离大于 200 mm，与工艺设备、管道表面间距离大于 150 mm。保护管引出地面宜高出 200 mm；引至落地仪表盘宜高出 50 mm。埋地敷设深度不小于 0.7 m。

3. 安装

确定盒、箱等固定点位置后选择最短路径敷设，沿管路走向拉出直线，按间距要求确定支架位置，用镀锌管卡固定，严禁将电缆管焊接在支架上；在电缆管安装过程中应符合以下规定。

当电缆导管的直线长度超过 30 m、沿炉体敷设或经过建筑物伸缩缝时，应采取下列热膨胀措施之一：

1）现场情况，弯管形成自然补偿。

2）增加一段软管。

3）在两管连接处预留间距，外套套管单端固定；电缆导管的两端口应带护线帽。

金属电缆导管的连接应符合下列规定：

1）采用螺纹连接时，管端螺纹长度应不小于管接头长度的 1/2。

2）埋设时宜采用套管焊接，连接时应两管口对准，管子的对口处应处于套管的中心位置；套管长度不应小于电缆导管外径的 2.2 倍，焊接应牢固，焊口应严密，并应防腐处理。

3）镀锌管及薄壁管应采用螺纹连接或套管紧定螺栓连接，不得采用熔焊连接。

4）在有粉尘、液体、蒸汽、腐蚀性或潮湿气体进入管内的位置敷设的电缆导管，其两端管口应密封。

　　电缆导管与检测元件或现场仪表之间，宜用挠性管连接，应设有防水弯。与现场仪表箱、接线箱和接线盒等连接时应密封，并应固定牢固。

　　埋设的电缆导管应选最短途径敷设，埋入墙或混凝土内时与表面净距离不得小于 15 mm。电缆导管应排列整齐、固定牢固。当用管卡或 U 形螺栓固定时，固定点间距应均匀。当电缆导管有可能受到雨水或潮湿气体浸入时，应在最低点采取排水措施。穿墙保护套管或保护罩两端延伸出墙面的长度，不应大于 30 mm。当电缆导管穿过楼板时，应有预埋件；当需在楼板或钢平台开孔时，不得切断板内的钢筋或平台钢梁。电缆预埋管的施工及效果图如图 2-1-39 和图 2-1-40 所示。

图 2-1-39　电缆预埋管埋设施工

图 2-1-40　电缆预埋管

1.4　自控仪表工程电缆敷设

1.4.1　缆盘的架设与安放

　　架设地点一般在电缆起点附近，尽量靠近控制室，便于施工。放线架坚固且有底平面，放置在坚硬的地面，如无坚硬地面可铺上枕木。轴辊的强度、长度应与盘重和宽度配合。盘上不能存放过多的电缆，根据敷设情况随用随拽，电缆从盘的上端引出，不应使电缆在支架和地面上摩擦拖拉，引拉速度均匀。

1.4.2　电缆敷设

遵循最佳路径及从集中点向各设备等分散点原则，相近路径电缆宜同时敷设。水平敷设时可用人力或机械牵引。垂直敷设时最好自上而下敷设，将电缆吊至楼层顶部，敷设时在电缆轴附近和楼层采取防滑措施；自下而上敷设时，低层小截面电缆可用滑轮大绳人力牵引敷设，大截面电缆宜用机械牵引敷设。

将带线（一端弯成不封口的圆圈的钢丝）穿入管路内，在管路两端留有 10～15 cm 裕量，当穿带线受阻或过长时，用两根带线分别穿入管路的两端同时搅动，使两根钢丝的端头互相钩绞在一起，然后将带线拉出。

采用滑石粉防止损坏护层，将线芯插入带线的圆圈内折回绑扎牢固后拖拉，两人穿线一拉一送，送电缆时手不可离管口太近防止挤手，接电缆身体不可直接面向管口防止挫伤。

电缆在桥架内摆放整齐，绑扎牢固，边敷设边整理。每敷设完一根电缆及时穿入保护管，防止堆积影响施工，引出端装标志牌。发现电缆局部有压扁、扭曲或明显缺陷立即停止敷设，进行鉴定，确系质量问题重新敷设。从室外进入室内应有防水和封堵措施，电缆进入盘、柜宜从底部进入。经过建筑物伸缩缝和沉降缝处应留有裕量。

同一桥架内不同型号、电压等级电缆分类布置，交流电源、安全联锁用金属隔板与仪表信号电缆隔开敷设。与绝热设备和管道绝热层表面距离交叉敷设时不小于 250 mm，平行敷设时应不小于 500 mm，与其他设备和管道之间的距离应不小于 150 mm。严禁电缆在油管路及腐蚀性介质管路的正下方平行敷设，或在其阀门及接口下方通过，敷设时不应损坏建筑物防腐层。

在敷设计算机电缆时应注意以下规定。

1）敷设计算机电缆时的环境温度不应低于下列温度值：①塑料绝缘电缆 0 ℃；②橡皮绝缘电缆−15 ℃。

2）敷设电缆应合理安排，不宜交叉。敷设时，不应使电缆在支架上及地面摩擦、拖拉，固定松紧应适当。

3）塑料绝缘、橡皮绝缘多芯控制电缆的弯曲半径，不应小于其外径的 10 倍。电力电缆的弯曲半径应符合现行国家标准 GB 50168—2016《电气装置安装工程电缆线路施工及验收规范》的有关规定。

4）在电缆桥架内交流电源线路和计算机信号线路应用金属隔板隔开敷设。

5）当电缆沿支架敷设时，应绑扎固定牢固。

6）明敷设的计算机信号线路与具有强磁场和强静电场的电气设备之间的净距离宜大于 1.50 m；当采用屏蔽电缆或穿金属导管以及金属槽式电缆桥架内敷设时，宜大于 0.80 m。

7）电缆在隧道或沟道敷设时，应敷设在支架上或电缆桥架内。

1.4.3　电缆的固定

电缆在桥架上采用十字交叉法绑扎，水平桥架上每隔 1 m 进行一次绑扎，其首末端、转弯处和电缆接头两端应固定；垂直敷设时在每个支架上绑扎。穿过保护管的两端、电缆引入盘、柜前 300～400 mm 处和引入接线盒前 150～300 mm 处应固定。水平敷设的电缆固定如图 2-1-41 所示，垂直敷设的电缆固定如图 2-1-42 所示。

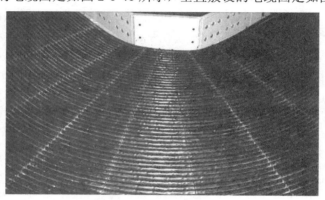

图 2-1-41　水平敷设电缆固定

图 2-1-42　垂直敷设电缆固定

1.4.4　电缆头的制作

电缆敷设后，两端应做电缆头，电缆头的制作应符合下列规定。

1）当制作电缆头时，绝缘带应干燥、清洁、无折皱及层间无空隙；当抽出屏蔽接地线时，不应损坏绝缘；在潮湿或有油污的位置，应采取防潮与防油措施。

2）综合控制系统和数字通信线路的电缆敷设应符合设计文件的规定。

3）补偿导线应穿电缆导管或在电缆桥架内敷设，不得直接埋地敷设。

电缆头制作流程如图 2-1-43 所示。

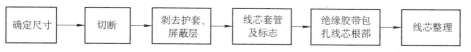

图 2-1-43　电缆头制作流程

一次连续完成，将标签取下保存好，用壁纸刀将电缆划一痕，然后以此为起点向电缆头方向斜划一深痕，将电缆皮撕下，划痕深度为电缆绝缘皮的 4/5，以免损伤线芯。电缆线芯加套管并保持电气间距，其连接器具内径与线芯配合。塑料电缆应彻底清除半导电屏蔽层，对包带石墨屏蔽层使用溶剂擦去碳迹。采用粘胶带、自粘带等密封，塑料护套应打毛，粘接表面应用溶剂除去油污保证粘接良好。

1.4.5　电缆接线

接线前应先校线，对电缆进行导通和绝缘检查后再进行接线。单股芯线连接其弯曲方向与螺栓紧固方向一致，多股软线芯与端子连接时线芯与其规格相应的铜连接片用压接钳压接。从电缆接头始端缠绕 1～2 个绝缘带宽度，再以半幅宽度重叠进行缠绕。在包扎过程中收紧绝缘带，根据线芯接入位置，将线芯从线束中一一抽出，线芯保持相互平行，线芯束采用尼龙扎带绑扎，各束间距离匀称，备用线芯单独绑扎成束，根据所接最远端子线芯的长度预留备用长度。线芯处理完毕套上图册回路编号的芯线号头后插入端子排，色标正确，端子牌每侧接线不得超过 2 根，接线留有裕量。外部裸露线芯控制在 2 mm 以下，并用端子号将裸露部分盖住。用力拧紧螺丝防止造成虚接，接线后用手拽一下线芯加以检验。电缆固定后，用电缆铭牌进行标识，绑扎、高度一致。盘柜门接线使用软线，预留全开情况下的长度。线路绝缘摇测合格后填写"绝缘电阻测试记录"。电缆接头工艺如图 2-1-44 所示。

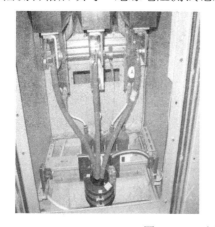
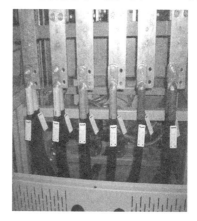

图 2-1-44　电缆接头工艺

第2章 DCS系统计算机电缆

集散型控制系统（DCS）计算机电缆的敷设为计算机控制电缆的升级换代产品，主要特征在于每一个线对均有单独屏蔽，俗称"对屏"。对屏分为铜线编织屏蔽、铝/塑复合带绕包屏蔽以及铜带或铜/塑复合带绕包屏蔽三种，用于以计算机为主的控制系统，尤其适用于DCS系统。

2.1 DCS系统的简介

集散控制系统简称DCS，也可直译为"分散控制系统"或"分布式计算机控制系统"。它采用控制分散、操作和管理集中的基本设计思想，采用多层分级、合作自治的结构形式。其主要特征是它的集中管理和分散控制。在DCS系统中，测量变送，执行器一般由模拟仪表来完成，它们与控制室的监控计算机共同构成控制系统，是模拟和数字混合系统，可实现高级复杂规律的控制。目前DCS在电力、冶金和石化等行业都获得了极其广泛的应用。

DCS通常采用分级递阶结构，如图2-2-1所示。每一级由若干子系统组成，每一个子系统实现若干特定的有限目标，形成金字塔结构。

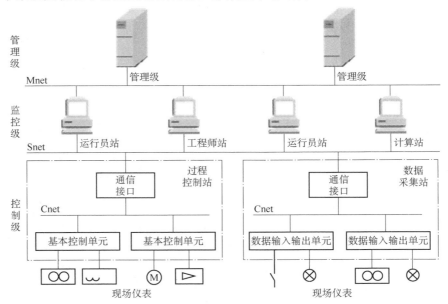

图 2-2-1 集散控制系统的结构图

可靠性是 DCS 发展的生命，要保证 DCS 的高可靠性主要有三种措施：一是广泛应用高可靠性的硬件设备和生产工艺；二是广泛采用冗余技术；三是在软件设计上广泛实现系统的容错技术、故障自诊断和自动处理技术等。当今大多数集散控制系统的 MTBF 可达几万甚至几十万小时。

2.1.1　DCS 硬件的特点

典型的 DCS 网络系统可分为过程控制级、控制管理级和生产管理级三个分级。第一层过程控制级主要以可编程逻辑控制器（Programmable Logical Controller，PLC）或 I/O 模块通过现场总线构成对现场设备的基本控制；第二层是控制管理级，即以监控计算机通过工控网络与 PLC 或 I/O 模块相连，实现对流程设备的上位机监控；第三层为生产管理层，即以文件服务器、管理计算机及其工业局域网与监控计算机相连，随时读取现场信息实现上层的生产管理。这种系统的构成，使某个局部的不可靠对整个系统构成损害的概率降得很低，加之各种软硬件技术的不断走向成熟，极大地提高了整个系统的可靠性。因此，DCS 成为了当今工业自动控制系统的主流。

2.1.2　DCS 软件的特点

由于 DCS 的特殊功能，所以它的软件系统不同于人们常说的软件，它有自己的特点。图 2-2-2 为一般 DCS 软件的构成框图和工作原理。从中可以发现，它充分体现了 DCS 的分层网络结构。大量工作集中在工程师站上，而操作员站、服务器站和现场控制站一般都用其专用软件来实现。

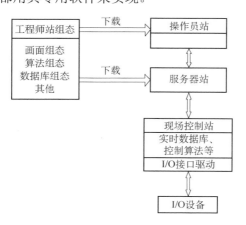

图 2-2-2　DCS 软件构成框图和工作原理

2.1.3　DCS 的缺点

作为一项比较成熟的工程技术，DCS 在全世界范围内取得了巨大成功。但随着时代的进步以及各种新技术的推陈出新，人们对 DCS 的要求也日益苛刻。所以今天的 DCS 呈现出一些不足，具体有：

1）系统接线工作特别繁重。因为每个现场设备都需要用线缆连至控制室，因而为以后的查线、维护带来许多不便。

2）由于采用的是标准模拟 4～20 mA 信号而不是数字信号进行数据传输，因此在信号可靠性、抗干扰等方面值得怀疑。

3）各种不同的 DCS 在互连时存在问题，也就是在同一工程中选用不同 DCS 连接时，在互相通信上往往有一些麻烦，这就给系统集成带来困难。因此，需要在不同 DCS 的互操作性上做些工作。

2.2　DCS 计算机电缆敷设

集散控制系统是通过大量的 I/O 低电平信号电缆、110 V 和 220 V 交直流开关量信号电缆与现场的检测装置、执行机构相接，再通过网络和分散在现场的控制设备进行数据通信。因此，合理有序地布设现场各种电缆，并有效地实施接地技术将有利于提高 DCS 系统的抗干扰能力，减小系统对外界的影响，提高系统运行的安全性和可靠性。

2.2.1　DCS 计算机电缆信号特点

在 DCS 系统中，作为控制信号的传输介质，用得最多的是计算机电缆。该电缆在石油、石化、化工、电力、冶金、造纸和环保等工业生产 DCS 系统中得到了广泛的应用。计算机电缆在系统中作为电子计算机、仪表、传感器及执行机构之间的连接线，传输检测、控制、监察、报警和联锁等模拟信号，也可作为低频数字信号传输线，传输信号的类型如下。

1）I 类信号。热电阻信号、毫伏信号和应变信号等低电平信号。

2）II 类信号。0～5 V、4～20 mA、0～10 mA 模拟量输入输出信号、电平型开关量输入输出信号、触点型开关量输入输出信号和脉冲量输入输出信号。

3）III 类信号。DC 24～48 V 感性负载或者工作电流大于 50 mA 的阻性负载的开关量输出信号。

4）IV 类信号。AC 110 V 或 AC 220 V 开关量输出信号。

其中 I 类、II 类信号很容易被干扰，而 III 类和 IV 类信号在开关动作瞬间将成为强烈的干扰源，通过空间环境干扰附近的信号线。

曾经有人假定需在敷设有诸如动力电缆等大电流电缆的桥架中加入 II 类信号计算机电缆，即在同一根桥架中同时混合敷设不同电流强度的电缆。为了便于数据上的计算及分析，现假设在桥架中存在一根动力电缆，此时需在动力电缆旁敷设一根 II 类信号计算机电缆，计算该动力电缆对 II 类信号的影响。

数据模型以直观化来进行描述，根据工程经验假设已知条件如下。

1）动力电缆和 4~20 mA 信号电缆各取 100 m 作为长直导线处理。

2）动力电缆内部流过电流为 100 A。

3）Ⅱ类信号电缆内等效简化为两根电缆线芯且线芯间距为 5 mm。

4）4~20mA 信号电缆电阻率 $\rho = 13\ \Omega/km$。

5）动力电缆内芯距与信号电缆内芯距为 25 mm。

根据安培环路定律，动力电缆发出的磁场即计算机电缆所受影响磁场为

$$B = \frac{\mu_0 I}{2\pi re} \tag{2-2-1}$$

式中，μ 为真空磁导率，$\mu_0 = 4\pi \times 10^{-7}$ H/m；$r = 25$ mm；$I = 100\sin\phi t$。

由感应电动势公式

$$U = -\frac{\mathrm{d}\phi}{\mathrm{d}t}$$

其中，$\phi = BS$。此处通过的磁场面积 S 等于信号电缆长度与两根电缆线芯距离的乘积，则 $S = 100$ m × 5 mm = 0.5 m^2。

综上所述，$U = e \times 4 \times 10^{-4}\cos\phi t$，取最大值 $U_{max} = 4 \times 10^{-4}$ V

100 m 电缆电阻为：$R = 13 \times 2 \times 0.1\ \Omega = 2.6\ \Omega$。

因此，感应电流为：$I = U/R = 1.5 \times 10^{-4}$ A = 0.15 mA。

取不同的动力电缆内芯距与信号电缆的内芯距，计算结果见表 2-2-1。

表 2-2-1　不同电缆间距下的干扰电流计算结果

电缆间距/mm	25	30	35	40	45	50
干扰电流/mA	0.150	0.1250	0.110	0.090	0.080	0.075

根据以上计算的结果，可以清楚地看到，在仅有一根动力电缆且动力电缆内芯距与信号电缆内芯距为 25 mm 的情况下，对于 4~20 mA 信号电缆就可以产生 0.15 mA 左右的电流干扰。由实际情况可知，在电缆敷设中，往往会有十几甚至几十根的动力电缆敷设在一根桥架中的情况。一般工厂传输的电流都是交流电，在交流电的情况下，由于每根电缆内的交流电在正常通过的时候都会产生磁场，因此干扰电流是时时存在的。而且由于一个工厂中所有动力电缆的电源基本上是一个电源，因此电缆内电流的波形同相，相应产生的磁场也为同相磁场，磁场之间彼此叠加，产生的干扰电流会更大。因此情况比直流电恶劣得多。如果桥架中多根动力电缆对此计算机电缆的影响彼此叠加，极有可能会导致 4~20 mA 信号的漂移且偏差值大于信号值的 10%，影响是非常明显的，进而导致设备控制的不准确。可见，4~

20 mA 电缆是不能随意地敷设在有 380/220 V 电缆的桥架中的。

2.2.2　DCS 计算机电缆敷设

电厂中进入 DCS 系统的电缆一般通过电子设备间正下方的电缆夹层引至 DCS 机柜，电缆夹层内根据工程电缆量的大小设置相应层数的电缆桥架。由于电子设备间内既有 DCS 机柜，还有仪表配电柜，相应的电缆桥架上既有 DCS 控制电缆、DCS 计算机电缆，还有大量动力电缆。为了减少动力电缆对 DCS 计算机电缆的干扰，通常在电缆桥架上采用分层布置电缆，电缆群敷设在同一通道中位于同侧的多层桥架上时，敷设时应满足：按电压等级由高到低的动力电缆，强电到弱电的控制和计算机电缆的顺序排列。如受到条件的限制必须在同一层桥架上排列时，也应按动力电缆，控制电缆、计算机电缆依次排列。且三种电缆之间要用金属隔板隔离，以防动力电缆对邻近的控制电缆、计算机电缆产生电磁干扰，且控制电缆中要将强电控制电缆和弱电控制电缆分开。

而对于不同信号类型的计算机电缆，其敷设时应注意以下问题：

1）Ⅰ类信号电缆必须采用屏蔽电缆，有条件时最好采用屏蔽双绞电缆，电缆屏蔽层必须单端接地。多个测点信号的屏蔽双绞线与多芯对绞总屏蔽电缆连接时，各屏蔽层应相互连接好，选择适当的接地点，实现单点接地。此类信号中的毫伏信号、应变信号应采用屏蔽双绞电缆。这样，可以大大减小电磁干扰和静电干扰。

2）Ⅱ类信号尽可能采用屏蔽电缆，其中Ⅱ类信号中用于控制、联锁的模入模出信号和开关信号，必须采用屏蔽电缆，有条件时最好采用屏蔽双绞电缆，还应保证屏蔽层只有一点接地，且要接地良好。

3）Ⅳ类信号严禁与Ⅰ类、Ⅱ类信号捆在一起布线，应作为 220 V 电源线处理，与电源电缆一起走线，有条件时建议采用屏蔽双绞电缆。

4）Ⅲ类信号允许与 220 V 电源线一起布线，也可以与Ⅰ类、Ⅱ类信号一起布线。但在后者情况下Ⅲ类信号必须采用屏蔽电缆，最好为屏蔽双绞电缆，且与Ⅰ类、Ⅱ类信号电缆相距 15 cm 以上。因此，在现场电缆敷设中，必须有效地分离Ⅲ类、Ⅳ类信号电缆和电源线等易产生干扰的电缆，使其与现场布设的Ⅰ类、Ⅱ类信号的电缆保持在一定的安全距离（如 15 cm）以上。

2.3　DCS 计算机电缆抗干扰的措施

DCS 是专门为工业生产环境而设计的控制装置，具有较强的工业环境适应能力，但是由于它直接和现场的 I/O 设备相连，外来干扰很容易通过电源电缆或 I/O 电缆侵入。同时，由于 DCS 系统内大量电子产品的应用，形成了复杂的电磁环境，因而电磁干扰（EMI）已成为火力发电厂工程设计中必须考虑的问题。如何使电厂内 DCS 系统既不受外来干扰，也不对其他电气设备造成干扰，维持共存的电磁环境，相互兼容，是电厂电气设计中必须考虑的问题。

2.3.1　DCS 的干扰源

干扰来自于干扰源。在 DCS 中，干扰源分为系统内干扰和系统外干扰。系统内干扰是指 DCS 装置内部的各种元件引起的干扰，含过渡干扰和固定干扰。过渡干扰是电路在动态工作时引起的干扰，固定干扰指接触面的电导率不一致而产生的接触干扰。系统外干扰是指与 DCS 硬件系统结构无关，由使用条件和外界环境因素所产生的干扰。电厂中系统外干扰主要有以下几个方面。

（1）从电源线传导来的电磁干扰

火电厂中 DCS 系统的正常供电电源一般由厂用电供电。通常在厂用电母线上接有较大动力设备，如引风机、一次风机和凝结水泵等，这些电动机通常功率较大，电流较大。大电流输出线周围产生交变磁场，对安装在其周围的 DCS 电缆会产生干扰；另外这些设备的起停可能引起厂用电电压的波动或过电压，造成低频干扰。

（2）从信号线和控制线传导来的干扰

与 DCS 控制系统连接的各类信号传输线，除了传输有效的各种信号外，总会有外部干扰信号侵入。此干扰主要有两种途径：一是通过现场变送器供电电源或共用仪表的供电电源串入的干扰；二是信号线受空间电磁辐射感应的干扰，即信号线上的外部感应干扰。由信号引入干扰会引起 I/O 信号工作异常和测量准确度大大降低，严重时将引起元器件损伤。对于隔离性能差的系统，还将导致信号间互相干扰，引起共地系统总线同流，造成逻辑数据变化、误动作和死机。

（3）接地系统混乱时引起的干扰

电厂 DCS 正确接地，既能抑制电磁干扰的影响，又能抑制设备向外发出干扰；而错误的接地，反而会引入严重的干扰信号，使 DCS 系统将无法正常工作。

2.3.2　DCS 计算机电缆的接地

在一般情况下，DCS 控制系统需要两种接地：保护地和屏蔽地。现场控制站还配有系统地。保护地是为了防止设备外壳的静电荷积累，避免造成人身伤害而采取的保护措施。DCS 系统所有的操作员机柜、现场控制站机柜、打印机和端子柜等均应接保护地。保护地应接至厂区电气专业接地网，接地电阻小于 4 Ω。屏蔽地，它可以把信号传输时所受到的干扰屏蔽掉，以提高信号质量。DCS 系统中计算机电缆的屏蔽层应做屏蔽接地。屏蔽地的接地方式有两种：

1）当厂区电气专业接地网接地电阻不大于 4 Ω 时，则可直接接至厂区电气接地网。

2）当厂区电气专业接地网接地电阻较大时，应独立设置接地系统，接地电阻不大于 4 Ω。

GB/T 50062—2008《电力装置的继电保护和自动化装置设计规范》规定，当采用静态保护时,"采用屏蔽电缆,屏蔽层宜在两端接地。"这与热工自动化专业规定屏蔽层一点接地不一致。

　　理论上讲,屏蔽层多点接地(注意,这里所指多点接地的地是全厂接地网的地,而非当地的自然地),屏蔽层完全处于等电位,干扰将减至最小,但实际无法办到。因此,规范中为"宜"两端接地。由于静态保护的现场设备相对集中这也易于实现。热工自动化做一点接地规定有以下考虑。

　　1)热工自动化设备比较分散,就地设备处的屏蔽层都要接到全厂公用地困难较大;反之,对于接地热电偶等,如将两端均接至现场地也一样困难。

　　2)两端接地时,因屏蔽层感应产生的电流是两个方向相反的电流,因此,干扰可减少。但是,在沿线全部浮空的情况下,仅一端接地,感应干扰也不会很大,可以满足要求。

　　为降低电场和磁场的干扰,二次控制系统中广泛使用屏蔽电缆。屏蔽电缆的屏蔽层如何接地一直是一个令人关注的问题,现在尚无统一规定,而是根据具体情况采用不同的实施方法。众所周知,对于通过电容耦合的电场干扰,一点接地即可大大降低干扰电压,发挥屏蔽作用。对于通过感应耦合的磁场干扰,一点接地不能起到屏蔽作用,只有两端都接地,外部干扰电流产生的磁场才能在屏蔽层中感应产生一个与外部干扰电流方向相反的电流,这个电流起到抵消降低干扰电流的作用,即屏蔽作用。可是两端接地时,如果两端地电位不一致(在接地网流过暂态电流时),则将在屏蔽层中产生一个附加电流,这个电流将在屏蔽电缆中信号线产生干扰电压。正是由于两点接地的这种"有利"和"有弊"之间的矛盾,须根据具体情况来确定是否采用。

　　对于以往大量应用的通过高压开关场的常规二次回路,如电流、电压回路及直流控制回路等,其计算机电缆的屏蔽层一般采用两点接地,因为这些电缆通常是长距离电缆,高压开关场的电磁干扰很强烈,必须采用两点接地以降低电磁干扰。接地点(特别是靠近高压设备的接地点)应离开大短路接地电流或雷电入地点适当距离,以尽量避免这些大接地电流在接地网中产生不均衡电压。由于常规二次回路的信号电平较高,过去的运行经验表明地电位不同引起的附加干扰还未出现大的问题。如果通过高压开关场的是电平很低的弱电系统,则接地方式需慎重考虑。这种情况最好采用抗干扰性能较强的传输回路,例如采用双绞线或光纤。

　　对于信号电平较低的弱电回路,更需要用屏蔽电缆以降低高频电磁干扰,如回路较短宜采用一点接地,以降低外部电场的共模干扰,对弱电回路一般应采用双绞线以降低感应耦合的差模干扰,因为双绞线两线上感应的干扰电压接近相等,但应用回路中是互相抵消的。所以计算机监控系统中屏蔽电缆屏蔽层一般采用一点接地。如果现场中的接地网良好,屏蔽层的接地点可选在现场侧;否则就在屏柜侧一端接地。但热电偶的屏蔽层在首端接地以避免充电电流。电缆屏蔽层在现场及屏柜接于专用的接地母线,在屏柜内的该专用接地母线与信号接地母线连接。此外,如果屏蔽层与带电回路不等电位，会在屏蔽层产生充电电流。

　　若主机和控制系统信号公共端的地电位不相等，那么，如工程师工作站及主机之类的装置由 RS 232-C 口来与控制系统进行通信，必需进行电气上的隔离。工程师工作站或主机的供电和接地应通过接到与控制系统相同的分支电源插座。若不能与控制系统使用同一电源，采用隔离化的短距离调制解调器来实现工程师工作站和主机等类似的装置与控制系统的隔离。在主机与控制系统相连时，应先检查控制系统的信号公共端与主机的电源地的电位差。

　　电缆屏蔽层两种接地方式（即两点接地和一点接地），从防止暂态过电压看，屏蔽层采用两点接地为好。两点接地使电磁感应在屏蔽层上产生一个感应纵向电流，该电流产生一个与主干扰相反的二次场，抵消主干扰场的作用，使干扰电压降低。但是，两点接地存在两个问题：①当接地网上出现短路电流或雷击电流时，由于电缆屏蔽层两点的电位不同，使屏蔽层内流过电流，可能烧毁屏蔽层；②当屏蔽层内流过电流时，对每个芯线将产生干扰信号。

　　对继电保护和自动装置来说，由于其输入和输出均有一端在开关场的高压或超高压环境中，电磁感应干扰是主要矛盾，且电缆芯所在回路为强电回路，因而屏蔽层电流产生的干扰信号影响较小，故继电保护和自动装置规程规定屏蔽层宜在两端接地；对于热工专业电缆，电磁感应干扰比较而言矛盾不突出，而两点接地产生的屏蔽层电流对芯线产生干扰有可能使装置误动作，故宜采用一点接地。

第 3 章　本安计算机电缆

在工业自动化控制领域，往往存在具有潜在爆炸危险的区域，即危险场所。所谓危险场所，即存在如原油及其衍生物、酒精、天然或合成气体、金属或碳粉尘、面粉或谷物颗粒、纤维和浮状物等具有潜在爆炸危险物品的区域。危险场所的电气设备包括电气连接线一旦发生火花或达到临界温度，就会引起爆炸。为了保证危险场所不被点燃，IEC 60079:1995 及 GB 3836—2010 标准对爆炸性环境所用电气设备规定了多种防爆型式，如隔爆型"d"，增安型"e"，本质安全型"i"，正压型"p"，充油型"o"，充沙型"q"及无火花型"n"。其中，本质安全型是电缆设计中常采用的防爆型式。

根据 EN 50020:1977《本质安全电气装置》定义，本质安全是在正常操作和规定的事故情况下，产生的任何火花或热效应使在已知的爆炸环境与规定的测试条件下，不会引起爆炸。电缆在系统中作为电子计算机、仪表、传感器及执行机构之间的连接线，传输检测、控制、监察、报警和联锁等模拟信号，也可作为低频数字信号传输线。然而，在许多易发生爆炸的危险环境中，要求控制电路具有安全防爆功能，从而要求计算机仪表电缆具有本质安全特性。对于电缆来说，本质安全就是在危险场所安装的电缆线路可能获得的能量应被限制在电气故障下可能出现的电火花或热表面不足以引起点燃的水平。在电缆敷设方面来说，如何确保本安特性？本章将从本安电路和本安技术谈起，介绍本安系统计算机电缆敷设原则及敷设需注意的问题。

3.1　本安系统概述

本质安全系统简称本安系统，是指在标准规定条件（包括正常工作和规定的故障条件）下产生的任何电火花或任何热效应均不能点燃规定的爆炸性气体混合物的电路系统。电火花的点燃特性取决于电路中的电气能量，当电路被接通或断开时总是以火花形式来释放一定的能量，该能量来源于供电电源以及电路中的储能元件。

本安系统是通过限制电气能量而实现电气防爆的电路系统，且不限制使用场所和爆炸性气体混含物的种类，具有高度的安全性、可维护性和经济性。本安防爆系统由现场本质安全设备、本质安全电缆及本质安全关联设备三部分组成，如图 2-3-1 所示。现场设备包括各种安装在危险场所的一次检测设备。以两线制变送器为代表的本质安全点电缆带有专用接地线。以耐久性的纯蓝色与其他电缆相区别；关联设备包括齐纳式安全栅、隔离式安全栅以及其他形式的具有限流和限压功能的保护装置。能将窜入到现场本安设备的能量限制在安全值内，从而确保现场设备、人员和生产的安全。

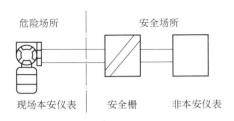

图 2-3-1　本安回路组成

3.1.1　现场设备

现场设备主要分为简单设备和非简单设备，将既不会产生也不会存储超过 1.2 V、0.1 A、25 mW 和 20 μJ 的电气设备认定为简单设备，主要包括简单触头、热电偶、RTD、LED 和电阻性元件等。它们的典型特点是仪表设备的内部等效电感 L_i=0，内部等效电容 C_i=0，此类设备可直接应用在现场；而非简单设备是指可能产生或存储的能量超过上述数值的电气设备，典型产品有变送器、电磁阀、转换器和接近开关等。通常国际上认证这些设备时给出它们的整体参数：最大允许电压 V_{max}，最大允许电流 I_{max}，内部电容 C_i，内部电感 L_i。

安装于危险场所的现场设备必须明确以下问题：

1）是否已按照 GB 3836—2010 要求设计并已经被国家防爆检验机构认可为本安电气设备。

2）防爆标志规定的等级是否适用于使用的危险场所的安全要求。

3）本安电路是否接地或接地部分的本安电路是否与安全栅接口部分的有源电路加以有效隔离。

4）信号传输的方式及本安电气设备的最低工作电压和回路正常工作电流。

在明确以上问题的基础上，选择相对应的安全栅。

3.1.2　关联设备

关联设备作为限能设备能有效地保护危险场所的现场设备，在正常工作条件下能使系统完好地工作，而在故障条件下能限制到达危险场所的电压/电流。其主要参数包括最高开路电压 V_{0c}，最大短路电流 I_{oc}，最大外部电容 C_a，最大外部电感 L_a。

在实践应用中关联设备主要是指安全栅，它又分为齐纳式安全栅和隔离式安全栅。它们的特点见表 2-3-1。

表 2-3-1　齐纳式安全栅与隔离式安全栅的比较

类别	优点	缺点
齐纳式安全栅	价格低廉、精确的信号响应、体积小	要求接地
隔离式安全栅	无需接地，能向现场变送器提供较高电源电压，能有效隔离	价格昂贵、体积大，可能有射频干扰，可能与某些智能变送器不相兼容

本安防爆系统安全性的保障主要取决于关联设备（安全栅）。在选择安全栅时

应遵循以下原则：

1）关联设备的防爆标志等级必须不低于本安现场设备的防爆标志等级。

2）确定关联设备的端电阻及回路电阻可以满足本安现场设备的最低工作电压。

3）关联设备的本安端安全参数能够满足本安防爆参数条件。

4）确定关联设备类型。

5）根据本安现场仪表的电源极性及信号传输方式选择与之相匹配的关联设备。

3.1.3　连接电缆

由于关联设备与现场设备间的连接电缆存在分布电容和分布电感，因此其储能势必对本安系统的防爆性能造成影响。在实践中通常将电缆按集中参数处理，其参数主要包括：本安系统最大允许电容 C_c，本安系统最大允许电感 L_c。

用于本安系统中连接本安现场设备与安全栅的连接电缆，其分布参数在一定程度上决定了本安系统的合理性和使用范围。目前很多国内的电缆生产厂家生产专为本安系统设计的特殊电缆，选用起来比较方便。

本质安全电缆是一种低电容、低电感的电缆，与其他电缆相比具有优异的屏蔽性能和抗干扰性能，适用于爆炸危险场所及其他防爆安全要求较高的场合。在使用中应注意以下几点：

1）本安线路内的接地线与屏蔽连接线要可靠绝缘。

2）信号回路的接地点应在控制室侧，当采用接地型热电偶和检测部分已接地的仪表时，控制室侧不再接地。

3）屏蔽电缆的备用芯线与电缆的屏蔽层，应在同一侧接信号回路地。

3.2　本安计算机电缆敷设

3.2.1　本安计算机电缆敷设原则

多个本安电路或关联电路不应共用同一电缆（电缆线芯分别屏蔽者除外）或共处同一钢管内（用屏蔽导线除外），按照有关防爆标准规定，选择的电缆必须满足下列要求：

1）电气线路应在爆炸危险性较小的环境或远离释放源的地方敷设。

2）敷设电气线路的沟道、电缆桥架或钢管，所穿过的不同区域之间墙或楼板处的孔洞，应采用非燃性材料严密堵塞。

3）当电气线路沿输送易燃气体或液体的管道栈桥敷设时，应符合：①电气线路应沿危险程度较低的管道一侧敷设。②当易燃物质比空气重时，在管道上方敷设；比空气轻时，在管道的下方敷设。

4）敷设电气线路时宜避开可能受到机械损伤、振动、腐蚀以及可能受热的地方，不能避开时，应采取预防措施。

5）在爆炸性气体环境内，低压电力、照明线路用的绝缘导线和电缆的额定电压，必须不低于工作电压，且不应低于 500 V。工作中性线的绝缘的额定电压应与相线电压相等，并应在同一护套或管子内敷设。

6）在 1 区内单相网络中的相线及中性线均应装设短路保护，并使用双极开关同时切断相线及中性线。

7）在 1 区内应采用铜芯电缆；在 2 区内宜采用铜芯电缆，当采用铝芯电缆时，与电气设备的连接应有可靠的铜铝过渡接头等措施。

8）选用电缆时应考虑环境腐蚀、鼠类和白蚁危害，周围环境温度及用电设备进线盒方式等因素。在架空桥架敷设时宜采用阻燃电缆。

9）对 $3\sim10\,kV$ 电缆线路，宜装设零序电流保护，在 1 区内保护装置宜作用于跳闸；在 2 区内宜作用于信号。

10）$1\,000\,V$ 以下钢管配线，1 区场所必须选用截面积不小于 $2.5\,mm^2$ 的铜芯线。2 区场所电力用线必须选用截面积不小于 $2.5\,mm^2$ 的铜芯线，2 区场所照明和控制用线必须选用截面积不小于 $1.5\,mm^2$ 的铜芯线，2 区场所电力用线也可选用截面积不小于 $4\,mm^2$ 的铝芯线，照明用线也可选用截面积不小于 $2.5\,mm^2$ 的铝芯线。

11）明敷塑料护套电缆，当其敷设方式采用能防止机械损伤的电缆槽板、托盘或桥架方式时，可采用非铠装电缆。

12）在易燃物质比空气轻且不存在会受鼠、虫等损害情形时，在 2 区电缆沟内敷设的电缆可采用非铠装电缆。

13）手提式和/或移动式设备应使用含有加厚的氯丁橡胶或其他与之等效的合成橡胶护套电缆，含有加厚的坚韧橡胶护套的电缆或含有同等坚固结构护套的电缆。导线横截面积最小为 $1.0\,mm^2$。如需要电气保护导线，应与其他导线绝缘方式相同，并且应与其他导线并入电源电缆护套中。

对地电压不超过 250 V、额定电流不超过 6 A 的手提式电气设备，可以采用普通橡套电缆、普通的氯丁橡胶护套电缆，或具有同等耐用结构的电缆。对于承受强机械力作用的手提式或移动式电气设备，例如手灯、脚踏开关和桶式喷雾泵则不允许采用这些电缆。对手提式或移动式电气设备，如果电缆中使用金属柔韧性铠装或屏蔽，则铠装或屏蔽不应单独作为保护导线使用。

整个系统的接线必须按检验机构认可的系统组成。应遵循以下原则：

1）慎防本安回路与非本安回路混触。

2）从控制室到现场的本安电缆与非本安电缆分别敷设在各自的汇线槽内，中间用隔板分开，汇线槽带盖，以防外部机械操作损伤。

3）从现场接线盒或汇线槽引到本安仪表的电缆敷设在钢管内，以防机械损伤及电磁感应引起的危险。

4）本安电缆和非本安电缆不共用一根金属线管和同一个现场接线盒。

5）连接电缆及其钢管、端子板应有蓝色标志（或缠上蓝色胶带），以便区分（一般机柜内本安颜色为蓝色）。

6）齐纳式安全栅的接地汇流条及接地装置须满足安全栅的使用说明书及国家有关电气安全规程的要求。

3.2.2　本安计算机电缆最大敷设长度

本安系统中，现场仪表和导线同为安全栅的负载，当安全栅与现场仪表选定后，也就决定了导线的长度。由于导线中存在着分布电容 C_0 和分布电感 L_0，使导线成为储能元件。它们在信号传输过程中会储存能量，一旦线路出现开路或短路，这些潜能就会以电火花或热效应形式释放出来，影响系统的防爆性能，因此导线中储能元件的大小应满足

$$\begin{cases} C_0 \leqslant C_B - C_a \\ L_0 \leqslant L_B - L_a \end{cases} \tag{2-3-1}$$

式中，C_B、L_B 为安全栅的负载参数，由安全栅制造厂给出；C_a、L_a 为现场仪表的电容和电感。

则导线的允许长度为

$$\begin{cases} Sc \leqslant C_0/K_C \\ S_L \leqslant L_0/K_L \end{cases} \tag{2-3-2}$$

式中，Sc 和 S_L 分别为根据电容和电感计算出来的允许导线长度，取其值小者作为设计依据；K_C 和 K_L 分别为导线的分布电容和分布电感。

一般情况下 $Sc \ll S_L$，即电缆长度主要受分布电容的影响，这里可以采用介电率小的绝缘材料以减小分布电容。当现场仪表为本安仪表时，其对外表现出的电感和电容近似为零，可以直接采用安全栅的负载电容 C_B 和负载电感 L_B 来估算电缆的长度。在设计电缆时，应使实际敷设的电缆长度小于计算出来的允许电缆长度。其次，电缆的分布参数过大时，不仅影响系统的本安防爆性能，严重者可能会影响电路的正常工作。在施工现场调校电磁阀回路时，曾碰到过这种情况：该电路设计为故障安全型电路，即电磁阀正常时通电，自保动作时断电，但由于电缆分布电容较大，所储存能量已足以使电磁阀励磁，以致断电时电磁阀不能如期动作，影响系统工作。因此，限制电缆长度即限制电缆中的分布参数是极其重要的。

第4章 计算机电缆防火阻燃措施的设计

电缆线路由于适用范围较广，遍布各种场所且敷设密集，一旦外部失火或内部故障引起火灾，其火势将难以控制，波及范围大，易造成大面积的停电事故，并且修复时间长，难以短时间内恢复生产。因此，在电缆线路设计时应重视和做好电缆防火工作，认真贯彻落实各项防火阻燃措施。

根据电缆起火原因和燃烧的特点，电缆防火及阻燃工作，通常从四个方面着手：①采用阻燃、耐火电缆；②采取隔断火苗的措施；③采取限制火灾蔓延的措施；④采取报警和灭火装置及时扑救。

本节着重就这四个方面进行简述。

4.1 选用阻燃和耐火电缆

在电缆的设计选型方面，使用阻燃电缆是防止电缆着火和蔓延的一种重要措施。与普通非阻燃的电缆相比较，它具有阻燃效果较好，施工维护方便，不影响电缆载流量等优点，且阻燃电缆的价格只稍高于同类普通电缆，因此从技术和经济上都是可行的。建议在大型变电站电缆进出端、电缆隧道、电力客户高层建筑物和地下配电室等场所采用 A 类阻燃电缆，重要回路采用耐火电缆。

4.2 电缆防火封堵措施

电缆主要通过"竖井""水平井"和"桥架"三种方式穿墙过洞，或通过电缆沟、电缆隧道等敷设，然而由于"电起火"和诸多原因会引发火灾，火焰蔓延速度是相当快的（火焰蔓延速度可达 2 m/min）。如果遇上"竖井""封闭沟道"，由于"烟囱"或"轰燃"效应，火势蔓延会更加惊人。而且在电缆火灾中，会伴有聚氯乙烯热分解，释放大量 HCl、Cl_2、ClO、CO 和 CO_2 等气体，将会对周围地区及火灾范围内的生物造成致命的伤害。在近年来兴建的大型火力发电厂和核电厂中，精密昂贵机器和设备在火灾中的损失也是很巨大的。如果主控制室被烧毁，直接影响到发电机组，可导致机毁人亡的惨剧发生。

4.2.1 防火封堵材料的选择

防火封堵，就是用防火封堵材料在电缆穿线孔洞和电器孔洞做隔断，它的作用是防止由于电缆自身发热自燃或外界明火使火灾蔓延，达到保护人员和设备安全的目的。防火封堵的原理是封堵材料起膨胀吸热和隔热作用。早期使用的水泥灌注法、岩棉和硅酸铝纤维封堵法均因种种不足逐渐被淘汰。目前我国的防火封堵材料主要有阻火包、有机防火堵料和无机防火堵料三大类，并要求这三大类同时具备检验报告和型式认可证书才能销售使用。

有机防火堵料是以有机合成树脂为粘接剂，添加防火剂与填料等经辗压而成。该堵料长久不固化，可塑性很好，可以任意进行封堵。这种堵料主要应用在建筑管道和电线电缆贯穿孔洞的防火封堵工程中，并与无机防火堵料、阻火包配合使用。

无机防火堵料，亦称速固型防火堵料，是以快干胶粘剂为基料，添加防火剂、耐火材料等经研磨、混合均匀而成。该产品对管道或电线电缆贯穿孔洞，尤其是较大的孔洞、楼层间孔洞的封堵效果较好。它不仅达到所需的耐火极限，而且还具备相当高的机械强度，与楼层水泥板的硬度相差无几。

阻火包是用不燃或阻燃性的纤维布把耐火材料固定成各种规格的包状体，在施工时可堆砌成各种形态的墙体，可对大的孔洞进行封堵，起到隔热阻火作用。

以上三类防火材料组分、性能和特点见表 2-4-1。

表 2-4-1　防火封堵材料比较

项目	材料		
	有机防火堵料	无机防火堵料	阻火包
主要组分	树脂，防火剂，填料	快干水泥，防火剂，耐火材料	玻璃纤维，耐火材料，防火剂
可塑性	好	固化结块	包状，可堆砌
受火膨胀性	受火膨胀	受火不膨胀	受火膨胀
适用性	建筑管道及电缆贯穿孔洞封堵	较大孔洞，楼层间孔洞封堵	防火隔墙，隔层，贯穿大孔洞封堵
主要特点	可拆，可塑性好	具和易性，可流动，短时间固化	可拆，可堆砌

其他电缆防火产品还有电缆隧道隔断门、阻燃槽盒、防火板和防火涂料等，产品需经国家有关部门检测合格并在相应的主管部门登记备案后方可使用。

4.2.2　电缆防火部位

穿越墙壁、楼板和电缆沟道等进入控制室、开关柜（室）、消弧线（接地线）室、所用变室、电缆夹层、电气柜（盘）、交直流柜（盘）、控制屏及仪表盘和保护盘等处的电缆孔洞；竖井和进入油区的电缆入口处室外端子箱、电源箱和控制箱等电缆穿入处；室内电缆沟电缆穿至开关柜的入口处；电缆隧道中和电缆桥架上的交叉处等。典型防火封堵部位如图 2-4-1 所示。

4.2.3　施工工艺及要求

1. 防火墙

在设置部位用耐火材料如耐火砖等砌成一定形状，且用矿渣棉等充填密实，隧道防火墙设置后，还需在隔墙两侧 1.5 m 长电缆涂刷防火涂料 4～6 次，且装设防火隔板，后两项措施，可根据重要程度来选用。防火隔墙示意图如图 2-4-2 所示。

图 2-4-1　典型防火封堵部位

a）电气盘柜底部（电缆夹层）　　b）电缆沟电缆隧道阻火隔断　　c）电缆竖井　　d）电缆穿墙孔

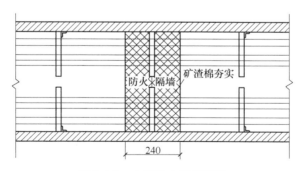

图 2-4-2　电缆防火墙示意图

防火火隔墙　矿渣棉夯实

240

根据规范要求，在隧道或重要回路的电缆沟中的下列部位宜设置防火墙：①公用多段沟上的分支处；②多段配电装置对应的沟道适当分段处；③长距离沟道中相隔约 200 mm 或通风区段处；④至控制室或配电装置的沟道入口与厂区围墙处。

按照要求，一般阻火墙的耐火极限不低于 1 h。现市场上已有各种阻火墙，如石膏纤维板隔墙，钢丝网聚苯乙烯泡沫夹芯板隔墙，纤维增强硅酸钙隔墙等，并已得到普遍应用。通常也采用由阻火包、矿棉块、防火堵料和耐火隔板等组合构成防火墙，其耐火极限可达 3 h 以上。

依据基材的不同，防火墙主要分为以下四类。

图 2-4-3　电缆沟防火墙　　　　　　　　图 2-4-4　电缆沟防火墙标识

（1）以防火板为基材

根据电缆位置和电缆沟横截面的尺寸切割防火板。防火板应安装两层，两层间的距离为 100 mm，中间填不燃纤维。在防火板与电缆沟壁接触的地方和拼接的两块防火板间均要用防火堵料密封。在电缆与电缆间，电缆和钢管与防火板接触的地方涂塞柔性有机防火堵料。在两层防火板下安装两根钢管作为排水管。防火隔板安装前应检查隔板外观质量情况，检查产品合格证书；防火隔板的安装必须牢固可靠、保持平整；固定防火隔板的附件需达到相应耐火等级要求。

（2）以无机堵料为基材

将耐水型无机防火堵料和水按一定比例均匀混合。用胶合板等在安装阻火墙处支模板，并在两侧桥架下各装两根钢管作为排水管。在适当位置预留孔洞作为增设电缆用，孔洞内填塞柔性有机防火堵料将混合好的耐水型无机防火堵料用铲刀紧密填入模板内，封堵严实。在阻火墙与电缆之间缝隙以及间隙内填塞柔性有机防火堵料。拆除模板后，用耐水型无机防火堵料修补不平整的表面。

无机防火堵料施工前应整理电缆，根据需封堵孔洞的大小，严格按产品说明的要求进行施工。当孔洞面积大于 0.1 m^2，且可能行人的地方应采取加固措施；构筑防火墙时，防火墙的厚度不小于 250 mm；防火墙应设置在电缆支（托）架处，构筑牢固。

（3）以阻火包为基材

填入阻火包，阻火包应按顺序依次摆放整齐，阻火包与电缆之间留适当空隙。在阻火包和电缆之间填塞柔性有机防火堵料。此方案不适用于有积水的场所。

（4）组合式阻火墙

以阻燃包、无机堵料、有机堵料、防火板及防火涂料相互配合组成的防火墙，一般可作为电缆沟阻火墙。阻火墙底部用砖砌支撑，并留排水孔，采取固定措施以防止防火墙坍塌。

2．电缆竖井的封堵

根据规范要求，在竖井中，宜每隔 7 m 设置阻火隔层。电缆竖井处的防火封堵一般采用角钢或槽钢托架进行固定，用厚度 20 mm 以上的防火板托底封堵。托架和防火板的选用需保证足够的强度,地面孔隙口及电缆周围需采用有机堵料进行封堵。电缆周围的有机堵料厚度不小于 20 mm,然后在防火板上浇注无机堵料,其厚度一般在 200 mm 左右;无机堵料浇注后在其顶部使用有机堵料将每根电缆分隔包裹,其厚度大于无机堵料表层的 10 mm,电缆周围的有机堵料宽度不小于 30 mm,面层平整。

在"竖井"中,宜每隔约 7 m 设置阻火隔层;在通向控制室、继电保护室的竖井中均应进行防火封堵;电缆贯穿隔墙和楼板的孔洞处,电缆引至电气柜、盘或控制屏和台的开孔部位,也均应进行封堵。这种封堵明显的特点是开孔为垂直方向,封堵材料不能直接堆放,必须下装隔板、外接框架,才能进行封堵材料封装。一般有以下两种情况。

(1) 小孔洞封堵

对于孔洞面积小于 1 m² 的小孔洞封堵,一般采用无机堵料与有机堵料配合使用。如电缆引至电气柜、盘或控制屏和台的开孔部位。控制柜(屏)封堵必须采用 10 mm 以上防火板铺设底部或用无机堵料在有机堵料周围浇制;防火板必须铺设平整,用有机堵料堵满空隙缝口;防火板缝口及电缆周围用有机堵料密实封堵,做线脚;线脚尺寸厚度不得小于 10 mm、宽度不得小于 20 mm,电缆周围有机堵料的边沿距电缆的距离不小于 40 mm;采用防火板封堵时,孔洞内应用有机堵料包塞电缆周围,并用防火包塞满孔洞,铺设平整。

该种封堵首先应在孔洞下用射钉枪铆接金属框架,以便于安放隔板,并用有机堵料对铆接点进行封闭,防止火焰烧化铆接点。再用有机堵料包裹孔洞内电缆,厚度 10 cm,以利于电缆的松动及更换。然后在空隙处直接灌注无机堵料,使之与隔层平面或楼板平齐,其结构图及效果图如图 2-4-5~图 2-4-7 所示。在火灾中,有机堵料迅速膨胀发泡,阻止热量传向另一面,无机堵料层则主要通过隔热来阻止热量传递。

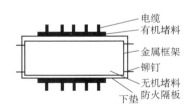

图 2-4-5 "竖井"封堵
(有机堵料+无机堵料)

图 2-4-6 箱体内封堵

图 2-4-7 盘柜内封堵

（2）大孔洞的封堵

孔洞面积大于 1 m² 时，可采用耐火包与有机堵料组合封堵，或用无机堵料与有机堵料组合封堵。

首先制作框架，框架由铁条或钢筋制成预制件，并在封堵现场拼合而成，其固定端也用射钉枪铆接，在铆接点用有机堵料进行封闭，防止火焰烧化铆接点。框架内堆放耐火包的高度视耐火极限而定。在电缆与耐火包之间，应间隔 10 cm 以上的有机防火堵料层，以便于电缆的松动及检修，其结构图及效果图如图 2-4-8 和图 2-4-9 所示。也可用隔板把已衬垫隔板的框架分隔成许多小分隔，再按照小孔洞封堵方法进行封堵。

在实际封堵中，在一定位置的隔层或大尺寸的"竖井"中，必须预留入孔，以便于检修及更换电缆。用隔板进行分隔，在除人孔的分隔中进行封堵。

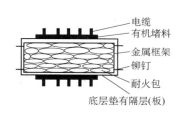

图 2-4-8 "竖井"封堵（耐火包+有机堵料）

图 2-4-9 电缆竖井封堵

3. 电缆保护管和二次接线盒

1）电缆管口采用有机堵料严密封堵，管径小于 50 mm 的堵料嵌入的深度不小于 50 mm，露出管口厚度不小于 10 mm。随着管径增加，堵料嵌入管子的深度和露出的管口的厚度也相应增加，管口的堵料要成圆弧形。

2）二次接线盒留孔处采用有机堵料将电缆均匀密实包裹，在缺口、缝隙处使用有机堵料密实地嵌于孔隙中，并做线脚，线脚厚度不小于 10 mm。电缆周围的有机堵料的宽度不小于 40 mm，呈几何图形，面层平整。对于开孔

图 2-4-10 电缆保护管封堵

较大的二次接线盒，还应加装防火板进行隔离封堵，封堵要求同盘柜底部。

4. 端子箱

端子箱进线孔洞口应采用防火包进行封堵，不宜小于 250 mm，电缆周围必须采用有机堵料进行包裹，厚度不得小于 20 mm。端子箱底部以 10 mm 防火隔板进行封隔，隔板安装平整牢固，安装中造成的工艺缺口、缝隙使用有机堵料密实地嵌于

孔隙中，并做线脚，线脚厚度不小于 10 mm，宽度不小于 20 mm，电缆周围的有机堵料的宽度不小于 40 mm，呈几何图形，面层平整。有升高座的端子箱，宜在升高座上部再次进行封堵。

5．电缆桥架

敷设在电缆架（桥架）上的电缆在分支处和每隔 60～100 m 处，应进行防火分隔处理。电缆架（桥架）上防火分隔宜采用阻火段的方法。阻火段若用长度不小于 2 m 的防火槽盒构成时，槽盒两端头宜用防火包和有机防火堵料封堵严密。槽盒两端 1 m 区段电缆宜涂刷防火涂料或缠绕阻燃包带。

槽盒（桥架）按照材质不同可分为下列品种。

1）有机难燃型槽盒。由难燃玻璃纤维增强塑料制成，其拉伸、弯曲和压缩强度好，耐腐性、耐候性好，适用于户内外各种条件。

2）无机不燃型槽盒。由无机不燃材料制成。刚性好，适用于户内环境条件。

3）复合难燃型槽盒。以无机不燃材料为基体，外表面或内外表面复合有机高分子难燃材料制成。其氧指数高，拉伸、弯曲和压缩强度好，刚性好，耐腐性和耐候性较好。适用于户内外各种环境条件。

6．防火涂料

防火涂料施工前清除电缆表面的灰尘与油污。涂刷前，将涂料搅拌均匀，若涂料太稠时应根据涂料产品加相应的稀释剂稀释；水平敷设的电缆，宜沿着电缆的走向均匀涂刷，垂直敷设电缆，宜自上而下涂刷，涂刷次数及厚度符合产品的要求，每次涂刷的间隔时间不得少于规定时间；遇电缆密集或成束敷设时，应逐根涂刷，不得漏涂；电缆穿越墙、洞和楼板两端涂刷涂料，涂料的长度距建筑物的距离不得小于 1 m，涂刷要整齐。

4.3　报警和灭火装置

近年来，在电缆隧道和夹层灭火设计中使用较多的有热气溶胶、细水雾（水喷雾）、干粉和超细干粉（分燃气驱动和氮气驱动两类），这些灭火新产品在"哈龙"灭火剂被淘汰后，为冶金和电力系统的电缆消防立下了汗马功劳；最近国内又研发出了专门针对电缆火灾的特种超细干粉灭火剂，不仅扑灭深位火灾有独到优势，还能扑灭烷基铝类金属火灾。本节将简单谈谈上述几种产品的性价比。

1．热气溶胶

热气溶胶是一种烟雾灭火剂，也属于化学灭火范畴，它靠燃烧产生烟雾灭火，因而伴有"热连带反应"，热气溶胶出口温度在 80 ℃以上，并产生有害气体；由于其本身就是点火源，因而不适合用来抑爆和惰化；热气溶胶灭火技术无法进行管网系统设计，一般不适用于大空间灭火，灭火残留物有腐蚀性且很难清除，近年来国内很多行业禁用热气溶胶进行灭火保护。

与超细干粉相比，热气溶胶有五点明显的不足。

1）灭火速度慢。热气溶胶靠燃烧产生的烟雾释放于空间，形成全淹没的过程与空间大小相关，远远不及超细干粉瞬间灭火的速度。

2）热气溶胶只能是全淹没灭火，要求是相对封闭的空间；超细干粉既可以用于全淹没灭火，又可以局部应用灭火。在一些大空间的电缆夹层或设备应用中，完全可以只对易发生火灾的部位进行局部重点保护，缩短灭火时间，节约消防成本，达到早期抑制、快速灭火的目的。

3）抗复燃性。特种超细干粉可以对电缆进行覆盖，特别是对电缆的表面燃烧（阴燃）有很好的熄灭作用。当特种超细干粉粉体与电缆高温燃烧的表面接触时，发生一系列化学反应，在电缆表面的高温作用下被熔化，形成一个玻璃状覆盖层将电缆表面与周围空气隔开，使燃烧窒息；同时，高浓度粉末与火焰相混合，产生的分解吸热反应有效吸收火焰的部分热量。而在电缆保护方面如应用热气溶胶灭火装置，因灭火时间长极易形成深位火灾，灭火不成功即立即复燃。

4）安全性差。热气溶胶出口温度在 80 ℃以上，对 1 m 内的人和保护物有伤害，"热连带反应"是热气溶胶的隐患，如在钢铁企业的地下液压站等场所，绝对要禁用热气溶胶的。

5）热气溶胶和超细干粉虽然都有沉降物，但超细干粉的粉尘不导电、无腐蚀、对人体无毒无害，残留物易清除；而热气溶胶的残留物具腐蚀性，金属盐的导电性易引起电源短路，强腐蚀性大大缩短电缆及设备寿命，且粘附在物体表面很难清除等。

2．细水雾灭火系统

细水雾是一种采用了安装在管网系统中的开式喷头，系统通过控制阀与水源连接，通过安装在细水雾同一区域内的探测系统打开控制阀的细水雾系统。当控制阀打开时，水流入管网系统，并通过安装在系统中的各喷头喷出进行灭火。

公正而言，细水雾在敞开空间比气体灭火系统具有较明显的优势，火灾的规模大小，对细水雾灭火系统的灭火效果有很大影响，对燃烧猛烈的火灾容易被细水雾扑灭，这是因为细水雾是单纯的物理灭火，大火氧气消耗快，并伴有大量蒸气和紊流的产生；而对电缆类燃烧缓慢的火灾反而效果不佳，细水雾灭火系统相对超细干粉灭火系统灭火，灭火时间要长得多，前者约为 200 s 左右，而后者却只须 10 s 内。

有试验证明，中压细水雾产生较大的水微粒，在扑灭深层 A 类火灾时（如棉麻仓库等），表现出良好的效果。因为大流量的水能将保护物浸湿，但减弱了受遮挡火灾的能力；与之相反，高压细水雾由于粒径变小，提高了受遮挡火灾的能力，却减弱了扑灭 A 类深层火灾的效果。因而人们注意到细水雾灭火系统应用于扑救大空间仓库（总面积大）有优势，但对单个保护区较小，保护区多且分散的电缆夹层和地下隧道没有优势，并且因为管道走向复杂，工程量大，造价高。

细水雾灭火系统所用灭火剂为优质水，虽然资源丰富且价廉，但开挖水池和对水的频繁更换也是一笔不小的费用。对管道、高压水泵和喷头及阀门等材料要求非常严格，后期维护费用比气体灭火系统要高得多。更因为国内细水雾灭火装置的技术还不过关，水雾粒径远远超过国际标准，在推广应用方面受到限制。

目前，细水雾灭火系统最大的不足在于其安全性及对电器设备和人员伤害，当带电设备遇到水时，由于水的导电性：一方面容易引起电气短路，损坏设备；另一方面又可能对现场人员造成伤害。同时，电流还能穿过水雾，从水雾喷头沿供水管路传播。按照 NFPA 70《国家电气准则》和 NFPA 750《细水雾灭火系统规范》："整个系统的元器件必须与非封闭和非绝缘的带电电器件之间保持最小的电净距（2.2 m），在基本绝缘水平（Basic Insulation Level，BIL）不明确的地方和在使用常规电压作为设计标准的地方，应使用该组所规定的最小电气净距的上限值，选择离地净距应满足浪涌电压的较大值或 BIL 值，而不是依据额定电压。电气系统装置的绝缘带电部分之间的净距和细水雾系统中各部分之间的净距，不得小于无论何地单个电气元件的电气系统绝缘提供的最小净距。"而电缆夹层或电缆隧道的高度一般不超过 2.2 m，其喷头离电缆的距离远远低于标准规定。

3. 悬挂式脉冲自动干粉灭火装置

该装置为俄罗斯消防技术，产品又名布朗型悬挂式脉冲自动干粉灭火装置，这种灭火装置采用燃气驱动，内装发射火药，当爆炸装置接收到信号后瞬间爆炸而产生高压气体，冲破铝箔封闭的喷口，高压释放灭火剂灭火，能与自动报警系统联合使用，其优点是喷射距离较远，悬挂高度可以比其他灭火装置高一倍。

这种灭火装置采用的灭火剂为普通 ABC 干粉，易结块，流动性较差，虽然通过爆炸产生的高压燃气能瞬间将灭火剂喷出，缓解了干粉结块的问题，但由于粉体粒径大（70 μm 左右），不能实现全淹没灭火方式，对喷口未保护到的地方不能灭火；由于喷射时间不足 1 m，如果火灾一下子未被扑灭，火灾极易复燃，这是该灭火装置的致命弱点。

布朗型悬挂式脉冲自动干粉灭火装置的安全缺陷比其他灭火系统更大，装置起动时不仅爆炸声音大，其冲击波可能会导致二次灾害。可以想象，在地下电缆夹层或隧道，如果多具同时爆炸，其威力足以摧毁整个地下工程，尤其是相对封闭的狭小空间。这种灭火装置一般推荐使用于空间较高的保护区，且一次同时起动数量不宜多于三具以上，从安全角度考虑，这种灭火装置不宜于多具同时起动，并使用在地下的狭小空间。

4. 超细干粉无管网自动灭火系统

从某种定义上讲，超细干粉也是一种气溶胶，它是通过惰性气体驱动干粉微粒释放于空间产生的冷气溶胶，超细干粉自动灭火装置用氮气作动力，驱使灭火装置内超细干粉灭火剂喷出进行灭火；属无声起动，类气体方式灭火，氮气压力为1.2 MPA，安全可靠，对保护物无任何损害，所填充的超细干粉灭火剂除绿色环保特征外，其灭火效率最高、灭火速度最快及灭火浓度最低的特点完全符合当今消防最高要求，悬挂式、柜式及壁装式均能与火灾报警系统接口，组成自动灭火系统；其无管网灭火系统（悬挂式、柜式及壁装式）安装简便，成本低；能扑灭较大空间的火灾，全淹没灭火或局部保护灭火的应用方式灵活选择。现有三种起动方式：电控起动、定温起动和热起动，可根据现场环境灵活运用，应用范围非常广泛，特别适合钢铁、电力、化工和油田等企业的电缆隧道、夹层和液压站等场所的各类火灾。

无管网以悬挂式为代表，安装方便，无须穿墙打孔，电控和热起动都能实现多具同时起动；柜式灭火装置自动化程度高，安全可靠，灭火威力大。

电控起动：可以与市场上通用的报警控制器接口，可以设定当报警主机接收到探测器一个独立信号，主机只报警；当主机接收两个独立信号后，报警并延时 30 s 后，给灭火装置输送 24 V 电源起动灭火装置，并能实现分区起动，反馈释放信号，并与其他设备联动等多种功能。

温控起动：悬挂式灭火装置上安装有定温喷头，感温元件 57～141 ℃ 可选配，环境温度可以从 –40～+55 ℃，当一个保护区不超过八具时，可选用定温式起动。

热起动：当一个保护区的灭火装置超过八具时，也可采用热起动；即用热敏线连接，将防护区内的多具灭火装置连接在一起，能实现同时起动。

现代消防的要求是早期抑制、快速反应和高效灭火。冶金行业的工业消防在选择产品时要考虑针对性，所选灭火剂要适合被保护物的特性和要求，同时更要考虑其安全性，比如在易燃易爆场所及地下工程中采用"热连带反应"的灭火装置，只能是加大火灾损失。再就是要考虑经济性，灭火浓度低即用量少，后期维护费用低和安装简便而可靠等。笔者认为超细干粉自动灭火装置是目前应用于冶金行业电缆隧道和地下液压站等场所最佳选择。气溶胶作为一种新型的灭火剂，有很多优点，对于小空间封闭火灾有很好的灭火效果，例如配电室、变压器室、水泵房、交通运输工具的发动机舱、机器间、油田、油库和采油平台等某些工业封闭空间。但气溶胶灭火剂的特点也限制了它的适应场所和范围，应用不当可能会给社会带来更大损失，因此应确定正确地推广方向。

第5章 计算机电缆工程的竣工验收

本章主要介绍电缆线路工程验收制度、验收项目及验收方法。通过要点讲解和方法介绍，熟悉电缆线路工程验收方法，掌握电缆线路敷设工程、接头和终端工程、附属设备验收及调试的内容、方法、执行标准和技术要求等。

5.1 计算机电缆的监造

5.1.1 监造依据

参考 DL/T 586—2008《设备监造技术导则》、GB/T 50319—2013《建设工程监造规范》和 GB/T 19000—2016（IDT ISO 9000:2015）《质量管理和质量保证》等标准及用户与制造厂签订设备采购合同中的有关商务条款及技术协议，包括具有法律效力的来往文件、书信和函电等。

技术文件和设计图样涉及的国家标准、行业标准和企业标准以最新版本为准。若技术文件与设计图样采用的标准相互不一致时，以国家标准、行业标准和企业标准为采用的递推顺序。

5.1.2 监造方式

监造方式分为文件见证、现场见证和停工待检，即 R 点、W 点和 H 点。

每次监造内容完成后，供方和监造代表均应在见证表格上履行签字手续。供方将复印件交需方监造代表 1 份。

R 点：供方只需提供检验或试验记录或报告的项目，即文件见证。

W 点：需方监造代表参加的检验或试验的项目，即现场见证。

H 点：供方在进行至该点时，停工等待需方监造代表参加的检验或试验的项目，即停工待检。

需方接到见证通知后，及时派代表到供方检验或试验的现场参加现场见证或停工待检。如果需方代表不能按时参加，W 点可自动转为 R 点，但 H 点如果没有需方书面通知同意转为 R 点，供方不会自行转入下道工序，与需方商定更改见证时间。如果更改后，需方仍不能按时参加，则 H 点自动转为 R 点。

5.1.3 监造内容

1. 原材料检验

（1）原材料质量证明证书

质量证明书中标注的各项数据及时间应该符合相关规定。

（2）原材料入厂复检报告

对于原材料入厂复检报告，主要出现的问题包括：①复检项目不齐全或不进行复检；②依据标准过期；③报告数据有误。

（3）原材料外观及包装、日期

例如：对于铜杆的外观检查，尤其要看颜色情况，表面颜色较灰暗，隐隐或者明显有灰斑，说明该铜杆生产过程中除杂没有控制好。在绝缘料的包装箱上，注意其生产日期，目前一般要求不超过半年。

2．生产工序检验

（1）导体工序

计算机电缆导体工序检验的相关内容见表 2-5-1。

表 2-5-1　计算机电缆导体工序检验

序号	检验项目	技术要求	检验方法	检验工具
1	导体单线	导体单线外径应符合相关工艺文件的规定，表面应光洁，不得有与良好品不相称的缺陷	按 GB/T 4909—2009 方法测量导体外径，手感及目测其表面质量	分度值 0.001 mm 的千分尺
2	绞合节距	绞合节距应符合相关工艺文件的规定	按绞合节距定义测量检验。测量束线节距时加一标志线，测其标志线节距	卡尺
3	绞合方向	绞合方向应符合相关工艺文件的规定	按绞合方向定义检测	目测
4	绞合外径	绞合外径应符合相关工艺文件的规定	按 GB/T 4909.2—2009 方法检测	千分尺或卡尺
5	绞线表面质量	绞线不应有错花、松紧股，表面光洁，轴线码线整齐，盛线不过满	目测检查	目测

（2）挤出工序

计算机电缆挤出工序检验的相关内容见表 2-5-2。

表 2-5-2　计算机电缆挤出工序检验

序号	检验项目	技术要求	检验方法	检验工具
1	导体线芯	规格尺寸应符合相关工艺文件的规定，表面清洁，无油污、氧化和束绞线芯规则	按 GB/T 4909.2—2009 方法和目测法抽样检查	千分尺
2	挤塑材料	挤塑用料应符合相关工艺文件的规定	目测	目测
3	挤塑厚度 挤塑外径	绝缘或护套厚度、外径应符合相关工艺文件的规定	按 GB/T 2951.11—2008 方法测量	卡尺 千分尺 投影仪
4	挤塑颜色	挤塑颜色应均匀一致并符合相关工艺文件的规定	目测	目测

（续）

序号	检验项目	技术要求	检验方法	检验工具
5	挤塑表面质量	挤塑表面光洁，印字字迹清楚，正确	手感 目测	目测
6	温水交联	达到规定水温和时间	实测水温和时间	温度计 手表
7	工频火花试验	符合相关工艺文件的规定	按 GB/T 3048—2007 执行	火花机

（3）对（星）绞和成缆工序

计算机电缆对（星）绞和成缆工序检验的相关内容见表 2-5-3。

表 2-5-3　计算机电缆对（星）绞和成缆工序检验

序号	检验项目	技术要求	检验方法	检验工具
1	星绞、成缆线芯排列	线芯颜色及排列顺序应符合相关工艺文件的规定	目测	目力
2	对（星）绞、成缆节距	对（星）绞、成缆节距应符合相关工艺文件的规定	按节距定义测量	卡尺
3	对（星）绞、成缆方向	对（星）绞、成缆方向应符合相关工艺文件的规定	按对（星）绞、成缆方向定义目测	目力

（4）编织工序

计算机电缆编织工序检验的相关内容见表 2-5-4。

表 2-5-4　计算机电缆编织工序检验

序号	检验项目	技术要求	检验方法	检验工具
1	被编织线芯	被编织绝缘线芯的规格、芯数、编前外径应符合相关工艺文件的规定	按相关工艺文件规定的方法测量外径，数芯数	卡尺
2	编织用单线	编织单线应符合相关工艺文件的规定	按 GB/T 4909.2—2009 方法测外径	千分尺
3	编织锭数 每锭根数	编织锭数、每锭根数符合相关工艺文件的规定	数锭数、根数	
4	编织节距	编织节距应符合相关工艺文件的规定	按编织节距定义测量	卡尺
5	编织外径	编织外径应符合相关工艺文件的规定	按相关工艺文件规定的方法测量	卡尺
6	编织表面质量	表面应光洁无油污，编织层包覆紧密	目测	目力

（5）铠装工序

计算机电缆铠装工序检验的相关内容见表 2-5-5。

3．电缆试验检验

（1）例行试验

1）导体直流电阻测量，主要是检查试验环境和过程。要求试样应在试验前置于适当温度的试验室内至少 12 h，根据 GB/T 3956—2008 的公式和系数，将导体直流电阻修正为温度 20 ℃，长度为 1 km 的电阻值。

表 2-5-5　计算机电缆铠装工序检验

序号	检验项目	技术要求	检验方法	检验工具
1	钢带	钢带宽度、厚度应符合相关工艺文件的规定	宽度采用千分尺测量，厚度采用卡尺测量	千分尺卡尺
2	绕包间隙	绕包间隙应符合相关工艺文件的规定	用卡尺测包带间隙处上下两边缘之间距离	卡尺
3	铠装表面质量	铠装层应绕包紧密，搭盖均匀，钢带无翘边、漏铠	目测	目力

2）交货长度。根据双方协议长度交货。双方如无协议时允许交货长度应不小于 100 m。允许长度不小于 20 m 的短段电缆交货，其数量应不超过交货总长度的 10%。长度计量误差不超过±0.5%。

3）标识。标志应字迹清楚、容易辨认及耐擦。成品电缆的护套表面应有制造厂名称、产品型号及额定电压的连续标志，氟塑料护套电缆可以在护套下放置印有制造厂名称、产品型号及额定电压的连续标志的标志带。成品电缆标志应符合 GB/T 6995—2008 规定。

（2）抽样试验

1）导体检查，重点是抽测导体的尺寸以及检查导体结构。

2）绝缘和护套的结构测量，重点是检查绝缘层、金属护套、外护套的平均厚度和最小厚度等。

3）屏蔽、铠装及成缆的结构尺寸。

4）绝缘及护套材料机械性能试验。

4. 电缆发货前检验

1）主要检查电缆的标识牌是否明确，如制造厂名称、电缆型号规格和电缆长度。

2）电缆是否有托盘进行紧固，以免电缆在放置或运输中出现碰撞损坏电缆。

5.2　计算机电缆线路施工及验收标准

5.2.1　电缆线路敷设的质量标准

1. 电缆管的加工与敷设

1）电缆管不应有穿孔、裂缝和显著的凹凸不平，内壁应光滑。金属电缆管不应有严重锈蚀；硬质塑料管不得用在温度过高或过低的场所；在易受机械损伤和在受力较大的地方直埋时，应采用足够强度的管材。

2）电缆管的内径与电缆外径之比不得小于 1.5；混凝土管、陶土管和石棉水泥管除应满足上述要求外，其内径尚不宜小于 100 mm。每根电缆管弯头不应超过 3 个，直角弯头不超过 2 个。

3）电缆管明敷时应符合：①电缆管应安装牢固，电缆管支持点间的距离，当设计无规定时，不宜超过 3 m；②当塑料管的直线长度超过 30 m 时，宜加装伸缩节。

4）电缆管的连接应符合下列要求：①金属电缆管连接应牢固，密封应良好，两管口应对准。套接的短套管或带螺纹的管接头长度，不应小于电缆管外径的 2.2 倍。金属电缆管不宜直接对焊；②硬质塑料管在套接或插接时，其插入深度宜为管子内径的 1.1～1.8 倍。在插接面上应涂以胶合剂粘牢密封；采用套接时，套管两端应封焊。

5）除上述要求外，电缆管的敷设还应符合下列要求：①电缆管的埋设深度不应小于 0.7 m，在人行道下面敷设时，不应小于 0.5 m；②电缆管应有不小于 0.3%的排水坡度；③电缆管连接时，管孔应对准，接缝应严密，不得有地下水和泥浆渗入。

2．电缆支架的配置与安装

1）电缆支架应焊接牢固，横平竖直，要经防腐处理。各支架的同层横档应在同一水平面上，其高低偏差不应大于 5 mm。托架支吊架沿桥架走向左右的偏差不应大于 10 mm。在有坡度的电缆沟内或建筑物上安装的电缆支架，应有与电缆沟或建筑物相同的坡度。电缆支架最上层及最下层至沟顶、楼板或沟底、地面的距离，当设计无规定时，应符合表 2-5-6 的要求。

表 2-5-6　电缆支架最上层及最下层至沟顶、楼板或沟底和地面的距离　　（单位：mm）

敷设方式	电缆隧道及夹层	电缆沟	吊架	桥架
最上层至沟顶或楼板	300～350	150～200	150～200	350～450
最下层至沟底或地面	100～150	50～100	—	100～150

2）电缆桥架的各组成部件和附件的质量应符合现行的有关技术标准；其规格、跨距及防腐类型应符合设计要求。梯架（托盘）在每个支吊架上的固定应牢固；梯架连接板的螺栓应紧固，螺母应位于梯架的外侧。当不同金属的梯架连接或固定时，应有防电化腐蚀的措施。当直线段电缆桥架超过 30 m、铝合金或玻璃钢制电缆桥架超过 15 m 时，应有伸缩缝，其连接宜采用伸缩连接板；电缆桥架跨越建筑物伸缩缝处应设置伸缩缝。

3）电缆支架全长均应有良好的接地。

3．电缆的敷设

（1）电缆敷设的一般规定

1）电缆敷设前应检查：①电缆通道畅通，排水良好，金属部分的防腐层完整，隧道内照明、通风符合要求；②电缆型号、电压和规格符合设计要求；③电缆外观应无损伤、绝缘良好，当对电缆的密封有怀疑时，应进行潮湿判断，敷设的电缆应经试验合格；④电缆放线架应放置稳妥，钢轴的强度和长度应与电缆盘重量和宽度相匹配；⑤敷设前应按设计和实际路径计算每根电缆的长度，合理安排每盘电缆，减少电缆接头。

2）电缆敷设时，电缆应从盘的上端引出，不应使电缆在支架及地面上摩擦拖拉。电缆上不得有铠装压扁、电缆绞拧和护层折裂等未消除的机械损伤。敷设时不应损坏电缆沟、隧道、电缆井和人井的防水层，并且在端头与接头附近宜留有备用长度。

3）电缆接头的布置应符合：①并列敷设的电缆，其接头的位置宜相互错开；②电缆明敷时的接头，应用托板托置固定。

4）电缆敷设时应排列整齐，装设的标示牌应符合：①在电缆终端头、电缆接头、拐弯处、夹层内、隧道及竖井的两端和人井内等地方应装设标志牌。②标志牌上应注明线路编号；当无编号时，应写明电缆型号、规格及起迄地点。并联使用的电缆应有顺序号；标志牌的字迹清晰不易脱落。③标示牌规格宜统一，标志牌应能防腐、挂装应牢固。

5）电缆的固定，应符合：①垂直敷设或超过 45° 倾斜敷设的电缆，在每个支架上及桥架上每隔 2 m 处都应固定；②水平敷设的电缆，在电缆首末两端及转弯、电缆接头的两端处，以及当对电缆间距有要求时，每隔 5～10 m 处都应固定；③交流系统的单芯电缆的固定夹具不应构成闭合磁路；④护层有绝缘要求的电缆，在固定处应加绝缘衬垫。

（2）隧道和沟道内电缆的敷设

1）电缆的排列应符合下列要求：①电力电缆和计算机电缆不应配置在同一层支架上；②强电、弱电电缆应按顺序分层配置，一般情况宜由上而下配置，但在含有 35 kV 以上高压电缆引入柜盘时，为满足弯曲半径要求，可由下而上配置。

2）电缆在支架上的敷设应符合下列要求：①交流单芯电缆，应布置在同侧支架上。当按紧贴的正三角形排列时，应每隔 1 m 用绑带扎牢。②交流三芯电缆；在普通支吊架上不宜超过 1 层，桥架上不宜超过 2 层。

（3）管道内电缆的敷设规定

1）在下列地点，电缆应有一定机械强度的保护管或加装保护罩：①电缆进入建筑物、隧道、穿过楼板及墙壁处；②从沟道引至电杆、设备、墙外表面或屋内行人容易接近处，距地面高度 2 m 以下的一段；③其他可能受到机械损伤的地方；④保护管埋入非混凝土地面的深度不应小于 100 mm；伸出建筑物散水坡的长度不应小于 250 mm，保护罩根部不应高出地面。

2）穿入管中电缆的数量应符合设计要求，单芯交流电缆不得单独穿入钢管内。

（4）架空敷设

架空敷设是指沿墙、梁或柱用支架或吊架架空敷设电缆。

电缆沿墙或支架敷设应注意以下问题：

1）电缆沿墙面及平顶敷设时，应固定牢靠。敷设应整齐美观。

2）转弯处，电缆弯曲半径应符合要求，在弯头的两侧 100 mm 处用电缆卡子固定。不同规格电缆并列敷设时，电缆弯曲半径均按最大电缆直径计算弯曲半径，敷设应整齐。

（5）电缆吊架敷设

1）层架的间距 H 由工程设计确定。

2）主架与层架、主架与预埋件均应焊接。

3）预埋件应与楼板、梁内主筋焊接。

5.2.2　电缆终端和接头安装质量标准

1. 电缆终端和接头安装一般要求

1）电缆终端头或接头的制作，应在气候良好条件下进行，严格控制其环境湿度，应尽量避免在雨天、雾天、风雪天或湿度较大的环境下安装，并且须有防止尘土和外来污物影响的措施。施工现场应备有消防器材，在夜间、室内或隧道和夹层等施工时应有充足的照明保证。

2）制作电缆终端和接头前，应按下列要求进行检查：①电缆绝缘状况良好，无受潮，电缆内不得进水。②所采用的电缆附件规格应与电缆一致，零部件应齐全无损伤；采用的附加绝缘材料除电气性能应满足要求外，尚应与电缆本体绝缘具有相容性；密封材料不得失效。壳体结构附件应预先组装，清洁内壁；试验密封，结构尺寸符合要求。③施工用机具齐全，便于操作，表面清洁，消耗材料齐备，清洁塑料绝缘表面的溶剂宜遵循工艺导则要求。

3）电缆线芯连接金具，应采用符合标准的连接管和接线端子，其内径应与电缆线芯紧密配合，间隙不应过大；截面积宜为线芯截面积的 1.2～1.5 倍。采用压接时，压接钳和模具应符合规格要求。

2. 电缆终端和接头的制作规定

1）制作电缆终端与接头，从剥切电缆开始应连续操作直至完成，缩短绝缘暴露时间。剥切电缆时，不应损伤线芯和保留的绝缘层。附加绝缘的包装、装配和热缩等应清洁。

2）每相接头应错开，防止总外径太大；镀锡铜编织带缠在铝合金铠装上，用绑扎带扎紧。

3）剥除铠装时，小心操作，防止伤害绝缘；安装时对铠装断口加以保护。

4）在制作终端头和接头时，应彻底清除半导电屏蔽层。剥除半导电屏蔽层时不得损伤绝缘表面，屏蔽端部应平整。

5）电缆线芯连接时，应除去线芯和连接管内壁油污及氧化层。压接模具与金具应配合恰当。压缩比应符合要求。压接后应将端子或连接管上的凸痕修理光滑，不得残留毛刺。

3．电缆的防火与阻燃规定

1）电缆防火阻燃应采取下列措施：①在电缆穿过竖井、墙壁、楼板或进入电气盘、柜的孔洞处，用防火堵料密实封堵；②在重要的电缆沟和隧道中，按要求分段或用软质耐火材料设置阻火墙；③对重要回路的电缆，可单独敷设于专门的沟道中或耐火封闭槽盒内，或对其施加防火涂料、防火包带；④在电力电缆接头两侧及相邻电缆 2～3 m 长的区段施加防火涂料或防火包带；⑤根据实际需要，采用阻燃型电缆；⑥对电缆密集场所或重要回路设置报警和灭火装置。

2）在封堵电缆孔洞时，封堵应严实可靠，不应有明显的裂缝和可见的孔隙。包带在绕包时，应拉紧密实，缠绕层数或厚度应符合材料使用要求，绕包完毕后，每隔一定距离应绑扎牢固。对于阻火墙两侧电缆应施加防火包带或涂料。

3）对易受外部影响而着火的电缆密集场所，或可能着火蔓延而酿成严重事故的电缆回路，必须按设计要求的防火阻燃措施施工。

5.2.3　电缆线路的验收标准

1．施工中的电缆线路验收

1）电缆线路在施工过程中，工程建设管理单位或运行管理部门应派驻工地代表，经常进行监督和分阶段验收。

2）在验收安装中的电缆线路时，施工安装机构应具有下列资料：电缆线路路径的协议文件及城市电缆规划走廊资料详图；电缆线路的设计书、设计资料图样、电缆清册、变更设计的证明文件、电缆线路路径敷设位置图和平面图；制造厂提供的产品说明书、试验记录和合格证件等技术文件；电缆线路的原始记录，包括型号、规格、长度、电压、终端和接头的型式及安装日期；敷设和安装后的试验资料等。

3）对于隐蔽工程应在施工过程中进行中间验收，并作好签证手续。

2．竣工后的电缆线路验收

1）电缆线路竣工后的验收，应由电缆运行部门、设计部门和施工安装部门的代表所组成的验收小组来进行。

2）在验收时，施工安装部门应提交施工验收中所有的全部资料。

3）在验收时，应按下列要求进行检查：①电缆规格应符合规定；排列整齐，无机械损伤；标志牌应装设齐全、正确和清晰；②电缆的固定、弯曲半径、有关距离和单芯电缆的金属护层的接线、相序排列等应符合要求；③电缆终端、电缆接头应安装牢固，不应有渗漏现象；④接地应良好；⑤电缆终端的相色应正确，电缆支架等的金属部件防腐层应完好；⑥电缆沟内应无杂物，盖板齐全，隧道内夹层、竖井中应无杂物，照明、通风和排水等设施应符合设计要求；⑦电缆线路的电气性能符合 GB 50150—2006《电气装置安装工程电气设备交接试验标准》所规定的项目和标准；⑧电缆线路的防火措施应符合设计要求，并且施工质量合格；⑨检查电缆线路引出线的安全距离符合有关规定要求。

5.3　计算机电缆的试运行和交接验收

5.3.1　投入运行前的检查

　　计算机电缆运行前应对整个电缆线路工程进行检查，并审查试验记录，确认工程全部竣工，符合设计要求，施工质量达到有关规定后，电缆线路才能投入试运行。检查内容如下。

　　1）电缆排列应整齐，电缆的固定和弯曲半径应符合设计图样和有关规定，电缆应无机械损伤，标志牌应装设齐全、正确和清晰。

　　2）电缆沟及隧道内应无杂物，电缆沟的盖板应齐全，隧道内的照明、通风和排水等设施应符合设计要求。

　　3）电缆的防火设施应符合设计要求，施工质量合格。

　　4）电缆线路的试验项目应齐全，试验结果应符合要求。

5.3.2　试运行中注意的问题

　　计算机电缆运行中的应注意以下问题。

　　1）加强日常巡视检查。现场车间、班组在日常维护工作中，应严格执行"计算机电缆维护管理办法"，发现问题，及时解决处理。

　　2）加强机制正确导向。要完善故障处置机制，明确在发生电缆故障时，采用备用芯线仅为临时措施，更重要的是要把电缆真正故障点查出来，然后采取有效的整治防范措施，杜绝留隐患导致电缆故障重复发生。

　　3）加强现场技术分析。要在查找方法上下功夫，加强教学，强化现场干部职工对各类仪器、仪表操作的掌握，充分利用先进的仪器、仪表和科学的分析方法进行隐患查找，要组织好人力物力，逐步排查隐患，保证计算机电缆线路的安全畅通。

　　4）加强作业标准落实。在进行电缆地下接续时要持证上岗，让有地下接续经验的人员进行接续，严格按照操作流程、工艺标准认真施工，从源头上把关，避免因操作不规范、工艺不达标等问题埋下电缆接续隐患。

5.3.3　交接验收应提供的技术资料

　　1）设计图样资料、电缆清册和变更设计的证明文件和竣工图。

　　2）电缆线路路径协议文件。

　　3）制造厂提供的产品说明书、试验记录、合格证件及安装图样等技术文件。

　　4）电缆敷设及终端、中间接头的施工技术记录：如电缆的规格、型号、实际敷设长度、弯曲半径、终端、中间接头的型式及施工日期，温度与天气情况等。

　　5）提交电缆线路交、直流耐压试验和泄漏电流记录。

第6章　计算机电缆线路的运行维护

6.1　电缆线路的运行管理

6.1.1　电缆线路的运行管理

电缆线路的运行管理，即通过科学有效的管理工作，保证电缆线路及设备能稳定、安全、经济及可靠地运行。电缆线路运行管理工作主要由技术资料管理、计划编制、备品备件管理和工人岗位培训等构成。

1．技术资料管理

电缆线路技术资料的管理将在第 6.1.2 节重点描述。

2．计划编制

计划编制是指编制电缆的运行、维护和检修计划。计划编制除应遵循有关技术管理法规和运行规程外，还应结合本单位的实际情况进行适当调整。对于经常性的运行维护工作，一般按已定计划执行，而检修工作则要根据线路检查和试验的结果，以及历年事故分析所提出的反事故对策进行。计划内容应包括工作项目、工作进度、劳动安排、材料准备和主要消耗数量。

在制定计划时，运行部门应充分考虑供电调度问题，尽量减少停电次数，缩短停电时间，以免影响用户用电。统一检修应考虑电缆特殊性，气候对电缆检验项目的影响等，需在实际工作中根据具体情况酌情安排。

3．电缆备品备件的管理

电缆备品备件主要包括电缆和电缆头等材料，都是不易零星购置的特殊材料。为了保证及时修理故障和按期进行检修工作，运行部门必须备有一定数量的备品，并有一定的保管制度。

电缆备品备件的储备，应严格把好进货质量关，把好验收关，防止在使用时才发现缺陷，影响工作进展。备品备件储存情况应每年核实一次，并根据线路运行情况及时进行补充。并适当调整储存量，以适应生产的需求。备品备件的保管领用需严格管理，要经过一定的审批手续，如经过上级技术主管部门审校，主要负责人批准才能领用。

4．技术人员岗位培训

各级运行管理部门应抓好岗位培训工作。被培训人员除应掌握各项操作的基本功外，还应学习有关电缆运行的专业理论知识，不断提高电缆技术方面的水平和能力，以便适应电力事业的发展需要。

6.1.2　电缆线路技术资料管理

电缆线路技术资料管理是指对有关电缆线路建设、运行的全部文件和相关资料进行管理。电缆线路的技术资料，通常包括原始资料、施工资料、运行资料以及共同资料。这些资料是寻找电缆故障和检修电缆等工作的重要依据。

原始资料是保证电缆线路施工质量和施工合法化的依据，电缆线路施工前的有关文件和图样均为原始资料。完整的原始资料应包括计划任务书、电缆线路设计书（如电缆线路总布置图和电缆线路结构图等）、线路路径许可证、电缆出厂质量合格证、沿线有关单位的协议、产权和维护分界点等，以及电缆准确的长度、截面面积、截面图、电缆型号、安装日期和线路参数。

施工资料是指敷设电缆线路和安装电缆接头或电缆终端的现场书面记录和图样，是日后电缆线路运行的必要依据。由于电缆线路工程具有隐蔽性的特点，故其能否安全运行，很大程度上取决于电缆施工质量，因此要求详细记录安装电缆线路过程中的技术资料。施工资料包括电缆网络总平面布置图、电缆线路图、电缆网络系统接线图、电缆截面图、电缆接头和终端头装配图以及完工试验报告等。例如不同电压、不同装置的电缆有不同的制造结构，即使同一电压、相同型号规格的电缆由于制造厂家不同，其结构也不尽相同。因此，对新敷设的电缆要锯一段短样，实测电缆各部件的精确尺寸，绘制成 1:1 的电缆剖面图。它不但可作为所敷设的电缆线路日后需要了解的资料，还可作为各种参数，例如可作为电缆载流量计算的原始依据。

电缆线路投入运行后，所建立的电缆线路技术资料，简称运行资料。运行资料应有预防性试验报告、电缆巡视检查记录、电缆缺陷记录、电缆故障修复记录、电缆负荷和温度监测记录、电缆线路环境土质监测记录、电缆变动记录、电缆保护设备与接地装置监测记录以及各种故障报告等。它是电缆投入运行后，运行维护工作的书面记录，不仅总结了电缆网络薄弱环节的所在，而且还可以作为确认电缆运行管理水平是否有所提高的依据。

共同性资料是指电缆线路总图、电缆系统接线图、电缆线路竣工图、电缆断面图、电缆接头和终端的装配图以及有关土建工程的结构图（如排管、人井和隧道）等资料。

还应特别指出的是，电缆线路技术资料是电缆线路运行的档案，施工部门在电缆竣工投入运行前，应将所有涉及到电缆施工、竣工等方面的各项资料填写完整，并移交给运行管理部门，经审核无误后由运行部门将其中重要的技术资料移交档案部门归档保存，以备查阅。另外，电缆在投入运行以后，运行管理部门应将涉及电缆运行的有关技术资料做好系统、长期的积累，并进行认真的整理和保存，以便作为将来进行电缆运行、检修工作的正确依据。只有电缆线路确实已经报废，方可将电缆线路档案资料进行销毁,但也要登记档案销毁记录,并注明电缆拆除日期。图2-6-1为电缆线路资料归档流程图,仅供参考。

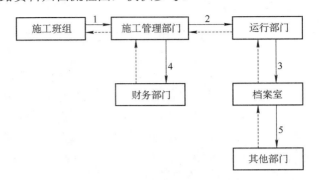

图 2-6-1　电缆线路资料归档流程图

1—资料和报表填写、上报过程　2—资料和报表整理、汇总过程　3—资料和报表审核、归档过程

4—工程项目报表汇总、工程费用结算过程　5—资料和报表调用、查询过程

6.1.3　电缆线路的定级管理及电缆绝缘评级

电缆线路的定级管理是设备安全大检查的一个重要环节。设备定级既能反映设备的技术状况,又有利于加强设备的维修和改进,并能及时消除缺陷,对提高设备可靠运行具有十分重要的意义。

设备定级,主要根据运行和检修中发现的缺陷,并结合预防性试验结果进行综合分析,确定对安全运行的影响程度,并考虑绝缘水平、技术管理情况及安全管理情况来核定设备。

计算机电缆设备定级,主要根据电缆设备特点,将其大致定级为一类设备、二类设备和三类设备。评级标准为:①规格能满足实际运行需要,无过热现象;②无机械损伤,接地正确可靠;③绝缘良好,各项试验符合规程要求;④电缆头无漏胶现象,瓷套管完整无损伤;⑤电缆的固定和支架完好;⑥电缆的敷设途径及中间接头等位置有标志;⑦电缆头分相颜色和铭牌正确清楚;⑧技术资料完整正确,绝缘良好。

一类电缆设备:经过运行考验,技术状况良好,能保证在满负荷下安全供电的电缆设备。

二类电缆设备:基本完好的设备,能经常保证安全供电,但个别元件有一般缺陷,仅能达到评级标准①～④的要求,即为二类设备。

一、二类设备均为完好设备,达不到一、二类设备标准的应定为三类设备。三类设备,是不能保证安全运行的设备。

完好设备与参加定级设备总数之比的百分数,称为设备的完好率。每个电缆设备的定级应按电缆设备单元来进行,每一单元设备的等级一般应按单元中完好性最低的元件来确定。一般可将电缆、电缆架构、电缆保护设备和电缆接地下引线等划归为一个单元，电缆沟、电缆隧道、电缆竖井和电缆排管等划归为一个单元。电缆设备定级应每季度进行一次。

在电缆线路较多、种类繁杂的情况下，也可考虑根据电缆线路的绝缘水平进行绝缘定级，以此判断电缆绝缘水平对电缆安全运行的影响程度，绝缘水平定级应至少每半年进行一次。

从方便电缆线路的运行管理考虑，运行中的每一根电缆都必须建立绝缘监督资料档案，它也是技术部门进行绝缘评级的一个重要依据和内容。电缆线路的故障多数是由于绝缘被击穿而引起的，因此加强对电缆绝缘的监视就特别重要。对电缆绝缘进行评级是全面评定电缆绝缘水平的一项重要工作，主要根据预防性试验的结果和运行中是否发生故障而定。电缆绝缘评级，大体分为以下三类：

1）一类绝缘。试验项目齐全，结果合格，未发现缺陷。

2）二类绝缘。泄漏试验次要项目或次要项目数据不合格，发现绝缘有缺陷，但能安全运行或影响较小（如泄漏不对称系数大于标准值）。

3）三类绝缘。泄漏试验主要项目或主要项目数据不合格，发现绝缘有重大缺陷，威胁安全运行（如耐压试验时闪络，泄漏电流极大且有升高现象，但未超过试验电压）。

6.1.4　全面质量管理

全面质量管理是质量控制的先进方法，它是通过调动各部门全体人员，利用现代科学技术和管理技术，控制影响质量的各个环节和因素，使产品质量满足用户要求的系统质量管理。全面质量管理的基本核心是提高人的素质，调动人的积极性，人人做好本职工作，通过抓好质量管理工作来保证和提高设备质量，使设备安全、稳定和满载运行。

全面质量管理特点：全员参加管理、全过程质量控制和运用科学管理技术。

6.2　电缆线路的运行维护

6.2.1　电缆线路运行维护的一般要求

为保持电缆设备的良好状态及电缆线路的安全、可靠运行，应全面了解电缆的敷设方式、结构布置、走线方向及电缆中间接头的位置等。计算机电缆线路的运行维护工作主要包括线路巡视、维护、预防性试验及缺陷处理等。

电缆线路内部故障虽不能通过巡视直接发现，但通过对电缆敷设环境条件的巡视、检查、分析仍能发现缺陷和其他影响安全运行的问题。因此加强巡视检查对电缆安全运行有着重要意义。

电缆线路运行维护巡视检查要求：

1）敷设在隧道中以及沿桥梁架设的电缆，每 3 个月至少巡视检查 1 次。根据季节及基建工程特点，应增加巡查次数。

2）电缆竖井内的电缆，每半年至少巡查 1 次。

3）发电厂、变电所的电缆沟、隧道、电缆井、电缆架及电缆线路等的巡查，至少 3 个月 1 次。

4）对挖掘暴露的电缆，按工程情况，酌情加强巡视。

5）电缆终端头，由现场根据运行情况每 1～3 年停电检查一次，污秽地区的电缆终端头的巡视与清扫的期限，可根据当地的污秽程度决定。

6）暴雨后，对可能被冲刷地段，应进行特殊巡视。

6.2.2　电缆线路一般维护

1．电缆线路

1）检查地下电缆线路路径表面是否有沉陷及挖掘的痕迹，沿线标志有无移倒，是否完整无缺。

2）检查电缆线路上有无堆积瓦砾、建筑器材、建筑材料、矿渣、笨重物件、酸碱性排泄物和堆砌石灰坑等，以避免压伤及腐蚀电缆。

2．户内、户外电缆终端头

1）清扫电缆终端头。

2）检查电缆终端头引出线是否接触良好，若存在铜铝接头，应检查其是否有腐蚀现象。

3）核对线路铭牌及相位颜色。

4）检查接地情况是否符合要求。

5）检查电缆终端头有无漏胶、漏油现象，打开填注孔塞头或顶盖，检查电缆终端头绝缘胶有无水分、孔隙及裂缝等。绝缘胶（油）不满者应用同样的绝缘胶（油）予以补充。

3．隧道、电缆沟、人井和排管

1）检查门锁是否开闭正常、门缝是否严密，进出口、通风口防小动物进入的设备是否齐全，出入通道是否通畅。

2）检查隧道、人井内有无渗水、积水，有积水时要排除，并将渗漏处修复。

3）检查隧道、人井内电缆及接头情况，应特别注意电缆和接头有无漏油，接地是否良好，必要时测量接地电阻，防止电缆腐蚀。

4）检查隧道、人井电缆支架上有无撞伤或蛇形擦伤，支架有无脱落现象。

5）检查隧道内防水防火设备，通风设备是否完善正常，并记录室温。

6）检查隧道电缆的位置是否正常，接头有无漏油，变形、温度是否正常，隧道内照明是否完善。

7）疏通备用排管，核对线路铭牌。如发现排管有白蚁，应立即消除。

6.2.3　电缆故障预防

预防电缆线路发生故障，是保证电缆线路安全运行的有效措施。而电缆的故障主要是电缆短路、接地和断线。常见造成电缆故障的原因有机械损伤、绝缘受潮和过热等，另外也有属于绝缘老化陈旧变质或是制造商的缺陷造成的。

防止电缆故障一般应主要采取以下措施：

1）必须对电缆运行状态进行经常性的检查，看其温度是否正常，是否有腐蚀现象，缆头是否脏污等，对带电部分，可用带电测温，另外结合停电检修，进行定期预防性试验。

2）特别注意防止电缆沟进水、进汽。

3）定期检查电缆线路及中间接头有无漏油，磨损和腐蚀，并应及时处理漏油缺陷。

4）电缆支架应定期涂刷油漆。

5）制定防止电缆化学腐蚀的电解腐蚀的具体措施。

第3篇 电缆价格篇

第1章 电缆市场价格和影响因素分析

根据 TICW 6—2009《计算机及仪表电缆》规范中规定,计算机电缆绝缘材料有 6 种,护套材料有 5 种,屏蔽材料有 5 种,另外屏蔽形式有 3 种,再考虑产品的燃烧特性,计算机电缆型号众多,且每个型号下有数百个规格,其产品数目可谓庞大。本篇列举了市场上典型型号规格计算机电缆的价格,并分析其价格的影响因素,供参考。

1.1 计算机电缆常用型号的市场价格

1.1.1 非铠装计算机电缆常用型号的市场价格

非铠装计算机电缆常用型号的市场价格见表 3-1-1。

表 3-1-1 非铠装计算机电缆市场价格

序号	型号	电压/kV	规格	市场价格/（元/m）
1	DJYPVP	0.3/0.5	2×2×1.0	8.95
2	DJYPVP	0.3/0.5	3×2×1.0	11.59
3	DJYPVP	0.3/0.5	4×2×1.0	14.28
4	DJYPVP	0.3/0.5	5×2×1.0	17.46
5	DJYPVP	0.3/0.5	6×2×1.0	20.16
6	DJYPVP	0.3/0.5	7×2×1.0	22.79
7	DJYPVP	0.3/0.5	8×2×1.0	26.04
8	DJYPVP	0.3/0.5	9×2×1.0	28.90
9	DJYPVP	0.3/0.5	10×2×1.0	33.78
10	DJYP2VP2	0.3/0.5	2×2×1.0	6.18
11	DJYP2VP2	0.3/0.5	3×2×1.0	8.45
12	DJYP2VP2	0.3/0.5	4×2×1.0	10.64
13	DJYP2VP2	0.3/0.5	5×2×1.0	12.97
14	DJYP2VP2	0.3/0.5	6×2×1.0	15.51

（续）

序号	型号	电压/kV	规格	市场价格/（元/m）
15	DJYP2VP2	0.3/0.5	7×2×1.0	17.52
16	DJYP2VP2	0.3/0.5	8×2×1.0	19.97
17	DJYP2VP2	0.3/0.5	9×2×1.0	22.38
18	DJYP2VP2	0.3/0.5	10×2×1.0	24.95
19	DJYP3VP3	0.3/0.5	2×2×1.0	4.10
20	DJYP3VP3	0.3/0.5	3×2×1.0	5.77
21	DJYP3VP3	0.3/0.5	4×2×1.0	7.34
22	DJYP3VP3	0.3/0.5	5×2×1.0	8.94
23	DJYP3VP3	0.3/0.5	6×2×1.0	10.65
24	DJYP3VP3	0.3/0.5	7×2×1.0	12.20
25	DJYP3VP3	0.3/0.5	8×2×1.0	13.96
26	DJYP3VP3	0.3/0.5	9×2×1.0	15.64
27	DJYP3VP3	0.3/0.5	10×2×1.0	17.40
28	DJYVP	0.3/0.5	1×2×1.0	2.64
29	DJYVP	0.3/0.5	2×2×1.0	5.23
30	DJYVP	0.3/0.5	3×2×1.0	6.59
31	DJYVP	0.3/0.5	4×2×1.0	8.25
32	DJYVP	0.3/0.5	5×2×1.0	10.76
33	DJYVP	0.3/0.5	6×2×1.0	12.50
34	DJYVP	0.3/0.5	7×2×1.0	13.79
35	DJYVP	0.3/0.5	8×2×1.0	15.67
36	DJYVP	0.3/0.5	9×2×1.0	17.60
37	DJYVP	0.3/0.5	10×2×1.0	19.46
38	DJYVP2	0.3/0.5	1×2×1.0	2.30
39	DJYVP2	0.3/0.5	2×2×1.0	4.34
40	DJYVP2	0.3/0.5	3×2×1.0	5.74
41	DJYVP2	0.3/0.5	4×2×1.0	7.12
42	DJYVP2	0.3/0.5	5×2×1.0	8.67
43	DJYVP2	0.3/0.5	6×2×1.0	10.20
44	DJYVP2	0.3/0.5	7×2×1.0	11.42
45	DJYVP2	0.3/0.5	8×2×1.0	13.02
46	DJYVP2	0.3/0.5	9×2×1.0	14.69
47	DJYVP2	0.3/0.5	10×2×1.0	16.01
48	DJYVP3	0.3/0.5	1×2×1.0	1.89
49	DJYVP3	0.3/0.5	2×2×1.0	3.57

（续）

序号	型号	电压/kV	规格	市场价格/（元/m）
50	DJYVP3	0.3/0.5	3×2×1.0	4.81
51	DJYVP3	0.3/0.5	4×2×1.0	6.16
52	DJYVP3	0.3/0.5	5×2×1.0	7.66
53	DJYVP3	0.3/0.5	6×2×1.0	9.03
54	DJYVP3	0.3/0.5	7×2×1.0	10.24
55	DJYVP3	0.3/0.5	8×2×1.0	11.63
56	DJYVP3	0.3/0.5	9×2×1.0	13.08
57	DJYVP3	0.3/0.5	10×2×1.0	14.59
58	DJYPVP	0.3/0.5	2×2×1.5	10.73
59	DJYPVP	0.3/0.5	3×2×1.5	14.14
60	DJYPVP	0.3/0.5	4×2×1.5	17.78
61	DJYPVP	0.3/0.5	5×2×1.5	21.66
62	DJYPVP	0.3/0.5	6×2×1.5	25.28
63	DJYPVP	0.3/0.5	7×2×1.5	28.52
64	DJYPVP	0.3/0.5	8×2×1.5	32.17
65	DJYPVP	0.3/0.5	9×2×1.5	37.99
66	DJYPVP	0.3/0.5	10×2×1.5	41.97
67	DJYP2VP2	0.3/0.5	2×2×1.5	7.81
68	DJYP2VP2	0.3/0.5	3×2×1.5	10.74
69	DJYP2VP2	0.3/0.5	4×2×1.5	13.65
70	DJYP2VP2	0.3/0.5	5×2×1.5	16.73
71	DJYP2VP2	0.3/0.5	6×2×1.5	19.88
72	DJYP2VP2	0.3/0.5	7×2×1.5	22.58
73	DJYP2VP2	0.3/0.5	8×2×1.5	25.84
74	DJYP2VP2	0.3/0.5	9×2×1.5	29.06
75	DJYP2VP2	0.3/0.5	10×2×1.5	32.20
76	DJYP3VP3	0.3/0.5	2×2×1.5	5.49
77	DJYP3VP3	0.3/0.5	3×2×1.5	7.60
78	DJYP3VP3	0.3/0.5	4×2×1.5	9.95
79	DJYP3VP3	0.3/0.5	5×2×1.5	12.18
80	DJYP3VP3	0.3/0.5	6×2×1.5	14.58
81	DJYP3VP3	0.3/0.5	7×2×1.5	16.80
82	DJYP3VP3	0.3/0.5	8×2×1.5	18.91
83	DJYP3VP3	0.3/0.5	9×2×1.5	21.33
84	DJYP3VP3	0.3/0.5	10×2×1.5	23.68

（续）

序号	型号	电压/kV	规格	市场价格/（元/m）
85	DJYVP	0.3/0.5	1×2×1.5	3.37
86	DJYVP	0.3/0.5	2×2×1.5	6.62
87	DJYVP	0.3/0.5	3×2×1.5	8.73
88	DJYVP	0.3/0.5	4×2×1.5	12.01
89	DJYVP	0.3/0.5	5×2×1.5	14.40
90	DJYVP	0.3/0.5	6×2×1.5	16.77
91	DJYVP	0.3/0.5	7×2×1.5	18.72
92	DJYVP	0.3/0.5	8×2×1.5	21.02
93	DJYVP	0.3/0.5	9×2×1.5	23.71
94	DJYVP	0.3/0.5	10×2×1.5	26.18
95	DJYVP2	0.3/0.5	1×2×1.5	2.97
96	DJYVP2	0.3/0.5	2×2×1.5	5.65
97	DJYVP2	0.3/0.5	3×2×1.5	7.58
98	DJYVP2	0.3/0.5	4×2×1.5	9.85
99	DJYVP2	0.3/0.5	5×2×1.5	11.84
100	DJYVP2	0.3/0.5	6×2×1.5	14.08
101	DJYVP2	0.3/0.5	7×2×1.5	15.91
102	DJYVP2	0.3/0.5	8×2×1.5	18.01
103	DJYVP2	0.3/0.5	9×2×1.5	20.24
104	DJYVP2	0.3/0.5	10×2×1.5	22.72
105	DJYVP3	0.3/0.5	1×2×1.5	2.51
106	DJYVP3	0.3/0.5	2×2×1.5	4.78
107	DJYVP3	0.3/0.5	3×2×1.5	6.74
108	DJYVP3	0.3/0.5	4×2×1.5	8.65
109	DJYVP3	0.3/0.5	5×2×1.5	10.67
110	DJYVP3	0.3/0.5	6×2×1.5	12.70
111	DJYVP3	0.3/0.5	7×2×1.5	14.59
112	DJYVP3	0.3/0.5	8×2×1.5	16.58
113	DJYVP3	0.3/0.5	9×2×1.5	18.59
114	DJYVP3	0.3/0.5	10×2×1.5	20.99
115	DJVPVP	0.3/0.5	2×2×1.0	8.82
116	DJVPVP	0.3/0.5	3×2×1.0	11.46
117	DJVPVP	0.3/0.5	4×2×1.0	14.28
118	DJVPVP	0.3/0.5	5×2×1.0	17.21
119	DJVPVP	0.3/0.5	6×2×1.0	20.28

（续）

序号	型号	电压/kV	规格	市场价格/（元/m）
120	DJVPVP	0.3/0.5	7×2×1.0	22.54
121	DJVPVP	0.3/0.5	8×2×1.0	25.73
122	DJVPVP	0.3/0.5	9×2×1.0	28.93
123	DJVPVP	0.3/0.5	10×2×1.0	33.76
124	DJVP2VP2	0.3/0.5	2×2×1.0	6.16
125	DJVP2VP2	0.3/0.5	3×2×1.0	8.42
126	DJVP2VP2	0.3/0.5	4×2×1.0	10.61
127	DJVP2VP2	0.3/0.5	5×2×1.0	13.06
128	DJVP2VP2	0.3/0.5	6×2×1.0	15.36
129	DJVP2VP2	0.3/0.5	7×2×1.0	17.30
130	DJVP2VP2	0.3/0.5	8×2×1.0	19.70
131	DJVP2VP2	0.3/0.5	9×2×1.0	22.27
132	DJVP2VP2	0.3/0.5	10×2×1.0	24.89
133	DJVP3VP3	0.3/0.5	2×2×1.0	4.11
134	DJVP3VP3	0.3/0.5	3×2×1.0	5.68
135	DJVP3VP3	0.3/0.5	4×2×1.0	7.23
136	DJVP3VP3	0.3/0.5	5×2×1.0	8.98
137	DJVP3VP3	0.3/0.5	6×2×1.0	10.59
138	DJVP3VP3	0.3/0.5	7×2×1.0	12.18
139	DJVP3VP3	0.3/0.5	8×2×1.0	13.86
140	DJVP3VP3	0.3/0.5	9×2×1.0	15.40
141	DJVP3VP3	0.3/0.5	10×2×1.0	17.19
142	DJVVP	0.3/0.5	1×2×1.0	2.59
143	DJVVP	0.3/0.5	2×2×1.0	5.19
144	DJVVP	0.3/0.5	3×2×1.0	6.53
145	DJVVP	0.3/0.5	4×2×1.0	8.12
146	DJVVP	0.3/0.5	5×2×1.0	10.77
147	DJVVP	0.3/0.5	6×2×1.0	12.41
148	DJVVP	0.3/0.5	7×2×1.0	13.74
149	DJVVP	0.3/0.5	8×2×1.0	15.59
150	DJVVP	0.3/0.5	9×2×1.0	17.29
151	DJVVP	0.3/0.5	10×2×1.0	19.03
152	DJVVP2	0.3/0.5	1×2×1.0	2.28
153	DJVVP2	0.3/0.5	2×2×1.0	4.36
154	DJVVP2	0.3/0.5	3×2×1.0	5.69

（续）

序号	型号	电压/kV	规格	市场价格/（元/m）
155	DJVVP2	0.3/0.5	4×2×1.0	7.11
156	DJVVP2	0.3/0.5	5×2×1.0	8.56
157	DJVVP2	0.3/0.5	6×2×1.0	10.03
158	DJVVP2	0.3/0.5	7×2×1.0	11.40
159	DJVVP2	0.3/0.5	8×2×1.0	12.83
160	DJVVP2	0.3/0.5	9×2×1.0	14.44
161	DJVVP2	0.3/0.5	10×2×1.0	16.02
162	DJVVP3	0.3/0.5	1×2×1.0	1.88
163	DJVVP3	0.3/0.5	2×2×1.0	3.50
164	DJVVP3	0.3/0.5	3×2×1.0	4.83
165	DJVVP3	0.3/0.5	4×2×1.0	6.14
166	DJVVP3	0.3/0.5	5×2×1.0	7.48
167	DJVVP3	0.3/0.5	6×2×1.0	8.92
168	DJVVP3	0.3/0.5	7×2×1.0	10.21
169	DJVVP3	0.3/0.5	8×2×1.0	11.60
170	DJVVP3	0.3/0.5	9×2×1.0	13.06
171	DJVVP3	0.3/0.5	10×2×1.0	14.38
172	DJVPVP	0.3/0.5	2×2×1.5	11.22
173	DJVPVP	0.3/0.5	3×2×1.5	14.74
174	DJVPVP	0.3/0.5	4×2×1.5	18.69
175	DJVPVP	0.3/0.5	5×2×1.5	22.45
176	DJVPVP	0.3/0.5	6×2×1.5	26.51
177	DJVPVP	0.3/0.5	7×2×1.5	29.76
178	DJVPVP	0.3/0.5	8×2×1.5	35.58
179	DJVPVP	0.3/0.5	9×2×1.5	39.79
180	DJVPVP	0.3/0.5	10×2×1.5	43.55
181	DJVP2VP2	0.3/0.5	2×2×1.5	8.08
182	DJVP2VP2	0.3/0.5	3×2×1.5	11.00
183	DJVP2VP2	0.3/0.5	4×2×1.5	14.09
184	DJVP2VP2	0.3/0.5	5×2×1.5	17.15
185	DJVP2VP2	0.3/0.5	6×2×1.5	20.47
186	DJVP2VP2	0.3/0.5	7×2×1.5	23.40
187	DJVP2VP2	0.3/0.5	8×2×1.5	26.77
188	DJVP2VP2	0.3/0.5	9×2×1.5	29.88
189	DJVP2VP2	0.3/0.5	10×2×1.5	32.97

（续）

序号	型号	电压/kV	规格	市场价格/（元/m）
190	DJVP3VP3	0.3/0.5	2×2×1.5	5.59
191	DJVP3VP3	0.3/0.5	3×2×1.5	7.79
192	DJVP3VP3	0.3/0.5	4×2×1.5	9.99
193	DJVP3VP3	0.3/0.5	5×2×1.5	12.26
194	DJVP3VP3	0.3/0.5	6×2×1.5	14.69
195	DJVP3VP3	0.3/0.5	7×2×1.5	16.76
196	DJVP3VP3	0.3/0.5	8×2×1.5	19.23
197	DJVP3VP3	0.3/0.5	9×2×1.5	21.67
198	DJVP3VP3	0.3/0.5	10×2×1.5	24.29
199	DJVVP	0.3/0.5	1×2×1.5	3.46
200	DJVVP	0.3/0.5	2×2×1.5	6.94
201	DJVVP	0.3/0.5	3×2×1.5	10.08
202	DJVVP	0.3/0.5	4×2×1.5	12.33
203	DJVVP	0.3/0.5	5×2×1.5	14.70
204	DJVVP	0.3/0.5	6×2×1.5	17.20
205	DJVVP	0.3/0.5	7×2×1.5	19.18
206	DJVVP	0.3/0.5	8×2×1.5	21.53
207	DJVVP	0.3/0.5	9×2×1.5	24.19
208	DJVVP	0.3/0.5	10×2×1.5	26.77
209	DJVVP2	0.3/0.5	1×2×1.5	3.01
210	DJVVP2	0.3/0.5	2×2×1.5	5.79
211	DJVVP2	0.3/0.5	3×2×1.5	7.89
212	DJVVP2	0.3/0.5	4×2×1.5	10.01
213	DJVVP2	0.3/0.5	5×2×1.5	12.02
214	DJVVP2	0.3/0.5	6×2×1.5	14.26
215	DJVVP2	0.3/0.5	7×2×1.5	16.32
216	DJVVP2	0.3/0.5	8×2×1.5	18.22
217	DJVVP2	0.3/0.5	9×2×1.5	20.80
218	DJVVP2	0.3/0.5	10×2×1.5	22.84
219	DJVVP3	0.3/0.5	1×2×1.5	2.55
220	DJVVP3	0.3/0.5	2×2×1.5	4.89
221	DJVVP3	0.3/0.5	3×2×1.5	6.85
222	DJVVP3	0.3/0.5	4×2×1.5	8.82
223	DJVVP3	0.3/0.5	5×2×1.5	10.88
224	DJVVP3	0.3/0.5	6×2×1.5	12.80

（续）

序号	型号	电压/kV	规格	市场价格/（元/m）
225	DJVVP3	0.3/0.5	7×2×1.5	14.85
226	DJVVP3	0.3/0.5	8×2×1.5	16.86
227	DJVVP3	0.3/0.5	9×2×1.5	18.97
228	DJVVP3	0.3/0.5	10×2×1.5	21.08
229	DJYJPVP	0.3/0.5	2×2×1.0	7.41
230	DJYJPVP	0.3/0.5	3×2×1.0	9.84
231	DJYJPVP	0.3/0.5	4×2×1.0	13.31
232	DJYJPVP	0.3/0.5	5×2×1.0	16.19
233	DJYJPVP	0.3/0.5	6×2×1.0	19.06
234	DJYJPVP	0.3/0.5	7×2×1.0	21.35
235	DJYJPVP	0.3/0.5	8×2×1.0	23.98
236	DJYJPVP	0.3/0.5	9×2×1.0	27.09
237	DJYJPVP	0.3/0.5	10×2×1.0	30.17
238	DJYJP2VP2	0.3/0.5	2×2×1.0	5.84
239	DJYJP2VP2	0.3/0.5	3×2×1.0	7.90
240	DJYJP2VP2	0.3/0.5	4×2×1.0	10.17
241	DJYJP2VP2	0.3/0.5	5×2×1.0	12.26
242	DJYJP2VP2	0.3/0.5	6×2×1.0	14.51
243	DJYJP2VP2	0.3/0.5	7×2×1.0	16.60
244	DJYJP2VP2	0.3/0.5	8×2×1.0	18.93
245	DJYJP2VP2	0.3/0.5	9×2×1.0	21.21
246	DJYJP2VP2	0.3/0.5	10×2×1.0	23.53
247	DJYJP3VP3	0.3/0.5	2×2×1.0	3.98
248	DJYJP3VP3	0.3/0.5	3×2×1.0	5.52
249	DJYJP3VP3	0.3/0.5	4×2×1.0	7.05
250	DJYJP3VP3	0.3/0.5	5×2×1.0	8.68
251	DJYJP3VP3	0.3/0.5	6×2×1.0	10.26
252	DJYJP3VP3	0.3/0.5	7×2×1.0	11.71
253	DJYJP3VP3	0.3/0.5	8×2×1.0	13.47
254	DJYJP3VP3	0.3/0.5	9×2×1.0	15.07
255	DJYJP3VP3	0.3/0.5	10×2×1.0	16.59
256	DJYJVP	0.3/0.5	1×2×1.0	2.70
257	DJYJVP	0.3/0.5	2×2×1.0	4.84
258	DJYJVP	0.3/0.5	3×2×1.0	6.26
259	DJYJVP	0.3/0.5	4×2×1.0	7.85

（续）

序号	型号	电压/kV	规格	市场价格/（元/m）
260	DJYJVP	0.3/0.5	5×2×1.0	9.50
261	DJYJVP	0.3/0.5	6×2×1.0	11.93
262	DJYJVP	0.3/0.5	7×2×1.0	13.17
263	DJYJVP	0.3/0.5	8×2×1.0	15.06
264	DJYJVP	0.3/0.5	9×2×1.0	16.70
265	DJYJVP	0.3/0.5	10×2×1.0	18.38
266	DJYJVP2	0.3/0.5	1×2×1.0	2.33
267	DJYJVP2	0.3/0.5	2×2×1.0	4.17
268	DJYJVP2	0.3/0.5	3×2×1.0	5.44
269	DJYJVP2	0.3/0.5	4×2×1.0	6.90
270	DJYJVP2	0.3/0.5	5×2×1.0	8.29
271	DJYJVP2	0.3/0.5	6×2×1.0	9.78
272	DJYJVP2	0.3/0.5	7×2×1.0	11.03
273	DJYJVP2	0.3/0.5	8×2×1.0	12.44
274	DJYJVP2	0.3/0.5	9×2×1.0	13.96
275	DJYJVP2	0.3/0.5	10×2×1.0	15.58
276	DJYJVP3	0.3/0.5	1×2×1.0	1.89
277	DJYJVP3	0.3/0.5	2×2×1.0	3.40
278	DJYJVP3	0.3/0.5	3×2×1.0	4.71
279	DJYJVP3	0.3/0.5	4×2×1.0	5.98
280	DJYJVP3	0.3/0.5	5×2×1.0	7.39
281	DJYJVP3	0.3/0.5	6×2×1.0	8.74
282	DJYJVP3	0.3/0.5	7×2×1.0	10.08
283	DJYJVP3	0.3/0.5	8×2×1.0	11.26
284	DJYJVP3	0.3/0.5	9×2×1.0	12.74
285	DJYJVP3	0.3/0.5	10×2×1.0	14.15
286	DJYJPVP	0.3/0.5	2×2×1.5	10.63
287	DJYJPVP	0.3/0.5	3×2×1.5	14.01
288	DJYJPVP	0.3/0.5	4×2×1.5	17.58
289	DJYJPVP	0.3/0.5	5×2×1.5	21.39
290	DJYJPVP	0.3/0.5	6×2×1.5	25.14
291	DJYJPVP	0.3/0.5	7×2×1.5	28.44
292	DJYJPVP	0.3/0.5	8×2×1.5	31.88
293	DJYJPVP	0.3/0.5	9×2×1.5	37.74
294	DJYJPVP	0.3/0.5	10×2×1.5	41.51

（续）

序号	型号	电压/kV	规格	市场价格/（元/m）
295	DJYJP2VP2	0.3/0.5	2×2×1.5	7.69
296	DJYJP2VP2	0.3/0.5	3×2×1.5	10.62
297	DJYJP2VP2	0.3/0.5	4×2×1.5	13.54
298	DJYJP2VP2	0.3/0.5	5×2×1.5	16.65
299	DJYJP2VP2	0.3/0.5	6×2×1.5	19.62
300	DJYJP2VP2	0.3/0.5	7×2×1.5	22.49
301	DJYJP2VP2	0.3/0.5	8×2×1.5	25.40
302	DJYJP2VP2	0.3/0.5	9×2×1.5	28.71
303	DJYJP2VP2	0.3/0.5	10×2×1.5	32.19
304	DJYJP3VP3	0.3/0.5	2×2×1.5	5.41
305	DJYJP3VP3	0.3/0.5	3×2×1.5	7.61
306	DJYJP3VP3	0.3/0.5	4×2×1.5	9.88
307	DJYJP3VP3	0.3/0.5	5×2×1.5	12.23
308	DJYJP3VP3	0.3/0.5	6×2×1.5	14.42
309	DJYJP3VP3	0.3/0.5	7×2×1.5	16.55
310	DJYJP3VP3	0.3/0.5	8×2×1.5	18.71
311	DJYJP3VP3	0.3/0.5	9×2×1.5	21.17
312	DJYJP3VP3	0.3/0.5	10×2×1.5	23.59
313	DJYJVP	0.3/0.5	1×2×1.5	3.66
314	DJYJVP	0.3/0.5	2×2×1.5	6.65
315	DJYJVP	0.3/0.5	3×2×1.5	8.71
316	DJYJVP	0.3/0.5	4×2×1.5	11.95
317	DJYJVP	0.3/0.5	5×2×1.5	14.24
318	DJYJVP	0.3/0.5	6×2×1.5	16.85
319	DJYJVP	0.3/0.5	7×2×1.5	18.53
320	DJYJVP	0.3/0.5	8×2×1.5	21.01
321	DJYJVP	0.3/0.5	9×2×1.5	23.53
322	DJYJVP	0.3/0.5	10×2×1.5	26.37
323	DJYJVP2	0.3/0.5	1×2×1.5	3.11
324	DJYJVP2	0.3/0.5	2×2×1.5	5.63
325	DJYJVP2	0.3/0.5	3×2×1.5	7.64
326	DJYJVP2	0.3/0.5	4×2×1.5	9.68
327	DJYJVP2	0.3/0.5	5×2×1.5	11.84
328	DJYJVP2	0.3/0.5	6×2×1.5	13.96
329	DJYJVP2	0.3/0.5	7×2×1.5	15.80

（续）

序号	型号	电压/kV	规格	市场价格/（元/m）
330	DJYJVP2	0.3/0.5	8×2×1.5	17.91
331	DJYJVP2	0.3/0.5	9×2×1.5	20.28
332	DJYJVP2	0.3/0.5	10×2×1.5	22.45
333	DJYJVP3	0.3/0.5	1×2×1.5	2.56
334	DJYJVP3	0.3/0.5	2×2×1.5	4.78
335	DJYJVP3	0.3/0.5	3×2×1.5	6.70
336	DJYJVP3	0.3/0.5	4×2×1.5	8.75
337	DJYJVP3	0.3/0.5	5×2×1.5	10.67
338	DJYJVP3	0.3/0.5	6×2×1.5	12.64
339	DJYJVP3	0.3/0.5	7×2×1.5	14.64
340	DJYJVP3	0.3/0.5	8×2×1.5	16.61
341	DJYJVP3	0.3/0.5	9×2×1.5	18.66
342	DJYJVP3	0.3/0.5	10×2×1.5	20.61

注：主材 1#铜价格为 52.68 元/kg（2017 年 8 月 29 日长江现货）。市场价格随着原材料价格波动需作相应调整，实时价格请查询中缆在线 http://jiage.dianlan.cn。

1.1.2　铠装计算机电缆常用型号的市场价格

铠装计算机电缆常用型号的参考市场价格见表 3-1-2。

表 3-1-2　铠装计算机电缆市场价格

序号	型号	电压/kV	规格	市场价格/（元/m）
1	DJYPVP-22	0.3/0.5	2×2×1.0	10.67
2	DJYPVP-22	0.3/0.5	3×2×1.0	13.35
3	DJYPVP-22	0.3/0.5	4×2×1.0	16.15
4	DJYPVP-22	0.3/0.5	5×2×1.0	19.39
5	DJYPVP-22	0.3/0.5	6×2×1.0	22.58
6	DJYPVP-22	0.3/0.5	7×2×1.0	25.05
7	DJYPVP-22	0.3/0.5	8×2×1.0	28.41
8	DJYPVP-22	0.3/0.5	9×2×1.0	31.74
9	DJYPVP-22	0.3/0.5	10×2×1.0	36.82
10	DJYP2VP2-22	0.3/0.5	2×2×1.0	7.68
11	DJYP2VP2-22	0.3/0.5	3×2×1.0	9.90
12	DJYP2VP2-22	0.3/0.5	4×2×1.0	12.56
13	DJYP2VP2-22	0.3/0.5	5×2×1.0	14.82
14	DJYP2VP2-22	0.3/0.5	6×2×1.0	17.44

（续）

序号	型号	电压/kV	规格	市场价格/（元/m）
15	DJYP2VP2-22	0.3/0.5	7×2×1.0	19.49
16	DJYP2VP2-22	0.3/0.5	8×2×1.0	22.18
17	DJYP2VP2-22	0.3/0.5	9×2×1.0	24.73
18	DJYP2VP2-22	0.3/0.5	10×2×1.0	27.34
19	DJYP3VP3-22	0.3/0.5	2×2×1.0	5.69
20	DJYP3VP3-22	0.3/0.5	3×2×1.0	7.37
21	DJYP3VP3-22	0.3/0.5	4×2×1.0	9.19
22	DJYP3VP3-22	0.3/0.5	5×2×1.0	11.00
23	DJYP3VP3-22	0.3/0.5	6×2×1.0	12.71
24	DJYP3VP3-22	0.3/0.5	7×2×1.0	14.38
25	DJYP3VP3-22	0.3/0.5	8×2×1.0	16.11
26	DJYP3VP3-22	0.3/0.5	9×2×1.0	18.04
27	DJYP3VP3-22	0.3/0.5	10×2×1.0	20.07
28	DJYVP-22	0.3/0.5	1×2×1.0	3.58
29	DJYVP-22	0.3/0.5	2×2×1.0	6.68
30	DJYVP-22	0.3/0.5	3×2×1.0	8.04
31	DJYVP-22	0.3/0.5	4×2×1.0	9.77
32	DJYVP-22	0.3/0.5	5×2×1.0	12.61
33	DJYVP-22	0.3/0.5	6×2×1.0	14.50
34	DJYVP-22	0.3/0.5	7×2×1.0	15.63
35	DJYVP-22	0.3/0.5	8×2×1.0	17.77
36	DJYVP-22	0.3/0.5	9×2×1.0	19.69
37	DJYVP-22	0.3/0.5	10×2×1.0	21.65
38	DJYVP2-22	0.3/0.5	1×2×1.0	3.22
39	DJYVP2-22	0.3/0.5	2×2×1.0	5.80
40	DJYVP2-22	0.3/0.5	3×2×1.0	7.15
41	DJYVP2-22	0.3/0.5	4×2×1.0	8.68
42	DJYVP2-22	0.3/0.5	5×2×1.0	10.43
43	DJYVP2-22	0.3/0.5	6×2×1.0	12.15
44	DJYVP2-22	0.3/0.5	7×2×1.0	13.46
45	DJYVP2-22	0.3/0.5	8×2×1.0	14.92
46	DJYVP2-22	0.3/0.5	9×2×1.0	16.89
47	DJYVP2-22	0.3/0.5	10×2×1.0	18.63
48	DJYVP3-22	0.3/0.5	1×2×1.0	2.82
49	DJYVP3-22	0.3/0.5	2×2×1.0	4.95

（续）

序号	型号	电压/kV	规格	市场价格/（元/m）
50	DJYVP3-22	0.3/0.5	3×2×1.0	6.26
51	DJYVP3-22	0.3/0.5	4×2×1.0	7.72
52	DJYVP3-22	0.3/0.5	5×2×1.0	9.31
53	DJYVP3-22	0.3/0.5	6×2×1.0	10.86
54	DJYVP3-22	0.3/0.5	7×2×1.0	12.18
55	DJYVP3-22	0.3/0.5	8×2×1.0	13.66
56	DJYVP3-22	0.3/0.5	9×2×1.0	15.30
57	DJYVP3-22	0.3/0.5	10×2×1.0	16.95
58	DJYPVP-22	0.3/0.5	2×2×1.5	12.60
59	DJYPVP-22	0.3/0.5	3×2×1.5	15.91
60	DJYPVP-22	0.3/0.5	4×2×1.5	19.84
61	DJYPVP-22	0.3/0.5	5×2×1.5	23.84
62	DJYPVP-22	0.3/0.5	6×2×1.5	27.59
63	DJYPVP-22	0.3/0.5	7×2×1.5	31.09
64	DJYPVP-22	0.3/0.5	8×2×1.5	34.82
65	DJYPVP-22	0.3/0.5	9×2×1.5	41.24
66	DJYPVP-22	0.3/0.5	10×2×1.5	48.17
67	DJYP2VP2-22	0.3/0.5	2×2×1.5	9.34
68	DJYP2VP2-22	0.3/0.5	3×2×1.5	12.36
69	DJYP2VP2-22	0.3/0.5	4×2×1.5	15.63
70	DJYP2VP2-22	0.3/0.5	5×2×1.5	18.92
71	DJYP2VP2-22	0.3/0.5	6×2×1.5	22.26
72	DJYP2VP2-22	0.3/0.5	7×2×1.5	24.81
73	DJYP2VP2-22	0.3/0.5	8×2×1.5	28.20
74	DJYP2VP2-22	0.3/0.5	9×2×1.5	31.67
75	DJYP2VP2-22	0.3/0.5	10×2×1.5	34.99
76	DJYP3VP3-22	0.3/0.5	2×2×1.5	7.12
77	DJYP3VP3-22	0.3/0.5	3×2×1.5	9.39
78	DJYP3VP3-22	0.3/0.5	4×2×1.5	11.77
79	DJYP3VP3-22	0.3/0.5	5×2×1.5	14.23
80	DJYP3VP3-22	0.3/0.5	6×2×1.5	16.92
81	DJYP3VP3-22	0.3/0.5	7×2×1.5	19.08
82	DJYP3VP3-22	0.3/0.5	8×2×1.5	21.56
83	DJYP3VP3-22	0.3/0.5	9×2×1.5	23.98
84	DJYP3VP3-22	0.3/0.5	10×2×1.5	26.88

（续）

序号	型号	电压/kV	规格	市场价格/（元/m）
85	DJYVP-22	0.3/0.5	1×2×1.5	4.37
86	DJYVP-22	0.3/0.5	2×2×1.5	8.15
87	DJYVP-22	0.3/0.5	3×2×1.5	10.24
88	DJYVP-22	0.3/0.5	4×2×1.5	13.65
89	DJYVP-22	0.3/0.5	5×2×1.5	16.33
90	DJYVP-22	0.3/0.5	6×2×1.5	18.92
91	DJYVP-22	0.3/0.5	7×2×1.5	20.79
92	DJYVP-22	0.3/0.5	8×2×1.5	23.23
93	DJYVP-22	0.3/0.5	9×2×1.5	26.31
94	DJYVP-22	0.3/0.5	10×2×1.5	28.89
95	DJYVP2-22	0.3/0.5	1×2×1.5	3.97
96	DJYVP2-22	0.3/0.5	2×2×1.5	7.16
97	DJYVP2-22	0.3/0.5	3×2×1.5	9.25
98	DJYVP2-22	0.3/0.5	4×2×1.5	11.57
99	DJYVP2-22	0.3/0.5	5×2×1.5	13.72
100	DJYVP2-22	0.3/0.5	6×2×1.5	16.18
101	DJYVP2-22	0.3/0.5	7×2×1.5	18.15
102	DJYVP2-22	0.3/0.5	8×2×1.5	20.52
103	DJYVP2-22	0.3/0.5	9×2×1.5	22.94
104	DJYVP2-22	0.3/0.5	10×2×1.5	25.20
105	DJYVP3-22	0.3/0.5	1×2×1.5	3.47
106	DJYVP3-22	0.3/0.5	2×2×1.5	6.32
107	DJYVP3-22	0.3/0.5	3×2×1.5	8.25
108	DJYVP3-22	0.3/0.5	4×2×1.5	10.47
109	DJYVP3-22	0.3/0.5	5×2×1.5	12.69
110	DJYVP3-22	0.3/0.5	6×2×1.5	14.74
111	DJYVP3-22	0.3/0.5	7×2×1.5	16.79
112	DJYVP3-22	0.3/0.5	8×2×1.5	18.78
113	DJYVP3-22	0.3/0.5	9×2×1.5	21.24
114	DJYVP3-22	0.3/0.5	10×2×1.5	23.33
115	DJVPVP-22	0.3/0.5	2×2×1.0	10.66
116	DJVPVP-22	0.3/0.5	3×2×1.0	13.29
117	DJVPVP-22	0.3/0.5	4×2×1.0	16.13
118	DJVPVP-22	0.3/0.5	5×2×1.0	19.36
119	DJVPVP-22	0.3/0.5	6×2×1.0	22.34

（续）

序号	型号	电压/kV	规格	市场价格/（元/m）
120	DJVPVP-22	0.3/0.5	7×2×1.0	24.92
121	DJVPVP-22	0.3/0.5	8×2×1.0	28.23
122	DJVPVP-22	0.3/0.5	9×2×1.0	31.38
123	DJVPVP-22	0.3/0.5	10×2×1.0	36.44
124	DJVP2VP2-22	0.3/0.5	2×2×1.0	7.72
125	DJVP2VP2-22	0.3/0.5	3×2×1.0	9.90
126	DJVP2VP2-22	0.3/0.5	4×2×1.0	12.41
127	DJVP2VP2-22	0.3/0.5	5×2×1.0	14.96
128	DJVP2VP2-22	0.3/0.5	6×2×1.0	17.48
129	DJVP2VP2-22	0.3/0.5	7×2×1.0	19.44
130	DJVP2VP2-22	0.3/0.5	8×2×1.0	22.16
131	DJVP2VP2-22	0.3/0.5	9×2×1.0	24.70
132	DJVP2VP2-22	0.3/0.5	10×2×1.0	27.07
133	DJVP3VP3-22	0.3/0.5	2×2×1.0	5.65
134	DJVP3VP3-22	0.3/0.5	3×2×1.0	7.32
135	DJVP3VP3-22	0.3/0.5	4×2×1.0	9.03
136	DJVP3VP3-22	0.3/0.5	5×2×1.0	10.95
137	DJVP3VP3-22	0.3/0.5	6×2×1.0	12.74
138	DJVP3VP3-22	0.3/0.5	7×2×1.0	14.17
139	DJVP3VP3-22	0.3/0.5	8×2×1.0	16.11
140	DJVP3VP3-22	0.3/0.5	9×2×1.0	18.10
141	DJVP3VP3-22	0.3/0.5	10×2×1.0	19.74
142	DJVVP-22	0.3/0.5	1×2×1.0	3.54
143	DJVVP-22	0.3/0.5	2×2×1.0	6.62
144	DJVVP-22	0.3/0.5	3×2×1.0	8.08
145	DJVVP-22	0.3/0.5	4×2×1.0	9.72
146	DJVVP-22	0.3/0.5	5×2×1.0	12.49
147	DJVVP-22	0.3/0.5	6×2×1.0	14.33
148	DJVVP-22	0.3/0.5	7×2×1.0	15.73
149	DJVVP-22	0.3/0.5	8×2×1.0	17.71
150	DJVVP-22	0.3/0.5	9×2×1.0	19.55
151	DJVVP-22	0.3/0.5	10×2×1.0	21.44
152	DJVVP2-22	0.3/0.5	1×2×1.0	3.18
153	DJVVP2-22	0.3/0.5	2×2×1.0	5.73
154	DJVVP2-22	0.3/0.5	3×2×1.0	7.09

（续）

序号	型号	电压/kV	规格	市场价格/（元/m）
155	DJVVP2-22	0.3/0.5	4×2×1.0	8.61
156	DJVVP2-22	0.3/0.5	5×2×1.0	10.37
157	DJVVP2-22	0.3/0.5	6×2×1.0	11.96
158	DJVVP2-22	0.3/0.5	7×2×1.0	13.29
159	DJVVP2-22	0.3/0.5	8×2×1.0	14.82
160	DJVVP2-22	0.3/0.5	9×2×1.0	16.71
161	DJVVP2-22	0.3/0.5	10×2×1.0	18.34
162	DJVVP3-22	0.3/0.5	1×2×1.0	2.78
163	DJVVP3-22	0.3/0.5	2×2×1.0	4.92
164	DJVVP3-22	0.3/0.5	3×2×1.0	6.28
165	DJVVP3-22	0.3/0.5	4×2×1.0	7.68
166	DJVVP3-22	0.3/0.5	5×2×1.0	9.21
167	DJVVP3-22	0.3/0.5	6×2×1.0	10.81
168	DJVVP3-22	0.3/0.5	7×2×1.0	12.04
169	DJVVP3-22	0.3/0.5	8×2×1.0	13.69
170	DJVVP3-22	0.3/0.5	9×2×1.0	15.28
171	DJVVP3-22	0.3/0.5	10×2×1.0	16.75
172	DJVPVP-22	0.3/0.5	2×2×1.5	13.07
173	DJVPVP-22	0.3/0.5	3×2×1.5	16.83
174	DJVPVP-22	0.3/0.5	4×2×1.5	20.73
175	DJVPVP-22	0.3/0.5	5×2×1.5	24.65
176	DJVPVP-22	0.3/0.5	6×2×1.5	29.18
177	DJVPVP-22	0.3/0.5	7×2×1.5	32.59
178	DJVPVP-22	0.3/0.5	8×2×1.5	38.54
179	DJVPVP-22	0.3/0.5	9×2×1.5	45.27
180	DJVPVP-22	0.3/0.5	10×2×1.5	49.68
181	DJVP2VP2-22	0.3/0.5	2×2×1.5	9.80
182	DJVP2VP2-22	0.3/0.5	3×2×1.5	12.90
183	DJVP2VP2-22	0.3/0.5	4×2×1.5	16.02
184	DJVP2VP2-22	0.3/0.5	5×2×1.5	19.57
185	DJVP2VP2-22	0.3/0.5	6×2×1.5	22.96
186	DJVP2VP2-22	0.3/0.5	7×2×1.5	25.65
187	DJVP2VP2-22	0.3/0.5	8×2×1.5	29.40
188	DJVP2VP2-22	0.3/0.5	9×2×1.5	32.71
189	DJVP2VP2-22	0.3/0.5	10×2×1.5	36.05

（续）

序号	型号	电压/kV	规格	市场价格/（元/m）
190	DJVP3VP3-22	0.3/0.5	2×2×1.5	7.36
191	DJVP3VP3-22	0.3/0.5	3×2×1.5	9.59
192	DJVP3VP3-22	0.3/0.5	4×2×1.5	12.17
193	DJVP3VP3-22	0.3/0.5	5×2×1.5	14.54
194	DJVP3VP3-22	0.3/0.5	6×2×1.5	17.29
195	DJVP3VP3-22	0.3/0.5	7×2×1.5	19.27
196	DJVP3VP3-22	0.3/0.5	8×2×1.5	22.03
197	DJVP3VP3-22	0.3/0.5	9×2×1.5	24.41
198	DJVP3VP3-22	0.3/0.5	10×2×1.5	27.00
199	DJVVP-22	0.3/0.5	1×2×1.5	4.49
200	DJVVP-22	0.3/0.5	2×2×1.5	8.44
201	DJVVP-22	0.3/0.5	3×2×1.5	11.75
202	DJVVP-22	0.3/0.5	4×2×1.5	14.13
203	DJVVP-22	0.3/0.5	5×2×1.5	16.57
204	DJVVP-22	0.3/0.5	6×2×1.5	19.44
205	DJVVP-22	0.3/0.5	7×2×1.5	21.38
206	DJVVP-22	0.3/0.5	8×2×1.5	23.96
207	DJVVP-22	0.3/0.5	9×2×1.5	26.76
208	DJVVP-22	0.3/0.5	10×2×1.5	29.63
209	DJVVP2-22	0.3/0.5	1×2×1.5	3.97
210	DJVVP2-22	0.3/0.5	2×2×1.5	7.43
211	DJVVP2-22	0.3/0.5	3×2×1.5	9.48
212	DJVVP2-22	0.3/0.5	4×2×1.5	11.82
213	DJVVP2-22	0.3/0.5	5×2×1.5	13.99
214	DJVVP2-22	0.3/0.5	6×2×1.5	16.48
215	DJVVP2-22	0.3/0.5	7×2×1.5	18.27
216	DJVVP2-22	0.3/0.5	8×2×1.5	20.52
217	DJVVP2-22	0.3/0.5	9×2×1.5	23.04
218	DJVVP2-22	0.3/0.5	10×2×1.5	25.77
219	DJVVP3-22	0.3/0.5	1×2×1.5	3.51
220	DJVVP3-22	0.3/0.5	2×2×1.5	6.41
221	DJVVP3-22	0.3/0.5	3×2×1.5	8.38
222	DJVVP3-22	0.3/0.5	4×2×1.5	10.73
223	DJVVP3-22	0.3/0.5	5×2×1.5	12.81
224	DJVVP3-22	0.3/0.5	6×2×1.5	14.93

（续）

序号	型号	电压/kV	规格	市场价格/（元/m）
225	DJVVP3-22	0.3/0.5	7×2×1.5	16.96
226	DJVVP3-22	0.3/0.5	8×2×1.5	19.12
227	DJVVP3-22	0.3/0.5	9×2×1.5	21.49
228	DJVVP3-22	0.3/0.5	10×2×1.5	23.83
229	DJYJPVP-22	0.3/0.5	2×2×1.0	8.73
230	DJYJPVP-22	0.3/0.5	3×2×1.0	11.32
231	DJYJPVP-22	0.3/0.5	4×2×1.0	15.01
232	DJYJPVP-22	0.3/0.5	5×2×1.0	17.90
233	DJYJPVP-22	0.3/0.5	6×2×1.0	20.97
234	DJYJPVP-22	0.3/0.5	7×2×1.0	23.21
235	DJYJPVP-22	0.3/0.5	8×2×1.0	26.06
236	DJYJPVP-22	0.3/0.5	9×2×1.0	29.22
237	DJYJPVP-22	0.3/0.5	10×2×1.0	32.49
238	DJYJP2VP2-22	0.3/0.5	2×2×1.0	7.07
239	DJYJP2VP2-22	0.3/0.5	3×2×1.0	9.26
240	DJYJP2VP2-22	0.3/0.5	4×2×1.0	11.62
241	DJYJP2VP2-22	0.3/0.5	5×2×1.0	13.94
242	DJYJP2VP2-22	0.3/0.5	6×2×1.0	16.48
243	DJYJP2VP2-22	0.3/0.5	7×2×1.0	18.49
244	DJYJP2VP2-22	0.3/0.5	8×2×1.0	20.78
245	DJYJP2VP2-22	0.3/0.5	9×2×1.0	23.30
246	DJYJP2VP2-22	0.3/0.5	10×2×1.0	25.77
247	DJYJP3VP3-22	0.3/0.5	2×2×1.0	5.20
248	DJYJP3VP3-22	0.3/0.5	3×2×1.0	6.87
249	DJYJP3VP3-22	0.3/0.5	4×2×1.0	8.54
250	DJYJP3VP3-22	0.3/0.5	5×2×1.0	10.24
251	DJYJP3VP3-22	0.3/0.5	6×2×1.0	12.01
252	DJYJP3VP3-22	0.3/0.5	7×2×1.0	13.47
253	DJYJP3VP3-22	0.3/0.5	8×2×1.0	15.33
254	DJYJP3VP3-22	0.3/0.5	9×2×1.0	17.18
255	DJYJP3VP3-22	0.3/0.5	10×2×1.0	19.00
256	DJYJVP-22	0.3/0.5	1×2×1.0	3.64
257	DJYJVP-22	0.3/0.5	2×2×1.0	6.17
258	DJYJVP-22	0.3/0.5	3×2×1.0	7.56
259	DJYJVP-22	0.3/0.5	4×2×1.0	9.18

（续）

序号	型号	电压/kV	规格	市场价格/（元/m）
260	DJYJVP-22	0.3/0.5	5×2×1.0	10.85
261	DJYJVP-22	0.3/0.5	6×2×1.0	13.66
262	DJYJVP-22	0.3/0.5	7×2×1.0	14.85
263	DJYJVP-22	0.3/0.5	8×2×1.0	16.79
264	DJYJVP-22	0.3/0.5	9×2×1.0	18.73
265	DJYJVP-22	0.3/0.5	10×2×1.0	20.45
266	DJYJVP2-22	0.3/0.5	1×2×1.0	3.16
267	DJYJVP2-22	0.3/0.5	2×2×1.0	5.26
268	DJYJVP2-22	0.3/0.5	3×2×1.0	6.63
269	DJYJVP2-22	0.3/0.5	4×2×1.0	8.22
270	DJYJVP2-22	0.3/0.5	5×2×1.0	9.75
271	DJYJVP2-22	0.3/0.5	6×2×1.0	11.27
272	DJYJVP2-22	0.3/0.5	7×2×1.0	12.56
273	DJYJVP2-22	0.3/0.5	8×2×1.0	14.16
274	DJYJVP2-22	0.3/0.5	9×2×1.0	15.90
275	DJYJVP2-22	0.3/0.5	10×2×1.0	17.41
276	DJYJVP3-22	0.3/0.5	1×2×1.0	2.72
277	DJYJVP3-22	0.3/0.5	2×2×1.0	4.57
278	DJYJVP3-22	0.3/0.5	3×2×1.0	5.92
279	DJYJVP3-22	0.3/0.5	4×2×1.0	7.29
280	DJYJVP3-22	0.3/0.5	5×2×1.0	8.78
281	DJYJVP3-22	0.3/0.5	6×2×1.0	10.30
282	DJYJVP3-22	0.3/0.5	7×2×1.0	11.61
283	DJYJVP3-22	0.3/0.5	8×2×1.0	12.95
284	DJYJVP3-22	0.3/0.5	9×2×1.0	14.68
285	DJYJVP3-22	0.3/0.5	10×2×1.0	15.94
286	DJYJPVP-22	0.3/0.5	2×2×1.5	12.36
287	DJYJPVP-22	0.3/0.5	3×2×1.5	15.85
288	DJYJPVP-22	0.3/0.5	4×2×1.5	19.39
289	DJYJPVP-22	0.3/0.5	5×2×1.5	23.63
290	DJYJPVP-22	0.3/0.5	6×2×1.5	27.18
291	DJYJPVP-22	0.3/0.5	7×2×1.5	30.63
292	DJYJPVP-22	0.3/0.5	8×2×1.5	34.74
293	DJYJPVP-22	0.3/0.5	9×2×1.5	40.77
294	DJYJPVP-22	0.3/0.5	10×2×1.5	47.01

（续）

序号	型号	电压/kV	规格	市场价格/（元/m）
295	DJYJP2VP2-22	0.3/0.5	2×2×1.5	9.16
296	DJYJP2VP2-22	0.3/0.5	3×2×1.5	12.17
297	DJYJP2VP2-22	0.3/0.5	4×2×1.5	15.30
298	DJYJP2VP2-22	0.3/0.5	5×2×1.5	18.58
299	DJYJP2VP2-22	0.3/0.5	6×2×1.5	21.93
300	DJYJP2VP2-22	0.3/0.5	7×2×1.5	24.77
301	DJYJP2VP2-22	0.3/0.5	8×2×1.5	27.94
302	DJYJP2VP2-22	0.3/0.5	9×2×1.5	31.21
303	DJYJP2VP2-22	0.3/0.5	10×2×1.5	34.43
304	DJYJP3VP3-22	0.3/0.5	2×2×1.5	6.93
305	DJYJP3VP3-22	0.3/0.5	3×2×1.5	9.16
306	DJYJP3VP3-22	0.3/0.5	4×2×1.5	11.61
307	DJYJP3VP3-22	0.3/0.5	5×2×1.5	13.91
308	DJYJP3VP3-22	0.3/0.5	6×2×1.5	16.48
309	DJYJP3VP3-22	0.3/0.5	7×2×1.5	18.76
310	DJYJP3VP3-22	0.3/0.5	8×2×1.5	21.03
311	DJYJP3VP3-22	0.3/0.5	9×2×1.5	23.73
312	DJYJP3VP3-22	0.3/0.5	10×2×1.5	26.18
313	DJYJVP-22	0.3/0.5	1×2×1.5	4.67
314	DJYJVP-22	0.3/0.5	2×2×1.5	8.12
315	DJYJVP-22	0.3/0.5	3×2×1.5	10.19
316	DJYJVP-22	0.3/0.5	4×2×1.5	13.61
317	DJYJVP-22	0.3/0.5	5×2×1.5	16.04
318	DJYJVP-22	0.3/0.5	6×2×1.5	18.77
319	DJYJVP-22	0.3/0.5	7×2×1.5	20.56
320	DJYJVP-22	0.3/0.5	8×2×1.5	23.37
321	DJYJVP-22	0.3/0.5	9×2×1.5	25.82
322	DJYJVP-22	0.3/0.5	10×2×1.5	28.51
323	DJYJVP2-22	0.3/0.5	1×2×1.5	4.08
324	DJYJVP2-22	0.3/0.5	2×2×1.5	7.06
325	DJYJVP2-22	0.3/0.5	3×2×1.5	9.08
326	DJYJVP2-22	0.3/0.5	4×2×1.5	11.24
327	DJYJVP2-22	0.3/0.5	5×2×1.5	13.65
328	DJYJVP2-22	0.3/0.5	6×2×1.5	15.69
329	DJYJVP2-22	0.3/0.5	7×2×1.5	17.61

（续）

序号	型号	电压/kV	规格	市场价格/（元/m）
330	DJYJVP2-22	0.3/0.5	8×2×1.5	19.91
331	DJYJVP2-22	0.3/0.5	9×2×1.5	22.44
332	DJYJVP2-22	0.3/0.5	10×2×1.5	24.64
333	DJYJVP3-22	0.3/0.5	1×2×1.5	3.53
334	DJYJVP3-22	0.3/0.5	2×2×1.5	6.12
335	DJYJVP3-22	0.3/0.5	3×2×1.5	8.06
336	DJYJVP3-22	0.3/0.5	4×2×1.5	10.23
337	DJYJVP3-22	0.3/0.5	5×2×1.5	12.29
338	DJYJVP3-22	0.3/0.5	6×2×1.5	14.63
339	DJYJVP3-22	0.3/0.5	7×2×1.5	16.31
340	DJYJVP3-22	0.3/0.5	8×2×1.5	18.60
341	DJYJVP3-22	0.3/0.5	9×2×1.5	20.84
342	DJYJVP3-22	0.3/0.5	10×2×1.5	22.81

注：主材 1# 铜价格为 52.68 元/kg（2017 年 8 月 29 日长江现货）。市场价格随着原材料价格波动需作相应调整，实时价格请查询中缆在线 http://jiage.dianlan.cn。

1.2 影响计算机电缆价格的主要因素

影响计算机电缆价格变动的因素主要包括原材料、企业因素及企业的销售模式。

1. 原材料的因素

计算机电缆行业属于"重料轻工"的行业，原材料的价格、用量和材质对产品价格影响最为主要。

（1）导体的价格、用量和材质

1）导体的价格。根据 TICW 6—2009《计算机及仪表电缆》的规定，计算机电缆的导体材料为铜。铜价格受诸多因素影响，如全球及国内铜市场供需平衡情况、宏观经济形势、国际原油价格、电价、国内进出口政策及其他政策等。目前计算机电缆的主要原材料铜价格始终处于高幅振荡，计算机电缆价格也随之处于大幅波动状态。

2）导体用量。一些生产企业为了降低生产成本，在生产过程中未严格执行相关标准，偷工减料，故意以小截面积充大截面积（亏方），减少导体用量。

3）导体材质。电缆导体用铜的化学成分及性能要求国家标准均有明确规定，一些生产企业为了节省成本，使用含较多其他金属杂质的铜。

（2）绝缘、护套料的价格、用量和材质

计算机电缆常用绝缘材料为聚氯乙烯、交联聚乙烯，常用护套料有聚氯乙烯、聚乙烯等。

1）绝缘、护套料的价格。绝缘、护套料的价格受供需基本面、原油价格、单体价格、期货动态、宏观经济及政策、运输情况、自然灾害、季节性因素和上游企业等因素的影响而波动。

2）绝缘、护套料的用量。TICW 6—2009 明确规定了计算机电缆的绝缘厚度和护套厚度。一些生产企业为降低成本，挤出过程厚度控制在标准的下限，挤出厚度稍有偏差，便导致结构尺寸不合格。

3）绝缘、护套料的材质。一些生产企业使用再生塑料或含杂质较高（优等品绝缘体含胶量占 35%～40%，而残次品绝缘体含胶量只有 15%）的塑料，以获取较低的生产成本。

（3）屏蔽层、铠装层等的价格、用量和材质

2．企业因素

计算机电缆企业的生产及检测设备是进口还是国产的（从国外进口的设备价格十分昂贵，一般是国产设备价格的 3～10 倍）；企业管理及制造成本的高低；产品利润率的高低，这几方面的因素均会影响计算机电缆的价格。

3．电缆企业的销售模式

有些电缆企业为了节约公关成本、沟通成本，往往在全国各地设立经销点和代理商，代理商再通过批发市场或者工程商卖给最终消费者，甚至有时还不止这些环节。多一道环节，就会增加一次销售成本，最终消费者买到的电缆价格也就越高。而厂家直销的电缆企业，通过与最终消费者直接沟通，省去多道环节，降低了销售成本，电缆价格就会相对较低。

第2章 计算机电缆价格分析

众所周知,企业在没有太大差异的工艺条件下生产符合标准规定的计算机电缆时,产品结构、材料和材料消耗定额应该是基本相同的。另一方面,计算机电缆的主要基础材料铜、铝和 PVC 塑料等,都是金融衍生品,其价格行情时时随国际市场价波动,计算机电缆制造企业是无法控制的。也就是说,各企业制造通用计算机电缆合格产品的"个别成本",虽然需要视具体情况而区别对待确认,但作为"个别成本"组成要素的直接材料成本,都差异不大,基本一致的。

2.1 计算机电缆导体价格分析

计算机电缆导体价格与规格、导体类型和铜材价格有关,而与电缆型号无关,以 DJYPVP 为例,计算机电缆常用规格的导体价格分析见表 3-2-1。

表 3-2-1 计算机电缆导体价格分析

序号	型号	电压/kV	规格	导体类型	导体价格/(元/m)
1	DJYPVP	0.3/0.5	2×2×0.5	A	0.97
2	DJYPVP	0.3/0.5	2×2×0.5	B	0.97
3	DJYPVP	0.3/0.5	2×2×0.5	R	0.99
4	DJYPVP	0.3/0.5	3×2×0.5	A	1.46
5	DJYPVP	0.3/0.5	3×2×0.5	B	1.46
6	DJYPVP	0.3/0.5	3×2×0.5	R	1.48
7	DJYPVP	0.3/0.5	4×2×0.5	A	1.94
8	DJYPVP	0.3/0.5	4×2×0.5	B	1.94
9	DJYPVP	0.3/0.5	4×2×0.5	R	1.97
10	DJYPVP	0.3/0.5	5×2×0.5	A	2.43
11	DJYPVP	0.3/0.5	5×2×0.5	B	2.43
12	DJYPVP	0.3/0.5	5×2×0.5	R	2.46
13	DJYPVP	0.3/0.5	6×2×0.5	A	2.91
14	DJYPVP	0.3/0.5	6×2×0.5	B	2.91
15	DJYPVP	0.3/0.5	6×2×0.5	R	2.96
16	DJYPVP	0.3/0.5	7×2×0.5	A	3.40
17	DJYPVP	0.3/0.5	7×2×0.5	B	3.40
18	DJYPVP	0.3/0.5	7×2×0.5	R	3.45

（续）

序号	型号	电压/kV	规格	导体类型	导体价格/（元/m）
19	DJYPVP	0.3/0.5	8×2×0.5	A	3.89
20	DJYPVP	0.3/0.5	8×2×0.5	B	3.88
21	DJYPVP	0.3/0.5	8×2×0.5	R	3.94
22	DJYPVP	0.3/0.5	9×2×0.5	A	4.37
23	DJYPVP	0.3/0.5	9×2×0.5	B	4.37
24	DJYPVP	0.3/0.5	9×2×0.5	R	4.44
25	DJYPVP	0.3/0.5	10×2×0.5	A	4.86
26	DJYPVP	0.3/0.5	10×2×0.5	B	4.85
27	DJYPVP	0.3/0.5	10×2×0.5	R	4.93
28	DJYPVP	0.3/0.5	2×2×0.75	A	1.43
29	DJYPVP	0.3/0.5	2×2×0.75	B	1.48
30	DJYPVP	0.3/0.5	2×2×0.75	R	1.48
31	DJYPVP	0.3/0.5	3×2×0.75	A	2.14
32	DJYPVP	0.3/0.5	3×2×0.75	B	2.21
33	DJYPVP	0.3/0.5	3×2×0.75	R	2.22
34	DJYPVP	0.3/0.5	4×2×0.75	A	2.86
35	DJYPVP	0.3/0.5	4×2×0.75	B	2.95
36	DJYPVP	0.3/0.5	4×2×0.75	R	2.96
37	DJYPVP	0.3/0.5	5×2×0.75	A	3.57
38	DJYPVP	0.3/0.5	5×2×0.75	B	3.69
39	DJYPVP	0.3/0.5	5×2×0.75	R	3.70
40	DJYPVP	0.3/0.5	6×2×0.75	A	4.28
41	DJYPVP	0.3/0.5	6×2×0.75	B	4.43
42	DJYPVP	0.3/0.5	6×2×0.75	R	4.44
43	DJYPVP	0.3/0.5	7×2×0.75	A	5.00
44	DJYPVP	0.3/0.5	7×2×0.75	B	5.17
45	DJYPVP	0.3/0.5	7×2×0.75	R	5.18
46	DJYPVP	0.3/0.5	8×2×0.75	A	5.71
47	DJYPVP	0.3/0.5	8×2×0.75	B	5.90
48	DJYPVP	0.3/0.5	8×2×0.75	R	5.91
49	DJYPVP	0.3/0.5	9×2×0.75	A	6.42
50	DJYPVP	0.3/0.5	9×2×0.75	B	6.64
51	DJYPVP	0.3/0.5	9×2×0.75	R	6.65
52	DJYPVP	0.3/0.5	10×2×0.75	A	7.14
53	DJYPVP	0.3/0.5	10×2×0.75	B	7.38

（续）

序号	型号	电压/kV	规格	导体类型	导体价格/（元/m）
54	DJYPVP	0.3/0.5	10×2×0.75	R	7.39
55	DJYPVP	0.3/0.5	2×2×1.0	A	1.94
56	DJYPVP	0.3/0.5	2×2×1.0	B	1.99
57	DJYPVP	0.3/0.5	2×2×1.0	R	1.97
58	DJYPVP	0.3/0.5	3×2×1.0	A	2.91
59	DJYPVP	0.3/0.5	3×2×1.0	B	2.99
60	DJYPVP	0.3/0.5	3×2×1.0	R	2.96
61	DJYPVP	0.3/0.5	4×2×1.0	A	3.88
62	DJYPVP	0.3/0.5	4×2×1.0	B	3.99
63	DJYPVP	0.3/0.5	4×2×1.0	R	3.94
64	DJYPVP	0.3/0.5	5×2×1.0	A	4.84
65	DJYPVP	0.3/0.5	5×2×1.0	B	4.98
66	DJYPVP	0.3/0.5	5×2×1.0	R	4.93
67	DJYPVP	0.3/0.5	6×2×1.0	A	5.81
68	DJYPVP	0.3/0.5	6×2×1.0	B	5.98
69	DJYPVP	0.3/0.5	6×2×1.0	R	5.91
70	DJYPVP	0.3/0.5	7×2×1.0	A	6.78
71	DJYPVP	0.3/0.5	7×2×1.0	B	6.98
72	DJYPVP	0.3/0.5	7×2×1.0	R	6.90
73	DJYPVP	0.3/0.5	8×2×1.0	A	7.75
74	DJYPVP	0.3/0.5	8×2×1.0	B	7.97
75	DJYPVP	0.3/0.5	8×2×1.0	R	7.89
76	DJYPVP	0.3/0.5	9×2×1.0	A	8.72
77	DJYPVP	0.3/0.5	9×2×1.0	B	8.97
78	DJYPVP	0.3/0.5	9×2×1.0	R	8.87
79	DJYPVP	0.3/0.5	10×2×1.0	A	9.69
80	DJYPVP	0.3/0.5	10×2×1.0	B	9.97
81	DJYPVP	0.3/0.5	10×2×1.0	R	9.86
82	DJYPVP	0.3/0.5	2×2×1.5	A	2.89
83	DJYPVP	0.3/0.5	2×2×1.5	B	2.92
84	DJYPVP	0.3/0.5	2×2×1.5	R	2.89
85	DJYPVP	0.3/0.5	3×2×1.5	A	4.33
86	DJYPVP	0.3/0.5	3×2×1.5	B	4.37
87	DJYPVP	0.3/0.5	3×2×1.5	R	4.33
88	DJYPVP	0.3/0.5	4×2×1.5	A	5.78

（续）

序号	型号	电压/kV	规格	导体类型	导体价格/（元/m）
89	DJYPVP	0.3/0.5	4×2×1.5	B	5.83
90	DJYPVP	0.3/0.5	4×2×1.5	R	5.78
91	DJYPVP	0.3/0.5	5×2×1.5	A	7.22
92	DJYPVP	0.3/0.5	5×2×1.5	B	7.29
93	DJYPVP	0.3/0.5	5×2×1.5	R	7.22
94	DJYPVP	0.3/0.5	6×2×1.5	A	8.67
95	DJYPVP	0.3/0.5	6×2×1.5	B	8.75
96	DJYPVP	0.3/0.5	6×2×1.5	R	8.66
97	DJYPVP	0.3/0.5	7×2×1.5	A	10.11
98	DJYPVP	0.3/0.5	7×2×1.5	B	10.20
99	DJYPVP	0.3/0.5	7×2×1.5	R	10.11
100	DJYPVP	0.3/0.5	8×2×1.5	A	11.56
101	DJYPVP	0.3/0.5	8×2×1.5	B	11.66
102	DJYPVP	0.3/0.5	8×2×1.5	R	11.55
103	DJYPVP	0.3/0.5	9×2×1.5	A	13.00
104	DJYPVP	0.3/0.5	9×2×1.5	B	13.12
105	DJYPVP	0.3/0.5	9×2×1.5	R	13.00
106	DJYPVP	0.3/0.5	10×2×1.5	A	14.45
107	DJYPVP	0.3/0.5	10×2×1.5	B	14.58
108	DJYPVP	0.3/0.5	10×2×1.5	R	14.44
109	DJYPVP	0.3/0.5	2×2×2.5	A	4.81
110	DJYPVP	0.3/0.5	2×2×2.5	B	4.99
111	DJYPVP	0.3/0.5	2×2×2.5	R	4.72
112	DJYPVP	0.3/0.5	3×2×2.5	A	7.21
113	DJYPVP	0.3/0.5	3×2×2.5	B	7.48
114	DJYPVP	0.3/0.5	3×2×2.5	R	7.08
115	DJYPVP	0.3/0.5	4×2×2.5	A	9.62
116	DJYPVP	0.3/0.5	4×2×2.5	B	9.97
117	DJYPVP	0.3/0.5	4×2×2.5	R	9.43
118	DJYPVP	0.3/0.5	5×2×2.5	A	12.02
119	DJYPVP	0.3/0.5	5×2×2.5	B	12.46
120	DJYPVP	0.3/0.5	5×2×2.5	R	11.79
121	DJYPVP	0.3/0.5	6×2×2.5	A	14.42
122	DJYPVP	0.3/0.5	6×2×2.5	B	14.96
123	DJYPVP	0.3/0.5	6×2×2.5	R	14.15

（续）

序号	型号	电压/kV	规格	导体类型	导体价格/（元/m）
124	DJYPVP	0.3/0.5	7×2×2.5	A	16.83
125	DJYPVP	0.3/0.5	7×2×2.5	B	17.45
126	DJYPVP	0.3/0.5	7×2×2.5	R	16.51
127	DJYPVP	0.3/0.5	8×2×2.5	A	19.23
128	DJYPVP	0.3/0.5	8×2×2.5	B	19.94
129	DJYPVP	0.3/0.5	8×2×2.5	R	18.87
130	DJYPVP	0.3/0.5	9×2×2.5	A	21.64
131	DJYPVP	0.3/0.5	9×2×2.5	B	22.43
132	DJYPVP	0.3/0.5	9×2×2.5	R	21.23
133	DJYPVP	0.3/0.5	10×2×2.5	A	24.04
134	DJYPVP	0.3/0.5	10×2×2.5	B	24.93
135	DJYPVP	0.3/0.5	10×2×2.5	R	23.58

注：主材 1#铜价格为 52.68 元/kg（2017 年 8 月 29 日长江现货）。导体价格随着原材料价格波动需作相应调整，实时价格请查询中缆在线 http://jiage.dianlan.cn。

2.2　计算机电缆直接材料定额分析

2.2.1　无铠装计算机电缆直接材料定额分析

无铠装计算机电缆直接材料定额分析见表 3-2-2。

表 3-2-2　无铠装计算机电缆直接材料定额分析

序号	型号	电压/kV	规格	定额单价/（元/m）
1	DJYPVP	0.3/0.5	2×2×1.0	7.35
2	DJYPVP	0.3/0.5	3×2×1.0	9.48
3	DJYPVP	0.3/0.5	4×2×1.0	11.82
4	DJYPVP	0.3/0.5	5×2×1.0	14.29
5	DJYPVP	0.3/0.5	6×2×1.0	16.72
6	DJYPVP	0.3/0.5	7×2×1.0	18.62
7	DJYPVP	0.3/0.5	8×2×1.0	21.13
8	DJYPVP	0.3/0.5	9×2×1.0	23.71
9	DJYPVP	0.3/0.5	10×2×1.0	27.69
10	DJYP2VP2	0.3/0.5	2×2×1.0	5.08
11	DJYP2VP2	0.3/0.5	3×2×1.0	6.93
12	DJYP2VP2	0.3/0.5	4×2×1.0	8.81

（续）

序号	型号	电压/kV	规格	定额单价/（元/m）
13	DJYP2VP2	0.3/0.5	5×2×1.0	10.74
14	DJYP2VP2	0.3/0.5	6×2×1.0	12.67
15	DJYP2VP2	0.3/0.5	7×2×1.0	14.34
16	DJYP2VP2	0.3/0.5	8×2×1.0	16.32
17	DJYP2VP2	0.3/0.5	9×2×1.0	18.31
18	DJYP2VP2	0.3/0.5	10×2×1.0	20.35
19	DJYP3VP3	0.3/0.5	2×2×1.0	3.39
20	DJYP3VP3	0.3/0.5	3×2×1.0	4.72
21	DJYP3VP3	0.3/0.5	4×2×1.0	6.05
22	DJYP3VP3	0.3/0.5	5×2×1.0	7.40
23	DJYP3VP3	0.3/0.5	6×2×1.0	8.77
24	DJYP3VP3	0.3/0.5	7×2×1.0	9.97
25	DJYP3VP3	0.3/0.5	8×2×1.0	11.37
26	DJYP3VP3	0.3/0.5	9×2×1.0	12.75
27	DJYP3VP3	0.3/0.5	10×2×1.0	14.20
28	DJYVP	0.3/0.5	1×2×1.0	2.16
29	DJYVP	0.3/0.5	2×2×1.0	4.31
30	DJYVP	0.3/0.5	3×2×1.0	5.41
31	DJYVP	0.3/0.5	4×2×1.0	6.76
32	DJYVP	0.3/0.5	5×2×1.0	8.88
33	DJYVP	0.3/0.5	6×2×1.0	10.32
34	DJYVP	0.3/0.5	7×2×1.0	11.32
35	DJYVP	0.3/0.5	8×2×1.0	12.79
36	DJYVP	0.3/0.5	9×2×1.0	14.38
37	DJYVP	0.3/0.5	10×2×1.0	15.82
38	DJYVP2	0.3/0.5	1×2×1.0	1.88
39	DJYVP2	0.3/0.5	2×2×1.0	3.59
40	DJYVP2	0.3/0.5	3×2×1.0	4.71
41	DJYVP2	0.3/0.5	4×2×1.0	5.85
42	DJYVP2	0.3/0.5	5×2×1.0	7.12
43	DJYVP2	0.3/0.5	6×2×1.0	8.36
44	DJYVP2	0.3/0.5	7×2×1.0	9.37
45	DJYVP2	0.3/0.5	8×2×1.0	10.58
46	DJYVP2	0.3/0.5	9×2×1.0	11.93
47	DJYVP2	0.3/0.5	10×2×1.0	13.18

序号	型号	电压/kV	规格	定额单价/（元/m）
48	DJYVP3	0.3/0.5	1×2×1.0	1.55
49	DJYVP3	0.3/0.5	2×2×1.0	2.92
50	DJYVP3	0.3/0.5	3×2×1.0	3.99
51	DJYVP3	0.3/0.5	4×2×1.0	5.08
52	DJYVP3	0.3/0.5	5×2×1.0	6.26
53	DJYVP3	0.3/0.5	6×2×1.0	7.41
54	DJYVP3	0.3/0.5	7×2×1.0	8.41
55	DJYVP3	0.3/0.5	8×2×1.0	9.54
56	DJYVP3	0.3/0.5	9×2×1.0	10.75
57	DJYVP3	0.3/0.5	10×2×1.0	11.90
58	DJYPVP	0.3/0.5	2×2×1.5	8.86
59	DJYPVP	0.3/0.5	3×2×1.5	11.64
60	DJYPVP	0.3/0.5	4×2×1.5	14.70
61	DJYPVP	0.3/0.5	5×2×1.5	17.75
62	DJYPVP	0.3/0.5	6×2×1.5	20.85
63	DJYPVP	0.3/0.5	7×2×1.5	23.33
64	DJYPVP	0.3/0.5	8×2×1.5	26.47
65	DJYPVP	0.3/0.5	9×2×1.5	31.27
66	DJYPVP	0.3/0.5	10×2×1.5	34.49
67	DJYP2VP2	0.3/0.5	2×2×1.5	6.40
68	DJYP2VP2	0.3/0.5	3×2×1.5	8.77
69	DJYP2VP2	0.3/0.5	4×2×1.5	11.24
70	DJYP2VP2	0.3/0.5	5×2×1.5	13.83
71	DJYP2VP2	0.3/0.5	6×2×1.5	16.34
72	DJYP2VP2	0.3/0.5	7×2×1.5	18.56
73	DJYP2VP2	0.3/0.5	8×2×1.5	21.06
74	DJYP2VP2	0.3/0.5	9×2×1.5	23.73
75	DJYP2VP2	0.3/0.5	10×2×1.5	26.27
76	DJYP3VP3	0.3/0.5	2×2×1.5	4.52
77	DJYP3VP3	0.3/0.5	3×2×1.5	6.30
78	DJYP3VP3	0.3/0.5	4×2×1.5	8.15
79	DJYP3VP3	0.3/0.5	5×2×1.5	10.07
80	DJYP3VP3	0.3/0.5	6×2×1.5	11.96
81	DJYP3VP3	0.3/0.5	7×2×1.5	13.65
82	DJYP3VP3	0.3/0.5	8×2×1.5	15.46

（续）

序号	型号	电压/kV	规格	定额单价/（元/m）
83	DJYP3VP3	0.3/0.5	9×2×1.5	17.49
84	DJYP3VP3	0.3/0.5	10×2×1.5	19.33
85	DJYVP	0.3/0.5	1×2×1.5	2.77
86	DJYVP	0.3/0.5	2×2×1.5	5.47
87	DJYVP	0.3/0.5	3×2×1.5	7.21
88	DJYVP	0.3/0.5	4×2×1.5	9.82
89	DJYVP	0.3/0.5	5×2×1.5	11.77
90	DJYVP	0.3/0.5	6×2×1.5	13.82
91	DJYVP	0.3/0.5	7×2×1.5	15.30
92	DJYVP	0.3/0.5	8×2×1.5	17.27
93	DJYVP	0.3/0.5	9×2×1.5	19.47
94	DJYVP	0.3/0.5	10×2×1.5	21.46
95	DJYVP2	0.3/0.5	1×2×1.5	2.44
96	DJYVP2	0.3/0.5	2×2×1.5	4.67
97	DJYVP2	0.3/0.5	3×2×1.5	6.29
98	DJYVP2	0.3/0.5	4×2×1.5	8.04
99	DJYVP2	0.3/0.5	5×2×1.5	9.77
100	DJYVP2	0.3/0.5	6×2×1.5	11.54
101	DJYVP2	0.3/0.5	7×2×1.5	13.01
102	DJYVP2	0.3/0.5	8×2×1.5	14.80
103	DJYVP2	0.3/0.5	9×2×1.5	16.61
104	DJYVP2	0.3/0.5	10×2×1.5	18.48
105	DJYVP3	0.3/0.5	1×2×1.5	2.07
106	DJYVP3	0.3/0.5	2×2×1.5	3.94
107	DJYVP3	0.3/0.5	3×2×1.5	5.51
108	DJYVP3	0.3/0.5	4×2×1.5	7.16
109	DJYVP3	0.3/0.5	5×2×1.5	8.80
110	DJYVP3	0.3/0.5	6×2×1.5	10.46
111	DJYVP3	0.3/0.5	7×2×1.5	11.93
112	DJYVP3	0.3/0.5	8×2×1.5	13.61
113	DJYVP3	0.3/0.5	9×2×1.5	15.28
114	DJYVP3	0.3/0.5	10×2×1.5	17.04
115	DJVPVP	0.3/0.5	2×2×1.0	7.32
116	DJVPVP	0.3/0.5	3×2×1.0	9.44
117	DJVPVP	0.3/0.5	4×2×1.0	11.77

（续）

序号	型号	电压/kV	规格	定额单价/（元/m）
118	DJVPVP	0.3/0.5	5×2×1.0	14.23
119	DJVPVP	0.3/0.5	6×2×1.0	16.64
120	DJVPVP	0.3/0.5	7×2×1.0	18.52
121	DJVPVP	0.3/0.5	8×2×1.0	21.02
122	DJVPVP	0.3/0.5	9×2×1.0	23.58
123	DJVPVP	0.3/0.5	10×2×1.0	27.55
124	DJVP2VP2	0.3/0.5	2×2×1.0	5.05
125	DJVP2VP2	0.3/0.5	3×2×1.0	6.89
126	DJVP2VP2	0.3/0.5	4×2×1.0	8.76
127	DJVP2VP2	0.3/0.5	5×2×1.0	10.67
128	DJVP2VP2	0.3/0.5	6×2×1.0	12.58
129	DJVP2VP2	0.3/0.5	7×2×1.0	14.24
130	DJVP2VP2	0.3/0.5	8×2×1.0	16.21
131	DJVP2VP2	0.3/0.5	9×2×1.0	18.18
132	DJVP2VP2	0.3/0.5	10×2×1.0	20.21
133	DJVP3VP3	0.3/0.5	2×2×1.0	3.37
134	DJVP3VP3	0.3/0.5	3×2×1.0	4.68
135	DJVP3VP3	0.3/0.5	4×2×1.0	6.00
136	DJVP3VP3	0.3/0.5	5×2×1.0	7.33
137	DJVP3VP3	0.3/0.5	6×2×1.0	8.68
138	DJVP3VP3	0.3/0.5	7×2×1.0	9.88
139	DJVP3VP3	0.3/0.5	8×2×1.0	11.26
140	DJVP3VP3	0.3/0.5	9×2×1.0	12.63
141	DJVP3VP3	0.3/0.5	10×2×1.0	14.06
142	DJVVP	0.3/0.5	1×2×1.0	2.14
143	DJVVP	0.3/0.5	2×2×1.0	4.28
144	DJVVP	0.3/0.5	3×2×1.0	5.37
145	DJVVP	0.3/0.5	4×2×1.0	6.71
146	DJVVP	0.3/0.5	5×2×1.0	8.81
147	DJVVP	0.3/0.5	6×2×1.0	10.24
148	DJVVP	0.3/0.5	7×2×1.0	11.23
149	DJVVP	0.3/0.5	8×2×1.0	12.68
150	DJVVP	0.3/0.5	9×2×1.0	14.25
151	DJVVP	0.3/0.5	10×2×1.0	15.68
152	DJVVP2	0.3/0.5	1×2×1.0	1.87

（续）

序号	型号	电压/kV	规格	定额单价/（元/m）
153	DJVVP2	0.3/0.5	2×2×1.0	3.56
154	DJVVP2	0.3/0.5	3×2×1.0	4.67
155	DJVVP2	0.3/0.5	4×2×1.0	5.80
156	DJVVP2	0.3/0.5	5×2×1.0	7.05
157	DJVVP2	0.3/0.5	6×2×1.0	8.28
158	DJVVP2	0.3/0.5	7×2×1.0	9.27
159	DJVVP2	0.3/0.5	8×2×1.0	10.47
160	DJVVP2	0.3/0.5	9×2×1.0	11.81
161	DJVVP2	0.3/0.5	10×2×1.0	13.04
162	DJVVP3	0.3/0.5	1×2×1.0	1.54
163	DJVVP3	0.3/0.5	2×2×1.0	2.89
164	DJVVP3	0.3/0.5	3×2×1.0	3.95
165	DJVVP3	0.3/0.5	4×2×1.0	5.03
166	DJVVP3	0.3/0.5	5×2×1.0	6.19
167	DJVVP3	0.3/0.5	6×2×1.0	7.32
168	DJVVP3	0.3/0.5	7×2×1.0	8.31
169	DJVVP3	0.3/0.5	8×2×1.0	9.43
170	DJVVP3	0.3/0.5	9×2×1.0	10.62
171	DJVVP3	0.3/0.5	10×2×1.0	11.76
172	DJVPVP	0.3/0.5	2×2×1.5	9.25
173	DJVPVP	0.3/0.5	3×2×1.5	12.13
174	DJVPVP	0.3/0.5	4×2×1.5	15.30
175	DJVPVP	0.3/0.5	5×2×1.5	18.47
176	DJVPVP	0.3/0.5	6×2×1.5	21.75
177	DJVPVP	0.3/0.5	7×2×1.5	24.29
178	DJVPVP	0.3/0.5	8×2×1.5	28.95
179	DJVPVP	0.3/0.5	9×2×1.5	32.48
180	DJVPVP	0.3/0.5	10×2×1.5	35.82
181	DJVP2VP2	0.3/0.5	2×2×1.5	6.63
182	DJVP2VP2	0.3/0.5	3×2×1.5	9.05
183	DJVP2VP2	0.3/0.5	4×2×1.5	11.58
184	DJVP2VP2	0.3/0.5	5×2×1.5	14.23
185	DJVP2VP2	0.3/0.5	6×2×1.5	16.83
186	DJVP2VP2	0.3/0.5	7×2×1.5	19.08
187	DJVP2VP2	0.3/0.5	8×2×1.5	21.72

（续）

序号	型号	电压/kV	规格	定额单价/（元/m）
188	DJVP2VP2	0.3/0.5	9×2×1.5	24.39
189	DJVP2VP2	0.3/0.5	10×2×1.5	27.12
190	DJVP3VP3	0.3/0.5	2×2×1.5	4.56
191	DJVP3VP3	0.3/0.5	3×2×1.5	6.40
192	DJVP3VP3	0.3/0.5	4×2×1.5	8.22
193	DJVP3VP3	0.3/0.5	5×2×1.5	10.17
194	DJVP3VP3	0.3/0.5	6×2×1.5	12.08
195	DJVP3VP3	0.3/0.5	7×2×1.5	13.78
196	DJVP3VP3	0.3/0.5	8×2×1.5	15.76
197	DJVP3VP3	0.3/0.5	9×2×1.5	17.64
198	DJVP3VP3	0.3/0.5	10×2×1.5	19.70
199	DJVVP	0.3/0.5	1×2×1.5	2.85
200	DJVVP	0.3/0.5	2×2×1.5	5.70
201	DJVVP	0.3/0.5	3×2×1.5	8.24
202	DJVVP	0.3/0.5	4×2×1.5	10.10
203	DJVVP	0.3/0.5	5×2×1.5	12.16
204	DJVVP	0.3/0.5	6×2×1.5	14.19
205	DJVVP	0.3/0.5	7×2×1.5	15.66
206	DJVVP	0.3/0.5	8×2×1.5	17.67
207	DJVVP	0.3/0.5	9×2×1.5	19.89
208	DJVVP	0.3/0.5	10×2×1.5	21.94
209	DJVVP2	0.3/0.5	1×2×1.5	2.49
210	DJVVP2	0.3/0.5	2×2×1.5	4.78
211	DJVVP2	0.3/0.5	3×2×1.5	6.45
212	DJVVP2	0.3/0.5	4×2×1.5	8.18
213	DJVVP2	0.3/0.5	5×2×1.5	9.93
214	DJVVP2	0.3/0.5	6×2×1.5	11.78
215	DJVVP2	0.3/0.5	7×2×1.5	13.25
216	DJVVP2	0.3/0.5	8×2×1.5	15.00
217	DJVVP2	0.3/0.5	9×2×1.5	16.93
218	DJVVP2	0.3/0.5	10×2×1.5	18.70
219	DJVVP3	0.3/0.5	1×2×1.5	2.09
220	DJVVP3	0.3/0.5	2×2×1.5	4.00
221	DJVVP3	0.3/0.5	3×2×1.5	5.61
222	DJVVP3	0.3/0.5	4×2×1.5	7.24

（续）

序号	型号	电压/kV	规格	定额单价/（元/m）
223	DJVVP3	0.3/0.5	5×2×1.5	8.89
224	DJVVP3	0.3/0.5	6×2×1.5	10.61
225	DJVVP3	0.3/0.5	7×2×1.5	12.08
226	DJVVP3	0.3/0.5	8×2×1.5	13.72
227	DJVVP3	0.3/0.5	9×2×1.5	15.50
228	DJVVP3	0.3/0.5	10×2×1.5	17.15
229	DJYJPVP	0.3/0.5	2×2×1.0	6.10
230	DJYJPVP	0.3/0.5	3×2×1.0	8.12
231	DJYJPVP	0.3/0.5	4×2×1.0	11.03
232	DJYJPVP	0.3/0.5	5×2×1.0	13.28
233	DJYJPVP	0.3/0.5	6×2×1.0	15.63
234	DJYJPVP	0.3/0.5	7×2×1.0	17.43
235	DJYJPVP	0.3/0.5	8×2×1.0	19.71
236	DJYJPVP	0.3/0.5	9×2×1.0	22.19
237	DJYJPVP	0.3/0.5	10×2×1.0	24.49
238	DJYJP2VP2	0.3/0.5	2×2×1.0	4.78
239	DJYJP2VP2	0.3/0.5	3×2×1.0	6.50
240	DJYJP2VP2	0.3/0.5	4×2×1.0	8.35
241	DJYJP2VP2	0.3/0.5	5×2×1.0	10.17
242	DJYJP2VP2	0.3/0.5	6×2×1.0	12.01
243	DJYJP2VP2	0.3/0.5	7×2×1.0	13.61
244	DJYJP2VP2	0.3/0.5	8×2×1.0	15.49
245	DJYJP2VP2	0.3/0.5	9×2×1.0	17.38
246	DJYJP2VP2	0.3/0.5	10×2×1.0	19.23
247	DJYJP3VP3	0.3/0.5	2×2×1.0	3.26
248	DJYJP3VP3	0.3/0.5	3×2×1.0	4.50
249	DJYJP3VP3	0.3/0.5	4×2×1.0	5.84
250	DJYJP3VP3	0.3/0.5	5×2×1.0	7.14
251	DJYJP3VP3	0.3/0.5	6×2×1.0	8.46
252	DJYJP3VP3	0.3/0.5	7×2×1.0	9.64
253	DJYJP3VP3	0.3/0.5	8×2×1.0	10.99
254	DJYJP3VP3	0.3/0.5	9×2×1.0	12.33
255	DJYJP3VP3	0.3/0.5	10×2×1.0	13.65
256	DJYJVP	0.3/0.5	1×2×1.0	2.23
257	DJYJVP	0.3/0.5	2×2×1.0	4.02

（续）

序号	型号	电压/kV	规格	定额单价/（元/m）
258	DJYJVP	0.3/0.5	3×2×1.0	5.16
259	DJYJVP	0.3/0.5	4×2×1.0	6.43
260	DJYJVP	0.3/0.5	5×2×1.0	7.77
261	DJYJVP	0.3/0.5	6×2×1.0	9.85
262	DJYJVP	0.3/0.5	7×2×1.0	10.84
263	DJYJVP	0.3/0.5	8×2×1.0	12.22
264	DJYJVP	0.3/0.5	9×2×1.0	13.74
265	DJYJVP	0.3/0.5	10×2×1.0	15.15
266	DJYJVP2	0.3/0.5	1×2×1.0	1.91
267	DJYJVP2	0.3/0.5	2×2×1.0	3.40
268	DJYJVP2	0.3/0.5	3×2×1.0	4.48
269	DJYJVP2	0.3/0.5	4×2×1.0	5.65
270	DJYJVP2	0.3/0.5	5×2×1.0	6.83
271	DJYJVP2	0.3/0.5	6×2×1.0	8.07
272	DJYJVP2	0.3/0.5	7×2×1.0	9.05
273	DJYJVP2	0.3/0.5	8×2×1.0	10.24
274	DJYJVP2	0.3/0.5	9×2×1.0	11.47
275	DJYJVP2	0.3/0.5	10×2×1.0	12.74
276	DJYJVP3	0.3/0.5	1×2×1.0	1.55
277	DJYJVP3	0.3/0.5	2×2×1.0	2.81
278	DJYJVP3	0.3/0.5	3×2×1.0	3.86
279	DJYJVP3	0.3/0.5	4×2×1.0	4.94
280	DJYJVP3	0.3/0.5	5×2×1.0	6.04
281	DJYJVP3	0.3/0.5	6×2×1.0	7.20
282	DJYJVP3	0.3/0.5	7×2×1.0	8.18
283	DJYJVP3	0.3/0.5	8×2×1.0	9.28
284	DJYJVP3	0.3/0.5	9×2×1.0	10.40
285	DJYJVP3	0.3/0.5	10×2×1.0	11.58
286	DJYJPVP	0.3/0.5	2×2×1.5	8.74
287	DJYJPVP	0.3/0.5	3×2×1.5	11.51
288	DJYJPVP	0.3/0.5	4×2×1.5	14.56
289	DJYJPVP	0.3/0.5	5×2×1.5	17.57
290	DJYJPVP	0.3/0.5	6×2×1.5	20.66
291	DJYJPVP	0.3/0.5	7×2×1.5	23.12
292	DJYJPVP	0.3/0.5	8×2×1.5	26.22

（续）

序号	型号	电压/kV	规格	定额单价/（元/m）
293	DJYJPVP	0.3/0.5	9×2×1.5	30.93
294	DJYJPVP	0.3/0.5	10×2×1.5	34.11
295	DJYJP2VP2	0.3/0.5	2×2×1.5	6.36
296	DJYJP2VP2	0.3/0.5	3×2×1.5	8.71
297	DJYJP2VP2	0.3/0.5	4×2×1.5	11.17
298	DJYJP2VP2	0.3/0.5	5×2×1.5	13.72
299	DJYJP2VP2	0.3/0.5	6×2×1.5	16.25
300	DJYJP2VP2	0.3/0.5	7×2×1.5	18.45
301	DJYJP2VP2	0.3/0.5	8×2×1.5	20.94
302	DJYJP2VP2	0.3/0.5	9×2×1.5	23.58
303	DJYJP2VP2	0.3/0.5	10×2×1.5	26.11
304	DJYJP3VP3	0.3/0.5	2×2×1.5	4.49
305	DJYJP3VP3	0.3/0.5	3×2×1.5	6.26
306	DJYJP3VP3	0.3/0.5	4×2×1.5	8.09
307	DJYJP3VP3	0.3/0.5	5×2×1.5	10.00
308	DJYJP3VP3	0.3/0.5	6×2×1.5	11.88
309	DJYJP3VP3	0.3/0.5	7×2×1.5	13.56
310	DJYJP3VP3	0.3/0.5	8×2×1.5	15.41
311	DJYJP3VP3	0.3/0.5	9×2×1.5	17.37
312	DJYJP3VP3	0.3/0.5	10×2×1.5	19.26
313	DJYJVP	0.3/0.5	1×2×1.5	3.02
314	DJYJVP	0.3/0.5	2×2×1.5	5.47
315	DJYJVP	0.3/0.5	3×2×1.5	7.20
316	DJYJVP	0.3/0.5	4×2×1.5	9.80
317	DJYJVP	0.3/0.5	5×2×1.5	11.74
318	DJYJVP	0.3/0.5	6×2×1.5	13.79
319	DJYJVP	0.3/0.5	7×2×1.5	15.26
320	DJYJVP	0.3/0.5	8×2×1.5	17.22
321	DJYJVP	0.3/0.5	9×2×1.5	19.33
322	DJYJVP	0.3/0.5	10×2×1.5	21.40
323	DJYJVP2	0.3/0.5	1×2×1.5	2.55
324	DJYJVP2	0.3/0.5	2×2×1.5	4.66
325	DJYJVP2	0.3/0.5	3×2×1.5	6.28
326	DJYJVP2	0.3/0.5	4×2×1.5	8.02
327	DJYJVP2	0.3/0.5	5×2×1.5	9.75

（续）

序号	型号	电压/kV	规格	定额单价/（元/m）
328	DJYJVP2	0.3/0.5	6×2×1.5	11.50
329	DJYJVP2	0.3/0.5	7×2×1.5	12.97
330	DJYJVP2	0.3/0.5	8×2×1.5	14.75
331	DJYJVP2	0.3/0.5	9×2×1.5	16.55
332	DJYJVP2	0.3/0.5	10×2×1.5	18.31
333	DJYJVP3	0.3/0.5	1×2×1.5	2.11
334	DJYJVP3	0.3/0.5	2×2×1.5	3.94
335	DJYJVP3	0.3/0.5	3×2×1.5	5.50
336	DJYJVP3	0.3/0.5	4×2×1.5	7.15
337	DJYJVP3	0.3/0.5	5×2×1.5	8.77
338	DJYJVP3	0.3/0.5	6×2×1.5	10.42
339	DJYJVP3	0.3/0.5	7×2×1.5	11.89
340	DJYJVP3	0.3/0.5	8×2×1.5	13.56
341	DJYJVP3	0.3/0.5	9×2×1.5	15.22
342	DJYJVP3	0.3/0.5	10×2×1.5	16.87

注：主材 1#铜价格为 52.68 元/kg（2017 年 8 月 29 日长江现货）。定额单价随着原材料价格波动需作相应调整，实时价格请查询中缆在线 http://jiage.dianlan.cn。

2.2.2 铠装计算机电缆直接材料定额分析

铠装计算机电缆直接材料定额分析见表 3-2-3。

表 3-2-3　铠装计算机电缆直接材料定额分析

序号	型号	电压/kV	规格	定额单价/（元/m）
1	DJYPVP-22	0.3/0.5	2×2×1.0	8.77
2	DJYPVP-22	0.3/0.5	3×2×1.0	10.92
3	DJYPVP-22	0.3/0.5	4×2×1.0	13.38
4	DJYPVP-22	0.3/0.5	5×2×1.0	15.93
5	DJYPVP-22	0.3/0.5	6×2×1.0	18.57
6	DJYPVP-22	0.3/0.5	7×2×1.0	20.47
7	DJYPVP-22	0.3/0.5	8×2×1.0	23.05
8	DJYPVP-22	0.3/0.5	9×2×1.0	25.9
9	DJYPVP-22	0.3/0.5	10×2×1.0	30.02
10	DJYP2VP2-22	0.3/0.5	2×2×1.0	6.34
11	DJYP2VP2-22	0.3/0.5	3×2×1.0	8.21
12	DJYP2VP2-22	0.3/0.5	4×2×1.0	10.27

（续）

序号	型号	电压/kV	规格	定额单价/（元/m）
13	DJYP2VP2-22	0.3/0.5	5×2×1.0	12.29
14	DJYP2VP2-22	0.3/0.5	6×2×1.0	14.35
15	DJYP2VP2-22	0.3/0.5	7×2×1.0	16.02
16	DJYP2VP2-22	0.3/0.5	8×2×1.0	18.15
17	DJYP2VP2-22	0.3/0.5	9×2×1.0	20.31
18	DJYP2VP2-22	0.3/0.5	10×2×1.0	22.40
19	DJYP3VP3-22	0.3/0.5	2×2×1.0	4.68
20	DJYP3VP3-22	0.3/0.5	3×2×1.0	6.03
21	DJYP3VP3-22	0.3/0.5	4×2×1.0	7.53
22	DJYP3VP3-22	0.3/0.5	5×2×1.0	9.01
23	DJYP3VP3-22	0.3/0.5	6×2×1.0	10.51
24	DJYP3VP3-22	0.3/0.5	7×2×1.0	11.72
25	DJYP3VP3-22	0.3/0.5	8×2×1.0	13.27
26	DJYP3VP3-22	0.3/0.5	9×2×1.0	14.82
27	DJYP3VP3-22	0.3/0.5	10×2×1.0	16.33
28	DJYVP-22	0.3/0.5	1×2×1.0	2.93
29	DJYVP-22	0.3/0.5	2×2×1.0	5.51
30	DJYVP-22	0.3/0.5	3×2×1.0	6.67
31	DJYVP-22	0.3/0.5	4×2×1.0	8.05
32	DJYVP-22	0.3/0.5	5×2×1.0	10.31
33	DJYVP-22	0.3/0.5	6×2×1.0	11.86
34	DJYVP-22	0.3/0.5	7×2×1.0	12.87
35	DJYVP-22	0.3/0.5	8×2×1.0	14.49
36	DJYVP-22	0.3/0.5	9×2×1.0	16.20
37	DJYVP-22	0.3/0.5	10×2×1.0	17.75
38	DJYVP2-22	0.3/0.5	1×2×1.0	2.65
39	DJYVP2-22	0.3/0.5	2×2×1.0	4.74
40	DJYVP2-22	0.3/0.5	3×2×1.0	5.92
41	DJYVP2-22	0.3/0.5	4×2×1.0	7.18
42	DJYVP2-22	0.3/0.5	5×2×1.0	8.57
43	DJYVP2-22	0.3/0.5	6×2×1.0	9.92
44	DJYVP2-22	0.3/0.5	7×2×1.0	10.93
45	DJYVP2-22	0.3/0.5	8×2×1.0	12.26
46	DJYVP2-22	0.3/0.5	9×2×1.0	13.79
47	DJYVP2-22	0.3/0.5	10×2×1.0	15.14

（续）

序号	型号	电压/kV	规格	定额单价/（元/m）
48	DJYVP3-22	0.3/0.5	1×2×1.0	2.31
49	DJYVP3-22	0.3/0.5	2×2×1.0	4.06
50	DJYVP3-22	0.3/0.5	3×2×1.0	5.19
51	DJYVP3-22	0.3/0.5	4×2×1.0	6.40
52	DJYVP3-22	0.3/0.5	5×2×1.0	7.70
53	DJYVP3-22	0.3/0.5	6×2×1.0	8.97
54	DJYVP3-22	0.3/0.5	7×2×1.0	9.97
55	DJYVP3-22	0.3/0.5	8×2×1.0	11.22
56	DJYVP3-22	0.3/0.5	9×2×1.0	12.60
57	DJYVP3-22	0.3/0.5	10×2×1.0	13.86
58	DJYPVP-22	0.3/0.5	2×2×1.5	10.33
59	DJYPVP-22	0.3/0.5	3×2×1.5	13.19
60	DJYPVP-22	0.3/0.5	4×2×1.5	16.33
61	DJYPVP-22	0.3/0.5	5×2×1.5	19.60
62	DJYPVP-22	0.3/0.5	6×2×1.5	22.85
63	DJYPVP-22	0.3/0.5	7×2×1.5	25.33
64	DJYPVP-22	0.3/0.5	8×2×1.5	28.64
65	DJYPVP-22	0.3/0.5	9×2×1.5	33.59
66	DJYPVP-22	0.3/0.5	10×2×1.5	39.32
67	DJYP2VP2-22	0.3/0.5	2×2×1.5	7.72
68	DJYP2VP2-22	0.3/0.5	3×2×1.5	10.22
69	DJYP2VP2-22	0.3/0.5	4×2×1.5	12.83
70	DJYP2VP2-22	0.3/0.5	5×2×1.5	15.44
71	DJYP2VP2-22	0.3/0.5	6×2×1.5	18.23
72	DJYP2VP2-22	0.3/0.5	7×2×1.5	20.44
73	DJYP2VP2-22	0.3/0.5	8×2×1.5	23.05
74	DJYP2VP2-22	0.3/0.5	9×2×1.5	25.98
75	DJYP2VP2-22	0.3/0.5	10×2×1.5	28.63
76	DJYP3VP3-22	0.3/0.5	2×2×1.5	5.85
77	DJYP3VP3-22	0.3/0.5	3×2×1.5	7.77
78	DJYP3VP3-22	0.3/0.5	4×2×1.5	9.76
79	DJYP3VP3-22	0.3/0.5	5×2×1.5	11.76
80	DJYP3VP3-22	0.3/0.5	6×2×1.5	13.87
81	DJYP3VP3-22	0.3/0.5	7×2×1.5	15.57
82	DJYP3VP3-22	0.3/0.5	8×2×1.5	17.56

（续）

序号	型号	电压/kV	规格	定额单价/（元/m）
83	DJYP3VP3-22	0.3/0.5	9×2×1.5	19.76
84	DJYP3VP3-22	0.3/0.5	10×2×1.5	21.80
85	DJYVP-22	0.3/0.5	1×2×1.5	3.59
86	DJYVP-22	0.3/0.5	2×2×1.5	6.73
87	DJYVP-22	0.3/0.5	3×2×1.5	8.46
88	DJYVP-22	0.3/0.5	4×2×1.5	11.26
89	DJYVP-22	0.3/0.5	5×2×1.5	13.33
90	DJYVP-22	0.3/0.5	6×2×1.5	15.45
91	DJYVP-22	0.3/0.5	7×2×1.5	16.93
92	DJYVP-22	0.3/0.5	8×2×1.5	19.09
93	DJYVP-22	0.3/0.5	9×2×1.5	21.38
94	DJYVP-22	0.3/0.5	10×2×1.5	23.63
95	DJYVP2-22	0.3/0.5	1×2×1.5	3.24
96	DJYVP2-22	0.3/0.5	2×2×1.5	5.93
97	DJYVP2-22	0.3/0.5	3×2×1.5	7.61
98	DJYVP2-22	0.3/0.5	4×2×1.5	9.49
99	DJYVP2-22	0.3/0.5	5×2×1.5	11.36
100	DJYVP2-22	0.3/0.5	6×2×1.5	13.25
101	DJYVP2-22	0.3/0.5	7×2×1.5	14.72
102	DJYVP2-22	0.3/0.5	8×2×1.5	16.65
103	DJYVP2-22	0.3/0.5	9×2×1.5	18.64
104	DJYVP2-22	0.3/0.5	10×2×1.5	20.49
105	DJYVP3-22	0.3/0.5	1×2×1.5	2.87
106	DJYVP3-22	0.3/0.5	2×2×1.5	5.21
107	DJYVP3-22	0.3/0.5	3×2×1.5	6.83
108	DJYVP3-22	0.3/0.5	4×2×1.5	8.62
109	DJYVP3-22	0.3/0.5	5×2×1.5	10.39
110	DJYVP3-22	0.3/0.5	6×2×1.5	12.17
111	DJYVP3-22	0.3/0.5	7×2×1.5	13.64
112	DJYVP3-22	0.3/0.5	8×2×1.5	15.46
113	DJYVP3-22	0.3/0.5	9×2×1.5	17.31
114	DJYVP3-22	0.3/0.5	10×2×1.5	19.04
115	DJVPVP-22	0.3/0.5	2×2×1.0	8.74
116	DJVPVP-22	0.3/0.5	3×2×1.0	10.88
117	DJVPVP-22	0.3/0.5	4×2×1.0	13.33

（续）

序号	型号	电压/kV	规格	定额单价/（元/m）
118	DJVPVP-22	0.3/0.5	5×2×1.0	15.86
119	DJVPVP-22	0.3/0.5	6×2×1.0	18.49
120	DJVPVP-22	0.3/0.5	7×2×1.0	20.37
121	DJVPVP-22	0.3/0.5	8×2×1.0	22.94
122	DJVPVP-22	0.3/0.5	9×2×1.0	25.77
123	DJVPVP-22	0.3/0.5	10×2×1.0	29.89
124	DJVP2VP2-22	0.3/0.5	2×2×1.0	6.31
125	DJVP2VP2-22	0.3/0.5	3×2×1.0	8.17
126	DJVP2VP2-22	0.3/0.5	4×2×1.0	10.22
127	DJVP2VP2-22	0.3/0.5	5×2×1.0	12.22
128	DJVP2VP2-22	0.3/0.5	6×2×1.0	14.27
129	DJVP2VP2-22	0.3/0.5	7×2×1.0	15.92
130	DJVP2VP2-22	0.3/0.5	8×2×1.0	18.04
131	DJVP2VP2-22	0.3/0.5	9×2×1.0	20.19
132	DJVP2VP2-22	0.3/0.5	10×2×1.0	22.26
133	DJVP3VP3-22	0.3/0.5	2×2×1.0	4.65
134	DJVP3VP3-22	0.3/0.5	3×2×1.0	5.99
135	DJVP3VP3-22	0.3/0.5	4×2×1.0	7.48
136	DJVP3VP3-22	0.3/0.5	5×2×1.0	8.94
137	DJVP3VP3-22	0.3/0.5	6×2×1.0	10.43
138	DJVP3VP3-22	0.3/0.5	7×2×1.0	11.62
139	DJVP3VP3-22	0.3/0.5	8×2×1.0	13.16
140	DJVP3VP3-22	0.3/0.5	9×2×1.0	14.70
141	DJVP3VP3-22	0.3/0.5	10×2×1.0	16.19
142	DJVVP-22	0.3/0.5	1×2×1.0	2.90
143	DJVVP-22	0.3/0.5	2×2×1.0	5.48
144	DJVVP-22	0.3/0.5	3×2×1.0	6.62
145	DJVVP-22	0.3/0.5	4×2×1.0	7.99
146	DJVVP-22	0.3/0.5	5×2×1.0	10.25
147	DJVVP-22	0.3/0.5	6×2×1.0	11.78
148	DJVVP-22	0.3/0.5	7×2×1.0	12.77
149	DJVVP-22	0.3/0.5	8×2×1.0	14.38
150	DJVVP-22	0.3/0.5	9×2×1.0	16.07
151	DJVVP-22	0.3/0.5	10×2×1.0	17.61
152	DJVVP2-22	0.3/0.5	1×2×1.0	2.61

（续）

序号	型号	电压/kV	规格	定额单价/（元/m）
153	DJVVP2-22	0.3/0.5	2×2×1.0	4.71
154	DJVVP2-22	0.3/0.5	3×2×1.0	5.88
155	DJVVP2-22	0.3/0.5	4×2×1.0	7.12
156	DJVVP2-22	0.3/0.5	5×2×1.0	8.50
157	DJVVP2-22	0.3/0.5	6×2×1.0	9.84
158	DJVVP2-22	0.3/0.5	7×2×1.0	10.83
159	DJVVP2-22	0.3/0.5	8×2×1.0	12.15
160	DJVVP2-22	0.3/0.5	9×2×1.0	13.66
161	DJVVP2-22	0.3/0.5	10×2×1.0	15.00
162	DJVVP3-22	0.3/0.5	1×2×1.0	2.28
163	DJVVP3-22	0.3/0.5	2×2×1.0	4.04
164	DJVVP3-22	0.3/0.5	3×2×1.0	5.15
165	DJVVP3-22	0.3/0.5	4×2×1.0	6.35
166	DJVVP3-22	0.3/0.5	5×2×1.0	7.63
167	DJVVP3-22	0.3/0.5	6×2×1.0	8.89
168	DJVVP3-22	0.3/0.5	7×2×1.0	9.88
169	DJVVP3-22	0.3/0.5	8×2×1.0	11.11
170	DJVVP3-22	0.3/0.5	9×2×1.0	12.48
171	DJVVP3-22	0.3/0.5	10×2×1.0	13.73
172	DJVPVP-22	0.3/0.5	2×2×1.5	10.79
173	DJVPVP-22	0.3/0.5	3×2×1.5	13.76
174	DJVPVP-22	0.3/0.5	4×2×1.5	17.11
175	DJVPVP-22	0.3/0.5	5×2×1.5	20.41
176	DJVPVP-22	0.3/0.5	6×2×1.5	23.90
177	DJVPVP-22	0.3/0.5	7×2×1.5	26.44
178	DJVPVP-22	0.3/0.5	8×2×1.5	31.25
179	DJVPVP-22	0.3/0.5	9×2×1.5	37.20
180	DJVPVP-22	0.3/0.5	10×2×1.5	40.84
181	DJVP2VP2-22	0.3/0.5	2×2×1.5	8.06
182	DJVP2VP2-22	0.3/0.5	3×2×1.5	10.54
183	DJVP2VP2-22	0.3/0.5	4×2×1.5	13.21
184	DJVP2VP2-22	0.3/0.5	5×2×1.5	16.06
185	DJVP2VP2-22	0.3/0.5	6×2×1.5	18.79
186	DJVP2VP2-22	0.3/0.5	7×2×1.5	21.04
187	DJVP2VP2-22	0.3/0.5	8×2×1.5	23.88

（续）

序号	型号	电压/kV	规格	定额单价/（元/m）
188	DJVP2VP2-22	0.3/0.5	9×2×1.5	26.73
189	DJVP2VP2-22	0.3/0.5	10×2×1.5	29.50
190	DJVP3VP3-22	0.3/0.5	2×2×1.5	6.05
191	DJVP3VP3-22	0.3/0.5	3×2×1.5	7.94
192	DJVP3VP3-22	0.3/0.5	4×2×1.5	9.94
193	DJVP3VP3-22	0.3/0.5	5×2×1.5	12.06
194	DJVP3VP3-22	0.3/0.5	6×2×1.5	14.14
195	DJVP3VP3-22	0.3/0.5	7×2×1.5	15.83
196	DJVP3VP3-22	0.3/0.5	8×2×1.5	17.95
197	DJVP3VP3-22	0.3/0.5	9×2×1.5	20.09
198	DJVP3VP3-22	0.3/0.5	10×2×1.5	22.18
199	DJVVP-22	0.3/0.5	1×2×1.5	3.68
200	DJVVP-22	0.3/0.5	2×2×1.5	6.96
201	DJVVP-22	0.3/0.5	3×2×1.5	9.70
202	DJVVP-22	0.3/0.5	4×2×1.5	11.62
203	DJVVP-22	0.3/0.5	5×2×1.5	13.74
204	DJVVP-22	0.3/0.5	6×2×1.5	16.02
205	DJVVP-22	0.3/0.5	7×2×1.5	17.49
206	DJVVP-22	0.3/0.5	8×2×1.5	19.60
207	DJVVP-22	0.3/0.5	9×2×1.5	22.05
208	DJVVP-22	0.3/0.5	10×2×1.5	24.20
209	DJVVP2-22	0.3/0.5	1×2×1.5	3.28
210	DJVVP2-22	0.3/0.5	2×2×1.5	6.10
211	DJVVP2-22	0.3/0.5	3×2×1.5	7.79
212	DJVVP2-22	0.3/0.5	4×2×1.5	9.71
213	DJVVP2-22	0.3/0.5	5×2×1.5	11.59
214	DJVVP2-22	0.3/0.5	6×2×1.5	13.53
215	DJVVP2-22	0.3/0.5	7×2×1.5	15.00
216	DJVVP2-22	0.3/0.5	8×2×1.5	16.91
217	DJVVP2-22	0.3/0.5	9×2×1.5	18.93
218	DJVVP2-22	0.3/0.5	10×2×1.5	20.94
219	DJVVP3-22	0.3/0.5	1×2×1.5	2.88
220	DJVVP3-22	0.3/0.5	2×2×1.5	5.32
221	DJVVP3-22	0.3/0.5	3×2×1.5	6.95
222	DJVVP3-22	0.3/0.5	4×2×1.5	8.77

（续）

序号	型号	电压/kV	规格	定额单价/（元/m）
223	DJVVP3-22	0.3/0.5	5×2×1.5	10.54
224	DJVVP3-22	0.3/0.5	6×2×1.5	12.36
225	DJVVP3-22	0.3/0.5	7×2×1.5	13.83
226	DJVVP3-22	0.3/0.5	8×2×1.5	15.63
227	DJVVP3-22	0.3/0.5	9×2×1.5	17.49
228	DJVVP3-22	0.3/0.5	10×2×1.5	19.39
229	DJYJPVP-22	0.3/0.5	2×2×1.0	7.23
230	DJYJPVP-22	0.3/0.5	3×2×1.0	9.30
231	DJYJPVP-22	0.3/0.5	4×2×1.0	12.40
232	DJYJPVP-22	0.3/0.5	5×2×1.0	14.76
233	DJYJPVP-22	0.3/0.5	6×2×1.0	17.17
234	DJYJPVP-22	0.3/0.5	7×2×1.0	18.98
235	DJYJPVP-22	0.3/0.5	8×2×1.0	21.44
236	DJYJPVP-22	0.3/0.5	9×2×1.0	24.02
237	DJYJPVP-22	0.3/0.5	10×2×1.0	26.52
238	DJYJP2VP2-22	0.3/0.5	2×2×1.0	5.85
239	DJYJP2VP2-22	0.3/0.5	3×2×1.0	7.62
240	DJYJP2VP2-22	0.3/0.5	4×2×1.0	9.53
241	DJYJP2VP2-22	0.3/0.5	5×2×1.0	11.51
242	DJYJP2VP2-22	0.3/0.5	6×2×1.0	13.46
243	DJYJP2VP2-22	0.3/0.5	7×2×1.0	15.06
244	DJYJP2VP2-22	0.3/0.5	8×2×1.0	16.99
245	DJYJP2VP2-22	0.3/0.5	9×2×1.0	19.10
246	DJYJP2VP2-22	0.3/0.5	10×2×1.0	21.06
247	DJYJP3VP3-22	0.3/0.5	2×2×1.0	4.32
248	DJYJP3VP3-22	0.3/0.5	3×2×1.0	5.62
249	DJYJP3VP3-22	0.3/0.5	4×2×1.0	7.02
250	DJYJP3VP3-22	0.3/0.5	5×2×1.0	8.48
251	DJYJP3VP3-22	0.3/0.5	6×2×1.0	9.91
252	DJYJP3VP3-22	0.3/0.5	7×2×1.0	11.09
253	DJYJP3VP3-22	0.3/0.5	8×2×1.0	12.49
254	DJYJP3VP3-22	0.3/0.5	9×2×1.0	14.04
255	DJYJP3VP3-22	0.3/0.5	10×2×1.0	15.48
256	DJYJVP-22	0.3/0.5	1×2×1.0	2.99
257	DJYJVP-22	0.3/0.5	2×2×1.0	5.04

（续）

序号	型号	电压/kV	规格	定额单价/（元/m）
258	DJYJVP-22	0.3/0.5	3×2×1.0	6.23
259	DJYJVP-22	0.3/0.5	4×2×1.0	7.57
260	DJYJVP-22	0.3/0.5	5×2×1.0	8.96
261	DJYJVP-22	0.3/0.5	6×2×1.0	11.22
262	DJYJVP-22	0.3/0.5	7×2×1.0	12.21
263	DJYJVP-22	0.3/0.5	8×2×1.0	13.70
264	DJYJVP-22	0.3/0.5	9×2×1.0	15.28
265	DJYJVP-22	0.3/0.5	10×2×1.0	16.79
266	DJYJVP2-22	0.3/0.5	1×2×1.0	2.61
267	DJYJVP2-22	0.3/0.5	2×2×1.0	4.36
268	DJYJVP2-22	0.3/0.5	3×2×1.0	5.49
269	DJYJVP2-22	0.3/0.5	4×2×1.0	6.74
270	DJYJVP2-22	0.3/0.5	5×2×1.0	8.02
271	DJYJVP2-22	0.3/0.5	6×2×1.0	9.30
272	DJYJVP2-22	0.3/0.5	7×2×1.0	10.29
273	DJYJVP2-22	0.3/0.5	8×2×1.0	11.64
274	DJYJVP2-22	0.3/0.5	9×2×1.0	12.98
275	DJYJVP2-22	0.3/0.5	10×2×1.0	14.30
276	DJYJVP3-22	0.3/0.5	1×2×1.0	2.25
277	DJYJVP3-22	0.3/0.5	2×2×1.0	3.77
278	DJYJVP3-22	0.3/0.5	3×2×1.0	4.87
279	DJYJVP3-22	0.3/0.5	4×2×1.0	6.03
280	DJYJVP3-22	0.3/0.5	5×2×1.0	7.23
281	DJYJVP3-22	0.3/0.5	6×2×1.0	8.43
282	DJYJVP3-22	0.3/0.5	7×2×1.0	9.42
283	DJYJVP3-22	0.3/0.5	8×2×1.0	10.67
284	DJYJVP3-22	0.3/0.5	9×2×1.0	11.91
285	DJYJVP3-22	0.3/0.5	10×2×1.0	13.13
286	DJYJPVP-22	0.3/0.5	2×2×1.5	10.11
287	DJYJPVP-22	0.3/0.5	3×2×1.5	12.95
288	DJYJPVP-22	0.3/0.5	4×2×1.5	16.08
289	DJYJPVP-22	0.3/0.5	5×2×1.5	19.29
290	DJYJPVP-22	0.3/0.5	6×2×1.5	22.52
291	DJYJPVP-22	0.3/0.5	7×2×1.5	24.99
292	DJYJPVP-22	0.3/0.5	8×2×1.5	28.24

（续）

序号	型号	电压/kV	规格	定额单价/（元/m）
293	DJYJPVP-22	0.3/0.5	9×2×1.5	33.08
294	DJYJPVP-22	0.3/0.5	10×2×1.5	38.72
295	DJYJP2VP2-22	0.3/0.5	2×2×1.5	7.55
296	DJYJP2VP2-22	0.3/0.5	3×2×1.5	10.02
297	DJYJP2VP2-22	0.3/0.5	4×2×1.5	12.60
298	DJYJP2VP2-22	0.3/0.5	5×2×1.5	15.22
299	DJYJP2VP2-22	0.3/0.5	6×2×1.5	17.96
300	DJYJP2VP2-22	0.3/0.5	7×2×1.5	20.16
301	DJYJP2VP2-22	0.3/0.5	8×2×1.5	22.79
302	DJYJP2VP2-22	0.3/0.5	9×2×1.5	25.62
303	DJYJP2VP2-22	0.3/0.5	10×2×1.5	28.29
304	DJYJP3VP3-22	0.3/0.5	2×2×1.5	5.68
305	DJYJP3VP3-22	0.3/0.5	3×2×1.5	7.57
306	DJYJP3VP3-22	0.3/0.5	4×2×1.5	9.52
307	DJYJP3VP3-22	0.3/0.5	5×2×1.5	11.51
308	DJYJP3VP3-22	0.3/0.5	6×2×1.5	13.59
309	DJYJP3VP3-22	0.3/0.5	7×2×1.5	15.27
310	DJYJP3VP3-22	0.3/0.5	8×2×1.5	17.26
311	DJYJP3VP3-22	0.3/0.5	9×2×1.5	19.41
312	DJYJP3VP3-22	0.3/0.5	10×2×1.5	21.43
313	DJYJVP-22	0.3/0.5	1×2×1.5	3.84
314	DJYJVP-22	0.3/0.5	2×2×1.5	6.63
315	DJYJVP-22	0.3/0.5	3×2×1.5	8.39
316	DJYJVP-22	0.3/0.5	4×2×1.5	11.17
317	DJYJVP-22	0.3/0.5	5×2×1.5	13.23
318	DJYJVP-22	0.3/0.5	6×2×1.5	15.34
319	DJYJVP-22	0.3/0.5	7×2×1.5	16.80
320	DJYJVP-22	0.3/0.5	8×2×1.5	18.96
321	DJYJVP-22	0.3/0.5	9×2×1.5	21.22
322	DJYJVP-22	0.3/0.5	10×2×1.5	23.34
323	DJYJVP2-22	0.3/0.5	1×2×1.5	3.35
324	DJYJVP2-22	0.3/0.5	2×2×1.5	5.77
325	DJYJVP2-22	0.3/0.5	3×2×1.5	7.45
326	DJYJVP2-22	0.3/0.5	4×2×1.5	9.25
327	DJYJVP2-22	0.3/0.5	5×2×1.5	11.15

（续）

序号	型号	电压/kV	规格	定额单价/（元/m）
328	DJYJVP2-22	0.3/0.5	6×2×1.5	13.02
329	DJYJVP2-22	0.3/0.5	7×2×1.5	14.49
330	DJYJVP2-22	0.3/0.5	8×2×1.5	16.33
331	DJYJVP2-22	0.3/0.5	9×2×1.5	18.36
332	DJYJVP2-22	0.3/0.5	10×2×1.5	20.25
333	DJYJVP3-22	0.3/0.5	1×2×1.5	2.90
334	DJYJVP3-22	0.3/0.5	2×2×1.5	5.05
335	DJYJVP3-22	0.3/0.5	3×2×1.5	6.67
336	DJYJVP3-22	0.3/0.5	4×2×1.5	8.38
337	DJYJVP3-22	0.3/0.5	5×2×1.5	10.18
338	DJYJVP3-22	0.3/0.5	6×2×1.5	11.94
339	DJYJVP3-22	0.3/0.5	7×2×1.5	13.41
340	DJYJVP3-22	0.3/0.5	8×2×1.5	15.14
341	DJYJVP3-22	0.3/0.5	9×2×1.5	17.03
342	DJYJVP3-22	0.3/0.5	10×2×1.5	18.80

注：主材 1# 铜价格为 52.68 元/kg（2017 年 8 月 29 日长江现货）。定额单价随着原材料价格波动需作相应调整，实时价格请查询中缆在线 http://jiage.dianlan.cn。

2.3　计算机电缆生产成本分析

2.3.1　生产成本组成要素

计算机电缆生产成本组成要素见表 3-2-4。

表 3-2-4　计算机电缆生产成本组成要素

序	主要构成要素			约占百分比（%）	备注
1	生产成本	制造成本	直接材料（料）		
2			直接人工（工）		
3			制造费用（费）		
4		期间费用	管理费用		
5			销售费用（至少应包含下列）		
6			包装费		
7			运输费		
8			保险费		

（续）

序	主要构成要素			约占百分比（%）	备注
9	生产成本	期间费用	装卸费		
10			中标服务费		标书明确
11			财务费用（至少应包含下列）		
12			质保金条款		
13			投标保证金或保函费用		

说明：不同类别的产品生产成本构成要素约占百分比不同。

2.3.2　非铠装计算机电缆生产成本明细

非铠装计算机电缆生产成本明细见表 3-2-5。

表 3-2-5　非铠装计算机电缆生产成本明细

序号	型号	电压/kV	规格	生产成本/（元/m）
1	DJYPVP	0.3/0.5	2×2×1.0	8.60
2	DJYPVP	0.3/0.5	3×2×1.0	11.09
3	DJYPVP	0.3/0.5	4×2×1.0	13.83
4	DJYPVP	0.3/0.5	5×2×1.0	16.72
5	DJYPVP	0.3/0.5	6×2×1.0	19.56
6	DJYPVP	0.3/0.5	7×2×1.0	21.93
7	DJYPVP	0.3/0.5	8×2×1.0	24.89
8	DJYPVP	0.3/0.5	9×2×1.0	27.93
9	DJYPVP	0.3/0.5	10×2×1.0	32.61
10	DJYP2VP2	0.3/0.5	2×2×1.0	5.94
11	DJYP2VP2	0.3/0.5	3×2×1.0	8.11
12	DJYP2VP2	0.3/0.5	4×2×1.0	10.31
13	DJYP2VP2	0.3/0.5	5×2×1.0	12.57
14	DJYP2VP2	0.3/0.5	6×2×1.0	14.82
15	DJYP2VP2	0.3/0.5	7×2×1.0	16.89
16	DJYP2VP2	0.3/0.5	8×2×1.0	19.22
17	DJYP2VP2	0.3/0.5	9×2×1.0	21.57
18	DJYP2VP2	0.3/0.5	10×2×1.0	23.97
19	DJYP3VP3	0.3/0.5	2×2×1.0	3.97
20	DJYP3VP3	0.3/0.5	3×2×1.0	5.52
21	DJYP3VP3	0.3/0.5	4×2×1.0	7.08
22	DJYP3VP3	0.3/0.5	5×2×1.0	8.66

（续）

序号	型号	电压/kV	规格	生产成本/（元/m）
23	DJYP3VP3	0.3/0.5	6×2×1.0	10.26
24	DJYP3VP3	0.3/0.5	7×2×1.0	11.74
25	DJYP3VP3	0.3/0.5	8×2×1.0	13.39
26	DJYP3VP3	0.3/0.5	9×2×1.0	15.02
27	DJYP3VP3	0.3/0.5	10×2×1.0	16.72
28	DJYVP	0.3/0.5	1×2×1.0	2.53
29	DJYVP	0.3/0.5	2×2×1.0	5.04
30	DJYVP	0.3/0.5	3×2×1.0	6.33
31	DJYVP	0.3/0.5	4×2×1.0	7.91
32	DJYVP	0.3/0.5	5×2×1.0	10.39
33	DJYVP	0.3/0.5	6×2×1.0	12.08
34	DJYVP	0.3/0.5	7×2×1.0	13.33
35	DJYVP	0.3/0.5	8×2×1.0	15.06
36	DJYVP	0.3/0.5	9×2×1.0	16.94
37	DJYVP	0.3/0.5	10×2×1.0	18.63
38	DJYVP2	0.3/0.5	1×2×1.0	2.20
39	DJYVP2	0.3/0.5	2×2×1.0	4.20
40	DJYVP2	0.3/0.5	3×2×1.0	5.51
41	DJYVP2	0.3/0.5	4×2×1.0	6.84
42	DJYVP2	0.3/0.5	5×2×1.0	8.33
43	DJYVP2	0.3/0.5	6×2×1.0	9.78
44	DJYVP2	0.3/0.5	7×2×1.0	11.04
45	DJYVP2	0.3/0.5	8×2×1.0	12.46
46	DJYVP2	0.3/0.5	9×2×1.0	14.05
47	DJYVP2	0.3/0.5	10×2×1.0	15.52
48	DJYVP3	0.3/0.5	1×2×1.0	1.81
49	DJYVP3	0.3/0.5	2×2×1.0	3.42
50	DJYVP3	0.3/0.5	3×2×1.0	4.67
51	DJYVP3	0.3/0.5	4×2×1.0	5.94
52	DJYVP3	0.3/0.5	5×2×1.0	7.32
53	DJYVP3	0.3/0.5	6×2×1.0	8.67
54	DJYVP3	0.3/0.5	7×2×1.0	9.91
55	DJYVP3	0.3/0.5	8×2×1.0	11.24
56	DJYVP3	0.3/0.5	9×2×1.0	12.66
57	DJYVP3	0.3/0.5	10×2×1.0	14.02

序号	型号	电压/kV	规格	生产成本/（元/m）
58	DJYPVP	0.3/0.5	2×2×1.5	10.37
59	DJYPVP	0.3/0.5	3×2×1.5	13.62
60	DJYPVP	0.3/0.5	4×2×1.5	17.20
61	DJYPVP	0.3/0.5	5×2×1.5	20.77
62	DJYPVP	0.3/0.5	6×2×1.5	24.40
63	DJYPVP	0.3/0.5	7×2×1.5	27.48
64	DJYPVP	0.3/0.5	8×2×1.5	31.18
65	DJYPVP	0.3/0.5	9×2×1.5	36.83
66	DJYPVP	0.3/0.5	10×2×1.5	40.62
67	DJYP2VP2	0.3/0.5	2×2×1.5	7.49
68	DJYP2VP2	0.3/0.5	3×2×1.5	10.26
69	DJYP2VP2	0.3/0.5	4×2×1.5	13.15
70	DJYP2VP2	0.3/0.5	5×2×1.5	16.18
71	DJYP2VP2	0.3/0.5	6×2×1.5	19.12
72	DJYP2VP2	0.3/0.5	7×2×1.5	21.86
73	DJYP2VP2	0.3/0.5	8×2×1.5	24.80
74	DJYP2VP2	0.3/0.5	9×2×1.5	27.95
75	DJYP2VP2	0.3/0.5	10×2×1.5	30.94
76	DJYP3VP3	0.3/0.5	2×2×1.5	5.29
77	DJYP3VP3	0.3/0.5	3×2×1.5	7.37
78	DJYP3VP3	0.3/0.5	4×2×1.5	9.54
79	DJYP3VP3	0.3/0.5	5×2×1.5	11.78
80	DJYP3VP3	0.3/0.5	6×2×1.5	13.99
81	DJYP3VP3	0.3/0.5	7×2×1.5	16.08
82	DJYP3VP3	0.3/0.5	8×2×1.5	18.21
83	DJYP3VP3	0.3/0.5	9×2×1.5	20.60
84	DJYP3VP3	0.3/0.5	10×2×1.5	22.77
85	DJYVP	0.3/0.5	1×2×1.5	3.24
86	DJYVP	0.3/0.5	2×2×1.5	6.40
87	DJYVP	0.3/0.5	3×2×1.5	8.44
88	DJYVP	0.3/0.5	4×2×1.5	11.49
89	DJYVP	0.3/0.5	5×2×1.5	13.77
90	DJYVP	0.3/0.5	6×2×1.5	16.17
91	DJYVP	0.3/0.5	7×2×1.5	18.02
92	DJYVP	0.3/0.5	8×2×1.5	20.34

（续）

序号	型号	电压/kV	规格	生产成本/（元/m）
93	DJYVP	0.3/0.5	9×2×1.5	22.93
94	DJYVP	0.3/0.5	10×2×1.5	25.28
95	DJYVP2	0.3/0.5	1×2×1.5	2.85
96	DJYVP2	0.3/0.5	2×2×1.5	5.46
97	DJYVP2	0.3/0.5	3×2×1.5	7.36
98	DJYVP2	0.3/0.5	4×2×1.5	9.41
99	DJYVP2	0.3/0.5	5×2×1.5	11.43
100	DJYVP2	0.3/0.5	6×2×1.5	13.50
101	DJYVP2	0.3/0.5	7×2×1.5	15.32
102	DJYVP2	0.3/0.5	8×2×1.5	17.43
103	DJYVP2	0.3/0.5	9×2×1.5	19.56
104	DJYVP2	0.3/0.5	10×2×1.5	21.77
105	DJYVP3	0.3/0.5	1×2×1.5	2.42
106	DJYVP3	0.3/0.5	2×2×1.5	4.61
107	DJYVP3	0.3/0.5	3×2×1.5	6.45
108	DJYVP3	0.3/0.5	4×2×1.5	8.38
109	DJYVP3	0.3/0.5	5×2×1.5	10.30
110	DJYVP3	0.3/0.5	6×2×1.5	12.24
111	DJYVP3	0.3/0.5	7×2×1.5	14.05
112	DJYVP3	0.3/0.5	8×2×1.5	16.03
113	DJYVP3	0.3/0.5	9×2×1.5	18.00
114	DJYVP3	0.3/0.5	10×2×1.5	20.07
115	DJVPVP	0.3/0.5	2×2×1.0	8.56
116	DJVPVP	0.3/0.5	3×2×1.0	11.05
117	DJVPVP	0.3/0.5	4×2×1.0	13.77
118	DJVPVP	0.3/0.5	5×2×1.0	16.65
119	DJVPVP	0.3/0.5	6×2×1.0	19.47
120	DJVPVP	0.3/0.5	7×2×1.0	21.81
121	DJVPVP	0.3/0.5	8×2×1.0	24.76
122	DJVPVP	0.3/0.5	9×2×1.0	27.77
123	DJVPVP	0.3/0.5	10×2×1.0	32.45
124	DJVP2VP2	0.3/0.5	2×2×1.0	5.91
125	DJVP2VP2	0.3/0.5	3×2×1.0	8.06
126	DJVP2VP2	0.3/0.5	4×2×1.0	10.25
127	DJVP2VP2	0.3/0.5	5×2×1.0	12.48

（续）

序号	型号	电压/kV	规格	生产成本/（元/m）
128	DJVP2VP2	0.3/0.5	6×2×1.0	14.72
129	DJVP2VP2	0.3/0.5	7×2×1.0	16.77
130	DJVP2VP2	0.3/0.5	8×2×1.0	19.09
131	DJVP2VP2	0.3/0.5	9×2×1.0	21.41
132	DJVP2VP2	0.3/0.5	10×2×1.0	23.80
133	DJVP3VP3	0.3/0.5	2×2×1.0	3.94
134	DJVP3VP3	0.3/0.5	3×2×1.0	5.48
135	DJVP3VP3	0.3/0.5	4×2×1.0	7.02
136	DJVP3VP3	0.3/0.5	5×2×1.0	8.58
137	DJVP3VP3	0.3/0.5	6×2×1.0	10.16
138	DJVP3VP3	0.3/0.5	7×2×1.0	11.64
139	DJVP3VP3	0.3/0.5	8×2×1.0	13.26
140	DJVP3VP3	0.3/0.5	9×2×1.0	14.88
141	DJVP3VP3	0.3/0.5	10×2×1.0	16.56
142	DJVVP	0.3/0.5	1×2×1.0	2.50
143	DJVVP	0.3/0.5	2×2×1.0	5.01
144	DJVVP	0.3/0.5	3×2×1.0	6.28
145	DJVVP	0.3/0.5	4×2×1.0	7.85
146	DJVVP	0.3/0.5	5×2×1.0	10.31
147	DJVVP	0.3/0.5	6×2×1.0	11.98
148	DJVVP	0.3/0.5	7×2×1.0	13.23
149	DJVVP	0.3/0.5	8×2×1.0	14.93
150	DJVVP	0.3/0.5	9×2×1.0	16.78
151	DJVVP	0.3/0.5	10×2×1.0	18.47
152	DJVVP2	0.3/0.5	1×2×1.0	2.19
153	DJVVP2	0.3/0.5	2×2×1.0	4.17
154	DJVVP2	0.3/0.5	3×2×1.0	5.46
155	DJVVP2	0.3/0.5	4×2×1.0	6.79
156	DJVVP2	0.3/0.5	5×2×1.0	8.25
157	DJVVP2	0.3/0.5	6×2×1.0	9.69
158	DJVVP2	0.3/0.5	7×2×1.0	10.92
159	DJVVP2	0.3/0.5	8×2×1.0	12.33
160	DJVVP2	0.3/0.5	9×2×1.0	13.91
161	DJVVP2	0.3/0.5	10×2×1.0	15.36
162	DJVVP3	0.3/0.5	1×2×1.0	1.80

（续）

序号	型号	电压/kV	规格	生产成本/（元/m）
163	DJVVP3	0.3/0.5	2×2×1.0	3.38
164	DJVVP3	0.3/0.5	3×2×1.0	4.62
165	DJVVP3	0.3/0.5	4×2×1.0	5.89
166	DJVVP3	0.3/0.5	5×2×1.0	7.24
167	DJVVP3	0.3/0.5	6×2×1.0	8.56
168	DJVVP3	0.3/0.5	7×2×1.0	9.79
169	DJVVP3	0.3/0.5	8×2×1.0	11.11
170	DJVVP3	0.3/0.5	9×2×1.0	12.51
171	DJVVP3	0.3/0.5	10×2×1.0	13.85
172	DJVPVP	0.3/0.5	2×2×1.5	10.82
173	DJVPVP	0.3/0.5	3×2×1.5	14.19
174	DJVPVP	0.3/0.5	4×2×1.5	17.90
175	DJVPVP	0.3/0.5	5×2×1.5	21.61
176	DJVPVP	0.3/0.5	6×2×1.5	25.45
177	DJVPVP	0.3/0.5	7×2×1.5	28.61
178	DJVPVP	0.3/0.5	8×2×1.5	34.10
179	DJVPVP	0.3/0.5	9×2×1.5	38.25
180	DJVPVP	0.3/0.5	10×2×1.5	42.19
181	DJVP2VP2	0.3/0.5	2×2×1.5	7.76
182	DJVP2VP2	0.3/0.5	3×2×1.5	10.59
183	DJVP2VP2	0.3/0.5	4×2×1.5	13.55
184	DJVP2VP2	0.3/0.5	5×2×1.5	16.65
185	DJVP2VP2	0.3/0.5	6×2×1.5	19.69
186	DJVP2VP2	0.3/0.5	7×2×1.5	22.47
187	DJVP2VP2	0.3/0.5	8×2×1.5	25.58
188	DJVP2VP2	0.3/0.5	9×2×1.5	28.73
189	DJVP2VP2	0.3/0.5	10×2×1.5	31.94
190	DJVP3VP3	0.3/0.5	2×2×1.5	5.34
191	DJVP3VP3	0.3/0.5	3×2×1.5	7.49
192	DJVP3VP3	0.3/0.5	4×2×1.5	9.62
193	DJVP3VP3	0.3/0.5	5×2×1.5	11.90
194	DJVP3VP3	0.3/0.5	6×2×1.5	14.13
195	DJVP3VP3	0.3/0.5	7×2×1.5	16.23
196	DJVP3VP3	0.3/0.5	8×2×1.5	18.56
197	DJVP3VP3	0.3/0.5	9×2×1.5	20.78

（续）

序号	型号	电压/kV	规格	生产成本/（元/m）
198	DJVP3VP3	0.3/0.5	10×2×1.5	23.20
199	DJVVP	0.3/0.5	1×2×1.5	3.33
200	DJVVP	0.3/0.5	2×2×1.5	6.67
201	DJVVP	0.3/0.5	3×2×1.5	9.64
202	DJVVP	0.3/0.5	4×2×1.5	11.82
203	DJVVP	0.3/0.5	5×2×1.5	14.23
204	DJVVP	0.3/0.5	6×2×1.5	16.60
205	DJVVP	0.3/0.5	7×2×1.5	18.44
206	DJVVP	0.3/0.5	8×2×1.5	20.81
207	DJVVP	0.3/0.5	9×2×1.5	23.43
208	DJVVP	0.3/0.5	10×2×1.5	25.84
209	DJVVP2	0.3/0.5	1×2×1.5	2.91
210	DJVVP2	0.3/0.5	2×2×1.5	5.59
211	DJVVP2	0.3/0.5	3×2×1.5	7.55
212	DJVVP2	0.3/0.5	4×2×1.5	9.57
213	DJVVP2	0.3/0.5	5×2×1.5	11.62
214	DJVVP2	0.3/0.5	6×2×1.5	13.78
215	DJVVP2	0.3/0.5	7×2×1.5	15.61
216	DJVVP2	0.3/0.5	8×2×1.5	17.67
217	DJVVP2	0.3/0.5	9×2×1.5	19.94
218	DJVVP2	0.3/0.5	10×2×1.5	22.02
219	DJVVP3	0.3/0.5	1×2×1.5	2.45
220	DJVVP3	0.3/0.5	2×2×1.5	4.68
221	DJVVP3	0.3/0.5	3×2×1.5	6.56
222	DJVVP3	0.3/0.5	4×2×1.5	8.47
223	DJVVP3	0.3/0.5	5×2×1.5	10.40
224	DJVVP3	0.3/0.5	6×2×1.5	12.41
225	DJVVP3	0.3/0.5	7×2×1.5	14.23
226	DJVVP3	0.3/0.5	8×2×1.5	16.16
227	DJVVP3	0.3/0.5	9×2×1.5	18.26
228	DJVVP3	0.3/0.5	10×2×1.5	20.20
229	DJYJPVP	0.3/0.5	2×2×1.0	7.14
230	DJYJPVP	0.3/0.5	3×2×1.0	9.50
231	DJYJPVP	0.3/0.5	4×2×1.0	12.91
232	DJYJPVP	0.3/0.5	5×2×1.0	15.54

（续）

序号	型号	电压/kV	规格	生产成本/（元/m）
233	DJYJPVP	0.3/0.5	6×2×1.0	18.29
234	DJYJPVP	0.3/0.5	7×2×1.0	20.53
235	DJYJPVP	0.3/0.5	8×2×1.0	23.21
236	DJYJPVP	0.3/0.5	9×2×1.0	26.14
237	DJYJPVP	0.3/0.5	10×2×1.0	28.84
238	DJYJP2VP2	0.3/0.5	2×2×1.0	5.59
239	DJYJP2VP2	0.3/0.5	3×2×1.0	7.61
240	DJYJP2VP2	0.3/0.5	4×2×1.0	9.77
241	DJYJP2VP2	0.3/0.5	5×2×1.0	11.90
242	DJYJP2VP2	0.3/0.5	6×2×1.0	14.05
243	DJYJP2VP2	0.3/0.5	7×2×1.0	16.03
244	DJYJP2VP2	0.3/0.5	8×2×1.0	18.24
245	DJYJP2VP2	0.3/0.5	9×2×1.0	20.47
246	DJYJP2VP2	0.3/0.5	10×2×1.0	22.65
247	DJYJP3VP3	0.3/0.5	2×2×1.0	3.81
248	DJYJP3VP3	0.3/0.5	3×2×1.0	5.27
249	DJYJP3VP3	0.3/0.5	4×2×1.0	6.83
250	DJYJP3VP3	0.3/0.5	5×2×1.0	8.35
251	DJYJP3VP3	0.3/0.5	6×2×1.0	9.90
252	DJYJP3VP3	0.3/0.5	7×2×1.0	11.35
253	DJYJP3VP3	0.3/0.5	8×2×1.0	12.94
254	DJYJP3VP3	0.3/0.5	9×2×1.0	14.52
255	DJYJP3VP3	0.3/0.5	10×2×1.0	16.08
256	DJYJVP	0.3/0.5	1×2×1.0	2.61
257	DJYJVP	0.3/0.5	2×2×1.0	4.70
258	DJYJVP	0.3/0.5	3×2×1.0	6.04
259	DJYJVP	0.3/0.5	4×2×1.0	7.52
260	DJYJVP	0.3/0.5	5×2×1.0	9.09
261	DJYJVP	0.3/0.5	6×2×1.0	11.53
262	DJYJVP	0.3/0.5	7×2×1.0	12.77
263	DJYJVP	0.3/0.5	8×2×1.0	14.39
264	DJYJVP	0.3/0.5	9×2×1.0	16.18
265	DJYJVP	0.3/0.5	10×2×1.0	17.84
266	DJYJVP2	0.3/0.5	1×2×1.0	2.23
267	DJYJVP2	0.3/0.5	2×2×1.0	3.98

（续）

序号	型号	电压/kV	规格	生产成本/（元/m）
268	DJYJVP2	0.3/0.5	3×2×1.0	5.24
269	DJYJVP2	0.3/0.5	4×2×1.0	6.61
270	DJYJVP2	0.3/0.5	5×2×1.0	7.99
271	DJYJVP2	0.3/0.5	6×2×1.0	9.44
272	DJYJVP2	0.3/0.5	7×2×1.0	10.66
273	DJYJVP2	0.3/0.5	8×2×1.0	12.06
274	DJYJVP2	0.3/0.5	9×2×1.0	13.51
275	DJYJVP2	0.3/0.5	10×2×1.0	15.01
276	DJYJVP3	0.3/0.5	1×2×1.0	1.81
277	DJYJVP3	0.3/0.5	2×2×1.0	3.29
278	DJYJVP3	0.3/0.5	3×2×1.0	4.52
279	DJYJVP3	0.3/0.5	4×2×1.0	5.78
280	DJYJVP3	0.3/0.5	5×2×1.0	7.07
281	DJYJVP3	0.3/0.5	6×2×1.0	8.42
282	DJYJVP3	0.3/0.5	7×2×1.0	9.63
283	DJYJVP3	0.3/0.5	8×2×1.0	10.93
284	DJYJVP3	0.3/0.5	9×2×1.0	12.25
285	DJYJVP3	0.3/0.5	10×2×1.0	13.64
286	DJYJPVP	0.3/0.5	2×2×1.5	10.23
287	DJYJPVP	0.3/0.5	3×2×1.5	13.47
288	DJYJPVP	0.3/0.5	4×2×1.5	17.04
289	DJYJPVP	0.3/0.5	5×2×1.5	20.56
290	DJYJPVP	0.3/0.5	6×2×1.5	24.17
291	DJYJPVP	0.3/0.5	7×2×1.5	27.23
292	DJYJPVP	0.3/0.5	8×2×1.5	30.88
293	DJYJPVP	0.3/0.5	9×2×1.5	36.43
294	DJYJPVP	0.3/0.5	10×2×1.5	40.17
295	DJYJP2VP2	0.3/0.5	2×2×1.5	7.44
296	DJYJP2VP2	0.3/0.5	3×2×1.5	10.19
297	DJYJP2VP2	0.3/0.5	4×2×1.5	13.07
298	DJYJP2VP2	0.3/0.5	5×2×1.5	16.05
299	DJYJP2VP2	0.3/0.5	6×2×1.5	19.01
300	DJYJP2VP2	0.3/0.5	7×2×1.5	21.73
301	DJYJP2VP2	0.3/0.5	8×2×1.5	24.66
302	DJYJP2VP2	0.3/0.5	9×2×1.5	27.77

（续）

序号	型号	电压/kV	规格	生产成本/（元/m）
303	DJYJP2VP2	0.3/0.5	10×2×1.5	30.75
304	DJYJP3VP3	0.3/0.5	2×2×1.5	5.25
305	DJYJP3VP3	0.3/0.5	3×2×1.5	7.32
306	DJYJP3VP3	0.3/0.5	4×2×1.5	9.47
307	DJYJP3VP3	0.3/0.5	5×2×1.5	11.70
308	DJYJP3VP3	0.3/0.5	6×2×1.5	13.90
309	DJYJP3VP3	0.3/0.5	7×2×1.5	15.97
310	DJYJP3VP3	0.3/0.5	8×2×1.5	18.15
311	DJYJP3VP3	0.3/0.5	9×2×1.5	20.46
312	DJYJP3VP3	0.3/0.5	10×2×1.5	22.68
313	DJYJVP	0.3/0.5	1×2×1.5	3.53
314	DJYJVP	0.3/0.5	2×2×1.5	6.40
315	DJYJVP	0.3/0.5	3×2×1.5	8.42
316	DJYJVP	0.3/0.5	4×2×1.5	11.47
317	DJYJVP	0.3/0.5	5×2×1.5	13.74
318	DJYJVP	0.3/0.5	6×2×1.5	16.14
319	DJYJVP	0.3/0.5	7×2×1.5	17.97
320	DJYJVP	0.3/0.5	8×2×1.5	20.28
321	DJYJVP	0.3/0.5	9×2×1.5	22.77
322	DJYJVP	0.3/0.5	10×2×1.5	25.20
323	DJYJVP2	0.3/0.5	1×2×1.5	2.98
324	DJYJVP2	0.3/0.5	2×2×1.5	5.45
325	DJYJVP2	0.3/0.5	3×2×1.5	7.35
326	DJYJVP2	0.3/0.5	4×2×1.5	9.38
327	DJYJVP2	0.3/0.5	5×2×1.5	11.41
328	DJYJVP2	0.3/0.5	6×2×1.5	13.46
329	DJYJVP2	0.3/0.5	7×2×1.5	15.28
330	DJYJVP2	0.3/0.5	8×2×1.5	17.37
331	DJYJVP2	0.3/0.5	9×2×1.5	19.49
332	DJYJVP2	0.3/0.5	10×2×1.5	21.57
333	DJYJVP3	0.3/0.5	1×2×1.5	2.47
334	DJYJVP3	0.3/0.5	2×2×1.5	4.61
335	DJYJVP3	0.3/0.5	3×2×1.5	6.44
336	DJYJVP3	0.3/0.5	4×2×1.5	8.37
337	DJYJVP3	0.3/0.5	5×2×1.5	10.26

（续）

序号	型号	电压/kV	规格	生产成本/（元/m）
338	DJYJVP3	0.3/0.5	6×2×1.5	12.19
339	DJYJVP3	0.3/0.5	7×2×1.5	14.00
340	DJYJVP3	0.3/0.5	8×2×1.5	15.97
341	DJYJVP3	0.3/0.5	9×2×1.5	17.93
342	DJYJVP3	0.3/0.5	10×2×1.5	19.87

注：主材 1# 铜价格为 52.68 元/kg（2017 年 8 月 29 日长江现货）。生产成本单价随着原材料价格波动需作相应调整，实时价格请查询中缆在线 http://jiage.dianlan.cn。

2.3.3　铠装计算机电缆生产成本明细

铠装计算机电缆生产成本明细见表 3-2-6。

表 3-2-6　铠装计算机电缆生产成本明细

序号	型号	电压/kV	规格	生产成本/（元/m）
1	DJYPVP-22	0.3/0.5	2×2×1.0	10.26
2	DJYPVP-22	0.3/0.5	3×2×1.0	12.78
3	DJYPVP-22	0.3/0.5	4×2×1.0	15.66
4	DJYPVP-22	0.3/0.5	5×2×1.0	18.64
5	DJYPVP-22	0.3/0.5	6×2×1.0	21.73
6	DJYPVP-22	0.3/0.5	7×2×1.0	24.11
7	DJYPVP-22	0.3/0.5	8×2×1.0	27.15
8	DJYPVP-22	0.3/0.5	9×2×1.0	30.50
9	DJYPVP-22	0.3/0.5	10×2×1.0	35.36
10	DJYP2VP2-22	0.3/0.5	2×2×1.0	7.42
11	DJYP2VP2-22	0.3/0.5	3×2×1.0	9.61
12	DJYP2VP2-22	0.3/0.5	4×2×1.0	12.02
13	DJYP2VP2-22	0.3/0.5	5×2×1.0	14.38
14	DJYP2VP2-22	0.3/0.5	6×2×1.0	16.79
15	DJYP2VP2-22	0.3/0.5	7×2×1.0	18.87
16	DJYP2VP2-22	0.3/0.5	8×2×1.0	21.38
17	DJYP2VP2-22	0.3/0.5	9×2×1.0	23.92
18	DJYP2VP2-22	0.3/0.5	10×2×1.0	26.38
19	DJYP3VP3-22	0.3/0.5	2×2×1.0	5.48
20	DJYP3VP3-22	0.3/0.5	3×2×1.0	7.06
21	DJYP3VP3-22	0.3/0.5	4×2×1.0	8.81
22	DJYP3VP3-22	0.3/0.5	5×2×1.0	10.54

（续）

序号	型号	电压/kV	规格	生产成本/（元/m）
23	DJYP3VP3-22	0.3/0.5	6×2×1.0	12.30
24	DJYP3VP3-22	0.3/0.5	7×2×1.0	13.80
25	DJYP3VP3-22	0.3/0.5	8×2×1.0	15.63
26	DJYP3VP3-22	0.3/0.5	9×2×1.0	17.45
27	DJYP3VP3-22	0.3/0.5	10×2×1.0	19.23
28	DJYVP-22	0.3/0.5	1×2×1.0	3.43
29	DJYVP-22	0.3/0.5	2×2×1.0	6.45
30	DJYVP-22	0.3/0.5	3×2×1.0	7.80
31	DJYVP-22	0.3/0.5	4×2×1.0	9.42
32	DJYVP-22	0.3/0.5	5×2×1.0	12.06
33	DJYVP-22	0.3/0.5	6×2×1.0	13.88
34	DJYVP-22	0.3/0.5	7×2×1.0	15.16
35	DJYVP-22	0.3/0.5	8×2×1.0	17.07
36	DJYVP-22	0.3/0.5	9×2×1.0	19.08
37	DJYVP-22	0.3/0.5	10×2×1.0	20.91
38	DJYVP2-22	0.3/0.5	1×2×1.0	3.10
39	DJYVP2-22	0.3/0.5	2×2×1.0	5.55
40	DJYVP2-22	0.3/0.5	3×2×1.0	6.93
41	DJYVP2-22	0.3/0.5	4×2×1.0	8.40
42	DJYVP2-22	0.3/0.5	5×2×1.0	10.03
43	DJYVP2-22	0.3/0.5	6×2×1.0	11.61
44	DJYVP2-22	0.3/0.5	7×2×1.0	12.87
45	DJYVP2-22	0.3/0.5	8×2×1.0	14.44
46	DJYVP2-22	0.3/0.5	9×2×1.0	16.24
47	DJYVP2-22	0.3/0.5	10×2×1.0	17.83
48	DJYVP3-22	0.3/0.5	1×2×1.0	2.70
49	DJYVP3-22	0.3/0.5	2×2×1.0	4.75
50	DJYVP3-22	0.3/0.5	3×2×1.0	6.07
51	DJYVP3-22	0.3/0.5	4×2×1.0	7.49
52	DJYVP3-22	0.3/0.5	5×2×1.0	9.01
53	DJYVP3-22	0.3/0.5	6×2×1.0	10.50
54	DJYVP3-22	0.3/0.5	7×2×1.0	11.74
55	DJYVP3-22	0.3/0.5	8×2×1.0	13.21
56	DJYVP3-22	0.3/0.5	9×2×1.0	14.84
57	DJYVP3-22	0.3/0.5	10×2×1.0	16.32

（续）

序号	型号	电压/kV	规格	生产成本/（元/m）
58	DJYPVP-22	0.3/0.5	2×2×1.5	12.09
59	DJYPVP-22	0.3/0.5	3×2×1.5	15.43
60	DJYPVP-22	0.3/0.5	4×2×1.5	19.11
61	DJYPVP-22	0.3/0.5	5×2×1.5	22.93
62	DJYPVP-22	0.3/0.5	6×2×1.5	26.74
63	DJYPVP-22	0.3/0.5	7×2×1.5	29.83
64	DJYPVP-22	0.3/0.5	8×2×1.5	33.73
65	DJYPVP-22	0.3/0.5	9×2×1.5	39.56
66	DJYPVP-22	0.3/0.5	10×2×1.5	46.31
67	DJYP2VP2-22	0.3/0.5	2×2×1.5	9.03
68	DJYP2VP2-22	0.3/0.5	3×2×1.5	11.96
69	DJYP2VP2-22	0.3/0.5	4×2×1.5	15.01
70	DJYP2VP2-22	0.3/0.5	5×2×1.5	18.07
71	DJYP2VP2-22	0.3/0.5	6×2×1.5	21.33
72	DJYP2VP2-22	0.3/0.5	7×2×1.5	24.07
73	DJYP2VP2-22	0.3/0.5	8×2×1.5	27.15
74	DJYP2VP2-22	0.3/0.5	9×2×1.5	30.60
75	DJYP2VP2-22	0.3/0.5	10×2×1.5	33.72
76	DJYP3VP3-22	0.3/0.5	2×2×1.5	6.84
77	DJYP3VP3-22	0.3/0.5	3×2×1.5	9.09
78	DJYP3VP3-22	0.3/0.5	4×2×1.5	11.42
79	DJYP3VP3-22	0.3/0.5	5×2×1.5	13.76
80	DJYP3VP3-22	0.3/0.5	6×2×1.5	16.23
81	DJYP3VP3-22	0.3/0.5	7×2×1.5	18.34
82	DJYP3VP3-22	0.3/0.5	8×2×1.5	20.68
83	DJYP3VP3-22	0.3/0.5	9×2×1.5	23.27
84	DJYP3VP3-22	0.3/0.5	10×2×1.5	25.68
85	DJYVP-22	0.3/0.5	1×2×1.5	4.20
86	DJYVP-22	0.3/0.5	2×2×1.5	7.87
87	DJYVP-22	0.3/0.5	3×2×1.5	9.90
88	DJYVP-22	0.3/0.5	4×2×1.5	13.17
89	DJYVP-22	0.3/0.5	5×2×1.5	15.60
90	DJYVP-22	0.3/0.5	6×2×1.5	18.08
91	DJYVP-22	0.3/0.5	7×2×1.5	19.94
92	DJYVP-22	0.3/0.5	8×2×1.5	22.48

（续）

序号	型号	电压/kV	规格	生产成本/（元/m）
93	DJYVP-22	0.3/0.5	9×2×1.5	25.18
94	DJYVP-22	0.3/0.5	10×2×1.5	27.83
95	DJYVP2-22	0.3/0.5	1×2×1.5	3.79
96	DJYVP2-22	0.3/0.5	2×2×1.5	6.94
97	DJYVP2-22	0.3/0.5	3×2×1.5	8.90
98	DJYVP2-22	0.3/0.5	4×2×1.5	11.10
99	DJYVP2-22	0.3/0.5	5×2×1.5	13.29
100	DJYVP2-22	0.3/0.5	6×2×1.5	15.50
101	DJYVP2-22	0.3/0.5	7×2×1.5	17.34
102	DJYVP2-22	0.3/0.5	8×2×1.5	19.61
103	DJYVP2-22	0.3/0.5	9×2×1.5	21.95
104	DJYVP2-22	0.3/0.5	10×2×1.5	24.13
105	DJYVP3-22	0.3/0.5	1×2×1.5	3.36
106	DJYVP3-22	0.3/0.5	2×2×1.5	6.10
107	DJYVP3-22	0.3/0.5	3×2×1.5	7.99
108	DJYVP3-22	0.3/0.5	4×2×1.5	10.09
109	DJYVP3-22	0.3/0.5	5×2×1.5	12.16
110	DJYVP3-22	0.3/0.5	6×2×1.5	14.24
111	DJYVP3-22	0.3/0.5	7×2×1.5	16.07
112	DJYVP3-22	0.3/0.5	8×2×1.5	18.21
113	DJYVP3-22	0.3/0.5	9×2×1.5	20.39
114	DJYVP3-22	0.3/0.5	10×2×1.5	22.43
115	DJVPVP-22	0.3/0.5	2×2×1.0	10.23
116	DJVPVP-22	0.3/0.5	3×2×1.0	12.73
117	DJVPVP-22	0.3/0.5	4×2×1.0	15.60
118	DJVPVP-22	0.3/0.5	5×2×1.0	18.56
119	DJVPVP-22	0.3/0.5	6×2×1.0	21.63
120	DJVPVP-22	0.3/0.5	7×2×1.0	23.99
121	DJVPVP-22	0.3/0.5	8×2×1.0	27.02
122	DJVPVP-22	0.3/0.5	9×2×1.0	30.35
123	DJVPVP-22	0.3/0.5	10×2×1.0	35.20
124	DJVP2VP2-22	0.3/0.5	2×2×1.0	7.38
125	DJVP2VP2-22	0.3/0.5	3×2×1.0	9.56
126	DJVP2VP2-22	0.3/0.5	4×2×1.0	11.96
127	DJVP2VP2-22	0.3/0.5	5×2×1.0	14.30
128	DJVP2VP2-22	0.3/0.5	6×2×1.0	16.70

（续）

序号	型号	电压/kV	规格	生产成本/（元/m）
129	DJVP2VP2-22	0.3/0.5	7×2×1.0	18.75
130	DJVP2VP2-22	0.3/0.5	8×2×1.0	21.25
131	DJVP2VP2-22	0.3/0.5	9×2×1.0	23.78
132	DJVP2VP2-22	0.3/0.5	10×2×1.0	26.22
133	DJVP3VP3-22	0.3/0.5	2×2×1.0	5.44
134	DJVP3VP3-22	0.3/0.5	3×2×1.0	7.01
135	DJVP3VP3-22	0.3/0.5	4×2×1.0	8.75
136	DJVP3VP3-22	0.3/0.5	5×2×1.0	10.46
137	DJVP3VP3-22	0.3/0.5	6×2×1.0	12.20
138	DJVP3VP3-22	0.3/0.5	7×2×1.0	13.69
139	DJVP3VP3-22	0.3/0.5	8×2×1.0	15.50
140	DJVP3VP3-22	0.3/0.5	9×2×1.0	17.31
141	DJVP3VP3-22	0.3/0.5	10×2×1.0	19.07
142	DJVVP-22	0.3/0.5	1×2×1.0	3.39
143	DJVVP-22	0.3/0.5	2×2×1.0	6.41
144	DJVVP-22	0.3/0.5	3×2×1.0	7.75
145	DJVVP-22	0.3/0.5	4×2×1.0	9.35
146	DJVVP-22	0.3/0.5	5×2×1.0	11.99
147	DJVVP-22	0.3/0.5	6×2×1.0	13.78
148	DJVVP-22	0.3/0.5	7×2×1.0	15.04
149	DJVVP-22	0.3/0.5	8×2×1.0	16.94
150	DJVVP-22	0.3/0.5	9×2×1.0	18.93
151	DJVVP-22	0.3/0.5	10×2×1.0	20.74
152	DJVVP2-22	0.3/0.5	1×2×1.0	3.05
153	DJVVP2-22	0.3/0.5	2×2×1.0	5.51
154	DJVVP2-22	0.3/0.5	3×2×1.0	6.88
155	DJVVP2-22	0.3/0.5	4×2×1.0	8.33
156	DJVVP2-22	0.3/0.5	5×2×1.0	9.95
157	DJVVP2-22	0.3/0.5	6×2×1.0	11.51
158	DJVVP2-22	0.3/0.5	7×2×1.0	12.76
159	DJVVP2-22	0.3/0.5	8×2×1.0	14.31
160	DJVVP2-22	0.3/0.5	9×2×1.0	16.09
161	DJVVP2-22	0.3/0.5	10×2×1.0	17.67
162	DJVVP3-22	0.3/0.5	1×2×1.0	2.67
163	DJVVP3-22	0.3/0.5	2×2×1.0	4.73
164	DJVVP3-22	0.3/0.5	3×2×1.0	6.03

（续）

序号	型号	电压/kV	规格	生产成本/（元/m）
165	DJVVP3-22	0.3/0.5	4×2×1.0	7.43
166	DJVVP3-22	0.3/0.5	5×2×1.0	8.93
167	DJVVP3-22	0.3/0.5	6×2×1.0	10.40
168	DJVVP3-22	0.3/0.5	7×2×1.0	11.64
169	DJVVP3-22	0.3/0.5	8×2×1.0	13.09
170	DJVVP3-22	0.3/0.5	9×2×1.0	14.70
171	DJVVP3-22	0.3/0.5	10×2×1.0	16.17
172	DJVPVP-22	0.3/0.5	2×2×1.5	12.63
173	DJVPVP-22	0.3/0.5	3×2×1.5	16.10
174	DJVPVP-22	0.3/0.5	4×2×1.5	20.02
175	DJVPVP-22	0.3/0.5	5×2×1.5	23.88
176	DJVPVP-22	0.3/0.5	6×2×1.5	27.96
177	DJVPVP-22	0.3/0.5	7×2×1.5	31.14
178	DJVPVP-22	0.3/0.5	8×2×1.5	36.81
179	DJVPVP-22	0.3/0.5	9×2×1.5	43.81
180	DJVPVP-22	0.3/0.5	10×2×1.5	48.10
181	DJVP2VP2-22	0.3/0.5	2×2×1.5	9.43
182	DJVP2VP2-22	0.3/0.5	3×2×1.5	12.33
183	DJVP2VP2-22	0.3/0.5	4×2×1.5	15.46
184	DJVP2VP2-22	0.3/0.5	5×2×1.5	18.79
185	DJVP2VP2-22	0.3/0.5	6×2×1.5	21.99
186	DJVP2VP2-22	0.3/0.5	7×2×1.5	24.78
187	DJVP2VP2-22	0.3/0.5	8×2×1.5	28.13
188	DJVP2VP2-22	0.3/0.5	9×2×1.5	31.48
189	DJVP2VP2-22	0.3/0.5	10×2×1.5	34.74
190	DJVP3VP3-22	0.3/0.5	2×2×1.5	7.08
191	DJVP3VP3-22	0.3/0.5	3×2×1.5	9.29
192	DJVP3VP3-22	0.3/0.5	4×2×1.5	11.63
193	DJVP3VP3-22	0.3/0.5	5×2×1.5	14.11
194	DJVP3VP3-22	0.3/0.5	6×2×1.5	16.54
195	DJVP3VP3-22	0.3/0.5	7×2×1.5	18.64
196	DJVP3VP3-22	0.3/0.5	8×2×1.5	21.14
197	DJVP3VP3-22	0.3/0.5	9×2×1.5	23.66
198	DJVP3VP3-22	0.3/0.5	10×2×1.5	26.12
199	DJVVP-22	0.3/0.5	1×2×1.5	4.31
200	DJVVP-22	0.3/0.5	2×2×1.5	8.14

（续）

序号	型号	电压/kV	规格	生产成本/（元/m）
201	DJVVP-22	0.3/0.5	3×2×1.5	11.35
202	DJVVP-22	0.3/0.5	4×2×1.5	13.60
203	DJVVP-22	0.3/0.5	5×2×1.5	16.08
204	DJVVP-22	0.3/0.5	6×2×1.5	18.74
205	DJVVP-22	0.3/0.5	7×2×1.5	20.60
206	DJVVP-22	0.3/0.5	8×2×1.5	23.08
207	DJVVP-22	0.3/0.5	9×2×1.5	25.97
208	DJVVP-22	0.3/0.5	10×2×1.5	28.50
209	DJVVP2-22	0.3/0.5	1×2×1.5	3.84
210	DJVVP2-22	0.3/0.5	2×2×1.5	7.14
211	DJVVP2-22	0.3/0.5	3×2×1.5	9.11
212	DJVVP2-22	0.3/0.5	4×2×1.5	11.36
213	DJVVP2-22	0.3/0.5	5×2×1.5	13.56
214	DJVVP2-22	0.3/0.5	6×2×1.5	15.83
215	DJVVP2-22	0.3/0.5	7×2×1.5	17.67
216	DJVVP2-22	0.3/0.5	8×2×1.5	19.92
217	DJVVP2-22	0.3/0.5	9×2×1.5	22.30
218	DJVVP2-22	0.3/0.5	10×2×1.5	24.66
219	DJVVP3-22	0.3/0.5	1×2×1.5	3.37
220	DJVVP3-22	0.3/0.5	2×2×1.5	6.22
221	DJVVP3-22	0.3/0.5	3×2×1.5	8.13
222	DJVVP3-22	0.3/0.5	4×2×1.5	10.26
223	DJVVP3-22	0.3/0.5	5×2×1.5	12.33
224	DJVVP3-22	0.3/0.5	6×2×1.5	14.46
225	DJVVP3-22	0.3/0.5	7×2×1.5	16.29
226	DJVVP3-22	0.3/0.5	8×2×1.5	18.41
227	DJVVP3-22	0.3/0.5	9×2×1.5	20.60
228	DJVVP3-22	0.3/0.5	10×2×1.5	22.84
229	DJYJPVP-22	0.3/0.5	2×2×1.0	8.46
230	DJYJPVP-22	0.3/0.5	3×2×1.0	10.88
231	DJYJPVP-22	0.3/0.5	4×2×1.0	14.51
232	DJYJPVP-22	0.3/0.5	5×2×1.0	17.27
233	DJYJPVP-22	0.3/0.5	6×2×1.0	20.09
234	DJYJPVP-22	0.3/0.5	7×2×1.0	22.35
235	DJYJPVP-22	0.3/0.5	8×2×1.0	25.25
236	DJYJPVP-22	0.3/0.5	9×2×1.0	28.29

（续）

序号	型号	电压/kV	规格	生产成本/（元/m）
237	DJYJPVP-22	0.3/0.5	10×2×1.0	31.24
238	DJYJP2VP2-22	0.3/0.5	2×2×1.0	6.84
239	DJYJP2VP2-22	0.3/0.5	3×2×1.0	8.92
240	DJYJP2VP2-22	0.3/0.5	4×2×1.0	11.15
241	DJYJP2VP2-22	0.3/0.5	5×2×1.0	13.47
242	DJYJP2VP2-22	0.3/0.5	6×2×1.0	15.75
243	DJYJP2VP2-22	0.3/0.5	7×2×1.0	17.74
244	DJYJP2VP2-22	0.3/0.5	8×2×1.0	20.01
245	DJYJP2VP2-22	0.3/0.5	9×2×1.0	22.50
246	DJYJP2VP2-22	0.3/0.5	10×2×1.0	24.80
247	DJYJP3VP3-22	0.3/0.5	2×2×1.0	5.05
248	DJYJP3VP3-22	0.3/0.5	3×2×1.0	6.58
249	DJYJP3VP3-22	0.3/0.5	4×2×1.0	8.21
250	DJYJP3VP3-22	0.3/0.5	5×2×1.0	9.92
251	DJYJP3VP3-22	0.3/0.5	6×2×1.0	11.60
252	DJYJP3VP3-22	0.3/0.5	7×2×1.0	13.06
253	DJYJP3VP3-22	0.3/0.5	8×2×1.0	14.71
254	DJYJP3VP3-22	0.3/0.5	9×2×1.0	16.54
255	DJYJP3VP3-22	0.3/0.5	10×2×1.0	18.23
256	DJYJVP-22	0.3/0.5	1×2×1.0	3.50
257	DJYJVP-22	0.3/0.5	2×2×1.0	5.90
258	DJYJVP-22	0.3/0.5	3×2×1.0	7.29
259	DJYJVP-22	0.3/0.5	4×2×1.0	8.86
260	DJYJVP-22	0.3/0.5	5×2×1.0	10.48
261	DJYJVP-22	0.3/0.5	6×2×1.0	13.13
262	DJYJVP-22	0.3/0.5	7×2×1.0	14.38
263	DJYJVP-22	0.3/0.5	8×2×1.0	16.14
264	DJYJVP-22	0.3/0.5	9×2×1.0	18.00
265	DJYJVP-22	0.3/0.5	10×2×1.0	19.78
266	DJYJVP2-22	0.3/0.5	1×2×1.0	3.05
267	DJYJVP2-22	0.3/0.5	2×2×1.0	5.10
268	DJYJVP2-22	0.3/0.5	3×2×1.0	6.42
269	DJYJVP2-22	0.3/0.5	4×2×1.0	7.89
270	DJYJVP2-22	0.3/0.5	5×2×1.0	9.38
271	DJYJVP2-22	0.3/0.5	6×2×1.0	10.88
272	DJYJVP2-22	0.3/0.5	7×2×1.0	12.12

（续）

序号	型号	电压/kV	规格	生产成本/（元/m）
273	DJYJVP2-22	0.3/0.5	8×2×1.0	13.71
274	DJYJVP2-22	0.3/0.5	9×2×1.0	15.29
275	DJYJVP2-22	0.3/0.5	10×2×1.0	16.84
276	DJYJVP3-22	0.3/0.5	1×2×1.0	2.63
277	DJYJVP3-22	0.3/0.5	2×2×1.0	4.41
278	DJYJVP3-22	0.3/0.5	3×2×1.0	5.70
279	DJYJVP3-22	0.3/0.5	4×2×1.0	7.06
280	DJYJVP3-22	0.3/0.5	5×2×1.0	8.46
281	DJYJVP3-22	0.3/0.5	6×2×1.0	9.86
282	DJYJVP3-22	0.3/0.5	7×2×1.0	11.09
283	DJYJVP3-22	0.3/0.5	8×2×1.0	12.57
284	DJYJVP3-22	0.3/0.5	9×2×1.0	14.03
285	DJYJVP3-22	0.3/0.5	10×2×1.0	15.46
286	DJYJPVP-22	0.3/0.5	2×2×1.5	11.83
287	DJYJPVP-22	0.3/0.5	3×2×1.5	15.15
288	DJYJPVP-22	0.3/0.5	4×2×1.5	18.81
289	DJYJPVP-22	0.3/0.5	5×2×1.5	22.57
290	DJYJPVP-22	0.3/0.5	6×2×1.5	26.35
291	DJYJPVP-22	0.3/0.5	7×2×1.5	29.43
292	DJYJPVP-22	0.3/0.5	8×2×1.5	33.26
293	DJYJPVP-22	0.3/0.5	9×2×1.5	38.96
294	DJYJPVP-22	0.3/0.5	10×2×1.5	45.60
295	DJYJP2VP2-22	0.3/0.5	2×2×1.5	8.83
296	DJYJP2VP2-22	0.3/0.5	3×2×1.5	11.72
297	DJYJP2VP2-22	0.3/0.5	4×2×1.5	14.74
298	DJYJP2VP2-22	0.3/0.5	5×2×1.5	17.81
299	DJYJP2VP2-22	0.3/0.5	6×2×1.5	21.01
300	DJYJP2VP2-22	0.3/0.5	7×2×1.5	23.74
301	DJYJP2VP2-22	0.3/0.5	8×2×1.5	26.84
302	DJYJP2VP2-22	0.3/0.5	9×2×1.5	30.17
303	DJYJP2VP2-22	0.3/0.5	10×2×1.5	33.32
304	DJYJP3VP3-22	0.3/0.5	2×2×1.5	6.65
305	DJYJP3VP3-22	0.3/0.5	3×2×1.5	8.86
306	DJYJP3VP3-22	0.3/0.5	4×2×1.5	11.14
307	DJYJP3VP3-22	0.3/0.5	5×2×1.5	13.47
308	DJYJP3VP3-22	0.3/0.5	6×2×1.5	15.90

（续）

序号	型号	电压/kV	规格	生产成本/（元/m）
309	DJYJP3VP3-22	0.3/0.5	7×2×1.5	17.98
310	DJYJP3VP3-22	0.3/0.5	8×2×1.5	20.33
311	DJYJP3VP3-22	0.3/0.5	9×2×1.5	22.86
312	DJYJP3VP3-22	0.3/0.5	10×2×1.5	25.24
313	DJYJVP-22	0.3/0.5	1×2×1.5	4.49
314	DJYJVP-22	0.3/0.5	2×2×1.5	7.76
315	DJYJVP-22	0.3/0.5	3×2×1.5	9.82
316	DJYJVP-22	0.3/0.5	4×2×1.5	13.07
317	DJYJVP-22	0.3/0.5	5×2×1.5	15.48
318	DJYJVP-22	0.3/0.5	6×2×1.5	17.95
319	DJYJVP-22	0.3/0.5	7×2×1.5	19.79
320	DJYJVP-22	0.3/0.5	8×2×1.5	22.33
321	DJYJVP-22	0.3/0.5	9×2×1.5	24.99
322	DJYJVP-22	0.3/0.5	10×2×1.5	27.49
323	DJYJVP2-22	0.3/0.5	1×2×1.5	3.92
324	DJYJVP2-22	0.3/0.5	2×2×1.5	6.75
325	DJYJVP2-22	0.3/0.5	3×2×1.5	8.72
326	DJYJVP2-22	0.3/0.5	4×2×1.5	10.82
327	DJYJVP2-22	0.3/0.5	5×2×1.5	13.05
328	DJYJVP2-22	0.3/0.5	6×2×1.5	15.23
329	DJYJVP2-22	0.3/0.5	7×2×1.5	17.07
330	DJYJVP2-22	0.3/0.5	8×2×1.5	19.23
331	DJYJVP2-22	0.3/0.5	9×2×1.5	21.62
332	DJYJVP2-22	0.3/0.5	10×2×1.5	23.85
333	DJYJVP3-22	0.3/0.5	1×2×1.5	3.39
334	DJYJVP3-22	0.3/0.5	2×2×1.5	5.91
335	DJYJVP3-22	0.3/0.5	3×2×1.5	7.80
336	DJYJVP3-22	0.3/0.5	4×2×1.5	9.81
337	DJYJVP3-22	0.3/0.5	5×2×1.5	11.91
338	DJYJVP3-22	0.3/0.5	6×2×1.5	13.97
339	DJYJVP3-22	0.3/0.5	7×2×1.5	15.79
340	DJYJVP3-22	0.3/0.5	8×2×1.5	17.83
341	DJYJVP3-22	0.3/0.5	9×2×1.5	20.06
342	DJYJVP3-22	0.3/0.5	10×2×1.5	22.14

注：主材 1# 铜价格为 52.68 元/kg（2017 年 8 月 29 日长江现货）。生产成本单价随着原材料价格波动需作相应调整，实时价格请查询中缆在线 http://jiage.dianlan.cn。

第3章 计算机电缆的结构尺寸及材料消耗

3.1 计算机电缆的结构及定额计算规则

3.1.1 计算机电缆的材料定额核算

1. 导体的核算

实芯导体计算公式为

$$W_{导体} = \frac{\pi d^2}{4} \rho k_1 \tag{3-3-1}$$

绞合导体计算公式为

$$W_{导体} = \frac{\pi d^2}{4} \rho n k k_1 \tag{3-3-2}$$

式中，d 为单线直径；n 为导线根数；k 为导体平均绞入率；k_1 为成缆绞入率；ρ 为导体密度。

2. 绝缘层的核算

$$W_{绝缘} = \pi(d_{前} + t) t \rho k_1 \tag{3-3-3}$$

式中，$d_{前}$ 为挤包前假定外径；t 为绝缘厚度；k_1 为成缆绞入率；ρ 为绝缘密度。

3. 包带层的核算

$$W_{包带} = \frac{n \pi t (d_{前} + n t)}{1 - k} \rho \tag{3-3-4}$$

式中，t 为包带厚度；n 为包带层数；$d_{前}$ 为绕包前假定外径；k 为包带搭盖率；ρ 为包带材料密度。

4. 铠装层的核算

钢带铠装计算公式为

$$W_{铠装} = \frac{n \pi t (d_{前} + n t)}{1 + k} \rho \tag{3-3-5}$$

式中，t 为钢带厚度；n 为钢带层数；$d_{前}$ 为铠装前假定外径；k 为间隙率；ρ 为钢带密度。

钢丝铠装计算公式为

$$W_{金属丝} = \frac{\pi d^2}{4} \rho n k \tag{3-3-6}$$

式中，n 为钢丝根数；d 为钢丝直径；ρ 为钢丝密度；k 为钢丝绞入率。

5. 屏蔽层的核算

金属丝屏蔽计算公式为

$$W_{金属丝} = \frac{\pi d^2}{2}(d_{前} + 2d)P\rho k \qquad (3\text{-}3\text{-}7)$$

式中，d 为金属丝直径；$d_{前}$ 为编织前假定外径；P 为单向覆盖率；ρ 为钢丝密度；k 为编织交叉系数。

金属带屏蔽计算公式为

$$W_{金属丝} = \frac{\pi t(d_{前} + t)}{1 - \Delta}\rho \qquad (3\text{-}3\text{-}8)$$

式中，t 为屏蔽带厚度；$d_{前}$ 为屏蔽前假定外径；Δ 为搭接率；ρ 为屏蔽带密度。

6. 护套层的核算

$$W_{外护} = \pi(d_{前} + t)t\rho \qquad (3\text{-}3\text{-}9)$$

式中，$d_{前}$ 为挤包前外径；t 为护套厚度；ρ 为护套密度。

3.1.2　计算机电缆的结构

1. 导体

（1）导体结构

计算机电缆的导体应采用符合 GB/T 3956—2008 的第 1 种圆形实心导体或第 2 种圆形绞合导体，移动敷设用软电缆的导体应采用 GB/T 3956—2008 中的第 5 种柔软圆形绞合导体。计算机电缆不同类型导体的结构要求见表 3-3-1。

表 3-3-1　计算机电缆导体结构

标称截面积 /mm²	第 1 种导体（A）		第 2 种导体（B）		第 5 种导体（R）	
	导体中单线根数	最大外径 /mm	导体中单线最少根数	最大外径 /mm	导体中单丝最大直径/mm	最大外径 /mm
0.5	1	0.9	7	1.1	0.21	1.1
0.75	1	1.0	7	1.2	0.21	1.3
1.0	1	1.2	7	1.4	0.21	1.5
1.5	1	1.5	7	1.7	0.26	1.8
2.5	1	1.9	7	2.2	0.26	2.4

（2）导体直径的计算

当导体结构类型为 A 时，即导体根数 n 为 1 时，导体直径为单线直径；当导体根数 n 不为 1 时，有以下两种情况：

1）导体结构类型为 B 时，即为正规绞合时

$$D_d = d \times k \qquad (3\text{-}3\text{-}10)$$

2）导体结构类型为 R 时，即为束线时

$$D_d = \frac{\sqrt{4n-1}}{3} \times d \times 1.02 \qquad (3\text{-}3\text{-}11)$$

式中，D_d 为导体直径；d 为导体单丝标称直径；n 为导体单丝根数；k 为绞合系数（取表 3-3-3 中的实际外径计算成缆系数）。

2．绝缘线芯

（1）绝缘厚度的选取

按照 TICW 6—2009《计算机与仪表电缆》规定，计算机电缆绝缘标称厚度见表 3-3-2。

表 3-3-2　计算机电缆的绝缘厚度

导体标称 截面积/mm²	绝缘厚度/mm				
	PVC/WJ1	G	PE	XLPE	F
0.5	0.6	0.7	0.5	0.4	0.35
0.75	0.6	0.7	0.6	0.5	0.35
1.0	0.6	0.7	0.6	0.5	0.4
1.5	0.7	0.8	0.6	0.6	0.4
2.5	0.7	0.8	0.7	0.6	0.4

（2）绝缘直径的计算

$$D_c = D_L + 2t \qquad (3\text{-}3\text{-}12)$$

式中，D_L 为导体直径；D_c 为绝缘外径实际值；t 为绝缘厚度。

3．成缆元件

两芯、三芯或四芯绝缘线芯以一定的节距均匀地绞合构成一个成缆元件。

两芯成缆元件外径

$$d_p = d_C \times 2 + \Delta p \qquad (3\text{-}3\text{-}13)$$

三芯成缆元件外径

$$d_p = d_C \times 2.154 + \Delta p \qquad (3\text{-}3\text{-}14)$$

四芯成缆元件外径

$$d_p = d_C \times 2.414 + \Delta p \qquad (3\text{-}3\text{-}15)$$

式中，d_p 为成缆元件外径实际值；d_c 为绝缘外径实际值；Δp 为分屏蔽层（如有）的标称厚度，其值符合如下规定：

单层金属带屏蔽时，Δp 等于金属带的厚度如表 3-3-4 所示；

双层金属带屏蔽时，Δp 等于 2 倍金属带的厚度如表 3-3-4 所示；

铜丝编织屏蔽时，Δp 等于 2.5 倍的编织单线直径如表 3-3-7 所示。

4．缆芯

（1）成缆系数的选取

成缆系数的选取符合表 3-3-3 的规定。

表 3-3-3　成缆系数

芯数	成缆系数	芯数	成缆系数
1	1	32	6.7
2	2	33	6.7
3	2.16	34	7
4	2.42	35	7
5	2.7	36	7
6	3	37	7
7	3	38	7.33
8	3.45	39	7.33
9	3.8	40	7.33
10	4	41	7.67
11	4	42	7.67
12	4.16	43	7.67
13	4.41	44	8
14	4.41	45	8
15	4.7	46	8
16	4.7	47	8
17	5	48	8.15
18	5	49	8.41
19	5	50	8.41
20	5.33	51	8.41
21	5.33	52	8.41
22	5.67	53	8.7
23	5.67	54	8.7
24	6	55	8.7
25	6	56	8.7
26	6	57	9
27	6.15	58	9
28	6.41	59	9
29	6.41	60	9
30	6.41	61	9
31	6.7		

（2）成缆外径的计算

对线组计算公式为

$$D_p = d_p \times k \times cf \ \text{mm} \tag{3-3-16}$$

cf：分屏为 0.89，总屏为 0.82。

三线组计算公式为

$$D_p = d_p \times k \times cf \ \text{mm} \tag{3-3-17}$$

cf：分屏为 0.94，总屏为 0.87。

四线组计算公式为

$$D_q = d_q \times k \times cf \quad \text{mm} \qquad (3\text{-}3\text{-}18)$$

cf：分屏为 1.0，总屏为 1.0。

式中，D_p 为成缆外径；K 为成缆系数，按表 3-3-3 取值；d_p 为成缆元件假定外径。

5. 绕包

（1）绕包材料

对于计算机电缆来说，其绕包材料包括：①耐火电缆导体云母带的绕包；②成缆元件或成缆后聚酯带或 PVC 带的绕包；③铜带或铝/聚酯带屏蔽的绕包；④钢带铠装的绕包。

（2）绕包方式

计算机电缆的绕包方式有两种：一种为重叠绕包，另一种绕包方式为间隙绕包。

（3）绕包外径的计算

重叠绕包外径计算公式为

$$D_t = d_a + 4tL \qquad (3\text{-}3\text{-}19)$$

间隙绕包外径计算公式为

$$D_t = d_a + 2tL \qquad (3\text{-}3\text{-}20)$$

式中，d_t 为绕包后假定外径；d_a 为绕包前假定外径；t 为绕包带的厚度，各材料的厚度参见表 3-3-4；L 为绕包层数。

表 3-3-4　各种绕包材料的厚度

序号	材料名称	厚度/mm	备注
1	铜/塑复合带	0.05	
2	铝/塑复合带	0.05	
3	纯铜带	0.05	
4	阻水带	0.2	
5	无纺布	0.2	
6	云母带	0.14	
7	压纹 PP 带	0.14	
8	扎带	0.08	
9	四氟膜	0.04	
10	聚酯膜	0.05	
11	PVC 带	0.3	
12	低烟无卤带	0.2	
13	阻燃玻璃布带	0.15，0.2	
14	钢带	0.2，0.5，0.8	见表 3-3-5

表 3-3-5　铠装金属带标称厚度　　　　　（单位：mm）

铠装前假设直径 d		钢带或镀锌钢带标称厚度
—	≤30	0.2
>30	≤70	0.5
>70	—	0.8

6. 编织屏蔽

（1）编织材料

1）耐火电缆导体在绕包云母带后编织玻璃丝。

2）编织屏蔽材料有裸铜线、镀锡铜线、铜包铝线和铜包铝合金线。

3）编织铠装材料有镀锌钢丝。

（2）编织机选择

一般情况下，编织机的选择依据见表 3-3-6。

表 3-3-6　编织机锭数

编织前假设直径 d/mm		编织机/锭
—	≤6	16
>6	≤14	24
>14	—	32

（3）编织圆铜线标称直径的选择

编织圆铜线标称直径的选用见表 3-3-7。

表 3-3-7　编织圆铜线的标称直径　　　　　（单位：mm）

编织前假定直径 d	编织圆铜线标称直径	备注
$d \leqslant 10$	0.15	
$10 < d \leqslant 20$	0.2	对于铜包铝合金丝，为了保证其强度，在相同截面
$20 < d \leqslant 30$	0.2	情况下，其单丝直径相应增加一个数量级
$30 < d$	0.3	

（4）编织密度计算

编织密度 K 用百分数表示，按下两式计算确定。

$$K = \left(2K_{f} - K_{f}^{2} \right) \times 100\% \qquad (3\text{-}3\text{-}21)$$

$$K_{f} = \frac{mnd}{2\pi d_{0}} \left[1 + \frac{\pi^{2} d_{0}^{2}}{L^{2}} \right]^{1/2} \qquad (3\text{-}3\text{-}22)$$

式中，K 为编织密度（%）；K_{f} 为单向覆盖系数；L 为编织节距，mm；d 为圆铜线直径，mm；d_0 为编织层平均直径，mm；m 为锭子总数；n 为每锭根数。

（5）编织层外径的计算

$$d_r = d_d + 4d \tag{3-3-23}$$

式中，d_r 为编织后假定外径；d_d 为编织前假定外径；d 为编织丝的单丝直径，材料的单丝直径参见表 3-3-7。

7. 内衬层

内衬层外径的计算公式为

$$d_B = d_f + 2t_B \tag{3-3-24}$$

式中，d_B 为内衬层外径；d_f 为挤包内衬层前外径；t_B 为内衬层厚度，挤包内衬层厚度取值符合表 3-3-8 的规定。

表 3-3-8　挤包内衬层厚度近似值　　　　　　（单位：mm）

缆芯假设直径		挤包内衬层厚度近似值
—	≤25	1.0
>25	≤35	1.2
>35	≤45	1.4
>45	≤60	1.6
>60	≤80	1.8
>80	—	2.0

8. 金属丝铠装

金属丝铠装后外径按照下式计算

$$d_X = d_A + 2t_A + 2t_W \tag{3-3-25}$$

式中，d_X 为金属丝铠装后的外径；d_A 为铠装前的直径，式中 d_A 为实际值；t_A 为金属丝标称直径，取值按照表 3-3-9 的规定；t_W 为反向扎带的厚度。

表 3-3-9　铠装圆金属丝标称直径　　　　　　（单位：mm）

铠装前假设直径		铠装圆金属丝标称直径
—	≤10	0.8
>10	≤15	1.25
>15	≤25	1.6
>25	≤35	2.0
>35	≤60	2.5
>60	—	3.15

9. 外护套

挤包护套标称厚度值 T_S 应按下式计算

氟塑料护套 $T_S = 0.025d + 0.4$ 最小厚度为 0.6 mm   (3-3-26)

硅橡胶护套 $T_S = 0.035d + 1.0$ 最小厚度为 1.4 mm   (3-3-27)

其他护套材料 $T_S = 0.025d + 0.9$ 最小厚度为 1.0 mm   (3-3-28)

式中，d 为挤包护套前电缆的假定直径。

式（3-2-28）计算出的数值，应按四舍五入修约到 0.1 mm。

3.1.3 材料密度的取值

计算机电缆常用材料密度取值可参考表 3-3-10。

表 3-3-10 计算机电缆常用材料密度参考表   （单位：g/cm³）

序号	材料名称	密度	序号	材料名称	密度
1	铜丝	8.90	11	高密度聚乙烯	0.95
2	铜带	8.90	12	硅橡胶	1.30
3	铝/塑复合带	1.95	13	氟塑料	2.20
4	铠装用镀锌钢丝	7.80	14	低烟无卤聚烯烃护套	1.50
5	铠装用钢带	7.80	15	云母带	1.60
6	聚氯乙烯绝缘	1.45	16	玻纤带	1.30
7	聚氯乙烯护套	1.50	17	玻纤绳	1.60
8	交联聚乙烯绝缘	0.95	18	无纺布	0.60
9	低密度聚乙烯	0.93	19	聚脂带	1.45
10	中密度聚乙烯	0.94	20	PP 网状填充绳	0.65

3.2 非铠装计算机电缆的结构尺寸及材料消耗

1. 非铠装计算机电缆的结构尺寸

结构尺寸见表 3-3-11。

表 3-3-11 非铠装计算机电缆的结构尺寸   （单位：mm）

序号	型号	电压/kV	规格	导体直径	绝缘厚度	分屏规格		总屏规格		护套厚度	参考外径	参考重量/(kg/km)
						编织铜丝直径	金属带厚度	编织铜丝直径	金属带厚度			
1	DJYPVP	0.3/0.5	2×2×1.0	1.13	0.6	0.12		0.15		1.2	12.9	229.2
2	DJYPVP	0.3/0.5	3×2×1.0	1.13	0.6	0.12		0.20		1.2	14.0	279.7
3	DJYPVP	0.3/0.5	4×2×1.0	1.13	0.6	0.12		0.20		1.2	15.2	339.2
4	DJYPVP	0.3/0.5	5×2×1.0	1.13	0.6	0.12		0.20		1.3	16.8	411.2
5	DJYPVP	0.3/0.5	6×2×1.0	1.13	0.6	0.12		0.20		1.3	18.2	478.3

（续）

序号	型号	电压/kV	规格	导体直径	绝缘厚度	分屏规格		总屏规格		护套厚度	参考外径	参考重量/（kg/km）
						编织铜丝直径	金属带厚度	编织铜丝直径	金属带厚度			
6	DJYPVP	0.3/0.5	7×2×1.0	1.13	0.6	0.12		0.20		1.3	18.2	511.0
7	DJYPVP	0.3/0.5	8×2×1.0	1.13	0.6	0.12		0.20		1.3	19.7	583.5
8	DJYPVP	0.3/0.5	9×2×1.0	1.13	0.6	0.12		0.20		1.4	21.8	653.5
9	DJYPVP	0.3/0.5	10×2×1.0	1.13	0.6	0.12		0.20		1.4	23.2	749.5
10	DJYP2VP2	0.3/0.5	2×2×1.0	1.13	0.6		0.05		0.05	1.1	11.6	176.6
11	DJYP2VP2	0.3/0.5	3×2×1.0	1.13	0.6		0.05		0.05	1.1	12.3	226.2
12	DJYP2VP2	0.3/0.5	4×2×1.0	1.13	0.6		0.05		0.05	1.2	13.7	275.6
13	DJYP2VP2	0.3/0.5	5×2×1.0	1.13	0.6		0.05		0.05	1.2	15.0	330.0
14	DJYP2VP2	0.3/0.5	6×2×1.0	1.13	0.6		0.05		0.05	1.2	16.3	386.6
15	DJYP2VP2	0.3/0.5	7×2×1.0	1.13	0.6		0.05		0.05	1.2	16.3	415.0
16	DJYP2VP2	0.3/0.5	8×2×1.0	1.13	0.6		0.05		0.05	1.3	17.9	475.0
17	DJYP2VP2	0.3/0.5	9×2×1.0	1.13	0.6		0.05		0.05	1.3	19.7	533.3
18	DJYP2VP2	0.3/0.5	10×2×1.0	1.13	0.6		0.05		0.05	1.3	21.1	604.4
19	DJYP3VP3	0.3/0.5	2×2×1.0	1.13	0.6		0.05		0.05	1.1	11.2	153.0
20	DJYP3VP3	0.3/0.5	3×2×1.0	1.13	0.6		0.05		0.05	1.1	11.9	193.3
21	DJYP3VP3	0.3/0.5	4×2×1.0	1.13	0.6		0.05		0.05	1.2	13.2	236.0
22	DJYP3VP3	0.3/0.5	5×2×1.0	1.13	0.6		0.05		0.05	1.2	14.5	282.0
23	DJYP3VP3	0.3/0.5	6×2×1.0	1.13	0.6		0.05		0.05	1.2	15.8	330.7
24	DJYP3VP3	0.3/0.5	7×2×1.0	1.13	0.6		0.05		0.05	1.2	15.8	352.2
25	DJYP3VP3	0.3/0.5	8×2×1.0	1.13	0.6		0.05		0.05	1.3	17.3	403.8
26	DJYP3VP3	0.3/0.5	9×2×1.0	1.13	0.6		0.05		0.05	1.3	19.0	453.0
27	DJYP3VP3	0.3/0.5	10×2×1.0	1.13	0.6		0.05		0.05	1.3	20.3	513.0
28	DJYVP	0.3/0.5	1×2×1.0	1.13	0.6			0.15		1.0	7.5	73.1
29	DJYVP	0.3/0.5	2×2×1.0	1.13	0.6			0.15		1.1	10.6	151.6
30	DJYVP	0.3/0.5	3×2×1.0	1.13	0.6			0.15		1.1	11.2	177.1
31	DJYVP	0.3/0.5	4×2×1.0	1.13	0.6			0.15		1.2	12.4	218.7
32	DJYVP	0.3/0.5	5×2×1.0	1.13	0.6			0.20		1.2	13.8	273.8
33	DJYVP	0.3/0.5	6×2×1.0	1.13	0.6			0.20		1.2	14.9	317.2
34	DJYVP	0.3/0.5	7×2×1.0	1.13	0.6			0.20		1.2	14.9	330.2
35	DJYVP	0.3/0.5	8×2×1.0	1.13	0.6			0.20		1.3	16.2	375.5
36	DJYVP	0.3/0.5	9×2×1.0	1.13	0.6			0.20		1.3	17.8	422.0
37	DJYVP	0.3/0.5	10×2×1.0	1.13	0.6			0.20		1.3	18.9	466.3
38	DJYVP2	0.3/0.5	1×2×1.0	1.13	0.6				0.05	1.0	7.1	66.3

（续）

序号	型号	电压/kV	规格	导体直径	绝缘厚度	分屏规格		总屏规格		护套厚度	参考外径	参考重量/（kg/km）
						编织铜丝直径	金属带厚度	编织铜丝直径	金属带厚度			
39	DJYVP2	0.3/0.5	2×2×1.0	1.13	0.6				0.05	1.1	10.4	137.7
40	DJYVP2	0.3/0.5	3×2×1.0	1.13	0.6				0.05	1.1	11.0	163.6
41	DJYVP2	0.3/0.5	4×2×1.0	1.13	0.6				0.05	1.1	12.0	194.0
42	DJYVP2	0.3/0.5	5×2×1.0	1.13	0.6				0.05	1.2	13.3	237.0
43	DJYVP2	0.3/0.5	6×2×1.0	1.13	0.6				0.05	1.2	14.5	276.7
44	DJYVP2	0.3/0.5	7×2×1.0	1.13	0.6				0.05	1.2	14.5	289.7
45	DJYVP2	0.3/0.5	8×2×1.0	1.13	0.6				0.05	1.2	15.7	323.8
46	DJYVP2	0.3/0.5	9×2×1.0	1.13	0.6				0.05	1.3	17.5	372.2
47	DJYVP2	0.3/0.5	10×2×1.0	1.13	0.6				0.05	1.3	18.6	412.8
48	DJYVP3	0.3/0.5	1×2×1.0	1.13	0.6				0.05	1.0	7.1	61.3
49	DJYVP3	0.3/0.5	2×2×1.0	1.13	0.6				0.05	1.1	10.4	127.6
50	DJYVP3	0.3/0.5	3×2×1.0	1.13	0.6				0.05	1.1	11.0	152.8
51	DJYVP3	0.3/0.5	4×2×1.0	1.13	0.6				0.05	1.1	12.0	182.5
52	DJYVP3	0.3/0.5	5×2×1.0	1.13	0.6				0.05	1.2	13.3	224.1
53	DJYVP3	0.3/0.5	6×2×1.0	1.13	0.6				0.05	1.2	14.5	262.5
54	DJYVP3	0.3/0.5	7×2×1.0	1.13	0.6				0.05	1.2	14.5	275.5
55	DJYVP3	0.3/0.5	8×2×1.0	1.13	0.6				0.05	1.2	15.7	308.4
56	DJYVP3	0.3/0.5	9×2×1.0	1.13	0.6				0.05	1.3	17.5	354.6
57	DJYVP3	0.3/0.5	10×2×1.0	1.13	0.6				0.05	1.3	18.6	393.9
58	DJYPVP	0.3/0.5	2×2×1.5	1.38	0.6	0.12			0.20	1.2	14.3	271.4
59	DJYPVP	0.3/0.5	3×2×1.5	1.38	0.6	0.12			0.20	1.2	15.1	333.0
60	DJYPVP	0.3/0.5	4×2×1.5	1.38	0.6	0.12			0.20	1.3	16.7	415.3
61	DJYPVP	0.3/0.5	5×2×1.5	1.38	0.6	0.12			0.20	1.3	18.2	494.8
62	DJYPVP	0.3/0.5	6×2×1.5	1.38	0.6	0.12			0.20	1.3	19.8	578.2
63	DJYPVP	0.3/0.5	7×2×1.5	1.38	0.6	0.12			0.20	1.3	19.8	620.0
64	DJYPVP	0.3/0.5	8×2×1.5	1.38	0.6	0.12			0.20	1.4	21.6	706.3
65	DJYPVP	0.3/0.5	9×2×1.5	1.38	0.6	0.12			0.25	1.4	24.0	833.0
66	DJYPVP	0.3/0.5	10×2×1.5	1.38	0.6	0.12			0.25	1.5	25.8	919.8
67	DJYP2VP2	0.3/0.5	2×2×1.5	1.38	0.6		0.05		0.05	1.2	12.8	218.2
68	DJYP2VP2	0.3/0.5	3×2×1.5	1.38	0.6		0.05		0.05	1.2	13.6	272.0
69	DJYP2VP2	0.3/0.5	4×2×1.5	1.38	0.6		0.05		0.05	1.2	14.9	336.1
70	DJYP2VP2	0.3/0.5	5×2×1.5	1.38	0.6		0.05		0.05	1.2	16.4	414.5
71	DJYP2VP2	0.3/0.5	6×2×1.5	1.38	0.6		0.05		0.05	1.3	18.1	484.9

（续）

序号	型号	电压/kV	规格	导体直径	绝缘厚度	分屏规格		总屏规格		护套厚度	参考外径	参考重量/（kg/km）
						编织铜丝直径	金属带厚度	编织铜丝直径	金属带厚度			
72	DJYP2VP2	0.3/0.5	7×2×1.5	1.38	0.6		0.05		0.05	1.3	18.1	521.6
73	DJYP2VP2	0.3/0.5	8×2×1.5	1.38	0.6		0.05		0.05	1.3	19.6	586.7
74	DJYP2VP2	0.3/0.5	9×2×1.5	1.38	0.6		0.05		0.05	1.4	21.9	670.2
75	DJYP2VP2	0.3/0.5	10×2×1.5	1.38	0.6		0.05		0.05	1.4	23.4	743.8
76	DJYP3VP3	0.3/0.5	2×2×1.5	1.38	0.6		0.05		0.05	1.2	12.5	191.8
77	DJYP3VP3	0.3/0.5	3×2×1.5	1.38	0.6		0.05		0.05	1.2	13.2	236.9
78	DJYP3VP3	0.3/0.5	4×2×1.5	1.38	0.6		0.05		0.05	1.2	14.5	292.2
79	DJYP3VP3	0.3/0.5	5×2×1.5	1.38	0.6		0.05		0.05	1.2	15.9	358.7
80	DJYP3VP3	0.3/0.5	6×2×1.5	1.38	0.6		0.05		0.05	1.3	17.6	422.0
81	DJYP3VP3	0.3/0.5	7×2×1.5	1.38	0.6		0.05		0.05	1.3	17.6	451.1
82	DJYP3VP3	0.3/0.5	8×2×1.5	1.38	0.6		0.05		0.05	1.3	19.1	500.6
83	DJYP3VP3	0.3/0.5	9×2×1.5	1.38	0.6		0.05		0.05	1.4	21.2	579.9
84	DJYP3VP3	0.3/0.5	10×2×1.5	1.38	0.6		0.05		0.05	1.4	22.7	636.6
85	DJYVP	0.3/0.5	1×2×1.5	1.38	0.6			0.15		1.1	8.3	88.7
86	DJYVP	0.3/0.5	2×2×1.5	1.38	0.6			0.15		1.1	11.6	184.2
87	DJYVP	0.3/0.5	3×2×1.5	1.38	0.6			0.15		1.2	12.5	227.1
88	DJYVP	0.3/0.5	4×2×1.5	1.38	0.6			0.20		1.2	13.9	290.4
89	DJYVP	0.3/0.5	5×2×1.5	1.38	0.6			0.20		1.2	15.1	343.8
90	DJYVP	0.3/0.5	6×2×1.5	1.38	0.6			0.20		1.3	16.6	408.8
91	DJYVP	0.3/0.5	7×2×1.5	1.38	0.6			0.20		1.3	16.6	428.5
92	DJYVP	0.3/0.5	8×2×1.5	1.38	0.6			0.20		1.3	17.9	479.1
93	DJYVP	0.3/0.5	9×2×1.5	1.38	0.6			0.20		1.3	19.6	549.7
94	DJYVP	0.3/0.5	10×2×1.5	1.38	0.6			0.20		1.4	21.1	606.1
95	DJYVP2	0.3/0.5	1×2×1.5	1.38	0.6				0.05	1.0	7.7	80.9
96	DJYVP2	0.3/0.5	2×2×1.5	1.38	0.6				0.05	1.1	11.4	166.6
97	DJYVP2	0.3/0.5	3×2×1.5	1.38	0.6				0.05	1.1	12.0	202.2
98	DJYVP2	0.3/0.5	4×2×1.5	1.38	0.6				0.05	1.2	13.4	253.2
99	DJYVP2	0.3/0.5	5×2×1.5	1.38	0.6				0.05	1.2	14.7	302.7
100	DJYVP2	0.3/0.5	6×2×1.5	1.38	0.6				0.05	1.2	16.0	355.6
101	DJYVP2	0.3/0.5	7×2×1.5	1.38	0.6				0.05	1.2	16.0	375.3
102	DJYVP2	0.3/0.5	8×2×1.5	1.38	0.6				0.05	1.3	17.5	429.0
103	DJYVP2	0.3/0.5	9×2×1.5	1.38	0.6				0.05	1.3	19.3	482.0
104	DJYVP2	0.3/0.5	10×2×1.5	1.38	0.6				0.05	1.3	20.6	550.2

（续）

序号	型号	电压/kV	规格	导体直径	绝缘厚度	分屏规格 编织铜丝直径	分屏规格 金属带厚度	总屏规格 编织铜丝直径	总屏规格 金属带厚度	护套厚度	参考外径	参考重量/（kg/km）
105	DJYVP3	0.3/0.5	1×2×1.5	1.38	0.6				0.05	1.0	7.7	75.2
106	DJYVP3	0.3/0.5	2×2×1.5	1.38	0.6				0.05	1.1	11.4	155.8
107	DJYVP3	0.3/0.5	3×2×1.5	1.38	0.6				0.05	1.1	12.0	190.6
108	DJYVP3	0.3/0.5	4×2×1.5	1.38	0.6				0.05	1.2	13.4	240.2
109	DJYVP3	0.3/0.5	5×2×1.5	1.38	0.6				0.05	1.2	14.7	288.2
110	DJYVP3	0.3/0.5	6×2×1.5	1.38	0.6				0.05	1.2	16.0	339.5
111	DJYVP3	0.3/0.5	7×2×1.5	1.38	0.6				0.05	1.2	16.0	359.2
112	DJYVP3	0.3/0.5	8×2×1.5	1.38	0.6				0.05	1.3	17.5	411.3
113	DJYVP3	0.3/0.5	9×2×1.5	1.38	0.6				0.05	1.3	19.3	462.2
114	DJYVP3	0.3/0.5	10×2×1.5	1.38	0.6				0.05	1.3	20.6	528.8
115	DJVPVP	0.3/0.5	2×2×1.0	1.13	0.6	0.12			0.15	1.2	12.9	235.9
116	DJVPVP	0.3/0.5	3×2×1.0	1.13	0.6	0.12			0.20	1.2	14.0	289.8
117	DJVPVP	0.3/0.5	4×2×1.0	1.13	0.6	0.12			0.20	1.2	15.2	352.6
118	DJVPVP	0.3/0.5	5×2×1.0	1.13	0.6	0.12			0.20	1.3	16.8	428.0
119	DJVPVP	0.3/0.5	6×2×1.0	1.13	0.6	0.12			0.20	1.3	18.2	498.4
120	DJVPVP	0.3/0.5	7×2×1.0	1.13	0.6	0.12			0.20	1.3	18.2	534.5
121	DJVPVP	0.3/0.5	8×2×1.0	1.13	0.6	0.12			0.20	1.3	19.7	610.4
122	DJVPVP	0.3/0.5	9×2×1.0	1.13	0.6	0.12			0.20	1.4	21.8	683.7
123	DJVPVP	0.3/0.5	10×2×1.0	1.13	0.6	0.12			0.20	1.4	23.2	783.1
124	DJVP2VP2	0.3/0.5	2×2×1.0	1.13	0.6		0.05		0.05	1.1	14.6	183.3
125	DJVP2VP2	0.3/0.5	3×2×1.0	1.13	0.6		0.05		0.05	1.1	15.3	236.2
126	DJVP2VP2	0.3/0.5	4×2×1.0	1.13	0.6		0.05		0.05	1.2	16.5	289.0
127	DJVP2VP2	0.3/0.5	5×2×1.0	1.13	0.6		0.05		0.05	1.2	18.0	346.8
128	DJVP2VP2	0.3/0.5	6×2×1.0	1.13	0.6		0.05		0.05	1.2	19.3	406.7
129	DJVP2VP2	0.3/0.5	7×2×1.0	1.13	0.6		0.05		0.05	1.2	19.3	438.5
130	DJVP2VP2	0.3/0.5	8×2×1.0	1.13	0.6		0.05		0.05	1.3	20.9	501.9
131	DJVP2VP2	0.3/0.5	9×2×1.0	1.13	0.6		0.05		0.05	1.3	22.7	563.5
132	DJVP2VP2	0.3/0.5	10×2×1.0	1.13	0.6		0.05		0.05	1.3	24.1	638.0
133	DJVP3VP3	0.3/0.5	2×2×1.0	1.13	0.6		0.05		0.05	1.1	11.2	159.7
134	DJVP3VP3	0.3/0.5	3×2×1.0	1.13	0.6		0.05		0.05	1.1	11.9	203.4
135	DJVP3VP3	0.3/0.5	4×2×1.0	1.13	0.6		0.05		0.05	1.2	13.2	249.5
136	DJVP3VP3	0.3/0.5	5×2×1.0	1.13	0.6		0.05		0.05	1.2	14.5	298.8
137	DJVP3VP3	0.3/0.5	6×2×1.0	1.13	0.6		0.05		0.05	1.2	15.8	350.8

（续）

序号	型号	电压/kV	规格	导体直径	绝缘厚度	分屏规格 编织铜丝直径	分屏规格 金属带厚度	总屏规格 编织铜丝直径	总屏规格 金属带厚度	护套厚度	参考外径	参考重量/(kg/km)
138	DJVP3VP3	0.3/0.5	7×2×1.0	1.13	0.6		0.05		0.05	1.2	15.8	375.7
139	DJVP3VP3	0.3/0.5	8×2×1.0	1.13	0.6		0.05		0.05	1.3	17.3	430.7
140	DJVP3VP3	0.3/0.5	9×2×1.0	1.13	0.6		0.05		0.05	1.3	19.0	483.2
141	DJVP3VP3	0.3/0.5	10×2×1.0	1.13	0.6		0.05		0.05	1.3	20.3	546.6
142	DJVVP	0.3/0.5	1×2×1.0	1.13	0.6			0.15		1.0	7.5	76.5
143	DJVVP	0.3/0.5	2×2×1.0	1.13	0.6			0.15		1.1	10.6	158.3
144	DJVVP	0.3/0.5	3×2×1.0	1.13	0.6			0.15		1.1	11.2	187.2
145	DJVVP	0.3/0.5	4×2×1.0	1.13	0.6			0.15		1.2	12.4	232.1
146	DJVVP	0.3/0.5	5×2×1.0	1.13	0.6			0.20		1.2	13.8	290.6
147	DJVVP	0.3/0.5	6×2×1.0	1.13	0.6			0.20		1.2	14.9	337.3
148	DJVVP	0.3/0.5	7×2×1.0	1.13	0.6			0.20		1.2	14.9	353.7
149	DJVVP	0.3/0.5	8×2×1.0	1.13	0.6			0.20		1.3	16.2	402.3
150	DJVVP	0.3/0.5	9×2×1.0	1.13	0.6			0.20		1.3	17.7	452.2
151	DJVVP	0.3/0.5	10×2×1.0	1.13	0.6			0.20		1.3	18.9	499.9
152	DJVVP2	0.3/0.5	1×2×1.0	1.13	0.6				0.05	1.0	7.1	69.7
153	DJVVP2	0.3/0.5	2×2×1.0	1.13	0.6				0.05	1.1	10.4	144.4
154	DJVVP2	0.3/0.5	3×2×1.0	1.13	0.6				0.05	1.1	11.0	173.7
155	DJVVP2	0.3/0.5	4×2×1.0	1.13	0.6				0.05	1.1	12.0	207.5
156	DJVVP2	0.3/0.5	5×2×1.0	1.13	0.6				0.05	1.2	13.3	253.8
157	DJVVP2	0.3/0.5	6×2×1.0	1.13	0.6				0.05	1.2	14.5	296.8
158	DJVVP2	0.3/0.5	7×2×1.0	1.13	0.6				0.05	1.2	14.5	313.2
159	DJVVP2	0.3/0.5	8×2×1.0	1.13	0.6				0.05	1.2	15.7	350.6
160	DJVVP2	0.3/0.5	9×2×1.0	1.13	0.6				0.05	1.3	17.5	402.4
161	DJVVP2	0.3/0.5	10×2×1.0	1.13	0.6				0.05	1.3	18.6	446.4
162	DJVVP3	0.3/0.5	1×2×1.0	1.13	0.6				0.05	1.0	7.1	64.7
163	DJVVP3	0.3/0.5	2×2×1.0	1.13	0.6				0.05	1.1	10.4	134.3
164	DJVVP3	0.3/0.5	3×2×1.0	1.13	0.6				0.05	1.1	11.0	162.8
165	DJVVP3	0.3/0.5	4×2×1.0	1.13	0.6				0.05	1.1	12.0	195.9
166	DJVVP3	0.3/0.5	5×2×1.0	1.13	0.6				0.05	1.2	13.3	240.9
167	DJVVP3	0.3/0.5	6×2×1.0	1.13	0.6				0.05	1.2	14.5	282.6
168	DJVVP3	0.3/0.5	7×2×1.0	1.13	0.6				0.05	1.2	14.5	299.0
169	DJVVP3	0.3/0.5	8×2×1.0	1.13	0.6				0.05	1.2	15.7	335.3
170	DJVVP3	0.3/0.5	9×2×1.0	1.13	0.6				0.05	1.3	17.5	384.8

（续）

序号	型号	电压/kV	规格	导体直径	绝缘厚度	分屏规格		总屏规格		护套厚度	参考外径	参考重量/(kg/km)
						编织铜丝直径	金属带厚度	编织铜丝直径	金属带厚度			
171	DJVVP3	0.3/0.5	10×2×1.0	1.13	0.6				0.05	1.3	18.6	427.5
172	DJVPVP	0.3/0.5	2×2×1.5	1.38	0.7	0.12		0.20		1.2	15.0	298.7
173	DJVPVP	0.3/0.5	3×2×1.5	1.38	0.7	0.12		0.20		1.2	15.9	368.7
174	DJVPVP	0.3/0.5	4×2×1.5	1.38	0.7	0.12		0.20		1.3	17.6	460.8
175	DJVPVP	0.3/0.5	5×2×1.5	1.38	0.7	0.12		0.20		1.3	19.2	550.2
176	DJVPVP	0.3/0.5	6×2×1.5	1.38	0.7	0.12		0.20		1.4	21.1	653.9
177	DJVPVP	0.3/0.5	7×2×1.5	1.38	0.7	0.12		0.20		1.4	21.1	701.3
178	DJVPVP	0.3/0.5	8×2×1.5	1.38	0.7	0.12		0.20		1.4	22.8	814.3
179	DJVPVP	0.3/0.5	9×2×1.5	1.38	0.7	0.12		0.25		1.5	25.5	925.5
180	DJVPVP	0.3/0.5	10×2×1.5	1.38	0.7	0.12		0.25		1.5	27.2	1023.7
181	DJVP2VP2	0.3/0.5	2×2×1.5	1.38	0.7		0.05		0.05	1.2	16.4	243.0
182	DJVP2VP2	0.3/0.5	3×2×1.5	1.38	0.7		0.05		0.05	1.2	17.4	303.7
183	DJVP2VP2	0.3/0.5	4×2×1.5	1.38	0.7		0.05		0.05	1.2	18.8	376.3
184	DJVP2VP2	0.3/0.5	5×2×1.5	1.38	0.7		0.05		0.05	1.3	20.4	462.5
185	DJVP2VP2	0.3/0.5	6×2×1.5	1.38	0.7		0.05		0.05	1.3	22.2	544.3
186	DJVP2VP2	0.3/0.5	7×2×1.5	1.38	0.7		0.05		0.05	1.3	22.2	586.2
187	DJVP2VP2	0.3/0.5	8×2×1.5	1.38	0.7		0.05		0.05	1.4	23.8	669.6
188	DJVP2VP2	0.3/0.5	9×2×1.5	1.38	0.7		0.05		0.05	1.4	26.2	752.9
189	DJVP2VP2	0.3/0.5	10×2×1.5	1.38	0.7		0.05		0.05	1.4	27.8	851.5
190	DJVP3VP3	0.3/0.5	2×2×1.5	1.38	0.7		0.05		0.05	1.2	13.2	210.2
191	DJVP3VP3	0.3/0.5	3×2×1.5	1.38	0.7		0.05		0.05	1.2	14.0	265.9
192	DJVP3VP3	0.3/0.5	4×2×1.5	1.38	0.7		0.05		0.05	1.2	15.4	324.2
193	DJVP3VP3	0.3/0.5	5×2×1.5	1.38	0.7		0.05		0.05	1.3	17.1	399.6
194	DJVP3VP3	0.3/0.5	6×2×1.5	1.38	0.7		0.05		0.05	1.3	18.7	471.2
195	DJVP3VP3	0.3/0.5	7×2×1.5	1.38	0.7		0.05		0.05	1.3	18.7	504.7
196	DJVP3VP3	0.3/0.5	8×2×1.5	1.38	0.7		0.05		0.05	1.4	20.4	583.5
197	DJVP3VP3	0.3/0.5	9×2×1.5	1.38	0.7		0.05		0.05	1.4	22.5	648.5
198	DJVP3VP3	0.3/0.5	10×2×1.5	1.38	0.7		0.05		0.05	1.4	24.1	741.5
199	DJVVP	0.3/0.5	1×2×1.5	1.38	0.7			0.15		1.1	8.7	98.6
200	DJVVP	0.3/0.5	2×2×1.5	1.38	0.7			0.15		1.2	12.5	212.9
201	DJVVP	0.3/0.5	3×2×1.5	1.38	0.7			0.15		1.2	13.2	271.2
202	DJVVP	0.3/0.5	4×2×1.5	1.38	0.7			0.20		1.2	14.7	328.0
203	DJVVP	0.3/0.5	5×2×1.5	1.38	0.7			0.20		1.2	16.0	398.5

（续）

序号	型号	电压/kV	规格	导体直径	绝缘厚度	分屏规格 编织铜丝直径	分屏规格 金属带厚度	总屏规格 编织铜丝直径	总屏规格 金属带厚度	护套厚度	参考外径	参考重量/（kg/km）
204	DJVVP	0.3/0.5	6×2×1.5	1.38	0.7			0.20		1.3	17.6	464.0
205	DJVVP	0.3/0.5	7×2×1.5	1.38	0.7			0.20		1.3	17.6	487.7
206	DJVVP	0.3/0.5	8×2×1.5	1.38	0.7			0.20		1.3	19.0	546.0
207	DJVVP	0.3/0.5	9×2×1.5	1.38	0.7			0.20		1.4	21.0	622.6
208	DJVVP	0.3/0.5	10×2×1.5	1.38	0.7			0.20		1.4	22.4	690.6
209	DJVVP2	0.3/0.5	1×2×1.5	1.38	0.7				0.05	1.0	8.1	90.1
210	DJVVP2	0.3/0.5	2×2×1.5	1.38	0.7				0.05	1.1	12.0	188.0
211	DJVVP2	0.3/0.5	3×2×1.5	1.38	0.7				0.05	1.2	12.9	235.3
212	DJVVP2	0.3/0.5	4×2×1.5	1.38	0.7				0.05	1.2	14.2	288.2
213	DJVVP2	0.3/0.5	5×2×1.5	1.38	0.7				0.05	1.2	15.5	345.6
214	DJVVP2	0.3/0.5	6×2×1.5	1.38	0.7				0.05	1.3	17.2	414.8
215	DJVVP2	0.3/0.5	7×2×1.5	1.38	0.7				0.05	1.3	17.2	438.5
216	DJVVP2	0.3/0.5	8×2×1.5	1.38	0.7				0.05	1.3	18.6	492.2
217	DJVVP2	0.3/0.5	9×2×1.5	1.38	0.7				0.05	1.3	20.5	567.1
218	DJVVP2	0.3/0.5	10×2×1.5	1.38	0.7				0.05	1.4	22.1	625.8
219	DJVVP3	0.3/0.5	1×2×1.5	1.38	0.7				0.05	1.0	8.1	84.1
220	DJVVP3	0.3/0.5	2×2×1.5	1.38	0.7				0.05	1.1	12.0	176.4
221	DJVVP3	0.3/0.5	3×2×1.5	1.38	0.7				0.05	1.2	12.9	222.8
222	DJVVP3	0.3/0.5	4×2×1.5	1.38	0.7				0.05	1.2	14.2	274.2
223	DJVVP3	0.3/0.5	5×2×1.5	1.38	0.7				0.05	1.2	15.5	330.0
224	DJVVP3	0.3/0.5	6×2×1.5	1.38	0.7				0.05	1.3	17.2	397.5
225	DJVVP3	0.3/0.5	7×2×1.5	1.38	0.7				0.05	1.3	17.2	421.2
226	DJVVP3	0.3/0.5	8×2×1.5	1.38	0.7				0.05	1.3	18.6	473.1
227	DJVVP3	0.3/0.5	9×2×1.5	1.38	0.7				0.05	1.3	20.5	545.8
228	DJVVP3	0.3/0.5	10×2×1.5	1.38	0.7				0.05	1.4	22.1	602.8
229	DJYJPVP	0.3/0.5	2×2×1.0	1.13	0.5	0.12		0.15		1.2	12.2	207.0
230	DJYJPVP	0.3/0.5	3×2×1.0	1.13	0.5	0.12		0.15		1.2	12.9	256.9
231	DJYJPVP	0.3/0.5	4×2×1.0	1.13	0.5	0.12		0.20		1.2	14.3	330.6
232	DJYJPVP	0.3/0.5	5×2×1.0	1.13	0.5	0.12		0.20		1.2	15.6	393.4
233	DJYJPVP	0.3/0.5	6×2×1.0	1.13	0.5	0.12		0.20		1.3	17.2	466.9
234	DJYJPVP	0.3/0.5	7×2×1.0	1.13	0.5	0.12		0.20		1.3	17.2	502.6
235	DJYJPVP	0.3/0.5	8×2×1.0	1.13	0.5	0.12		0.20		1.3	18.5	564.2
236	DJYJPVP	0.3/0.5	9×2×1.0	1.13	0.5	0.12		0.20		1.4	20.5	642.1

（续）

序号	型号	电压/kV	规格	导体直径	绝缘厚度	分屏规格 编织铜丝直径	分屏规格 金属带厚度	总屏规格 编织铜丝直径	总屏规格 金属带厚度	护套厚度	参考外径	参考重量/(kg/km)
237	DJYJPVP	0.3/0.5	10×2×1.0	1.13	0.5	0.12		0.20		1.4	21.8	709.5
238	DJYJP2VP2	0.3/0.5	2×2×1.0	1.13	0.5		0.05		0.05	1.1	10.9	172.5
239	DJYJP2VP2	0.3/0.5	3×2×1.0	1.13	0.5		0.05		0.05	1.1	11.5	216.3
240	DJYJP2VP2	0.3/0.5	4×2×1.0	1.13	0.5		0.05		0.05	1.2	12.8	273.7
241	DJYJP2VP2	0.3/0.5	5×2×1.0	1.13	0.5		0.05		0.05	1.2	14.0	328.0
242	DJYJP2VP2	0.3/0.5	6×2×1.0	1.13	0.5		0.05		0.05	1.2	15.2	385.0
243	DJYJP2VP2	0.3/0.5	7×2×1.0	1.13	0.5		0.05		0.05	1.2	15.2	417.0
244	DJYJP2VP2	0.3/0.5	8×2×1.0	1.13	0.5		0.05		0.05	1.3	16.7	476.7
245	DJYJP2VP2	0.3/0.5	9×2×1.0	1.13	0.5		0.05		0.05	1.3	18.4	535.1
246	DJYJP2VP2	0.3/0.5	10×2×1.0	1.13	0.5		0.05		0.05	1.3	19.6	593.0
247	DJYJP3VP3	0.3/0.5	2×2×1.0	1.13	0.5		0.05		0.05	1.1	10.5	149.8
248	DJYJP3VP3	0.3/0.5	3×2×1.0	1.13	0.5		0.05		0.05	1.1	11.1	186.5
249	DJYJP3VP3	0.3/0.5	4×2×1.0	1.13	0.5		0.05		0.05	1.2	12.4	236.3
250	DJYJP3VP3	0.3/0.5	5×2×1.0	1.13	0.5		0.05		0.05	1.2	13.5	282.9
251	DJYJP3VP3	0.3/0.5	6×2×1.0	1.13	0.5		0.05		0.05	1.2	14.7	332.1
252	DJYJP3VP3	0.3/0.5	7×2×1.0	1.13	0.5		0.05		0.05	1.2	14.7	357.8
253	DJYJP3VP3	0.3/0.5	8×2×1.0	1.13	0.5		0.05		0.05	1.3	16.1	409.7
254	DJYJP3VP3	0.3/0.5	9×2×1.0	1.13	0.5		0.05		0.05	1.3	17.7	459.9
255	DJYJP3VP3	0.3/0.5	10×2×1.0	1.13	0.5		0.05		0.05	1.3	18.9	510.0
256	DJYJVP	0.3/0.5	1×2×1.0	1.13	0.5			0.15		1.0	7.1	76.9
257	DJYJVP	0.3/0.5	2×2×1.0	1.13	0.5			0.15		1.1	10.0	141.7
258	DJYJVP	0.3/0.5	3×2×1.0	1.13	0.5			0.15		1.1	10.5	167.4
259	DJYJVP	0.3/0.5	4×2×1.0	1.13	0.5			0.15		1.1	11.4	201.1
260	DJYJVP	0.3/0.5	5×2×1.0	1.13	0.5			0.15		1.2	12.6	243.7
261	DJYJVP	0.3/0.5	6×2×1.0	1.13	0.5			0.20		1.2	13.9	298.2
262	DJYJVP	0.3/0.5	7×2×1.0	1.13	0.5			0.20		1.2	13.9	311.9
263	DJYJVP	0.3/0.5	8×2×1.0	1.13	0.5			0.20		1.2	15.0	348.6
264	DJYJVP	0.3/0.5	9×2×1.0	1.13	0.5			0.20		1.3	16.5	397.5
265	DJYJVP	0.3/0.5	10×2×1.0	1.13	0.5			0.20		1.3	17.6	439.9
266	DJYJVP2	0.3/0.5	1×2×1.0	1.13	0.5				0.05	1.0	6.5	68.5
267	DJYJVP2	0.3/0.5	2×2×1.0	1.13	0.5				0.05	1.1	9.4	127.4
268	DJYJVP2	0.3/0.5	3×2×1.0	1.13	0.5				0.05	1.1	9.9	152.0
269	DJYJVP2	0.3/0.5	4×2×1.0	1.13	0.5				0.05	1.1	10.8	183.8

（续）

序号	型号	电压/kV	规格	导体直径	绝缘厚度	分屏规格		总屏规格		护套厚度	参考外径	参考重量/(kg/km)
						编织铜丝直径	金属带厚度	编织铜丝直径	金属带厚度			
270	DJYJVP2	0.3/0.5	5×2×1.0	1.13	0.5				0.05	1.1	11.8	218.5
271	DJYJVP2	0.3/0.5	6×2×1.0	1.13	0.5				0.05	1.2	13.0	261.1
272	DJYJVP2	0.3/0.5	7×2×1.0	1.13	0.5				0.05	1.2	13.0	274.8
273	DJYJVP2	0.3/0.5	8×2×1.0	1.13	0.5				0.05	1.2	14.1	307.8
274	DJYJVP2	0.3/0.5	9×2×1.0	1.13	0.5				0.05	1.2	15.4	344.7
275	DJYJVP2	0.3/0.5	10×2×1.0	1.13	0.5				0.05	1.3	16.7	390.7
276	DJYJVP3	0.3/0.5	1×2×1.0	1.13	0.5				0.05	1.0	6.5	63.0
277	DJYJVP3	0.3/0.5	2×2×1.0	1.13	0.5				0.05	1.1	9.4	118.6
278	DJYJVP3	0.3/0.5	3×2×1.0	1.13	0.5				0.05	1.1	9.9	142.6
279	DJYJVP3	0.3/0.5	4×2×1.0	1.13	0.5				0.05	1.1	10.8	173.3
280	DJYJVP3	0.3/0.5	5×2×1.0	1.13	0.5				0.05	1.1	11.8	206.8
281	DJYJVP3	0.3/0.5	6×2×1.0	1.13	0.5				0.05	1.2	13.0	248.1
282	DJYJVP3	0.3/0.5	7×2×1.0	1.13	0.5				0.05	1.2	13.0	261.8
283	DJYJVP3	0.3/0.5	8×2×1.0	1.13	0.5				0.05	1.2	14.1	293.5
284	DJYJVP3	0.3/0.5	9×2×1.0	1.13	0.5				0.05	1.2	15.4	328.7
285	DJYJVP3	0.3/0.5	10×2×1.0	1.13	0.5				0.05	1.3	16.7	373.4
286	DJYJPVP	0.3/0.5	2×2×1.5	1.38	0.6	0.12		0.20		1.2	14.3	281.4
287	DJYJPVP	0.3/0.5	3×2×1.5	1.38	0.6	0.12		0.20		1.2	15.1	348.2
288	DJYJPVP	0.3/0.5	4×2×1.5	1.38	0.6	0.12		0.20		1.3	16.7	435.8
289	DJYJPVP	0.3/0.5	5×2×1.5	1.38	0.6	0.12		0.20		1.3	18.2	519.6
290	DJYJPVP	0.3/0.5	6×2×1.5	1.38	0.6	0.12		0.20		1.3	19.8	608.6
291	DJYJPVP	0.3/0.5	7×2×1.5	1.38	0.6	0.12		0.20		1.3	19.8	655.3
292	DJYJPVP	0.3/0.5	8×2×1.5	1.38	0.6	0.12		0.20		1.4	21.6	745.7
293	DJYJPVP	0.3/0.5	9×2×1.5	1.38	0.6	0.12		0.25		1.5	24.2	875.1
294	DJYJPVP	0.3/0.5	10×2×1.5	1.38	0.6	0.12		0.25		1.5	25.8	966.7
295	DJYJP2VP2	0.3/0.5	2×2×1.5	1.38	0.6		0.05		0.05	1.2	12.8	230.5
296	DJYJP2VP2	0.3/0.5	3×2×1.5	1.38	0.6		0.05		0.05	1.2	13.6	289.0
297	DJYJP2VP2	0.3/0.5	4×2×1.5	1.38	0.6		0.05		0.05	1.2	14.9	358.7
298	DJYJP2VP2	0.3/0.5	5×2×1.5	1.38	0.6		0.05		0.05	1.3	16.6	439.9
299	DJYJP2VP2	0.3/0.5	6×2×1.5	1.38	0.6		0.05		0.05	1.3	18.1	517.9
300	DJYJP2VP2	0.3/0.5	7×2×1.5	1.38	0.6		0.05		0.05	1.3	18.1	559.8
301	DJYJP2VP2	0.3/0.5	8×2×1.5	1.38	0.6		0.05		0.05	1.3	19.6	630.6
302	DJYJP2VP2	0.3/0.5	9×2×1.5	1.38	0.6		0.05		0.05	1.4	21.9	718.1

（续）

序号	型号	电压/kV	规格	导体直径	绝缘厚度	分屏规格		总屏规格		护套厚度	参考外径	参考重量/（kg/km）
						编织铜丝直径	金属带厚度	编织铜丝直径	金属带厚度			
303	DJYJP2VP2	0.3/0.5	10×2×1.5	1.38	0.6		0.05		0.05	1.4	23.4	797.5
304	DJYJP3VP3	0.3/0.5	2×2×1.5	1.38	0.6		0.05		0.05	1.2	12.5	202.7
305	DJYJP3VP3	0.3/0.5	3×2×1.5	1.38	0.6		0.05		0.05	1.2	13.2	252.5
306	DJYJP3VP3	0.3/0.5	4×2×1.5	1.38	0.6		0.05		0.05	1.2	14.5	312.9
307	DJYJP3VP3	0.3/0.5	5×2×1.5	1.38	0.6		0.05		0.05	1.2	15.9	384.7
308	DJYJP3VP3	0.3/0.5	6×2×1.5	1.38	0.6		0.05		0.05	1.3	17.6	453.1
309	DJYJP3VP3	0.3/0.5	7×2×1.5	1.38	0.6		0.05		0.05	1.3	17.6	487.2
310	DJYJP3VP3	0.3/0.5	8×2×1.5	1.38	0.6		0.05		0.05	1.3	19.1	548.4
311	DJYJP3VP3	0.3/0.5	9×2×1.5	1.38	0.6		0.05		0.05	1.4	21.2	625.9
312	DJYJP3VP3	0.3/0.5	10×2×1.5	1.38	0.6		0.05		0.05	1.4	22.7	695.6
313	DJYJVP	0.3/0.5	1×2×1.5	1.38	0.6			0.15		1.1	8.3	103.4
314	DJYJVP	0.3/0.5	2×2×1.5	1.38	0.6			0.15		1.1	11.6	188.1
315	DJYJVP	0.3/0.5	3×2×1.5	1.38	0.6			0.15		1.2	12.5	231.5
316	DJYJVP	0.3/0.5	4×2×1.5	1.38	0.6			0.20		1.2	13.9	295.3
317	DJYJVP	0.3/0.5	5×2×1.5	1.38	0.6			0.20		1.2	15.1	349.3
318	DJYJVP	0.3/0.5	6×2×1.5	1.38	0.6			0.20		1.3	16.6	414.9
319	DJYJVP	0.3/0.5	7×2×1.5	1.38	0.6			0.20		1.3	16.6	434.7
320	DJYJVP	0.3/0.5	8×2×1.5	1.38	0.6			0.20		1.3	17.9	486.0
321	DJYJVP	0.3/0.5	9×2×1.5	1.38	0.6			0.20		1.3	19.6	545.4
322	DJYJVP	0.3/0.5	10×2×1.5	1.38	0.6			0.20		1.4	21.1	614.4
323	DJYJVP2	0.3/0.5	1×2×1.5	1.38	0.6				0.05	1.0	7.5	89.0
324	DJYJVP2	0.3/0.5	2×2×1.5	1.38	0.6				0.05	1.1	11.0	170.5
325	DJYJVP2	0.3/0.5	3×2×1.5	1.38	0.6				0.05	1.1	11.7	206.6
326	DJYJVP2	0.3/0.5	4×2×1.5	1.38	0.6				0.05	1.2	13.0	258.1
327	DJYJVP2	0.3/0.5	5×2×1.5	1.38	0.6				0.05	1.2	14.2	308.1
328	DJYJVP2	0.3/0.5	6×2×1.5	1.38	0.6				0.05	1.2	15.5	361.7
329	DJYJVP2	0.3/0.5	7×2×1.5	1.38	0.6				0.05	1.2	15.5	381.5
330	DJYJVP2	0.3/0.5	8×2×1.5	1.38	0.6				0.05	1.3	17.0	435.9
331	DJYJVP2	0.3/0.5	9×2×1.5	1.38	0.6				0.05	1.3	18.7	489.7
332	DJYJVP2	0.3/0.5	10×2×1.5	1.38	0.6				0.05	1.3	20.0	544.5
333	DJYJVP3	0.3/0.5	1×2×1.5	1.38	0.6				0.05	1.0	7.5	82.3
334	DJYJVP3	0.3/0.5	2×2×1.5	1.38	0.6				0.05	1.1	11.0	159.7
335	DJYJVP3	0.3/0.5	3×2×1.5	1.38	0.6				0.05	1.1	11.7	194.9

（续）

序号	型号	电压/kV	规格	导体直径	绝缘厚度	分屏规格		总屏规格		护套厚度	参考外径	参考重量/(kg/km)
						编织铜丝直径	金属带厚度	编织铜丝直径	金属带厚度			
336	DJYJVP3	0.3/0.5	4×2×1.5	1.38	0.6				0.05	1.2	13.0	245.1
337	DJYJVP3	0.3/0.5	5×2×1.5	1.38	0.6				0.05	1.2	14.2	293.7
338	DJYJVP3	0.3/0.5	6×2×1.5	1.38	0.6				0.05	1.2	15.5	345.6
339	DJYJVP3	0.3/0.5	7×2×1.5	1.38	0.6				0.05	1.2	15.5	365.4
340	DJYJVP3	0.3/0.5	8×2×1.5	1.38	0.6				0.05	1.3	17.0	418.1
341	DJYJVP3	0.3/0.5	9×2×1.5	1.38	0.6				0.05	1.3	18.7	469.8
342	DJYJVP3	0.3/0.5	10×2×1.5	1.38	0.6				0.05	1.3	20.0	523.0

2．非铠装计算机电缆的材料消耗

材料消耗见表 3-3-12。

表 3-3-12　非铠装计算机电缆的材料消耗　　　（单位：kg/km）

序号	型号	电压/kV	规格	导体	绝缘	分屏		填充	包带	总屏		护套
						铜丝	金属带			铜丝	金属带	
1	DJYPVP	0.3/0.5	2×2×1.0	36.78	12.78	30.25		17.98	13.69	51.51		66.16
2	DJYPVP	0.3/0.5	3×2×1.0	55.17	19.16	45.38		14.74	18.61	54.23		72.38
3	DJYPVP	0.3/0.5	4×2×1.0	73.56	25.54	60.51		16.43	23.81	60.18		79.17
4	DJYPVP	0.3/0.5	5×2×1.0	91.95	31.92	75.63		20.63	29.05	67.11		94.95
5	DJYPVP	0.3/0.5	6×2×1.0	110.34	38.30	90.76		26.95	34.33	74.04		103.53
6	DJYPVP	0.3/0.5	7×2×1.0	128.74	44.68	105.89		15.21	38.93	74.04		103.53
7	DJYPVP	0.3/0.5	8×2×1.0	147.13	51.06	121.01		15.91	44.21	81.47		122.71
8	DJYPVP	0.3/0.5	9×2×1.0	165.52	57.46	136.14		19.22	49.67	90.88		134.59
9	DJYPVP	0.3/0.5	10×2×1.0	183.91	63.84	151.27		26.05	54.95	125.68		143.82
10	DJYP2VP2	0.3/0.5	2×2×1.0	36.78	12.78		18.25	17.98	13.19		15.30	54.43
11	DJYP2VP2	0.3/0.5	3×2×1.0	55.17	19.16		27.38	14.74	17.97		16.45	65.60
12	DJYP2VP2	0.3/0.5	4×2×1.0	73.56	25.54		36.51	16.43	22.97		18.42	70.69
13	DJYP2VP2	0.3/0.5	5×2×1.0	91.95	31.92		45.64	20.63	28.04		20.56	78.04
14	DJYP2VP2	0.3/0.5	6×2×1.0	110.34	38.30		54.76	26.95	33.13		22.70	85.39
15	DJYP2VP2	0.3/0.5	7×2×1.0	128.74	44.68		63.89	15.21	37.59		22.70	85.39
16	DJYP2VP2	0.3/0.5	8×2×1.0	147.13	51.06		73.02	15.91	42.70		25.00	101.69
17	DJYP2VP2	0.3/0.5	9×2×1.0	165.52	57.46		82.14	19.22	47.97		27.96	112.72
18	DJYP2VP2	0.3/0.5	10×2×1.0	183.91	63.84		91.27	26.05	53.07		30.26	133.93
19	DJYP3VP3	0.3/0.5	2×2×1.0	36.78	12.78		4.51	17.98	13.19		3.88	55.98

（续）

序号	型号	电压/kV	规格	导体	绝缘	分屏		填充	包带	总屏		护套
						铜丝	金属带			铜丝	金属带	
20	DJYP3VP3	0.3/0.5	3×2×1.0	55.17	19.16		6.77	14.74	17.97		4.17	65.60
21	DJYP3VP3	0.3/0.5	4×2×1.0	73.56	25.54		9.02	16.43	22.97		4.66	72.38
22	DJYP3VP3	0.3/0.5	5×2×1.0	91.95	31.92		11.28	20.63	28.04		5.18	79.73
23	DJYP3VP3	0.3/0.5	6×2×1.0	110.34	38.30		13.54	26.95	33.13		5.75	87.65
24	DJYP3VP3	0.3/0.5	7×2×1.0	128.74	44.68		15.79	15.21	37.59		5.75	87.65
25	DJYP3VP3	0.3/0.5	8×2×1.0	147.13	51.06		18.05	15.91	42.70		6.32	104.14
26	DJYP3VP3	0.3/0.5	9×2×1.0	165.52	57.46		20.31	19.22	47.97		7.05	115.17
27	DJYP3VP3	0.3/0.5	10×2×1.0	183.91	63.84		22.56	26.05	53.07		7.62	133.93
28	DJYVP	0.3/0.5	1×2×1.0	18.21	6.32			4.50	1.75	15.97		26.39
29	DJYVP	0.3/0.5	2×2×1.0	36.78	12.78			17.98	3.62	31.20		49.24
30	DJYVP	0.3/0.5	3×2×1.0	55.17	19.16			14.74	3.89	31.76		52.35
31	DJYVP	0.3/0.5	4×2×1.0	73.56	25.54			16.43	4.35	35.47		63.33
32	DJYVP	0.3/0.5	5×2×1.0	91.95	31.92			20.63	4.85	53.24		71.25
33	DJYVP	0.3/0.5	6×2×1.0	110.34	38.30			26.95	5.40	58.69		77.47
34	DJYVP	0.3/0.5	7×2×1.0	128.74	44.68			15.21	5.40	58.69		77.47
35	DJYVP	0.3/0.5	8×2×1.0	147.13	51.06			15.91	5.94	64.14		91.28
36	DJYVP	0.3/0.5	9×2×1.0	165.52	57.46			19.22	6.67	72.06		101.08
37	DJYVP	0.3/0.5	10×2×1.0	183.91	63.84			26.05	7.17	77.51		107.82
38	DJYVP2	0.3/0.5	1×2×1.0	18.21	6.32			4.50	1.75		6.66	24.50
39	DJYVP2	0.3/0.5	2×2×1.0	36.78	12.78			17.98	3.62		13.40	48.73
40	DJYVP2	0.3/0.5	3×2×1.0	55.17	19.16			14.74	3.89		14.39	51.84
41	DJYVP2	0.3/0.5	4×2×1.0	73.56	25.54			16.43	4.35		15.30	54.43
42	DJYVP2	0.3/0.5	5×2×1.0	91.95	31.92			20.63	4.85		17.11	66.16
43	DJYVP2	0.3/0.5	6×2×1.0	110.34	38.30			26.95	5.40		18.91	72.38
44	DJYVP2	0.3/0.5	7×2×1.0	128.74	44.68			15.21	5.40		18.91	72.38
45	DJYVP2	0.3/0.5	8×2×1.0	147.13	51.06			15.91	5.94		20.72	78.60
46	DJYVP2	0.3/0.5	9×2×1.0	165.52	57.46			19.22	6.67		23.35	95.57
47	DJYVP2	0.3/0.5	10×2×1.0	183.91	63.84			26.05	7.17		25.16	102.31
48	DJYVP3	0.3/0.5	1×2×1.0	18.21	6.32			4.50	1.75		1.65	24.50
49	DJYVP3	0.3/0.5	2×2×1.0	36.78	12.78			17.98	3.62		3.31	48.73
50	DJYVP3	0.3/0.5	3×2×1.0	55.17	19.16			14.74	3.89		3.56	51.84
51	DJYVP3	0.3/0.5	4×2×1.0	73.56	25.54			16.43	4.35		3.78	54.43
52	DJYVP3	0.3/0.5	5×2×1.0	91.95	31.92			20.63	4.85		4.23	66.16
53	DJYVP3	0.3/0.5	6×2×1.0	110.34	38.30			26.95	5.40		4.68	72.38

（续）

序号	型号	电压/kV	规格	导体	绝缘	分屏		填充	包带	总屏		护套
						铜丝	金属带			铜丝	金属带	
54	DJYVP3	0.3/0.5	7×2×1.0	128.74	44.68			15.21	5.40		4.68	72.38
55	DJYVP3	0.3/0.5	8×2×1.0	147.13	51.06			15.91	5.94		5.39	78.60
56	DJYVP3	0.3/0.5	9×2×1.0	165.52	57.46			19.22	6.67		5.77	95.57
57	DJYVP3	0.3/0.5	10×2×1.0	183.91	63.84			26.05	7.17		6.22	102.31
58	DJYPVP	0.3/0.5	2×2×1.5	54.85	14.62	33.89		22.98	15.30	55.72		74.08
59	DJYPVP	0.3/0.5	3×2×1.5	82.28	21.92	50.84		18.84	20.81	59.68		78.60
60	DJYPVP	0.3/0.5	4×2×1.5	109.71	29.22	67.78		20.99	26.60	66.61		94.34
61	DJYPVP	0.3/0.5	5×2×1.5	137.14	36.54	84.73		26.36	32.49	74.04		103.53
62	DJYPVP	0.3/0.5	6×2×1.5	164.56	43.84	101.67		34.43	38.37	81.97		113.33
63	DJYPVP	0.3/0.5	7×2×1.5	191.99	51.14	118.62		19.44	43.52	81.97		113.33
64	DJYPVP	0.3/0.5	8×2×1.5	219.42	58.44	135.56		20.33	49.40	89.89		133.27
65	DJYPVP	0.3/0.5	9×2×1.5	246.85	65.76	152.51		24.56	55.56	126.60		161.16
66	DJYPVP	0.3/0.5	10×2×1.5	274.27	73.06	169.45		33.29	61.44	136.51		171.77
67	DJYP2VP2	0.3/0.5	2×2×1.5	54.85	14.62		20.54	22.98	14.74		16.94	65.60
68	DJYP2VP2	0.3/0.5	3×2×1.5	82.28	21.92		30.80	18.84	20.13		18.26	70.12
69	DJYP2VP2	0.3/0.5	4×2×1.5	109.71	29.22		41.07	20.99	25.78		20.39	77.47
70	DJYP2VP2	0.3/0.5	5×2×1.5	137.14	36.54		51.34	26.36	31.43		22.86	95.57
71	DJYP2VP2	0.3/0.5	6×2×1.5	164.56	43.84		61.61	34.43	37.17		25.33	102.92
72	DJYP2VP2	0.3/0.5	7×2×1.5	191.99	51.14		71.88	19.44	42.19		25.33	102.92
73	DJYP2VP2	0.3/0.5	8×2×1.5	219.42	58.44		82.14	20.33	47.89		27.80	112.11
74	DJYP2VP2	0.3/0.5	9×2×1.5	246.85	65.76		92.41	24.56	53.86		31.25	135.25
75	DJYP2VP2	0.3/0.5	10×2×1.5	274.27	73.06		102.68	33.29	59.55		33.72	145.14
76	DJYP3VP3	0.3/0.5	2×2×1.5	54.85	14.62		5.08	22.98	14.74		4.29	67.29
77	DJYP3VP3	0.3/0.5	3×2×1.5	82.28	21.92		7.61	18.84	20.13		4.61	71.82
78	DJYP3VP3	0.3/0.5	4×2×1.5	109.71	29.22		10.15	20.99	25.78		5.18	79.73
79	DJYP3VP3	0.3/0.5	5×2×1.5	137.14	36.54		12.69	26.36	31.43		5.75	95.57
80	DJYP3VP3	0.3/0.5	6×2×1.5	164.56	43.84		15.23	34.43	37.17		6.40	105.37
81	DJYP3VP3	0.3/0.5	7×2×1.5	191.99	51.14		17.77	19.44	42.19		6.40	105.37
82	DJYP3VP3	0.3/0.5	8×2×1.5	219.42	58.44		20.31	20.33	47.89		6.67	109.04
83	DJYP3VP3	0.3/0.5	9×2×1.5	246.85	65.76		22.84	24.56	53.86		7.87	137.88
84	DJYP3VP3	0.3/0.5	10×2×1.5	274.27	73.06		25.38	33.29	59.55		8.48	140.52
85	DJYVP	0.3/0.5	1×2×1.5	27.16	7.24			5.74	1.98	17.83		28.75
86	DJYVP	0.3/0.5	2×2×1.5	54.85	14.62			22.98	4.08	33.25		54.43
87	DJYVP	0.3/0.5	3×2×1.5	82.28	21.92			18.84	4.35	35.85		63.90

（续）

序号	型号	电压 /kV	规格	导体	绝缘	分屏		填充	包带	总屏		护套
						铜丝	金属带			铜丝	金属带	
88	DJYVP	0.3/0.5	4×2×1.5	109.71	29.22			20.99	4.90	53.74		71.82
89	DJYVP	0.3/0.5	5×2×1.5	137.14	36.54			26.36	5.49	59.68		78.60
90	DJYVP	0.3/0.5	6×2×1.5	164.56	43.84			34.43	6.08	66.12		93.73
91	DJYVP	0.3/0.5	7×2×1.5	191.99	51.14			19.44	6.08	66.12		93.73
92	DJYVP	0.3/0.5	8×2×1.5	219.42	58.44			20.33	6.67	72.56		101.69
93	DJYVP	0.3/0.5	9×2×1.5	246.85	65.76			24.56	7.49	80.98		124.03
94	DJYVP	0.3/0.5	10×2×1.5	274.27	73.06			33.29	8.09	87.42		129.97
95	DJYVP2	0.3/0.5	1×2×1.5	27.16	7.24			5.74	1.98		7.48	26.86
96	DJYVP2	0.3/0.5	2×2×1.5	54.85	14.62			22.98	4.08		14.31	51.32
97	DJYVP2	0.3/0.5	3×2×1.5	82.28	21.92			18.84	4.35		15.46	54.95
98	DJYVP2	0.3/0.5	4×2×1.5	109.71	29.22			20.99	4.90		17.27	66.73
99	DJYVP2	0.3/0.5	5×2×1.5	137.14	36.54			26.36	5.49		19.24	73.51
100	DJYVP2	0.3/0.5	6×2×1.5	164.56	43.84			34.43	6.08		21.38	80.86
101	DJYVP2	0.3/0.5	7×2×1.5	191.99	51.14			19.44	6.08		21.38	80.86
102	DJYVP2	0.3/0.5	8×2×1.5	219.42	58.44			20.33	6.67		23.52	96.18
103	DJYVP2	0.3/0.5	9×2×1.5	246.85	65.76			24.56	7.49		26.32	106.59
104	DJYVP2	0.3/0.5	10×2×1.5	274.27	73.06			33.29	8.09		28.45	128.65
105	DJYVP3	0.3/0.5	1×2×1.5	27.16	7.24			5.74	1.98		1.85	26.86
106	DJYVP3	0.3/0.5	2×2×1.5	54.85	14.62			22.98	4.08		3.54	51.32
107	DJYVP3	0.3/0.5	3×2×1.5	82.28	21.92			18.84	4.35		3.82	54.95
108	DJYVP3	0.3/0.5	4×2×1.5	109.71	29.22			20.99	4.90		4.27	66.73
109	DJYVP3	0.3/0.5	5×2×1.5	137.14	36.54			26.36	5.49		4.76	73.51
110	DJYVP3	0.3/0.5	6×2×1.5	164.56	43.84			34.43	6.08		5.29	80.86
111	DJYVP3	0.3/0.5	7×2×1.5	191.99	51.14			19.44	6.08		5.29	80.86
112	DJYVP3	0.3/0.5	8×2×1.5	219.42	58.44			20.33	6.67		5.81	96.18
113	DJYVP3	0.3/0.5	9×2×1.5	246.85	65.76			24.56	7.49		6.50	106.59
114	DJYVP3	0.3/0.5	10×2×1.5	274.27	73.06			33.29	8.09		7.03	128.65
115	DJVPVP	0.3/0.5	2×2×1.0	36.78	19.48	30.25		17.98	13.69	51.51		66.16
116	DJVPVP	0.3/0.5	3×2×1.0	55.17	29.24	45.38		14.74	18.61	54.23		72.38
117	DJVPVP	0.3/0.5	4×2×1.0	73.56	38.98	60.51		16.43	23.81	60.18		79.17
118	DJVPVP	0.3/0.5	5×2×1.0	91.95	48.72	75.63		20.63	29.05	67.11		94.95
119	DJVPVP	0.3/0.5	6×2×1.0	110.34	58.46	90.76		26.95	34.33	74.04		103.53
120	DJVPVP	0.3/0.5	7×2×1.0	128.74	68.20	105.89		15.21	38.93	74.04		103.53
121	DJVPVP	0.3/0.5	8×2×1.0	147.13	77.94	121.01		15.91	44.21	81.47		122.71

（续）

序号	型号	电压/kV	规格	导体	绝缘	分屏		填充	包带	总屏		护套
						铜丝	金属带			铜丝	金属带	
122	DJVPVP	0.3/0.5	9×2×1.0	165.52	87.68	136.14		19.22	49.67	90.88		134.59
123	DJVPVP	0.3/0.5	10×2×1.0	183.91	97.42	151.27		26.05	54.95	125.68		143.82
124	DJVP2VP2	0.3/0.5	2×2×1.0	36.78	19.48		18.25	17.98	13.19		15.30	54.43
125	DJVP2VP2	0.3/0.5	3×2×1.0	55.17	29.24		27.38	14.74	17.97		16.45	65.60
126	DJVP2VP2	0.3/0.5	4×2×1.0	73.56	38.98		36.51	16.43	22.97		18.42	70.69
127	DJVP2VP2	0.3/0.5	5×2×1.0	91.95	48.72		45.64	20.63	28.04		20.56	78.04
128	DJVP2VP2	0.3/0.5	6×2×1.0	110.34	58.46		54.76	26.95	33.13		22.70	85.39
129	DJVP2VP2	0.3/0.5	7×2×1.0	128.74	68.20		63.89	15.21	37.59		22.70	85.39
130	DJVP2VP2	0.3/0.5	8×2×1.0	147.13	77.94		73.02	15.91	42.70		25.00	101.69
131	DJVP2VP2	0.3/0.5	9×2×1.0	165.52	87.68		82.14	19.22	47.97		27.96	112.72
132	DJVP2VP2	0.3/0.5	10×2×1.0	183.91	97.42		91.27	26.05	53.07		30.26	133.93
133	DJVP3VP3	0.3/0.5	2×2×1.0	36.78	19.48		4.51	17.98	13.19		3.88	55.98
134	DJVP3VP3	0.3/0.5	3×2×1.0	55.17	29.24		6.77	14.74	17.97		4.17	65.60
135	DJVP3VP3	0.3/0.5	4×2×1.0	73.56	38.98		9.02	16.43	22.97		4.66	72.38
136	DJVP3VP3	0.3/0.5	5×2×1.0	91.95	48.72		11.28	20.63	28.04		5.18	79.73
137	DJVP3VP3	0.3/0.5	6×2×1.0	110.34	58.46		13.54	26.95	33.13		5.75	87.65
138	DJVP3VP3	0.3/0.5	7×2×1.0	128.74	68.20		15.79	15.21	37.59		5.75	87.65
139	DJVP3VP3	0.3/0.5	8×2×1.0	147.13	77.94		18.05	15.91	42.70		6.32	104.14
140	DJVP3VP3	0.3/0.5	9×2×1.0	165.52	87.68		20.31	19.22	47.97		7.05	115.17
141	DJVP3VP3	0.3/0.5	10×2×1.0	183.91	97.42		22.56	26.05	53.07		7.62	133.93
142	DJVVP	0.3/0.5	1×2×1.0	18.21	9.66			4.50	1.75	15.97		26.39
143	DJVVP	0.3/0.5	2×2×1.0	36.78	19.48			17.98	3.62	31.20		49.24
144	DJVVP	0.3/0.5	3×2×1.0	55.17	29.24			14.74	3.89	31.76		52.35
145	DJVVP	0.3/0.5	4×2×1.0	73.56	38.98			16.43	4.35	35.47		63.33
146	DJVVP	0.3/0.5	5×2×1.0	91.95	48.72			20.63	4.85	53.24		71.25
147	DJVVP	0.3/0.5	6×2×1.0	110.34	58.46			26.95	5.40	58.69		77.47
148	DJVVP	0.3/0.5	7×2×1.0	128.74	68.20			15.21	5.40	58.69		77.47
149	DJVVP	0.3/0.5	8×2×1.0	147.13	77.94			15.91	5.94	64.14		91.28
150	DJVVP	0.3/0.5	9×2×1.0	165.52	87.68			19.22	6.67	72.06		101.08
151	DJVVP	0.3/0.5	10×2×1.0	183.91	97.42			26.05	7.17	77.51		107.82
152	DJVVP2	0.3/0.5	1×2×1.0	18.21	9.66			4.50	1.75		6.66	24.50
153	DJVVP2	0.3/0.5	2×2×1.0	36.78	19.48			17.98	3.62		13.40	48.73
154	DJVVP2	0.3/0.5	3×2×1.0	55.17	29.24			14.74	3.89		14.39	51.84
155	DJVVP2	0.3/0.5	4×2×1.0	73.56	38.98			16.43	4.35		15.30	54.43

（续）

序号	型号	电压/kV	规格	导体	绝缘	分屏		填充	包带	总屏		护套
						铜丝	金属带			铜丝	金属带	
156	DJVVP2	0.3/0.5	5×2×1.0	91.95	48.72			20.63	4.85		17.11	66.16
157	DJVVP2	0.3/0.5	6×2×1.0	110.34	58.46			26.95	5.40		18.91	72.38
158	DJVVP2	0.3/0.5	7×2×1.0	128.74	68.20			15.21	5.40		18.91	72.38
159	DJVVP2	0.3/0.5	8×2×1.0	147.13	77.94			15.91	5.94		20.72	78.60
160	DJVVP2	0.3/0.5	9×2×1.0	165.52	87.68			19.22	6.67		23.35	95.57
161	DJVVP2	0.3/0.5	10×2×1.0	183.91	97.42			26.05	7.17		25.16	102.31
162	DJVVP3	0.3/0.5	1×2×1.0	18.21	9.66			4.50	1.75		1.65	24.50
163	DJVVP3	0.3/0.5	2×2×1.0	36.78	19.48			17.98	3.62		3.31	48.73
164	DJVVP3	0.3/0.5	3×2×1.0	55.17	29.24			14.74	3.89		3.56	51.84
165	DJVVP3	0.3/0.5	4×2×1.0	73.56	38.98			16.43	4.35		3.78	54.43
166	DJVVP3	0.3/0.5	5×2×1.0	91.95	48.72			20.63	4.85		4.23	66.16
167	DJVVP3	0.3/0.5	6×2×1.0	110.34	58.46			26.95	5.40		4.68	72.38
168	DJVVP3	0.3/0.5	7×2×1.0	128.74	68.20			15.21	5.40		4.68	72.38
169	DJVVP3	0.3/0.5	8×2×1.0	147.13	77.94			15.91	5.94		5.39	78.60
170	DJVVP3	0.3/0.5	9×2×1.0	165.52	87.68			19.22	6.67		5.77	95.57
171	DJVVP3	0.3/0.5	10×2×1.0	183.91	97.42			26.05	7.17		6.22	102.31
172	DJVPVP	0.3/0.5	2×2×1.5	54.85	27.34	36.32		26.65	16.35	59.19		78.04
173	DJVPVP	0.3/0.5	3×2×1.5	82.28	41.00	54.47		21.85	22.28	63.64		83.13
174	DJVPVP	0.3/0.5	4×2×1.5	109.71	54.66	72.63		24.34	28.49	71.07		99.86
175	DJVPVP	0.3/0.5	5×2×1.5	137.14	68.34	90.79		30.57	34.74	79.00		109.66
176	DJVPVP	0.3/0.5	6×2×1.5	164.56	82.00	108.95		39.93	41.08	87.42		129.97
177	DJVPVP	0.3/0.5	7×2×1.5	191.99	95.66	127.11		22.55	46.60	87.42		129.97
178	DJVPVP	0.3/0.5	8×2×1.5	219.42	109.34	145.26		23.58	52.89	122.58		141.18
179	DJVPVP	0.3/0.5	9×2×1.5	246.85	123.00	163.42		28.48	59.46	134.65		169.65
180	DJVPVP	0.3/0.5	10×2×1.5	274.27	136.66	181.58		38.61	65.76	145.18		181.66
181	DJVP2VP2	0.3/0.5	2×2×1.5	54.85	27.34		22.06	26.65	15.80		18.26	70.12
182	DJVP2VP2	0.3/0.5	3×2×1.5	82.28	41.00		33.09	21.85	21.59		19.57	74.64
183	DJVP2VP2	0.3/0.5	4×2×1.5	109.71	54.66		44.11	24.34	27.61		21.87	82.56
184	DJVP2VP2	0.3/0.5	5×2×1.5	137.14	68.34		55.14	30.57	33.73		24.51	99.86
185	DJVP2VP2	0.3/0.5	6×2×1.5	164.56	82.00		66.17	39.93	39.88		27.14	109.66
186	DJVP2VP2	0.3/0.5	7×2×1.5	191.99	95.66		77.20	22.55	45.26		27.14	109.66
187	DJVP2VP2	0.3/0.5	8×2×1.5	219.42	109.34		88.23	23.58	51.38		29.77	129.31
188	DJVP2VP2	0.3/0.5	9×2×1.5	246.85	123.00		99.26	28.48	57.77		33.39	143.82
189	DJVP2VP2	0.3/0.5	10×2×1.5	274.27	136.66		110.29	38.61	63.92		36.02	169.65

（续）

序号	型号	电压/kV	规格	导体	绝缘	分屏		填充	包带	总屏		护套
						铜丝	金属带			铜丝	金属带	
190	DJVP3VP3	0.3/0.5	2×2×1.5	54.85	27.34		5.45	26.65	15.80		4.35	67.86
191	DJVP3VP3	0.3/0.5	3×2×1.5	82.28	41.00		8.18	21.85	21.59		4.94	76.34
192	DJVP3VP3	0.3/0.5	4×2×1.5	109.71	54.66		10.90	24.34	27.61		5.24	80.30
193	DJVP3VP3	0.3/0.5	5×2×1.5	137.14	68.34		13.63	30.57	33.73		6.16	96.79
194	DJVP3VP3	0.3/0.5	6×2×1.5	164.56	82.00		16.36	39.93	39.88		6.85	106.59
195	DJVP3VP3	0.3/0.5	7×2×1.5	191.99	95.66		19.08	22.55	45.26		6.85	106.59
196	DJVP3VP3	0.3/0.5	8×2×1.5	219.42	109.34		21.81	23.58	51.38		7.50	131.95
197	DJVP3VP3	0.3/0.5	9×2×1.5	246.85	123.00		24.54	28.48	57.77		8.40	139.20
198	DJVP3VP3	0.3/0.5	10×2×1.5	274.27	136.66		27.26	38.61	63.92		9.09	169.65
199	DJVVP	0.3/0.5	1×2×1.5	27.16	13.54			6.66	2.12	18.94		30.16
200	DJVVP	0.3/0.5	2×2×1.5	54.85	27.34			26.65	4.35	35.85		63.90
201	DJVVP	0.3/0.5	3×2×1.5	82.28	41.00			21.85	4.67	53.49		67.86
202	DJVVP	0.3/0.5	4×2×1.5	109.71	54.66			24.34	5.26	57.70		76.34
203	DJVVP	0.3/0.5	5×2×1.5	137.14	68.34			30.57	5.85	64.14		92.50
204	DJVVP	0.3/0.5	6×2×1.5	164.56	82.00			39.93	6.54	71.07		99.86
205	DJVVP	0.3/0.5	7×2×1.5	191.99	95.66			22.55	6.54	71.07		99.86
206	DJVVP	0.3/0.5	8×2×1.5	219.42	109.34			23.58	7.17	78.01		108.43
207	DJVVP	0.3/0.5	9×2×1.5	246.85	123.00			28.48	8.04	86.92		129.31
208	DJVVP	0.3/0.5	10×2×1.5	274.27	136.66			38.61	8.68	93.85		138.54
209	DJVVP2	0.3/0.5	1×2×1.5	27.16	13.54			6.66	2.12		7.98	28.27
210	DJVVP2	0.3/0.5	2×2×1.5	54.85	27.34			26.65	4.35		15.46	54.95
211	DJVVP2	0.3/0.5	3×2×1.5	82.28	41.00			21.85	4.67		16.61	64.47
212	DJVVP2	0.3/0.5	4×2×1.5	109.71	54.66			24.34	5.26		18.59	71.25
213	DJVVP2	0.3/0.5	5×2×1.5	137.14	68.34			30.57	5.85		20.72	78.60
214	DJVVP2	0.3/0.5	6×2×1.5	164.56	82.00			39.93	6.54		23.03	94.34
215	DJVVP2	0.3/0.5	7×2×1.5	191.99	95.66			22.55	6.54		23.03	94.34
216	DJVVP2	0.3/0.5	8×2×1.5	219.42	109.34			23.58	7.17		25.33	102.92
217	DJVVP2	0.3/0.5	9×2×1.5	246.85	123.00			28.48	8.04		28.29	127.99
218	DJVVP2	0.3/0.5	10×2×1.5	274.27	136.66			38.61	8.68		30.59	132.61
219	DJVVP3	0.3/0.5	1×2×1.5	27.16	13.54			6.66	2.12		1.97	28.27
220	DJVVP3	0.3/0.5	2×2×1.5	54.85	27.34			26.65	4.35		3.82	54.95
221	DJVVP3	0.3/0.5	3×2×1.5	82.28	41.00			21.85	4.67		4.11	64.47
222	DJVVP3	0.3/0.5	4×2×1.5	109.71	54.66			24.34	5.26		4.59	71.25
223	DJVVP3	0.3/0.5	5×2×1.5	137.14	68.34			30.57	5.85		5.12	78.60

（续）

序号	型号	电压/kV	规格	导体	绝缘	分屏 铜丝	分屏 金属带	填充	包带	总屏 铜丝	总屏 金属带	护套
224	DJVVP3	0.3/0.5	6×2×1.5	164.56	82.00			39.93	6.54		5.69	94.34
225	DJVVP3	0.3/0.5	7×2×1.5	191.99	95.66			22.55	6.54		5.69	94.34
226	DJVVP3	0.3/0.5	8×2×1.5	219.42	109.34			23.58	7.17		6.26	102.92
227	DJVVP3	0.3/0.5	9×2×1.5	246.85	123.00			28.48	8.04		6.99	127.99
228	DJVVP3	0.3/0.5	10×2×1.5	274.27	136.66			38.61	8.68		7.56	132.61
229	DJYJPVP	0.3/0.5	2×2×1.0	36.78	10.13	27.83		14.99	12.02	33.25		59.94
230	DJYJPVP	0.3/0.5	3×2×1.0	55.17	15.19	41.74		12.29	16.38	35.85		63.90
231	DJYJPVP	0.3/0.5	4×2×1.0	73.56	20.26	55.66		13.69	20.94	53.74		71.82
232	DJYJPVP	0.3/0.5	5×2×1.0	91.95	25.32	69.57		17.20	25.53	59.68		78.60
233	DJYJPVP	0.3/0.5	6×2×1.0	110.34	30.39	83.48		22.46	30.17	66.12		93.73
234	DJYJPVP	0.3/0.5	7×2×1.0	128.74	35.45	97.40		12.68	34.22	66.12		93.73
235	DJYJPVP	0.3/0.5	8×2×1.0	147.13	40.52	111.31		13.26	38.86	72.56		101.69
236	DJYJPVP	0.3/0.5	9×2×1.0	165.52	45.58	125.23		16.02	43.69	80.98		121.39
237	DJYJPVP	0.3/0.5	10×2×1.0	183.91	50.64	139.14		21.72	48.33	87.42		129.97
238	DJYJP2VP2	0.3/0.5	2×2×1.0	36.78	10.13		16.73	14.99	11.88		13.49	48.73
239	DJYJP2VP2	0.3/0.5	3×2×1.0	55.17	15.19		25.10	12.29	16.25		14.47	51.84
240	DJYJP2VP2	0.3/0.5	4×2×1.0	73.56	20.26		33.47	13.69	20.85		16.28	63.33
241	DJYJP2VP2	0.3/0.5	5×2×1.0	91.95	25.32		41.83	17.20	25.44		18.09	69.55
242	DJYJP2VP2	0.3/0.5	6×2×1.0	110.34	30.39		50.20	22.46	30.08		20.07	76.34
243	DJYJP2VP2	0.3/0.5	7×2×1.0	128.74	35.45		58.57	12.68	34.18		20.07	76.34
244	DJYJP2VP2	0.3/0.5	8×2×1.0	147.13	40.52		66.93	13.26	38.82		22.04	90.67
245	DJYJP2VP2	0.3/0.5	9×2×1.0	165.52	45.58		75.30	16.02	43.64		24.67	100.47
246	DJYJP2VP2	0.3/0.5	10×2×1.0	183.91	50.64		83.67	21.72	48.29		26.64	107.82
247	DJYJP3VP3	0.3/0.5	2×2×1.0	36.78	10.13		4.14	14.99	11.88		3.33	48.73
248	DJYJP3VP3	0.3/0.5	3×2×1.0	55.17	15.19		6.20	12.29	16.25		3.58	51.84
249	DJYJP3VP3	0.3/0.5	4×2×1.0	73.56	20.26		8.27	13.69	20.85		4.02	63.33
250	DJYJP3VP3	0.3/0.5	5×2×1.0	91.95	25.32		10.34	17.20	25.44		4.47	69.55
251	DJYJP3VP3	0.3/0.5	6×2×1.0	110.34	30.39		12.41	22.46	30.08		4.96	76.34
252	DJYJP3VP3	0.3/0.5	7×2×1.0	128.74	35.45		14.48	12.68	34.18		4.96	76.34
253	DJYJP3VP3	0.3/0.5	8×2×1.0	147.13	40.52		16.54	13.26	38.82		5.45	90.67
254	DJYJP3VP3	0.3/0.5	9×2×1.0	165.52	45.58		18.61	16.02	43.64		6.10	100.47
255	DJYJP3VP3	0.3/0.5	10×2×1.0	183.91	50.64		20.68	21.72	48.29		6.59	107.82
256	DJYJVP	0.3/0.5	1×2×1.0	18.21	5.01			3.75	1.96	17.27		28.75
257	DJYJVP	0.3/0.5	2×2×1.0	36.78	10.13			14.99	3.19	27.30		46.13

（续）

序号	型号	电压/kV	规格	导体	绝缘	分屏 铜丝	分屏 金属带	填充	包带	总屏 铜丝	总屏 金属带	护套
258	DJYJVP	0.3/0.5	3×2×1.0	55.17	15.19			12.29	3.42	29.16		48.73
259	DJYJVP	0.3/0.5	4×2×1.0	73.56	20.26			13.69	3.83	32.50		53.39
260	DJYJVP	0.3/0.5	5×2×1.0	91.95	25.32			17.20	4.28	36.22		64.47
261	DJYJVP	0.3/0.5	6×2×1.0	110.34	30.39			22.46	4.74	53.74		71.82
262	DJYJVP	0.3/0.5	7×2×1.0	128.74	35.45			12.68	4.74	53.74		71.82
263	DJYJVP	0.3/0.5	8×2×1.0	147.13	40.52			13.26	5.24	59.19		78.04
264	DJYJVP	0.3/0.5	9×2×1.0	165.52	45.58			16.02	5.83	65.62		93.12
265	DJYJVP	0.3/0.5	10×2×1.0	183.91	50.64			21.72	6.33	71.07		99.86
266	DJYJVP2	0.3/0.5	1×2×1.0	18.21	5.01			3.75	1.96		7.24	25.92
267	DJYJVP2	0.3/0.5	2×2×1.0	36.78	10.13			14.99	3.19		11.68	43.02
268	DJYJVP2	0.3/0.5	3×2×1.0	55.17	15.19			12.29	3.42		12.50	45.62
269	DJYJVP2	0.3/0.5	4×2×1.0	73.56	20.26			13.69	3.83		13.98	50.28
270	DJYJVP2	0.3/0.5	5×2×1.0	91.95	25.32			17.20	4.28		15.62	55.46
271	DJYJVP2	0.3/0.5	6×2×1.0	110.34	30.39			22.46	4.74		17.27	66.73
272	DJYJVP2	0.3/0.5	7×2×1.0	128.74	35.45			12.68	4.74		17.27	66.73
273	DJYJVP2	0.3/0.5	8×2×1.0	147.13	40.52			13.26	5.24		19.08	72.95
274	DJYJVP2	0.3/0.5	9×2×1.0	165.52	45.58			16.02	5.83		21.22	80.30
275	DJYJVP2	0.3/0.5	10×2×1.0	183.91	50.64			21.72	6.33		23.03	94.34
276	DJYJVP3	0.3/0.5	1×2×1.0	18.21	5.01			3.75	1.96		1.79	25.92
277	DJYJVP3	0.3/0.5	2×2×1.0	36.78	10.13			14.99	3.19		2.89	43.02
278	DJYJVP3	0.3/0.5	3×2×1.0	55.17	15.19			12.29	3.42		3.09	45.62
279	DJYJVP3	0.3/0.5	4×2×1.0	73.56	20.26			13.69	3.83		3.46	50.28
280	DJYJVP3	0.3/0.5	5×2×1.0	91.95	25.32			17.20	4.28		3.86	55.46
281	DJYJVP3	0.3/0.5	6×2×1.0	110.34	30.39			22.46	4.74		4.27	66.73
282	DJYJVP3	0.3/0.5	7×2×1.0	128.74	35.45			12.68	4.74		4.27	66.73
283	DJYJVP3	0.3/0.5	8×2×1.0	147.13	40.52			13.26	5.24		4.72	72.95
284	DJYJVP3	0.3/0.5	9×2×1.0	165.52	45.58			16.02	5.83		5.24	80.30
285	DJYJVP3	0.3/0.5	10×2×1.0	183.91	50.64			21.72	6.33		5.69	94.34
286	DJYJPVP	0.3/0.5	2×2×1.5	54.85	14.76	33.89		22.98	14.68	53.74		71.82
287	DJYJPVP	0.3/0.5	3×2×1.5	82.28	22.15	50.84		18.84	20.01	57.70		76.34
288	DJYJPVP	0.3/0.5	4×2×1.5	109.71	29.53	67.78		20.99	25.62	64.63		91.89
289	DJYJPVP	0.3/0.5	5×2×1.5	137.14	36.91	84.73		26.36	31.22	71.57		100.47
290	DJYJPVP	0.3/0.5	6×2×1.5	164.56	44.29	101.67		34.43	36.92	79.49		110.27
291	DJYJPVP	0.3/0.5	7×2×1.5	191.99	51.68	118.62		19.44	41.89	79.49		110.27

（续）

序号	型号	电压/kV	规格	导体	绝缘	分屏 铜丝	分屏 金属带	填充	包带	总屏 铜丝	总屏 金属带	护套
292	DJYJPVP	0.3/0.5	8×2×1.5	219.42	59.06	135.56		20.33	47.55	86.92		129.31
293	DJYJPVP	0.3/0.5	9×2×1.5	246.85	66.44	152.51		24.56	53.47	122.27		155.51
294	DJYJPVP	0.3/0.5	10×2×1.5	274.27	73.82	169.45		33.29	59.12	131.56		166.11
295	DJYJP2VP2	0.3/0.5	2×2×1.5	54.85	14.76		20.54	22.98	14.54		16.45	63.90
296	DJYJP2VP2	0.3/0.5	3×2×1.5	82.28	22.15		30.80	18.84	19.88		17.60	67.86
297	DJYJP2VP2	0.3/0.5	4×2×1.5	109.71	29.53		41.07	20.99	25.48		19.74	75.21
298	DJYJP2VP2	0.3/0.5	5×2×1.5	137.14	36.91		51.34	26.36	31.13		22.04	90.67
299	DJYJP2VP2	0.3/0.5	6×2×1.5	164.56	44.29		61.61	34.43	36.83		24.51	99.86
300	DJYJP2VP2	0.3/0.5	7×2×1.5	191.99	51.68		71.88	19.44	41.85		24.51	99.86
301	DJYJP2VP2	0.3/0.5	8×2×1.5	219.42	59.06		82.14	20.33	47.55		26.97	109.04
302	DJYJP2VP2	0.3/0.5	9×2×1.5	246.85	66.44		92.41	24.56	53.43		30.10	130.63
303	DJYJP2VP2	0.3/0.5	10×2×1.5	274.27	73.82		102.68	33.29	59.13		32.57	140.52
304	DJYJP3VP3	0.3/0.5	2×2×1.5	54.85	14.76		5.08	22.98	14.54		4.07	63.90
305	DJYJP3VP3	0.3/0.5	3×2×1.5	82.28	22.15		7.61	18.84	19.88		4.35	67.86
306	DJYJP3VP3	0.3/0.5	4×2×1.5	109.71	29.53		10.15	20.99	25.48		4.88	75.21
307	DJYJP3VP3	0.3/0.5	5×2×1.5	137.14	36.91		12.69	26.36	31.13		5.45	90.67
308	DJYJP3VP3	0.3/0.5	6×2×1.5	164.56	44.29		15.23	34.43	36.83		6.06	99.86
309	DJYJP3VP3	0.3/0.5	7×2×1.5	191.99	51.68		17.77	19.44	41.85		6.06	99.86
310	DJYJP3VP3	0.3/0.5	8×2×1.5	219.42	59.06		20.31	20.33	47.55		6.67	109.04
311	DJYJP3VP3	0.3/0.5	9×2×1.5	246.85	66.44		22.84	24.56	53.43		7.44	130.63
312	DJYJP3VP3	0.3/0.5	10×2×1.5	274.27	73.82		25.38	33.29	59.13		8.05	140.52
313	DJYJVP	0.3/0.5	1×2×1.5	27.16	7.31			5.74	2.42	20.99		37.32
314	DJYJVP	0.3/0.5	2×2×1.5	54.85	14.76			22.98	3.92	33.25		54.43
315	DJYJVP	0.3/0.5	3×2×1.5	82.28	22.15			18.84	4.24	35.85		63.90
316	DJYJVP	0.3/0.5	4×2×1.5	109.71	29.53			20.99	4.74	53.74		71.82
317	DJYJVP	0.3/0.5	5×2×1.5	137.14	36.91			26.36	5.29	59.68		78.60
318	DJYJVP	0.3/0.5	6×2×1.5	164.56	44.29			34.43	5.88	66.12		93.73
319	DJYJVP	0.3/0.5	7×2×1.5	191.99	51.68			19.44	5.88	66.12		93.73
320	DJYJVP	0.3/0.5	8×2×1.5	219.42	59.06			20.33	6.47	72.56		101.69
321	DJYJVP	0.3/0.5	9×2×1.5	246.85	66.44			24.56	7.25	80.98		112.11
322	DJYJVP	0.3/0.5	10×2×1.5	274.27	73.82			33.29	7.84	87.42		129.97
323	DJYJVP2	0.3/0.5	1×2×1.5	27.16	7.31			5.74	2.42		8.88	30.63
324	DJYJVP2	0.3/0.5	2×2×1.5	54.85	14.76			22.98	3.92		14.31	51.32
325	DJYJVP2	0.3/0.5	3×2×1.5	82.28	22.15			18.84	4.24		15.46	54.95

（续）

| 序号 | 型号 | 电压/kV | 规格 | 导体 | 绝缘 | 分屏 | | 填充 | 包带 | 总屏 | | 护套 |
						铜丝	金属带			铜丝	金属带	
326	DJYJVP2	0.3/0.5	4×2×1.5	109.71	29.53			20.99	4.74		17.27	66.73
327	DJYJVP2	0.3/0.5	5×2×1.5	137.14	36.91			26.36	5.29		19.24	73.51
328	DJYJVP2	0.3/0.5	6×2×1.5	164.56	44.29			34.43	5.88		21.38	80.86
329	DJYJVP2	0.3/0.5	7×2×1.5	191.99	51.68			19.44	5.88		21.38	80.86
330	DJYJVP2	0.3/0.5	8×2×1.5	219.42	59.06			20.33	6.47		23.52	96.18
331	DJYJVP2	0.3/0.5	9×2×1.5	246.85	66.44			24.56	7.25		26.32	106.59
332	DJYJVP2	0.3/0.5	10×2×1.5	274.27	73.82			33.29	7.84		28.45	114.56
333	DJYJVP3	0.3/0.5	1×2×1.5	27.16	7.31			5.74	2.42		2.20	30.63
334	DJYJVP3	0.3/0.5	2×2×1.5	54.85	14.76			22.98	3.92		3.54	51.32
335	DJYJVP3	0.3/0.5	3×2×1.5	82.28	22.15			18.84	4.24		3.82	54.95
336	DJYJVP3	0.3/0.5	4×2×1.5	109.71	29.53			20.99	4.74		4.27	66.73
337	DJYJVP3	0.3/0.5	5×2×1.5	137.14	36.91			26.36	5.29		4.76	73.51
338	DJYJVP3	0.3/0.5	6×2×1.5	164.56	44.29			34.43	5.88		5.29	80.86
339	DJYJVP3	0.3/0.5	7×2×1.5	191.99	51.68			19.44	5.88		5.29	80.86
340	DJYJVP3	0.3/0.5	8×2×1.5	219.42	59.06			20.33	6.47		5.81	96.18
341	DJYJVP3	0.3/0.5	9×2×1.5	246.85	66.44			24.56	7.25		6.50	106.59
342	DJYJVP3	0.3/0.5	10×2×1.5	274.27	73.82			33.29	7.84		7.03	

3.3　钢带铠装计算机电缆的结构尺寸及材料消耗

1. 钢带铠装计算机电缆的结构尺寸

结构尺寸见表 3-3-13。

表 3-3-13　铠装计算机电缆的结构尺寸　　　　　（单位：mm）

| 序号 | 型号 | 电压/kV | 规格 | 导体直径 | 绝缘厚度 | 分屏规格 | | 总屏规格 | | 内护套厚度 | 铠钢带装厚度 | 外护套厚度 | 参考外径 | 参考重量/（kg/km） |
						编织铜丝直径	金属带厚度	编织铜丝直径	金属带厚度					
1	DJYPVP-22	0.3/0.5	2×2×1.0	1.13	0.6	0.12		0.15		1.0	0.20	1.2	15.7	423.3
2	DJYPVP-22	0.3/0.5	3×2×1.0	1.13	0.6	0.12		0.20		1.0	0.20	1.3	17.0	476.9
3	DJYPVP-22	0.3/0.5	4×2×1.0	1.13	0.6	0.12		0.20		1.0	0.20	1.3	18.2	553.1
4	DJYPVP-22	0.3/0.5	5×2×1.0	1.13	0.6	0.12		0.20		1.0	0.20	1.3	19.6	636.0
5	DJYPVP-22	0.3/0.5	6×2×1.0	1.13	0.6	0.12		0.20		1.0	0.20	1.4	21.2	731.6
6	DJYPVP-22	0.3/0.5	7×2×1.0	1.13	0.6	0.12		0.20		1.0	0.20	1.4	21.2	764.4

（续）

序号	型号	电压/kV	规格	导体直径	绝缘厚度	分屏规格 编织铜丝直径	分屏规格 金属带厚度	总屏规格 编织铜丝直径	总屏规格 金属带厚度	内护套厚度	铠钢带装厚度	外护套厚度	参考外径	参考重量/（kg/km）
7	DJYPVP-22	0.3/0.5	8×2×1.0	1.13	0.6	0.12		0.20		1.0	0.20	1.4	22.7	846.9
8	DJYPVP-22	0.3/0.5	9×2×1.0	1.13	0.6	0.12		0.20		1.0	0.20	1.5	24.8	953.8
9	DJYPVP-22	0.3/0.5	10×2×1.0	1.13	0.6	0.12		0.20		1.0	0.20	1.5	26.2	1070.2
10	DJYP2VP2-22	0.3/0.5	2×2×1.0	1.13	0.6		0.05		0.05	1.0	0.20	1.2	14.6	350.4
11	DJYP2VP2-22	0.3/0.5	3×2×1.0	1.13	0.6		0.05		0.05	1.0	0.20	1.2	15.3	401.7
12	DJYP2VP2-22	0.3/0.5	4×2×1.0	1.13	0.6		0.05		0.05	1.0	0.20	1.2	16.5	475.4
13	DJYP2VP2-22	0.3/0.5	5×2×1.0	1.13	0.6		0.05		0.05	1.0	0.20	1.3	18.0	542.9
14	DJYP2VP2-22	0.3/0.5	6×2×1.0	1.13	0.6		0.05		0.05	1.0	0.20	1.3	19.3	617.4
15	DJYP2VP2-22	0.3/0.5	7×2×1.0	1.13	0.6		0.05		0.05	1.0	0.20	1.3	19.3	645.8
16	DJYP2VP2-22	0.3/0.5	8×2×1.0	1.13	0.6		0.05		0.05	1.0	0.20	1.4	20.9	726.1
17	DJYP2VP2-22	0.3/0.5	9×2×1.0	1.13	0.6		0.05		0.05	1.0	0.20	1.4	22.7	808.4
18	DJYP2VP2-22	0.3/0.5	10×2×1.0	1.13	0.6		0.05		0.05	1.0	0.20	1.4	24.1	885.6
19	DJYP3VP3-22	0.3/0.5	2×2×1.0	1.13	0.6		0.05		0.05	1.0	0.20	1.2	14.2	329.2
20	DJYP3VP3-22	0.3/0.5	3×2×1.0	1.13	0.6		0.05		0.05	1.0	0.20	1.2	14.9	372.8
21	DJYP3VP3-22	0.3/0.5	4×2×1.0	1.13	0.6		0.05		0.05	1.0	0.20	1.2	16.0	439.2
22	DJYP3VP3-22	0.3/0.5	5×2×1.0	1.13	0.6		0.05		0.05	1.0	0.20	1.3	17.5	502.9
23	DJYP3VP3-22	0.3/0.5	6×2×1.0	1.13	0.6		0.05		0.05	1.0	0.20	1.3	18.8	570.0
24	DJYP3VP3-22	0.3/0.5	7×2×1.0	1.13	0.6		0.05		0.05	1.0	0.20	1.3	18.8	591.5
25	DJYP3VP3-22	0.3/0.5	8×2×1.0	1.13	0.6		0.05		0.05	1.0	0.20	1.4	20.3	663.5
26	DJYP3VP3-22	0.3/0.5	9×2×1.0	1.13	0.6		0.05		0.05	1.0	0.20	1.4	22.0	736.8
27	DJYP3VP3-22	0.3/0.5	10×2×1.0	1.13	0.6		0.05		0.05	1.0	0.20	1.4	23.3	805.4
28	DJYVP-22	0.3/0.5	1×2×1.0	1.13	0.6			0.15		1.0	0.20	1.1	10.5	179.4
29	DJYVP-22	0.3/0.5	2×2×1.0	1.13	0.6			0.15		1.0	0.20	1.2	13.6	315.9
30	DJYVP-22	0.3/0.5	3×2×1.0	1.13	0.6			0.15		1.0	0.20	1.2	14.2	349.4
31	DJYVP-22	0.3/0.5	4×2×1.0	1.13	0.6			0.15		1.0	0.20	1.2	15.2	394.7
32	DJYVP-22	0.3/0.5	5×2×1.0	1.13	0.6			0.20		1.0	0.20	1.3	16.8	470.1
33	DJYVP-22	0.3/0.5	6×2×1.0	1.13	0.6			0.20		1.0	0.20	1.3	17.9	528.7
34	DJYVP-22	0.3/0.5	7×2×1.0	1.13	0.6			0.20		1.0	0.20	1.3	17.9	541.8
35	DJYVP-22	0.3/0.5	8×2×1.0	1.13	0.6			0.20		1.0	0.20	1.3	19.0	609.0
36	DJYVP-22	0.3/0.5	9×2×1.0	1.13	0.6			0.20		1.0	0.20	1.4	20.8	671.7
37	DJYVP-22	0.3/0.5	10×2×1.0	1.13	0.6			0.20		1.0	0.20	1.4	21.9	730.7
38	DJYVP2-22	0.3/0.5	1×2×1.0	1.13	0.6				0.05	1.0	0.20	1.1	9.9	171.0
39	DJYVP2-22	0.3/0.5	2×2×1.0	1.13	0.6				0.05	1.0	0.20	1.2	13.0	295.1

（续）

序号	型号	电压/kV	规格	导体直径	绝缘厚度	分屏规格 编织铜丝直径	分屏规格 金属带厚度	总屏规格 编织铜丝直径	总屏规格 金属带厚度	内护套厚度	铠钢带装厚度	外护套厚度	参考外径	参考重量/(kg/km)
40	DJYVP2-22	0.3/0.5	3×2×1.0	1.13	0.6				0.05	1.0	0.20	1.2	13.6	329.0
41	DJYVP2-22	0.3/0.5	4×2×1.0	1.13	0.6				0.05	1.0	0.20	1.2	14.6	375.4
42	DJYVP2-22	0.3/0.5	5×2×1.0	1.13	0.6				0.05	1.0	0.20	1.2	15.7	435.0
43	DJYVP2-22	0.3/0.5	6×2×1.0	1.13	0.6				0.05	1.0	0.20	1.3	17.0	491.3
44	DJYVP2-22	0.3/0.5	7×2×1.0	1.13	0.6				0.05	1.0	0.20	1.3	17.0	504.3
45	DJYVP2-22	0.3/0.5	8×2×1.0	1.13	0.6				0.05	1.0	0.20	1.3	18.1	555.0
46	DJYVP2-22	0.3/0.5	9×2×1.0	1.13	0.6				0.05	1.0	0.20	1.3	19.7	626.8
47	DJYVP2-22	0.3/0.5	10×2×1.0	1.13	0.6				0.05	1.0	0.20	1.4	21.0	682.2
48	DJYVP3-22	0.3/0.5	1×2×1.0	1.13	0.6				0.05	1.0	0.20	1.1	9.9	166.0
49	DJYVP3-22	0.3/0.5	2×2×1.0	1.13	0.6				0.05	1.0	0.20	1.2	13.0	285.0
50	DJYVP3-22	0.3/0.5	3×2×1.0	1.13	0.6				0.05	1.0	0.20	1.2	13.6	318.2
51	DJYVP3-22	0.3/0.5	4×2×1.0	1.13	0.6				0.05	1.0	0.20	1.2	14.6	363.9
52	DJYVP3-22	0.3/0.5	5×2×1.0	1.13	0.6				0.05	1.0	0.20	1.2	15.7	422.1
53	DJYVP3-22	0.3/0.5	6×2×1.0	1.13	0.6				0.05	1.0	0.20	1.3	17.0	477.1
54	DJYVP3-22	0.3/0.5	7×2×1.0	1.13	0.6				0.05	1.0	0.20	1.3	17.0	490.1
55	DJYVP3-22	0.3/0.5	8×2×1.0	1.13	0.6				0.05	1.0	0.20	1.3	18.1	539.7
56	DJYVP3-22	0.3/0.5	9×2×1.0	1.13	0.6				0.05	1.0	0.20	1.3	19.7	609.2
57	DJYVP3-22	0.3/0.5	10×2×1.0	1.13	0.6				0.05	1.0	0.20	1.4	21.0	663.2
58	DJYPVP-22	0.3/0.5	2×2×1.5	1.38	0.6	0.12			0.20	1.0	0.20	1.3	17.3	473.3
59	DJYPVP-22	0.3/0.5	3×2×1.5	1.38	0.6	0.12			0.20	1.0	0.20	1.3	18.1	545.5
60	DJYPVP-22	0.3/0.5	4×2×1.5	1.38	0.6	0.12			0.20	1.0	0.20	1.3	19.5	638.7
61	DJYPVP-22	0.3/0.5	5×2×1.5	1.38	0.6	0.12			0.20	1.0	0.20	1.4	21.2	748.2
62	DJYPVP-22	0.3/0.5	6×2×1.5	1.38	0.6	0.12			0.20	1.0	0.20	1.4	22.8	853.0
63	DJYPVP-22	0.3/0.5	7×2×1.5	1.38	0.6	0.12			0.20	1.0	0.20	1.4	22.8	894.8
64	DJYPVP-22	0.3/0.5	8×2×1.5	1.38	0.6	0.12			0.20	1.0	0.20	1.5	24.6	1003.9
65	DJYPVP-22	0.3/0.5	9×2×1.5	1.38	0.6	0.12			0.25	1.0	0.20	1.5	27.0	1150.7
66	DJYPVP-22	0.3/0.5	10×2×1.5	1.38	0.6	0.12			0.25	1.1	0.50	1.5	28.8	1579.6
67	DJYP2VP2-22	0.3/0.5	2×2×1.5	1.38	0.6		0.05		0.05	1.0	0.20	1.2	15.6	399.3
68	DJYP2VP2-22	0.3/0.5	3×2×1.5	1.38	0.6		0.05		0.05	1.0	0.20	1.2	16.4	470.5
69	DJYP2VP2-22	0.3/0.5	4×2×1.5	1.38	0.6		0.05		0.05	1.0	0.20	1.3	17.9	554.0
70	DJYP2VP2-22	0.3/0.5	5×2×1.5	1.38	0.6		0.05		0.05	1.0	0.20	1.3	19.4	636.5
71	DJYP2VP2-22	0.3/0.5	6×2×1.5	1.38	0.6		0.05		0.05	1.0	0.20	1.3	20.9	743.8
72	DJYP2VP2-22	0.3/0.5	7×2×1.5	1.38	0.6		0.05		0.05	1.0	0.20	1.3	20.9	780.6

（续）

序号	型号	电压/kV	规格	导体直径	绝缘厚度	分屏规格		总屏规格		内护套厚度	铠钢带装厚度	外护套厚度	参考外径	参考重量/（kg/km）
						编织铜丝直径	金属带厚度	编织铜丝直径	金属带厚度					
73	DJYP2VP2-22	0.3/0.5	8×2×1.5	1.38	0.6		0.05		0.05	1.0	0.20	1.4	22.6	860.4
74	DJYP2VP2-22	0.3/0.5	9×2×1.5	1.38	0.6		0.05		0.05	1.0	0.20	1.4	24.7	979.2
75	DJYP2VP2-22	0.3/0.5	10×2×1.5	1.38	0.6		0.05		0.05	1.0	0.20	1.5	26.4	1067.2
76	DJYP3VP3-22	0.3/0.5	2×2×1.5	1.38	0.6		0.05		0.05	1.0	0.20	1.2	15.3	375.2
77	DJYP3VP3-22	0.3/0.5	3×2×1.5	1.38	0.6		0.05		0.05	1.0	0.20	1.2	16.0	438.8
78	DJYP3VP3-22	0.3/0.5	4×2×1.5	1.38	0.6		0.05		0.05	1.0	0.20	1.3	17.5	512.8
79	DJYP3VP3-22	0.3/0.5	5×2×1.5	1.38	0.6		0.05		0.05	1.0	0.20	1.3	18.9	590.1
80	DJYP3VP3-22	0.3/0.5	6×2×1.5	1.38	0.6		0.05		0.05	1.0	0.20	1.3	20.4	684.3
81	DJYP3VP3-22	0.3/0.5	7×2×1.5	1.38	0.6		0.05		0.05	1.0	0.20	1.3	20.4	713.4
82	DJYP3VP3-22	0.3/0.5	8×2×1.5	1.38	0.6		0.05		0.05	1.0	0.20	1.4	22.1	788.6
83	DJYP3VP3-22	0.3/0.5	9×2×1.5	1.38	0.6		0.05		0.05	1.0	0.20	1.4	24.0	892.1
84	DJYP3VP3-22	0.3/0.5	10×2×1.5	1.38	0.6		0.05		0.05	1.0	0.20	1.5	25.7	976.1
85	DJYVP-22	0.3/0.5	1×2×1.5	1.38	0.6			0.15		1.0	0.20	1.1	11.1	201.7
86	DJYVP-22	0.3/0.5	2×2×1.5	1.38	0.6			0.15		1.0	0.20	1.2	14.6	358.0
87	DJYVP-22	0.3/0.5	3×2×1.5	1.38	0.6			0.15		1.0	0.20	1.2	15.3	398.8
88	DJYVP-22	0.3/0.5	4×2×1.5	1.38	0.6			0.20		1.0	0.20	1.3	16.9	488.0
89	DJYVP-22	0.3/0.5	5×2×1.5	1.38	0.6			0.20		1.0	0.20	1.3	18.1	558.1
90	DJYVP-22	0.3/0.5	6×2×1.5	1.38	0.6			0.20		1.0	0.20	1.3	19.4	632.6
91	DJYVP-22	0.3/0.5	7×2×1.5	1.38	0.6			0.20		1.0	0.20	1.3	19.4	652.4
92	DJYVP-22	0.3/0.5	8×2×1.5	1.38	0.6			0.20		1.0	0.20	1.4	20.9	729.6
93	DJYVP-22	0.3/0.5	9×2×1.5	1.38	0.6			0.20		1.0	0.20	1.4	22.6	811.5
94	DJYVP-22	0.3/0.5	10×2×1.5	1.38	0.6			0.20		1.0	0.20	1.4	23.9	904.4
95	DJYVP2-22	0.3/0.5	1×2×1.5	1.38	0.6				0.05	1.0	0.20	1.1	10.5	190.5
96	DJYVP2-22	0.3/0.5	2×2×1.5	1.38	0.6				0.05	1.0	0.20	1.2	14.0	339.9
97	DJYVP2-22	0.3/0.5	3×2×1.5	1.38	0.6				0.05	1.0	0.20	1.2	14.7	383.1
98	DJYVP2-22	0.3/0.5	4×2×1.5	1.38	0.6				0.05	1.0	0.20	1.2	15.8	452.5
99	DJYVP2-22	0.3/0.5	5×2×1.5	1.38	0.6				0.05	1.0	0.20	1.3	17.2	520.0
100	DJYVP2-22	0.3/0.5	6×2×1.5	1.38	0.6				0.05	1.0	0.20	1.3	18.5	590.3
101	DJYVP2-22	0.3/0.5	7×2×1.5	1.38	0.6				0.05	1.0	0.20	1.3	18.5	610.0
102	DJYVP2-22	0.3/0.5	8×2×1.5	1.38	0.6				0.05	1.0	0.20	1.3	19.8	682.9
103	DJYVP2-22	0.3/0.5	9×2×1.5	1.38	0.6				0.05	1.0	0.20	1.4	21.7	760.7
104	DJYVP2-22	0.3/0.5	10×2×1.5	1.38	0.6				0.05	1.0	0.20	1.4	23.0	825.0
105	DJYVP3-22	0.3/0.5	1×2×1.5	1.38	0.6				0.05	1.0	0.20	1.1	10.5	184.9

（续）

序号	型号	电压/kV	规格	导体直径	绝缘厚度	分屏规格		总屏规格		内护套厚度	铠钢带装厚度	外护套厚度	参考外径	参考重量/(kg/km)
						编织铜丝直径	金属带厚度	编织铜丝直径	金属带厚度					
106	DJYVP3-22	0.3/0.5	2×2×1.5	1.38	0.6				0.05	1.0	0.20	1.2	14.0	329.2
107	DJYVP3-22	0.3/0.5	3×2×1.5	1.38	0.6				0.05	1.0	0.20	1.2	14.7	371.5
108	DJYVP3-22	0.3/0.5	4×2×1.5	1.38	0.6				0.05	1.0	0.20	1.2	15.8	439.5
109	DJYVP3-22	0.3/0.5	5×2×1.5	1.38	0.6				0.05	1.0	0.20	1.3	17.2	505.5
110	DJYVP3-22	0.3/0.5	6×2×1.5	1.38	0.6				0.05	1.0	0.20	1.3	18.5	574.2
111	DJYVP3-22	0.3/0.5	7×2×1.5	1.38	0.6				0.05	1.0	0.20	1.3	18.5	593.9
112	DJYVP3-22	0.3/0.5	8×2×1.5	1.38	0.6				0.05	1.0	0.20	1.3	19.8	665.2
113	DJYVP3-22	0.3/0.5	9×2×1.5	1.38	0.6				0.05	1.0	0.20	1.4	21.7	740.8
114	DJYVP3-22	0.3/0.5	10×2×1.5	1.38	0.6				0.05	1.0	0.20	1.4	23.0	803.5
115	DJYPVP-22	0.3/0.5	2×2×1.0	1.13	0.6	0.12		0.15		1.0	0.20	1.2	15.7	430.0
116	DJYPVP-22	0.3/0.5	3×2×1.0	1.13	0.6	0.12		0.20		1.0	0.20	1.3	17.0	487.0
117	DJYPVP-22	0.3/0.5	4×2×1.0	1.13	0.6	0.12		0.20		1.0	0.20	1.3	18.2	566.5
118	DJYPVP-22	0.3/0.5	5×2×1.0	1.13	0.6	0.12		0.20		1.0	0.20	1.3	19.6	652.8
119	DJYPVP-22	0.3/0.5	6×2×1.0	1.13	0.6	0.12		0.20		1.0	0.20	1.4	21.2	751.8
120	DJYPVP-22	0.3/0.5	7×2×1.0	1.13	0.6	0.12		0.20		1.0	0.20	1.4	21.2	787.9
121	DJYPVP-22	0.3/0.5	8×2×1.0	1.13	0.6	0.12		0.20		1.0	0.20	1.4	22.7	873.8
122	DJYPVP-22	0.3/0.5	9×2×1.0	1.13	0.6	0.12		0.20		1.0	0.20	1.5	24.8	984.0
123	DJYPVP-22	0.3/0.5	10×2×1.0	1.13	0.6	0.12		0.20		1.0	0.20	1.5	26.2	1103.8
124	DJYP2VP2-22	0.3/0.5	2×2×1.0	1.13	0.6		0.05		0.05	1.0	0.20	1.2	14.6	357.1
125	DJYP2VP2-22	0.3/0.5	3×2×1.0	1.13	0.6		0.05		0.05	1.0	0.20	1.2	15.3	411.8
126	DJYP2VP2-22	0.3/0.5	4×2×1.0	1.13	0.6		0.05		0.05	1.0	0.20	1.2	16.5	488.8
127	DJYP2VP2-22	0.3/0.5	5×2×1.0	1.13	0.6		0.05		0.05	1.0	0.20	1.3	18.0	559.7
128	DJYP2VP2-22	0.3/0.5	6×2×1.0	1.13	0.6		0.05		0.05	1.0	0.20	1.3	19.3	637.6
129	DJYP2VP2-22	0.3/0.5	7×2×1.0	1.13	0.6		0.05		0.05	1.0	0.20	1.3	19.3	669.4
130	DJYP2VP2-22	0.3/0.5	8×2×1.0	1.13	0.6		0.05		0.05	1.0	0.20	1.4	20.9	753.0
131	DJYP2VP2-22	0.3/0.5	9×2×1.0	1.13	0.6		0.05		0.05	1.0	0.20	1.4	22.7	838.6
132	DJYP3VP3-22	0.3/0.5	10×2×1.0	1.13	0.6		0.05		0.05	1.0	0.20	1.4	23.3	838.9
133	DJYP3VP3-22	0.3/0.5	2×2×1.0	1.13	0.6		0.05		0.05	1.0	0.20	1.2	14.2	335.9
134	DJYP3VP3-22	0.3/0.5	3×2×1.0	1.13	0.6		0.05		0.05	1.0	0.20	1.2	14.9	382.9
135	DJYP3VP3-22	0.3/0.5	4×2×1.0	1.13	0.6		0.05		0.05	1.0	0.20	1.2	16.0	452.6
136	DJYP3VP3-22	0.3/0.5	5×2×1.0	1.13	0.6		0.05		0.05	1.0	0.20	1.3	17.5	519.3
137	DJYP3VP3-22	0.3/0.5	6×2×1.0	1.13	0.6		0.05		0.05	1.0	0.20	1.3	18.8	590.1
138	DJYP3VP3-22	0.3/0.5	7×2×1.0	1.13	0.6		0.05		0.05	1.0	0.20	1.3	18.8	615.0

（续）

序号	型号	电压/kV	规格	导体直径	绝缘厚度	分屏规格		总屏规格		内护套厚度	铠钢带装厚度	外护套厚度	参考外径	参考重量/（kg/km）
						编织铜丝直径	金属带厚度	编织铜丝直径	金属带厚度					
139	DJVP3VP3-22	0.3/0.5	8×2×1.0	1.13	0.6		0.05		0.05	1.0	0.20	1.4	20.3	690.4
140	DJVP3VP3-22	0.3/0.5	9×2×1.0	1.13	0.6		0.05		0.05	1.0	0.20	1.4	22.0	767.0
141	DJVP3VP3-22	0.3/0.5	10×2×1.0	1.13	0.6		0.05		0.05	1.0	0.20	1.4	23.3	838.9
142	DJVVP-22	0.3/0.5	1×2×1.0	1.13	0.6			0.15		1.0	0.20	1.1	10.5	182.8
143	DJVVP-22	0.3/0.5	2×2×1.0	1.13	0.6			0.15		1.0	0.20	1.2	13.6	322.6
144	DJVVP-22	0.3/0.5	3×2×1.0	1.13	0.6			0.15		1.0	0.20	1.2	14.2	359.5
145	DJVVP-22	0.3/0.5	4×2×1.0	1.13	0.6			0.15		1.0	0.20	1.2	15.2	408.1
146	DJVVP-22	0.3/0.5	5×2×1.0	1.13	0.6			0.20		1.0	0.20	1.3	16.8	486.9
147	DJVVP-22	0.3/0.5	6×2×1.0	1.13	0.6			0.20		1.0	0.20	1.3	17.9	548.9
148	DJVVP-22	0.3/0.5	7×2×1.0	1.13	0.6			0.20		1.0	0.20	1.3	17.9	565.3
149	DJVVP-22	0.3/0.5	8×2×1.0	1.13	0.6			0.20		1.0	0.20	1.3	19.0	635.9
150	DJVVP-22	0.3/0.5	9×2×1.0	1.13	0.6			0.20		1.0	0.20	1.4	20.8	701.9
151	DJVVP-22	0.3/0.5	10×2×1.0	1.13	0.6			0.20		1.0	0.20	1.4	21.9	764.3
152	DJVVP2-22	0.3/0.5	1×2×1.0	1.13	0.6				0.05	1.0	0.20	1.1	9.9	174.3
153	DJVVP2-22	0.3/0.5	2×2×1.0	1.13	0.6				0.05	1.0	0.20	1.2	13.0	301.8
154	DJVVP2-22	0.3/0.5	3×2×1.0	1.13	0.6				0.05	1.0	0.20	1.2	13.6	339.1
155	DJVVP2-22	0.3/0.5	4×2×1.0	1.13	0.6				0.05	1.0	0.20	1.2	14.6	388.9
156	DJVVP2-22	0.3/0.5	5×2×1.0	1.13	0.6				0.05	1.0	0.20	1.2	15.7	451.8
157	DJVVP2-22	0.3/0.5	6×2×1.0	1.13	0.6				0.05	1.0	0.20	1.3	17.0	511.5
158	DJVVP2-22	0.3/0.5	7×2×1.0	1.13	0.6				0.05	1.0	0.20	1.3	17.0	527.9
159	DJVVP2-22	0.3/0.5	8×2×1.0	1.13	0.6				0.05	1.0	0.20	1.3	18.1	581.9
160	DJVVP2-22	0.3/0.5	9×2×1.0	1.13	0.6				0.05	1.0	0.20	1.3	19.7	657.0
161	DJVVP3-22	0.3/0.5	10×2×1.0	1.13	0.6				0.05	1.0	0.20	1.4	21.0	696.8
162	DJVVP3-22	0.3/0.5	1×2×1.0	1.13	0.6				0.05	1.0	0.20	1.1	9.9	169.3
163	DJVVP3-22	0.3/0.5	2×2×1.0	1.13	0.6				0.05	1.0	0.20	1.2	13.0	291.7
164	DJVVP3-22	0.3/0.5	3×2×1.0	1.13	0.6				0.05	1.0	0.20	1.2	13.6	328.3
165	DJVVP3-22	0.3/0.5	4×2×1.0	1.13	0.6				0.05	1.0	0.20	1.2	14.6	377.3
166	DJVVP3-22	0.3/0.5	5×2×1.0	1.13	0.6				0.05	1.0	0.20	1.2	15.7	438.9
167	DJVVP3-22	0.3/0.5	6×2×1.0	1.13	0.6				0.05	1.0	0.20	1.3	17.0	497.2
168	DJVVP3-22	0.3/0.5	7×2×1.0	1.13	0.6				0.05	1.0	0.20	1.3	17.0	513.6
169	DJVVP3-22	0.3/0.5	8×2×1.0	1.13	0.6				0.05	1.0	0.20	1.3	18.1	566.6
170	DJVVP3-22	0.3/0.5	9×2×1.0	1.13	0.6				0.05	1.0	0.20	1.3	19.7	639.4
171	DJVVP3-22	0.3/0.5	10×2×1.0	1.13	0.6				0.05	1.0	0.20	1.4	21.0	696.8

（续）

序号	型号	电压/kV	规格	导体直径	绝缘厚度	分屏规格		总屏规格		内护套厚度	铠钢带装厚度	外护套厚度	参考外径	参考重量/（kg/km）
						编织铜丝直径	金属带厚度	编织铜丝直径	金属带厚度					
172	DJVPVP-22	0.3/0.5	2×2×1.5	1.38	0.7	0.12		0.20		1.0	0.20	1.3	18.0	510.0
173	DJVPVP-22	0.3/0.5	3×2×1.5	1.38	0.7	0.12		0.20		1.0	0.20	1.3	18.9	591.9
174	DJVPVP-22	0.3/0.5	4×2×1.5	1.38	0.7	0.12		0.20		1.0	0.20	1.3	20.4	708.2
175	DJVPVP-22	0.3/0.5	5×2×1.5	1.38	0.7	0.12		0.20		1.0	0.20	1.4	22.2	816.4
176	DJVPVP-22	0.3/0.5	6×2×1.5	1.38	0.7	0.12		0.20		1.0	0.20	1.4	23.9	948.4
177	DJVPVP-22	0.3/0.5	7×2×1.5	1.38	0.7	0.12		0.20		1.0	0.20	1.4	23.9	995.7
178	DJVPVP-22	0.3/0.5	8×2×1.5	1.38	0.7	0.12		0.20		1.0	0.20	1.5	25.8	1129.1
179	DJVPVP-22	0.3/0.5	9×2×1.5	1.38	0.7	0.12		0.25		1.1	0.50	1.6	29.9	1570.3
180	DJVPVP-22	0.3/0.5	10×2×1.5	1.38	0.7	0.12		0.25		1.1	0.50	1.6	31.6	1709.8
181	DJVP2VP2-22	0.3/0.5	2×2×1.5	1.38	0.7		0.05		0.05	1.0	0.20	1.2	16.4	440.3
182	DJVP2VP2-22	0.3/0.5	3×2×1.5	1.38	0.7		0.05		0.05	1.0	0.20	1.3	17.4	508.6
183	DJVP2VP2-22	0.3/0.5	4×2×1.5	1.38	0.7		0.05		0.05	1.0	0.20	1.3	18.8	600.0
184	DJVP2VP2-22	0.3/0.5	5×2×1.5	1.38	0.7		0.05		0.05	1.0	0.20	1.3	20.4	713.6
185	DJVP2VP2-22	0.3/0.5	6×2×1.5	1.38	0.7		0.05		0.05	1.0	0.20	1.4	22.2	812.8
186	DJVP2VP2-22	0.3/0.5	7×2×1.5	1.38	0.7		0.05		0.05	1.0	0.20	1.4	22.2	854.6
187	DJVP2VP2-22	0.3/0.5	8×2×1.5	1.38	0.7		0.05		0.05	1.0	0.20	1.4	23.8	966.5
188	DJVP2VP2-22	0.3/0.5	9×2×1.5	1.38	0.7		0.05		0.05	1.0	0.20	1.5	26.2	1073.6
189	DJVP3VP3-22	0.3/0.5	10×2×1.5	1.38	0.7		0.05		0.05	1.0	0.20	1.5	27.1	1081.8
190	DJVP3VP3-22	0.3/0.5	2×2×1.5	1.38	0.7		0.05		0.05	1.0	0.20	1.2	16.0	414.1
191	DJVP3VP3-22	0.3/0.5	3×2×1.5	1.38	0.7		0.05		0.05	1.0	0.20	1.3	17.0	478.4
192	DJVP3VP3-22	0.3/0.5	4×2×1.5	1.38	0.7		0.05		0.05	1.0	0.20	1.3	18.4	559.5
193	DJVP3VP3-22	0.3/0.5	5×2×1.5	1.38	0.7		0.05		0.05	1.0	0.20	1.3	19.9	658.8
194	DJVP3VP3-22	0.3/0.5	6×2×1.5	1.38	0.7		0.05		0.05	1.0	0.20	1.4	21.7	753.8
195	DJVP3VP3-22	0.3/0.5	7×2×1.5	1.38	0.7		0.05		0.05	1.0	0.20	1.4	21.7	787.3
196	DJVP3VP3-22	0.3/0.5	8×2×1.5	1.38	0.7		0.05		0.05	1.0	0.20	1.4	23.2	883.6
197	DJVP3VP3-22	0.3/0.5	9×2×1.5	1.38	0.7		0.05		0.05	1.0	0.20	1.5	25.5	985.3
198	DJVP3VP3-22	0.3/0.5	10×2×1.5	1.38	0.7		0.05		0.05	1.0	0.20	1.5	27.1	1081.8
199	DJVVP-22	0.3/0.5	1×2×1.5	1.38	0.7			0.15		1.0	0.20	1.1	11.5	215.6
200	DJVVP-22	0.3/0.5	2×2×1.5	1.38	0.7			0.15		1.0	0.20	1.2	15.3	384.6
201	DJVVP-22	0.3/0.5	3×2×1.5	1.38	0.7			0.15		1.0	0.20	1.3	16.0	471.2
202	DJVVP-22	0.3/0.5	4×2×1.5	1.38	0.7			0.20		1.0	0.20	1.3	17.7	536.3
203	DJVVP-22	0.3/0.5	5×2×1.5	1.38	0.7			0.20		1.0	0.20	1.3	19.0	615.5
204	DJVVP-22	0.3/0.5	6×2×1.5	1.38	0.7			0.20		1.0	0.20	1.3	20.4	715.0

（续）

序号	型号	电压/kV	规格	导体直径	绝缘厚度	分屏规格		总屏规格		内护套厚度	铠钢带装厚度	外护套厚度	参考外径	参考重量/(kg/km)
						编织铜丝直径	金属带厚度	编织铜丝直径	金属带厚度					
205	DJVVP-22	0.3/0.5	7×2×1.5	1.38	0.7				0.20	1.0	0.20	1.3	20.4	738.7
206	DJVVP-22	0.3/0.5	8×2×1.5	1.38	0.7				0.20	1.0	0.20	1.4	22.0	811.2
207	DJVVP-22	0.3/0.5	9×2×1.5	1.38	0.7				0.20	1.0	0.20	1.4	23.8	919.5
208	DJVVP-22	0.3/0.5	10×2×1.5	1.38	0.7				0.20	1.0	0.20	1.5	25.4	1000.6
209	DJVVP2-22	0.3/0.5	1×2×1.5	1.38	0.7				0.05	1.0	0.20	1.1	10.9	201.8
210	DJVVP2-22	0.3/0.5	2×2×1.5	1.38	0.7				0.05	1.0	0.20	1.2	14.7	368.9
211	DJVVP2-22	0.3/0.5	3×2×1.5	1.38	0.7				0.05	1.0	0.20	1.2	15.4	419.7
212	DJVVP2-22	0.3/0.5	4×2×1.5	1.38	0.7				0.05	1.0	0.20	1.3	16.8	498.2
213	DJVVP2-22	0.3/0.5	5×2×1.5	1.38	0.7				0.05	1.0	0.20	1.3	18.1	573.1
214	DJVVP2-22	0.3/0.5	6×2×1.5	1.38	0.7				0.05	1.0	0.20	1.3	19.5	655.1
215	DJVVP2-22	0.3/0.5	7×2×1.5	1.38	0.7				0.05	1.0	0.20	1.3	19.5	678.8
216	DJVVP2-22	0.3/0.5	8×2×1.5	1.38	0.7				0.05	1.0	0.20	1.4	21.1	754.3
217	DJVVP2-22	0.3/0.5	9×2×1.5	1.38	0.7				0.05	1.0	0.20	1.4	22.9	840.5
218	DJVVP3-22	0.3/0.5	10×2×1.5	1.38	0.7				0.05	1.0	0.20	1.4	24.3	910.2
219	DJVVP3-22	0.3/0.5	1×2×1.5	1.38	0.7				0.05	1.0	0.20	1.1	10.9	195.8
220	DJVVP3-22	0.3/0.5	2×2×1.5	1.38	0.7				0.05	1.0	0.20	1.2	14.7	357.3
221	DJVVP3-22	0.3/0.5	3×2×1.5	1.38	0.7				0.05	1.0	0.20	1.2	15.4	407.2
222	DJVVP3-22	0.3/0.5	4×2×1.5	1.38	0.7				0.05	1.0	0.20	1.3	16.8	484.2
223	DJVVP3-22	0.3/0.5	5×2×1.5	1.38	0.7				0.05	1.0	0.20	1.3	18.1	557.5
224	DJVVP3-22	0.3/0.5	6×2×1.5	1.38	0.7				0.05	1.0	0.20	1.3	19.5	637.7
225	DJVVP3-22	0.3/0.5	7×2×1.5	1.38	0.7				0.05	1.0	0.20	1.3	19.5	661.4
226	DJVVP3-22	0.3/0.5	8×2×1.5	1.38	0.7				0.05	1.0	0.20	1.4	21.1	735.2
227	DJVVP3-22	0.3/0.5	9×2×1.5	1.38	0.7				0.05	1.0	0.20	1.4	22.9	819.2
228	DJVVP3-22	0.3/0.5	10×2×1.5	1.38	0.7				0.05	1.0	0.20	1.4	24.3	910.2
229	DJYJPVP-22	0.3/0.5	2×2×1.0	1.13	0.5	0.12			0.15	1.0	0.20	1.2	15.0	357.5
230	DJYJPVP-22	0.3/0.5	3×2×1.0	1.13	0.5	0.12			0.15	1.0	0.20	1.2	15.7	415.8
231	DJYJPVP-22	0.3/0.5	4×2×1.0	1.13	0.5	0.12			0.20	1.0	0.20	1.3	17.3	514.2
232	DJYJPVP-22	0.3/0.5	5×2×1.0	1.13	0.5	0.12			0.20	1.0	0.20	1.3	18.6	591.9
233	DJYJPVP-22	0.3/0.5	6×2×1.0	1.13	0.5	0.12			0.20	1.0	0.20	1.3	20.0	673.8
234	DJYJPVP-22	0.3/0.5	7×2×1.0	1.13	0.5	0.12			0.20	1.0	0.20	1.3	20.0	709.5
235	DJYJPVP-22	0.3/0.5	8×2×1.0	1.13	0.5	0.12			0.20	1.0	0.20	1.4	21.5	796.5
236	DJYJPVP-22	0.3/0.5	9×2×1.0	1.13	0.5	0.12			0.20	1.0	0.20	1.4	23.3	886.2
237	DJYJPVP-22	0.3/0.5	10×2×1.0	1.13	0.5	0.12			0.20	1.0	0.20	1.5	24.8	980.5

（续）

序号	型号	电压/kV	规格	导体直径	绝缘厚度	分屏规格		总屏规格		内护套厚度	铠钢带装厚度	外护套厚度	参考外径	参考重量/（kg/km）
						编织铜丝直径	金属带厚度	编织铜丝直径	金属带厚度					
238	DJYJP2VP2-22	0.3/0.5	2×2×1.0	1.13	0.5		0.05		0.05	1.0	0.20	1.2	13.9	314.9
239	DJYJP2VP2-22	0.3/0.5	3×2×1.0	1.13	0.5		0.05		0.05	1.0	0.20	1.2	14.5	366.1
240	DJYJP2VP2-22	0.3/0.5	4×2×1.0	1.13	0.5		0.05		0.05	1.0	0.20	1.2	15.6	431.5
241	DJYJP2VP2-22	0.3/0.5	5×2×1.0	1.13	0.5		0.05		0.05	1.0	0.20	1.3	17.0	506.6
242	DJYJP2VP2-22	0.3/0.5	6×2×1.0	1.13	0.5		0.05		0.05	1.0	0.20	1.3	18.2	578.5
243	DJYJP2VP2-22	0.3/0.5	7×2×1.0	1.13	0.5		0.05		0.05	1.0	0.20	1.3	18.2	610.6
244	DJYJP2VP2-22	0.3/0.5	8×2×1.0	1.13	0.5		0.05		0.05	1.0	0.20	1.3	19.5	677.6
245	DJYJP2VP2-22	0.3/0.5	9×2×1.0	1.13	0.5		0.05		0.05	1.0	0.20	1.4	21.4	764.9
246	DJYJP2VP2-22	0.3/0.5	10×2×1.0	1.13	0.5		0.05		0.05	1.0	0.20	1.4	22.6	837.7
247	DJYJP3VP3-22	0.3/0.5	2×2×1.0	1.13	0.5		0.05		0.05	1.0	0.20	1.2	13.5	292.1
248	DJYJP3VP3-22	0.3/0.5	3×2×1.0	1.13	0.5		0.05		0.05	1.0	0.20	1.2	14.1	336.3
249	DJYJP3VP3-22	0.3/0.5	4×2×1.0	1.13	0.5		0.05		0.05	1.0	0.20	1.2	15.2	394.0
250	DJYJP3VP3-22	0.3/0.5	5×2×1.0	1.13	0.5		0.05		0.05	1.0	0.20	1.2	16.3	461.5
251	DJYJP3VP3-22	0.3/0.5	6×2×1.0	1.13	0.5		0.05		0.05	1.0	0.20	1.3	17.7	525.6
252	DJYJP3VP3-22	0.3/0.5	7×2×1.0	1.13	0.5		0.05		0.05	1.0	0.20	1.3	17.7	551.3
253	DJYJP3VP3-22	0.3/0.5	8×2×1.0	1.13	0.5		0.05		0.05	1.0	0.20	1.3	18.9	610.6
254	DJYJP3VP3-22	0.3/0.5	9×2×1.0	1.13	0.5		0.05		0.05	1.0	0.20	1.4	20.7	689.9
255	DJYJP3VP3-22	0.3/0.5	10×2×1.0	1.13	0.5		0.05		0.05	1.0	0.20	1.4	21.9	754.7
256	DJYJVP-22	0.3/0.5	1×2×1.0	1.13	0.5			0.15		1.0	0.20	1.1	10.1	178.0
257	DJYJVP-22	0.3/0.5	2×2×1.0	1.13	0.5			0.15		1.0	0.20	1.2	13.0	277.8
258	DJYJVP-22	0.3/0.5	3×2×1.0	1.13	0.5			0.15		1.0	0.20	1.2	13.5	309.7
259	DJYJVP-22	0.3/0.5	4×2×1.0	1.13	0.5			0.15		1.0	0.20	1.2	14.4	354.6
260	DJYJVP-22	0.3/0.5	5×2×1.0	1.13	0.5			0.15		1.0	0.20	1.2	15.4	403.8
261	DJYJVP-22	0.3/0.5	6×2×1.0	1.13	0.5			0.20		1.0	0.20	1.3	16.9	481.8
262	DJYJVP-22	0.3/0.5	7×2×1.0	1.13	0.5			0.20		1.0	0.20	1.3	16.9	495.5
263	DJYJVP-22	0.3/0.5	8×2×1.0	1.13	0.5			0.20		1.0	0.20	1.3	18.0	545.9
264	DJYJVP-22	0.3/0.5	9×2×1.0	1.13	0.5			0.20		1.0	0.20	1.3	19.3	603.2
265	DJYJVP-22	0.3/0.5	10×2×1.0	1.13	0.5			0.20		1.0	0.20	1.3	20.4	658.7
266	DJYJVP2-22	0.3/0.5	1×2×1.0	1.13	0.5				0.05	1.0	0.20	1.1	9.5	162.1
267	DJYJVP2-22	0.3/0.5	2×2×1.0	1.13	0.5				0.05	1.0	0.20	1.2	12.4	256.0
268	DJYJVP2-22	0.3/0.5	3×2×1.0	1.13	0.5				0.05	1.0	0.20	1.2	12.9	286.9
269	DJYJVP2-22	0.3/0.5	4×2×1.0	1.13	0.5				0.05	1.0	0.20	1.2	13.8	329.9
270	DJYJVP2-22	0.3/0.5	5×2×1.0	1.13	0.5				0.05	1.0	0.20	1.2	14.8	377.0

（续）

序号	型号	电压 /kV	规格	导体直径	绝缘厚度	分屏规格		总屏规格		内护套厚度	铠钢带装厚度	外护套厚度	参考外径	参考重量 / (kg/km)
						编织铜丝直径	金属带厚度	编织铜丝直径	金属带厚度					
271	DJYJVP2-22	0.3/0.5	6×2×1.0	1.13	0.5				0.05	1.0	0.20	1.2	15.8	426.0
272	DJYJVP2-22	0.3/0.5	7×2×1.0	1.13	0.5				0.05	1.0	0.20	1.2	15.8	439.6
273	DJYJVP2-22	0.3/0.5	8×2×1.0	1.13	0.5				0.05	1.0	0.20	1.3	17.1	493.9
274	DJYJVP2-22	0.3/0.5	9×2×1.0	1.13	0.5				0.05	1.0	0.20	1.3	18.4	546.9
275	DJYJVP2-22	0.3/0.5	10×2×1.0	1.13	0.5				0.05	1.0	0.20	1.3	19.5	598.8
276	DJYJVP3-22	0.3/0.5	1×2×1.0	1.13	0.5				0.05	1.0	0.20	1.1	9.5	156.6
277	DJYJVP3-22	0.3/0.5	2×2×1.0	1.13	0.5				0.05	1.0	0.20	1.2	12.4	247.2
278	DJYJVP3-22	0.3/0.5	3×2×1.0	1.13	0.5				0.05	1.0	0.20	1.2	12.9	277.5
279	DJYJVP3-22	0.3/0.5	4×2×1.0	1.13	0.5				0.05	1.0	0.20	1.2	13.8	319.4
280	DJYJVP3-22	0.3/0.5	5×2×1.0	1.13	0.5				0.05	1.0	0.20	1.2	14.8	365.3
281	DJYJVP3-22	0.3/0.5	6×2×1.0	1.13	0.5				0.05	1.0	0.20	1.2	15.8	413.0
282	DJYJVP3-22	0.3/0.5	7×2×1.0	1.13	0.5				0.05	1.0	0.20	1.2	15.8	426.6
283	DJYJVP3-22	0.3/0.5	8×2×1.0	1.13	0.5				0.05	1.0	0.20	1.3	17.1	479.5
284	DJYJVP3-22	0.3/0.5	9×2×1.0	1.13	0.5				0.05	1.0	0.20	1.3	18.4	531.0
285	DJYJVP3-22	0.3/0.5	10×2×1.0	1.13	0.5				0.05	1.0	0.20	1.3	19.5	581.5
286	DJYJPVP-22	0.3/0.5	2×2×1.5	1.38	0.6	0.12			0.20	1.0	0.20	1.3	17.3	465.0
287	DJYJPVP-22	0.3/0.5	3×2×1.5	1.38	0.6	0.12			0.20	1.0	0.20	1.3	18.1	541.7
288	DJYJPVP-22	0.3/0.5	4×2×1.5	1.38	0.6	0.12			0.20	1.0	0.20	1.3	19.5	639.1
289	DJYJPVP-22	0.3/0.5	5×2×1.5	1.38	0.6	0.12			0.20	1.0	0.20	1.4	21.2	749.4
290	DJYJPVP-22	0.3/0.5	6×2×1.5	1.38	0.6	0.12			0.20	1.0	0.20	1.4	22.8	858.3
291	DJYJPVP-22	0.3/0.5	7×2×1.5	1.38	0.6	0.12			0.20	1.0	0.20	1.4	22.8	905.0
292	DJYJPVP-22	0.3/0.5	8×2×1.5	1.38	0.6	0.12			0.20	1.0	0.20	1.5	24.6	1015.5
293	DJYJPVP-22	0.3/0.5	9×2×1.5	1.38	0.6	0.12			0.25	1.0	0.20	1.5	27.0	1162.5
294	DJYJPVP-22	0.3/0.5	10×2×1.5	1.38	0.6	0.12			0.25	1.1	0.50	1.6	30.2	1587.4
295	DJYJP2VP2-22	0.3/0.5	2×2×1.5	1.38	0.6		0.05		0.05	1.0	0.20	1.2	15.6	389.4
296	DJYJP2VP2-22	0.3/0.5	3×2×1.5	1.38	0.6		0.05		0.05	1.0	0.20	1.3	16.6	463.8
297	DJYJP2VP2-22	0.3/0.5	4×2×1.5	1.38	0.6		0.05		0.05	1.0	0.20	1.3	17.9	549.7
298	DJYJP2VP2-22	0.3/0.5	5×2×1.5	1.38	0.6		0.05		0.05	1.0	0.20	1.4	19.4	640.9
299	DJYJP2VP2-22	0.3/0.5	6×2×1.5	1.38	0.6		0.05		0.05	1.0	0.20	1.4	21.1	746.5
300	DJYJP2VP2-22	0.3/0.5	7×2×1.5	1.38	0.6		0.05		0.05	1.0	0.20	1.4	21.1	788.3
301	DJYJP2VP2-22	0.3/0.5	8×2×1.5	1.38	0.6		0.05		0.05	1.0	0.20	1.4	22.6	877.8
302	DJYJP2VP2-22	0.3/0.5	9×2×1.5	1.38	0.6		0.05		0.05	1.0	0.20	1.5	24.9	990.4
303	DJYJP2VP2-22	0.3/0.5	10×2×1.5	1.38	0.6		0.05		0.05	1.0	0.20	1.5	26.4	1088.4

（续）

序号	型号	电压/kV	规格	导体直径	绝缘厚度	分屏规格 编织铜丝直径	分屏规格 金属带厚度	总屏规格 编织铜丝直径	总屏规格 金属带厚度	内护套厚度	铠钢带装厚度	外护套厚度	参考外径	参考重量/（kg/km）
304	DJYJP3VP3-22	0.3/0.5	2×2×1.5	1.38	0.6		0.05		0.05	1.0	0.20	1.2	15.3	361.6
305	DJYJP3VP3-22	0.3/0.5	3×2×1.5	1.38	0.6		0.05		0.05	1.0	0.20	1.2	16.0	427.4
306	DJYJP3VP3-22	0.3/0.5	4×2×1.5	1.38	0.6		0.05		0.05	1.0	0.20	1.3	17.5	503.9
307	DJYJP3VP3-22	0.3/0.5	5×2×1.5	1.38	0.6		0.05		0.05	1.0	0.20	1.3	18.9	585.6
308	DJYJP3VP3-22	0.3/0.5	6×2×1.5	1.38	0.6		0.05		0.05	1.0	0.20	1.3	20.4	681.6
309	DJYJP3VP3-22	0.3/0.5	7×2×1.5	1.38	0.6		0.05		0.05	1.0	0.20	1.3	20.4	715.8
310	DJYJP3VP3-22	0.3/0.5	8×2×1.5	1.38	0.6		0.05		0.05	1.0	0.20	1.4	22.1	795.7
311	DJYJP3VP3-22	0.3/0.5	9×2×1.5	1.38	0.6		0.05		0.05	1.0	0.20	1.4	24.0	898.2
312	DJYJP3VP3-22	0.3/0.5	10×2×1.5	1.38	0.6		0.05		0.05	1.0	0.20	1.5	25.7	986.6
313	DJYJVP-22	0.3/0.5	1×2×1.5	1.38	0.6				0.15	1.0	0.20	1.1	11.1	213.0
314	DJYJVP-22	0.3/0.5	2×2×1.5	1.38	0.6				0.15	1.0	0.20	1.2	14.6	344.1
315	DJYJVP-22	0.3/0.5	3×2×1.5	1.38	0.6				0.15	1.0	0.20	1.3	15.3	390.4
316	DJYJVP-22	0.3/0.5	4×2×1.5	1.38	0.6				0.20	1.0	0.20	1.3	16.9	478.8
317	DJYJVP-22	0.3/0.5	5×2×1.5	1.38	0.6				0.20	1.0	0.20	1.3	18.1	547.8
318	DJYJVP-22	0.3/0.5	6×2×1.5	1.38	0.6				0.20	1.0	0.20	1.3	19.4	621.8
319	DJYJVP-22	0.3/0.5	7×2×1.5	1.38	0.6				0.20	1.0	0.20	1.3	19.4	641.6
320	DJYJVP-22	0.3/0.5	8×2×1.5	1.38	0.6				0.20	1.0	0.20	1.4	20.9	718.3
321	DJYJVP-22	0.3/0.5	9×2×1.5	1.38	0.6				0.20	1.0	0.20	1.4	22.6	798.9
322	DJYJVP-22	0.3/0.5	10×2×1.5	1.38	0.6				0.20	1.0	0.20	1.4	23.9	874.2
323	DJYJVP2-22	0.3/0.5	1×2×1.5	1.38	0.6				0.05	1.0	0.20	1.1	10.5	195.0
324	DJYJVP2-22	0.3/0.5	2×2×1.5	1.38	0.6				0.05	1.0	0.20	1.2	14.0	319.0
325	DJYJVP2-22	0.3/0.5	3×2×1.5	1.38	0.6				0.05	1.0	0.20	1.2	14.7	363.8
326	DJYJVP2-22	0.3/0.5	4×2×1.5	1.38	0.6				0.05	1.0	0.20	1.2	15.8	423.0
327	DJYJVP2-22	0.3/0.5	5×2×1.5	1.38	0.6				0.05	1.0	0.20	1.3	17.2	495.5
328	DJYJVP2-22	0.3/0.5	6×2×1.5	1.38	0.6				0.05	1.0	0.20	1.3	18.5	565.2
329	DJYJVP2-22	0.3/0.5	7×2×1.5	1.38	0.6				0.05	1.0	0.20	1.3	18.5	585.0
330	DJYJVP2-22	0.3/0.5	8×2×1.5	1.38	0.6				0.05	1.0	0.20	1.4	19.8	647.6
331	DJYJVP2-22	0.3/0.5	9×2×1.5	1.38	0.6				0.05	1.0	0.20	1.4	21.7	731.9
332	DJYJVP2-22	0.3/0.5	10×2×1.5	1.38	0.6				0.05	1.0	0.20	1.4	23.0	802.9
333	DJYJVP3-22	0.3/0.5	1×2×1.5	1.38	0.6				0.05	1.0	0.20	1.1	10.5	188.4
334	DJYJVP3-22	0.3/0.5	2×2×1.5	1.38	0.6				0.05	1.0	0.20	1.2	14.0	308.3
335	DJYJVP3-22	0.3/0.5	3×2×1.5	1.38	0.6				0.05	1.0	0.20	1.2	14.7	352.2
336	DJYJVP3-22	0.3/0.5	4×2×1.5	1.38	0.6				0.05	1.0	0.20	1.2	15.8	410.0

（续）

序号	型号	电压/kV	规格	导体直径	绝缘厚度	分屏规格		总屏规格		内护套厚度	铠钢带装厚度	外护套厚度	参考外径	参考重量/(kg/km)
						编织铜丝直径	金属带厚度	编织铜丝直径	金属带厚度					
337	DJYJVP3-22	0.3/0.5	5×2×1.5	1.38	0.6				0.05	1.0	0.20	1.3	17.2	481.0
338	DJYJVP3-22	0.3/0.5	6×2×1.5	1.38	0.6				0.05	1.0	0.20	1.3	18.5	549.1
339	DJYJVP3-22	0.3/0.5	7×2×1.5	1.38	0.6				0.05	1.0	0.20	1.3	18.5	568.9
340	DJYJVP3-22	0.3/0.5	8×2×1.5	1.38	0.6				0.05	1.0	0.20	1.3	19.8	629.8
341	DJYJVP3-22	0.3/0.5	9×2×1.5	1.38	0.6				0.05	1.0	0.20	1.4	21.7	712.1
342	DJYJVP3-22	0.3/0.5	10×2×1.5	1.38	0.6				0.05	1.0	0.20	1.4	23.0	781.5

2. 钢带铠装计算机电缆的材料消耗

材料消耗见表 3-3-14。

表 3-3-14　钢带铠装计算机电缆的材料消耗　　　　（单位：kg/km）

序号	型号	电压/kV	规格	导体	绝缘	分屏		填充	包带	总屏		内护套	钢带铠装	外护套
						编织铜丝	金属带			编织铜丝	金属带			
1	DJYPVP-22	0.3/0.5	2×2×1.0	36.78	12.78	30.25		17.98	13.69	51.51		67.86	98.74	93.73
2	DJYPVP-22	0.3/0.5	3×2×1.0	55.17	19.16	45.38		14.74	18.61	54.23		71.82	101.65	96.18
3	DJYPVP-22	0.3/0.5	4×2×1.0	73.56	25.54	60.51		16.43	23.81	60.18		79.17	110.36	103.53
4	DJYPVP-22	0.3/0.5	5×2×1.0	91.95	31.92	75.63		20.63	29.05	67.11		87.09	120.53	112.11
5	DJYPVP-22	0.3/0.5	6×2×1.0	110.34	38.30	90.76		26.95	34.33	74.04		95.57	130.69	130.63
6	DJYPVP-22	0.3/0.5	7×2×1.0	128.74	44.68	105.89		15.21	38.93	74.04		95.57	130.69	130.63
7	DJYPVP-22	0.3/0.5	8×2×1.0	147.13	51.06	121.01		15.91	44.21	81.47		104.05	141.58	140.52
8	DJYPVP-22	0.3/0.5	9×2×1.0	165.52	57.46	136.14		19.22	49.67	90.88		114.79	155.38	164.70
9	DJYPVP-22	0.3/0.5	10×2×1.0	183.91	63.84	151.27		26.05	54.95	125.68		124.41	165.54	174.59
10	DJYP2VP2-22	0.3/0.5	2×2×1.0	36.78	12.78		18.25	17.98	13.19		15.30	61.64	90.76	75.78
11	DJYP2VP2-22	0.3/0.5	3×2×1.0	55.17	19.16		27.38	14.74	17.97		16.45	65.60	95.84	79.73
12	DJYP2VP2-22	0.3/0.5	4×2×1.0	73.56	25.54		36.51	16.43	22.97		18.42	72.38	99.47	98.63
13	DJYP2VP2-22	0.3/0.5	5×2×1.0	91.95	31.92		45.64	20.63	28.04		20.56	79.73	108.91	102.30
14	DJYP2VP2-22	0.3/0.5	6×2×1.0	110.34	38.30		54.76	26.95	33.13		22.70	87.65	118.35	110.27
15	DJYP2VP2-22	0.3/0.5	7×2×1.0	128.74	44.68		63.89	15.21	37.59		22.70	87.65	118.35	110.27
16	DJYP2VP2-22	0.3/0.5	8×2×1.0	147.13	51.06		73.02	15.91	42.70		25.00	95.57	128.51	128.65
17	DJYP2VP2-22	0.3/0.5	9×2×1.0	165.52	57.46		82.14	19.22	47.97		27.96	105.75	141.58	140.52
18	DJYP2VP2-22	0.3/0.5	10×2×1.0	183.91	63.84		91.27	26.05	53.07		30.26	113.66	151.75	149.76
19	DJYP3VP3-22	0.3/0.5	2×2×1.0	36.78	12.78		4.51	17.98	13.19		3.88	61.64	90.76	79.73

（续）

序号	型号	电压/kV	规格	导体	绝缘	分屏 编织铜丝	分屏 金属带	填充	包带	总屏 编织铜丝	总屏 金属带	内护套	钢带铠装	外护套
20	DJYP3VP3-22	0.3/0.5	3×2×1.0	55.17	19.16		6.77	14.74	17.97		4.17	65.60	95.84	83.69
21	DJYP3VP3-22	0.3/0.5	4×2×1.0	73.56	25.54		9.02	16.43	22.97		4.66	72.38	104.55	98.63
22	DJYP3VP3-22	0.3/0.5	5×2×1.0	91.95	31.92		11.28	20.63	28.04		5.18	79.73	113.99	106.59
23	DJYP3VP3-22	0.3/0.5	6×2×1.0	110.34	38.30		13.54	26.95	33.13		5.75	87.65	124.16	115.17
24	DJYP3VP3-22	0.3/0.5	7×2×1.0	128.74	44.68		15.79	15.21	37.59		5.75	87.65	124.16	115.17
25	DJYP3VP3-22	0.3/0.5	8×2×1.0	147.13	51.06		18.05	15.91	42.70		6.32	95.57	134.32	133.93
26	DJYP3VP3-22	0.3/0.5	9×2×1.0	165.52	57.46		20.31	19.22	47.97		7.05	105.75	147.39	145.80
27	DJYP3VP3-22	0.3/0.5	10×2×1.0	183.91	63.84		22.56	26.05	53.07		7.62	113.66	157.55	155.04
28	DJYVP-22	0.3/0.5	1×2×1.0	18.21	6.32			4.50	1.75	15.97		32.80	53.73	46.13
29	DJYVP-22	0.3/0.5	2×2×1.0	36.78	12.78			17.98	3.62	31.20		55.98	83.50	74.08
30	DJYVP-22	0.3/0.5	3×2×1.0	55.17	19.16			14.74	3.89	31.76		59.38	87.85	77.47
31	DJYVP-22	0.3/0.5	4×2×1.0	73.56	25.54			16.43	4.35	35.47		65.03	95.11	79.17
32	DJYVP-22	0.3/0.5	5×2×1.0	91.95	31.92			20.63	4.85	53.24		72.38	100.20	94.95
33	DJYVP-22	0.3/0.5	6×2×1.0	110.34	38.30			26.95	5.40	58.69		79.17	108.18	101.69
34	DJYVP-22	0.3/0.5	7×2×1.0	128.74	44.68			15.21	5.40	58.69		79.17	108.18	101.69
35	DJYVP-22	0.3/0.5	8×2×1.0	147.13	51.06			15.91	5.94	64.14		85.95	116.17	122.71
36	DJYVP-22	0.3/0.5	9×2×1.0	165.52	57.46			19.22	6.67	72.06		95.00	127.79	127.99
37	DJYVP-22	0.3/0.5	10×2×1.0	183.91	63.84			26.05	7.17	77.51		101.22	135.77	135.25
38	DJYVP2-22	0.3/0.5	1×2×1.0	18.21	6.32			4.50	1.75		6.66	30.54	53.00	45.62
39	DJYVP2-22	0.3/0.5	2×2×1.0	36.78	12.78			17.98	3.62		13.40	53.72	80.59	71.82
40	DJYVP2-22	0.3/0.5	3×2×1.0	55.17	19.16			14.74	3.89		14.39	57.11	84.95	75.21
41	DJYVP2-22	0.3/0.5	4×2×1.0	73.56	25.54			16.43	4.35		15.30	62.77	92.21	80.86
42	DJYVP2-22	0.3/0.5	5×2×1.0	91.95	31.92			20.63	4.85		17.11	68.99	100.20	94.95
43	DJYVP2-22	0.3/0.5	6×2×1.0	110.34	38.30			26.95	5.40		18.91	75.78	108.91	102.31
44	DJYVP2-22	0.3/0.5	7×2×1.0	128.74	44.68			15.21	5.40		18.91	75.78	108.91	102.31
45	DJYVP2-22	0.3/0.5	8×2×1.0	147.13	51.06			15.91	5.94		20.72	82.56	117.62	109.66
46	DJYVP2-22	0.3/0.5	9×2×1.0	165.52	57.46			19.22	6.67		23.35	91.61	129.24	129.31
47	DJYVP2-22	0.3/0.5	10×2×1.0	183.91	63.84			26.05	7.17		25.16	97.83	137.23	136.57
48	DJYVP3-22	0.3/0.5	1×2×1.0	18.21	6.32			4.50	1.75		1.65	30.54	53.00	45.62
49	DJYVP3-22	0.3/0.5	2×2×1.0	36.78	12.78			17.98	3.62		3.31	53.72	80.59	71.82
50	DJYVP3-22	0.3/0.5	3×2×1.0	55.17	19.16			14.74	3.89		3.56	57.11	84.95	75.21
51	DJYVP3-22	0.3/0.5	4×2×1.0	73.56	25.54			16.43	4.35		3.78	62.77	92.21	80.86
52	DJYVP3-22	0.3/0.5	5×2×1.0	91.95	31.92			20.63	4.85		4.23	68.99	100.20	94.95

（续）

序号	型号	电压/kV	规格	导体	绝缘	分屏编织铜丝	分屏金属带	填充	包带	总屏编织铜丝	总屏金属带	内护套	钢带铠装	外护套
53	DJYVP3-22	0.3/0.5	6×2×1.0	110.34	38.30			26.95	5.40		4.68	75.78	108.91	102.31
54	DJYVP3-22	0.3/0.5	7×2×1.0	128.74	44.68			15.21	5.40		4.68	75.78	108.91	102.31
55	DJYVP3-22	0.3/0.5	8×2×1.0	147.13	51.06			15.91	5.94		5.39	82.56	117.62	109.66
56	DJYVP3-22	0.3/0.5	9×2×1.0	165.52	57.46			19.22	6.67		5.77	91.61	129.24	129.31
57	DJYVP3-22	0.3/0.5	10×2×1.0	183.91	63.84			26.05	7.17		6.22	97.83	137.23	136.57
58	DJYPVP-22	0.3/0.5	2×2×1.5	54.85	14.62	33.89		22.98	15.30	55.72		74.08	103.83	98.02
59	DJYPVP-22	0.3/0.5	3×2×1.5	82.28	21.92	50.84		18.84	20.81	59.68		78.60	109.63	102.92
60	DJYPVP-22	0.3/0.5	4×2×1.5	109.71	29.22	67.78		20.99	26.60	66.61		86.52	119.80	111.50
61	DJYPVP-22	0.3/0.5	5×2×1.5	137.14	36.54	84.73		26.36	32.49	74.04		95.57	130.69	130.63
62	DJYPVP-22	0.3/0.5	6×2×1.5	164.56	43.84	101.67		34.43	38.37	81.97		104.62	142.31	141.18
63	DJYPVP-22	0.3/0.5	7×2×1.5	191.99	51.14	118.62		19.44	43.52	81.97		104.62	142.31	141.18
64	DJYPVP-22	0.3/0.5	8×2×1.5	219.42	58.44	135.56		20.33	49.40	89.89		113.66	153.92	163.28
65	DJYPVP-22	0.3/0.5	9×2×1.5	246.85	65.76	152.51		24.56	55.56	126.60		127.23	171.35	180.27
66	DJYPVP-22	0.3/0.5	10×2×1.5	274.27	73.06	169.45		33.29	61.44	136.51		136.28	477.38	217.90
67	DJYP2VP2-22	0.3/0.5	2×2×1.5	54.85	14.62		20.54	22.98	14.74		16.94	67.29	98.02	81.43
68	DJYP2VP2-22	0.3/0.5	3×2×1.5	82.28	21.92		30.80	18.84	20.13		18.26	71.82	98.74	98.02
69	DJYP2VP2-22	0.3/0.5	4×2×1.5	109.71	29.22		41.07	20.99	25.78		20.39	79.73	113.99	101.69
70	DJYP2VP2-22	0.3/0.5	5×2×1.5	137.14	36.54		51.34	26.36	31.43		22.86	87.65	119.07	110.88
71	DJYP2VP2-22	0.3/0.5	6×2×1.5	164.56	43.84		61.61	34.43	37.17		25.33	96.70	129.96	135.25
72	DJYP2VP2-22	0.3/0.5	7×2×1.5	191.99	51.14		71.88	19.44	42.19		25.33	96.70	129.96	135.25
73	DJYP2VP2-22	0.3/0.5	8×2×1.5	219.42	58.44		82.14	20.33	47.89		27.80	105.18	140.86	139.89
74	DJYP2VP2-22	0.3/0.5	9×2×1.5	246.85	65.76		92.41	24.56	53.86		31.25	117.06	156.10	171.06
75	DJYP2VP2-22	0.3/0.5	10×2×1.5	274.27	73.06		102.68	33.29	59.55		33.72	125.54	166.99	176.01
76	DJYP3VP3-22	0.3/0.5	2×2×1.5	54.85	14.62		5.08	22.98	14.74		4.29	67.29	98.02	85.39
77	DJYP3VP3-22	0.3/0.5	3×2×1.5	82.28	21.92		7.61	18.84	20.13		4.61	71.82	103.83	98.02
78	DJYP3VP3-22	0.3/0.5	4×2×1.5	109.71	29.22		10.15	20.99	25.78		5.18	79.73	113.99	106.59
79	DJYP3VP3-22	0.3/0.5	5×2×1.5	137.14	36.54		12.69	26.36	31.43		5.75	87.65	124.16	115.17
80	DJYP3VP3-22	0.3/0.5	6×2×1.5	164.56	43.84		15.23	34.43	37.17		6.40	96.70	135.77	135.25
81	DJYP3VP3-22	0.3/0.5	7×2×1.5	191.99	51.14		17.77	19.44	42.19		6.40	96.70	135.77	135.25
82	DJYP3VP3-22	0.3/0.5	8×2×1.5	219.42	58.44		20.31	20.33	47.89		6.67	105.18	146.66	145.14
83	DJYP3VP3-22	0.3/0.5	9×2×1.5	246.85	65.76		22.84	24.56	53.86		7.87	117.06	161.91	171.06
84	DJYP3VP3-22	0.3/0.5	10×2×1.5	274.27	73.06		25.38	33.29	59.55		8.48	125.54	172.80	181.66
85	DJYVP-22	0.3/0.5	1×2×1.5	27.16	7.24			5.74	1.98	17.83		35.63	57.36	48.73

（续）

序号	型号	电压/kV	规格	导体	绝缘	分屏		填充	包带	总屏		内护套	钢带铠装	外护套
						编织铜丝	金属带			编织铜丝	金属带			
86	DJYVP-22	0.3/0.5	2×2×1.5	54.85	14.62			22.98	4.08	33.25		61.64	90.76	75.78
87	DJYVP-22	0.3/0.5	3×2×1.5	82.28	21.92			18.84	4.35	35.85		65.03	90.76	79.73
88	DJYVP-22	0.3/0.5	4×2×1.5	109.71	29.22			20.99	4.90	53.74		72.95	100.92	95.57
89	DJYVP-22	0.3/0.5	5×2×1.5	137.14	36.54			26.36	5.49	59.68		80.30	109.63	102.92
90	DJYVP-22	0.3/0.5	6×2×1.5	164.56	43.84			34.43	6.08	66.12		87.65	119.07	110.88
91	DJYVP-22	0.3/0.5	7×2×1.5	191.99	51.14			19.44	6.08	66.12		87.65	119.07	110.88
92	DJYVP-22	0.3/0.5	8×2×1.5	219.42	58.44			20.33	6.67	72.56		95.00	128.51	128.65
93	DJYVP-22	0.3/0.5	9×2×1.5	246.85	65.76			24.56	7.49	80.98		105.18	140.86	139.86
94	DJYVP-22	0.3/0.5	10×2×1.5	274.27	73.06			33.29	8.09	87.42		112.53	150.29	165.41
95	DJYVP2-22	0.3/0.5	1×2×1.5	27.16	7.24			5.74	1.98		7.48	33.36	54.45	48.73
96	DJYVP2-22	0.3/0.5	2×2×1.5	54.85	14.62			22.98	4.08		14.31	59.38	87.85	77.47
97	DJYVP2-22	0.3/0.5	3×2×1.5	82.28	21.92			18.84	4.35		15.46	62.77	92.21	80.86
98	DJYVP2-22	0.3/0.5	4×2×1.5	109.71	29.22			20.99	4.90		17.27	69.56	100.92	95.57
99	DJYVP2-22	0.3/0.5	5×2×1.5	137.14	36.54			26.36	5.49		19.24	76.91	110.36	103.53
100	DJYVP2-22	0.3/0.5	6×2×1.5	164.56	43.84			34.43	6.08		21.38	84.26	119.80	111.50
101	DJYVP2-22	0.3/0.5	7×2×1.5	191.99	51.14			19.44	6.08		21.38	84.26	119.80	111.50
102	DJYVP2-22	0.3/0.5	8×2×1.5	219.42	58.44			20.33	6.67		23.52	91.61	129.24	129.31
103	DJYVP2-22	0.3/0.5	9×2×1.5	246.85	65.76			24.56	7.49		26.32	101.79	142.31	141.18
104	DJYVP2-22	0.3/0.5	10×2×1.5	274.27	73.06			33.29	8.09		28.45	109.14	151.75	142.50
105	DJYVP3-22	0.3/0.5	1×2×1.5	27.16	7.24			5.74	1.98		1.85	33.36	54.45	48.73
106	DJYVP3-22	0.3/0.5	2×2×1.5	54.85	14.62			22.98	4.08		3.54	59.38	87.85	77.47
107	DJYVP3-22	0.3/0.5	3×2×1.5	82.28	21.92			18.84	4.35		3.82	62.77	92.21	80.86
108	DJYVP3-22	0.3/0.5	4×2×1.5	109.71	29.22			20.99	4.90		4.27	69.56	100.92	95.57
109	DJYVP3-22	0.3/0.5	5×2×1.5	137.14	36.54			26.36	5.49		4.76	76.91	110.36	103.53
110	DJYVP3-22	0.3/0.5	6×2×1.5	164.56	43.84			34.43	6.08		5.29	84.26	119.80	111.50
111	DJYVP3-22	0.3/0.5	7×2×1.5	191.99	51.14			19.44	6.08		5.29	84.26	119.80	111.50
112	DJYVP3-22	0.3/0.5	8×2×1.5	219.42	58.44			20.33	6.67		5.81	91.61	129.24	129.31
113	DJYVP3-22	0.3/0.5	9×2×1.5	246.85	65.76			24.56	7.49		6.50	101.79	142.31	141.18
114	DJYVP3-22	0.3/0.5	10×2×1.5	274.27	73.06			33.29	8.09		7.03	109.14	151.75	142.50
115	DJVPVP-22	0.3/0.5	2×2×1.0	36.78	19.48	30.25		17.98	13.69	51.51		67.86	98.74	93.73
116	DJVPVP-22	0.3/0.5	3×2×1.0	55.17	29.24	45.38		14.74	18.61	54.23		71.82	101.65	96.18
117	DJVPVP-22	0.3/0.5	4×2×1.0	73.56	38.98	60.51		16.43	23.81	60.18		79.17	110.36	103.53
118	DJVPVP-22	0.3/0.5	5×2×1.0	91.95	48.72	75.63		20.63	29.05	67.11		87.09	120.53	112.11

（续）

序号	型号	电压/kV	规格	导体	绝缘	分屏编织铜丝	分屏金属带	填充	包带	总屏编织铜丝	总屏金属带	内护套	钢带铠装	外护套
119	DJVPVP-22	0.3/0.5	6×2×1.0	110.34	58.46	90.76		26.95	34.33	74.04		95.57	130.69	130.63
120	DJVPVP-22	0.3/0.5	7×2×1.0	128.74	68.20	105.89		15.21	38.93	74.04		95.57	130.69	130.63
121	DJVPVP-22	0.3/0.5	8×2×1.0	147.13	77.94	121.01		15.91	44.21	81.47		104.05	141.58	140.52
122	DJVPVP-22	0.3/0.5	9×2×1.0	165.52	87.68	136.14		19.22	49.67	90.88		114.79	155.38	164.70
123	DJVPVP-22	0.3/0.5	10×2×1.0	183.91	97.42	151.27		26.05	54.95	125.68		124.41	165.54	174.59
124	DJVP2VP2-22	0.3/0.5	2×2×1.0	36.78	19.48		18.25	17.98	13.19		15.30	61.64	90.76	75.78
125	DJVP2VP2-22	0.3/0.5	3×2×1.0	55.17	29.24		27.38	14.74	17.97		16.45	65.60	95.84	79.73
126	DJVP2VP2-22	0.3/0.5	4×2×1.0	73.56	38.98		36.51	16.43	22.97		18.42	72.38	99.47	98.63
127	DJVP2VP2-22	0.3/0.5	5×2×1.0	91.95	48.72		45.64	20.63	28.04		20.56	79.73	108.91	102.31
128	DJVP2VP2-22	0.3/0.5	6×2×1.0	110.34	58.46		54.76	26.95	33.13		22.70	87.65	118.35	110.27
129	DJVP2VP2-22	0.3/0.5	7×2×1.0	128.74	68.20		63.89	15.21	37.59		22.70	87.65	118.35	110.27
130	DJVP2VP2-22	0.3/0.5	8×2×1.0	147.13	77.94		73.02	15.91	42.70		25.00	95.57	128.51	128.65
131	DJVP2VP2-22	0.3/0.5	9×2×1.0	165.52	87.68		82.14	19.22	47.97		27.96	105.75	141.58	140.52
132	DJVP2VP2-22	0.3/0.5	10×2×1.0	183.91	97.42		91.27	26.05	53.07		30.26	113.66	151.75	149.76
133	DJVP3VP3-22	0.3/0.5	2×2×1.0	36.78	19.48		4.51	17.98	13.19		3.88	61.64	90.76	79.73
134	DJVP3VP3-22	0.3/0.5	3×2×1.0	55.17	29.24		6.77	14.74	17.97		4.17	65.60	95.84	83.69
135	DJVP3VP3-22	0.3/0.5	4×2×1.0	73.56	38.98		9.02	16.43	22.97		4.66	72.38	104.55	98.63
136	DJVP3VP3-22	0.3/0.5	5×2×1.0	91.95	48.72		11.28	20.63	28.04		5.18	79.73	113.99	106.59
137	DJVP3VP3-22	0.3/0.5	6×2×1.0	110.34	58.46		13.54	26.95	33.13		5.75	87.65	124.16	115.17
138	DJVP3VP3-22	0.3/0.5	7×2×1.0	128.74	68.20		15.79	15.21	37.59		5.75	87.65	124.16	115.17
139	DJVP3VP3-22	0.3/0.5	8×2×1.0	147.13	77.94		18.05	15.91	42.70		6.32	95.57	134.32	133.93
140	DJVP3VP3-22	0.3/0.5	9×2×1.0	165.52	87.68		20.31	19.22	47.97		7.05	105.75	147.39	145.80
141	DJVP3VP3-22	0.3/0.5	10×2×1.0	183.91	97.42		22.56	26.05	53.07		7.62	113.66	157.55	155.04
142	DJVVP-22	0.3/0.5	1×2×1.0	18.21	9.66			4.50	1.75	15.97		32.80	53.73	46.13
143	DJVVP-22	0.3/0.5	2×2×1.0	36.78	19.48			17.98	3.62	31.20		55.98	83.50	74.08
144	DJVVP-22	0.3/0.5	3×2×1.0	55.17	29.24			14.74	3.89	31.76		59.38	87.85	77.47
145	DJVVP-22	0.3/0.5	4×2×1.0	73.56	38.98			16.43	4.35	35.47		65.03	95.11	79.17
146	DJVVP-22	0.3/0.5	5×2×1.0	91.95	48.72			20.63	4.85	53.24		72.38	100.20	94.95
147	DJVVP-22	0.3/0.5	6×2×1.0	110.34	58.46			26.95	5.40	58.69		79.17	108.18	101.69
148	DJVVP-22	0.3/0.5	7×2×1.0	128.74	68.20			15.21	5.40	58.69		79.17	108.18	101.69
149	DJVVP-22	0.3/0.5	8×2×1.0	147.13	77.94			15.91	5.94	64.14		85.95	116.17	122.71
150	DJVVP-22	0.3/0.5	9×2×1.0	165.52	87.68			19.22	6.67	72.06		95.00	127.79	127.99
151	DJVVP-22	0.3/0.5	10×2×1.0	183.91	97.42			26.05	7.17	77.51		101.22	135.77	135.25

（续）

| 序号 | 型号 | 电压/kV | 规格 | 导体 | 绝缘 | 分屏 | | 填充 | 包带 | 总屏 | | 内护套 | 钢带铠装 | 外护套 |
						编织铜丝	金属带			编织铜丝	金属带			
152	DJVVP2-22	0.3/0.5	1×2×1.0	18.21	9.66			4.50	1.75		6.66	30.54	53.00	45.62
153	DJVVP2-22	0.3/0.5	2×2×1.0	36.78	19.48			17.98	3.62		13.40	53.72	80.59	71.82
154	DJVVP2-22	0.3/0.5	3×2×1.0	55.17	29.24			14.74	3.89		14.39	57.11	84.95	75.21
155	DJVVP2-22	0.3/0.5	4×2×1.0	73.56	38.98			16.43	4.35		15.30	62.77	92.21	80.86
156	DJVVP2-22	0.3/0.5	5×2×1.0	91.95	48.72			20.63	4.85		17.11	68.99	100.20	94.95
157	DJVVP2-22	0.3/0.5	6×2×1.0	110.34	58.46			26.95	5.40		18.91	75.78	108.91	102.31
158	DJVVP2-22	0.3/0.5	7×2×1.0	128.74	68.20			15.21	5.40		18.91	75.78	108.91	102.31
159	DJVVP2-22	0.3/0.5	8×2×1.0	147.13	77.94			15.91	5.94		20.72	82.56	117.62	109.66
160	DJVVP2-22	0.3/0.5	9×2×1.0	165.52	87.68			19.22	6.67		23.35	91.61	129.24	129.31
161	DJVVP2-22	0.3/0.5	10×2×1.0	183.91	97.42			26.05	7.17		25.16	97.83	137.23	136.57
162	DJVVP3-22	0.3/0.5	1×2×1.0	18.21	9.66			4.50	1.75		1.65	30.54	53.00	45.62
163	DJVVP3-22	0.3/0.5	2×2×1.0	36.78	19.48			17.98	3.62		3.31	53.72	80.59	71.82
164	DJVVP3-22	0.3/0.5	3×2×1.0	55.17	29.24			14.74	3.89		3.56	57.11	84.95	75.21
165	DJVVP3-22	0.3/0.5	4×2×1.0	73.56	38.98			16.43	4.35		3.78	62.77	92.21	80.86
166	DJVVP3-22	0.3/0.5	5×2×1.0	91.95	48.72			20.63	4.85		4.23	68.99	100.20	94.95
167	DJVVP3-22	0.3/0.5	6×2×1.0	110.34	58.46			26.95	5.40		4.68	75.78	108.91	102.31
168	DJVVP3-22	0.3/0.5	7×2×1.0	128.74	68.20			15.21	5.40		4.68	75.78	108.91	102.31
169	DJVVP3-22	0.3/0.5	8×2×1.0	147.13	77.94			15.91	5.94		5.39	82.56	117.62	109.66
170	DJVVP3-22	0.3/0.5	9×2×1.0	165.52	87.68			19.22	6.67		5.77	91.61	129.24	129.31
171	DJVVP3-22	0.3/0.5	10×2×1.0	183.91	97.42			26.05	7.17		6.22	97.83	137.23	136.57
172	DJVPVP-22	0.3/0.5	2×2×1.5	54.85	27.34	36.32		26.65	16.35	59.19		78.04	108.91	102.31
173	DJVPVP-22	0.3/0.5	3×2×1.5	82.28	41.00	54.47		21.85	22.28	63.64		83.13	115.44	107.82
174	DJVPVP-22	0.3/0.5	4×2×1.5	109.71	54.66	72.63		24.34	28.49	71.07		91.61	126.33	129.31
175	DJVPVP-22	0.3/0.5	5×2×1.5	137.14	68.34	90.79		30.57	34.74	79.00		100.66	137.95	137.22
176	DJVPVP-22	0.3/0.5	6×2×1.5	164.56	82.00	108.95		39.93	41.08	87.42		110.84	150.29	163.28
177	DJVPVP-22	0.3/0.5	7×2×1.5	191.99	95.66	127.11		22.55	46.60	87.42		110.84	150.29	163.28
178	DJVPVP-22	0.3/0.5	8×2×1.5	219.42	109.34	145.26		23.58	52.89	122.58		121.58	162.64	171.77
179	DJVPVP-22	0.3/0.5	9×2×1.5	246.85	123.00	163.42		28.48	59.46	134.65		134.59	466.49	213.38
180	DJVPVP-22	0.3/0.5	10×2×1.5	274.27	136.66	181.58		38.61	65.76	145.18		144.20	497.35	226.19
181	DJVP2VP2-22	0.3/0.5	2×2×1.5	54.85	27.34		22.06	26.65	15.80		18.26	71.25	98.74	97.41
182	DJVP2VP2-22	0.3/0.5	3×2×1.5	82.28	41.00		33.09	21.85	21.59		19.57	76.34	104.55	98.63
183	DJVP2VP2-22	0.3/0.5	4×2×1.5	109.71	54.66		44.11	24.34	27.61		21.87	84.26	114.72	107.21
184	DJVP2VP2-22	0.3/0.5	5×2×1.5	137.14	68.34		55.14	30.57	33.73		24.51	93.31	126.33	131.29

（续）

序号	型号	电压/kV	规格	导体	绝缘	分屏		填充	包带	总屏		内护套	钢带铠装	外护套
						编织铜丝	金属带			编织铜丝	金属带			
185	DJVP2VP2-22	0.3/0.5	6×2×1.5	164.56	82.00		66.17	39.93	39.88		27.14	102.92	137.95	137.22
186	DJVP2VP2-22	0.3/0.5	7×2×1.5	191.99	95.66		77.20	22.55	45.26		27.14	102.92	137.95	137.22
187	DJVP2VP2-22	0.3/0.5	8×2×1.5	219.42	109.34		88.23	23.58	51.38		29.77	111.97	149.57	164.70
188	DJVP2VP2-22	0.3/0.5	9×2×1.5	246.85	123.00		99.26	28.48	57.77		33.39	124.41	165.54	174.59
189	DJVP2VP2-22	0.3/0.5	10×2×1.5	274.27	136.66		110.29	38.61	63.92		36.02	134.02	177.16	185.90
190	DJVP3VP3-22	0.3/0.5	2×2×1.5	54.85	27.34		5.45	26.65	15.80		4.35	71.25	103.10	97.41
191	DJVP3VP3-22	0.3/0.5	3×2×1.5	82.28	41.00		8.18	21.85	21.59		4.94	76.34	109.63	102.92
192	DJVP3VP3-22	0.3/0.5	4×2×1.5	109.71	54.66		10.90	24.34	27.61		5.24	84.26	119.80	111.50
193	DJVP3VP3-22	0.3/0.5	5×2×1.5	137.14	68.34		13.63	30.57	33.73		6.16	93.31	131.42	131.29
194	DJVP3VP3-22	0.3/0.5	6×2×1.5	164.56	82.00		16.36	39.93	39.88		6.85	102.92	143.76	142.50
195	DJVP3VP3-22	0.3/0.5	7×2×1.5	191.99	95.66		19.08	22.55	45.26		6.85	102.92	143.76	142.50
196	DJVP3VP3-22	0.3/0.5	8×2×1.5	219.42	109.34		21.81	23.58	51.38		7.50	111.97	155.38	164.70
197	DJVP3VP3-22	0.3/0.5	9×2×1.5	246.85	123.00		24.54	28.48	57.77		8.40	124.41	171.35	180.25
198	DJVP3VP3-22	0.3/0.5	10×2×1.5	274.27	136.66		27.26	38.61	63.92		9.09	134.02	183.69	192.27
199	DJVVP-22	0.3/0.5	1×2×1.5	27.16	13.54			6.66	2.12	18.94		37.32	59.54	50.28
200	DJVVP-22	0.3/0.5	2×2×1.5	54.85	27.34			26.65	4.35	35.85		65.03	90.76	79.73
201	DJVVP-22	0.3/0.5	3×2×1.5	82.28	41.00			21.85	4.67	53.49		70.12	101.65	96.18
202	DJVVP-22	0.3/0.5	4×2×1.5	109.71	54.66			24.34	5.26	57.70		77.47	106.73	100.47
203	DJVVP-22	0.3/0.5	5×2×1.5	137.14	68.34			30.57	5.85	64.14		84.82	116.17	108.43
204	DJVVP-22	0.3/0.5	6×2×1.5	164.56	82.00			39.93	6.54	71.07		93.31	126.33	131.29
205	DJVVP-22	0.3/0.5	7×2×1.5	191.99	95.66			22.55	6.54	71.07		93.31	126.33	131.29
206	DJVVP-22	0.3/0.5	8×2×1.5	219.42	109.34			23.58	7.17	78.01		101.22	136.50	135.91
207	DJVVP-22	0.3/0.5	9×2×1.5	246.85	123.00			28.48	8.04	86.92		111.97	149.57	164.70
208	DJVVP-22	0.3/0.5	10×2×1.5	274.27	136.66			38.61	8.68	93.85		119.88	159.73	168.94
209	DJVVP2-22	0.3/0.5	1×2×1.5	27.16	13.54			6.66	2.12		7.98	35.06	56.63	48.21
210	DJVVP2-22	0.3/0.5	2×2×1.5	54.85	27.34			26.65	4.35		15.46	62.77	92.21	80.86
211	DJVVP2-22	0.3/0.5	3×2×1.5	82.28	41.00			21.85	4.67		16.61	66.73	97.29	84.82
212	DJVVP2-22	0.3/0.5	4×2×1.5	109.71	54.66			24.34	5.26		18.59	74.08	106.73	100.47
213	DJVVP2-22	0.3/0.5	5×2×1.5	137.14	68.34			30.57	5.85		20.72	81.43	116.17	108.43
214	DJVVP2-22	0.3/0.5	6×2×1.5	164.56	82.00			39.93	6.54		23.03	89.91	127.06	117.62
215	DJVVP2-22	0.3/0.5	7×2×1.5	191.99	95.66			22.55	6.54		23.03	89.91	127.06	117.62
216	DJVVP2-22	0.3/0.5	8×2×1.5	219.42	109.34			23.58	7.17		25.33	97.83	137.23	129.97
217	DJVVP2-22	0.3/0.5	9×2×1.5	246.85	123.00			28.48	8.04		28.29	108.57	151.02	141.84

（续）

序号	型号	电压/kV	规格	导体	绝缘	分屏		填充	包带	总屏		内护套	钢带铠装	外护套
						编织铜丝	金属带			编织铜丝	金属带			
218	DJVVP2-22	0.3/0.5	10×2×1.5	274.27	136.66			38.61	8.68		30.59	116.49	153.20	170.35
219	DJVVP3-22	0.3/0.5	1×2×1.5	27.16	13.54			6.66	2.12		1.97	35.06	56.63	48.21
220	DJVVP3-22	0.3/0.5	2×2×1.5	54.85	27.34			26.65	4.35		3.82	62.77	92.21	80.86
221	DJVVP3-22	0.3/0.5	3×2×1.5	82.28	41.00			21.85	4.67		4.11	66.73	97.29	84.82
222	DJVVP3-22	0.3/0.5	4×2×1.5	109.71	54.66			24.34	5.26		4.59	74.08	106.73	100.47
223	DJVVP3-22	0.3/0.5	5×2×1.5	137.14	68.34			30.57	5.85		5.12	81.43	116.17	108.43
224	DJVVP3-22	0.3/0.5	6×2×1.5	164.56	82.00			39.93	6.54		5.69	89.91	127.06	117.62
225	DJVVP3-22	0.3/0.5	7×2×1.5	191.99	95.66			22.55	6.54		5.69	89.91	127.06	117.62
226	DJVVP3-22	0.3/0.5	8×2×1.5	219.42	109.34			23.58	7.17		6.26	97.83	137.23	129.97
227	DJVVP3-22	0.3/0.5	9×2×1.5	246.85	123.00			28.48	8.04		6.99	108.57	151.02	141.84
228	DJVVP3-22	0.3/0.5	10×2×1.5	274.27	136.66			38.61	8.68		7.56	116.49	153.20	170.35
229	DJYJPVP-22	0.3/0.5	2×2×1.0	36.78	10.13	27.83		14.99	12.02	33.25		49.01	85.67	75.78
230	DJYJPVP-22	0.3/0.5	3×2×1.0	55.17	15.19	41.74		12.29	16.38	35.85		52.31	90.76	79.73
231	DJYJPVP-22	0.3/0.5	4×2×1.0	73.56	20.26	55.66		13.69	20.94	53.74		58.90	100.92	95.57
232	DJYJPVP-22	0.3/0.5	5×2×1.0	91.95	25.32	69.57		17.20	25.53	59.68		64.56	109.63	102.92
233	DJYJPVP-22	0.3/0.5	6×2×1.0	110.34	30.39	83.48		22.46	30.17	66.12		70.69	119.07	110.88
234	DJYJPVP-22	0.3/0.5	7×2×1.0	128.74	35.45	97.40		12.68	34.22	66.12		70.69	119.07	110.88
235	DJYJPVP-22	0.3/0.5	8×2×1.0	147.13	40.52	111.31		13.26	38.86	72.56		76.81	128.51	128.65
236	DJYJPVP-22	0.3/0.5	9×2×1.0	165.52	45.58	125.23		16.02	43.69	80.98		84.82	140.86	139.86
237	DJYJPVP-22	0.3/0.5	10×2×1.0	183.91	50.64	139.14		21.72	48.33	87.42		90.95	150.29	159.75
238	DJYJP2VP2-22	0.3/0.5	2×2×1.0	36.78	10.13		16.73	14.99	11.88		13.49	43.83	77.69	69.55
239	DJYJP2VP2-22	0.3/0.5	3×2×1.0	55.17	15.19		25.10	12.29	16.25		14.47	46.65	82.04	72.95
240	DJYJP2VP2-22	0.3/0.5	4×2×1.0	73.56	20.26		33.47	13.69	20.85		16.28	51.84	90.03	79.17
241	DJYJP2VP2-22	0.3/0.5	5×2×1.0	91.95	25.32		41.83	17.20	25.44		18.09	57.02	98.02	93.12
242	DJYJP2VP2-22	0.3/0.5	6×2×1.0	110.34	30.39		50.20	22.46	30.08		20.07	62.67	106.73	100.47
243	DJYJP2VP2-22	0.3/0.5	7×2×1.0	128.74	35.45		58.57	12.68	34.18		20.07	62.67	106.73	100.47
244	DJYJP2VP2-22	0.3/0.5	8×2×1.0	147.13	40.52		66.93	13.26	38.82		22.04	68.33	115.44	107.82
245	DJYJP2VP2-22	0.3/0.5	9×2×1.0	165.52	45.58		75.30	16.02	43.64		24.67	75.87	127.06	127.33
246	DJYJP2VP2-22	0.3/0.5	10×2×1.0	183.91	50.64		83.67	21.72	48.29		26.64	81.52	135.77	135.25
247	DJYJP3VP3-22	0.3/0.5	2×2×1.0	36.78	10.13		4.14	14.99	11.88		3.33	43.83	77.69	69.55
248	DJYJP3VP3-22	0.3/0.5	3×2×1.0	55.17	15.19		6.20	12.29	16.25		3.58	46.65	82.04	72.95
249	DJYJP3VP3-22	0.3/0.5	4×2×1.0	73.56	20.26		8.27	13.69	20.85		4.02	51.84	90.03	79.17
250	DJYJP3VP3-22	0.3/0.5	5×2×1.0	91.95	25.32		10.34	17.20	25.44		4.47	57.02	98.02	93.12

（续）

序号	型号	电压/kV	规格	导体	绝缘	分屏编织铜丝	分屏金属带	填充	包带	总屏编织铜丝	总屏金属带	内护套	钢带铠装	外护套
251	DJYJP3VP3-22	0.3/0.5	6×2×1.0	110.34	30.39		12.41	22.46	30.08		4.96	62.67	106.73	100.47
252	DJYJP3VP3-22	0.3/0.5	7×2×1.0	128.74	35.45		14.48	12.68	34.18		4.96	62.67	106.73	100.47
253	DJYJP3VP3-22	0.3/0.5	8×2×1.0	147.13	40.52		16.54	13.26	38.82		5.45	68.33	115.44	107.82
254	DJYJP3VP3-22	0.3/0.5	9×2×1.0	165.52	45.58		18.61	16.02	43.64		6.10	75.87	127.06	127.33
255	DJYJP3VP3-22	0.3/0.5	10×2×1.0	183.91	50.64		20.68	21.72	48.29		6.59	81.52	135.77	135.25
256	DJYJVP-22	0.3/0.5	1×2×1.0	18.21	5.01			3.75	1.96	17.27		28.75	54.45	46.65
257	DJYJVP-22	0.3/0.5	2×2×1.0	36.78	10.13			14.99	3.19	27.30		41.47	74.06	66.73
258	DJYJVP-22	0.3/0.5	3×2×1.0	55.17	15.19			12.29	3.42	29.16		43.83	77.69	69.55
259	DJYJVP-22	0.3/0.5	4×2×1.0	73.56	20.26			13.69	3.83	32.50		48.07	84.22	74.64
260	DJYJVP-22	0.3/0.5	5×2×1.0	91.95	25.32			17.20	4.28	36.22		52.78	91.48	80.30
261	DJYJVP-22	0.3/0.5	6×2×1.0	110.34	30.39			22.46	4.74	53.74		58.90	100.92	95.57
262	DJYJVP-22	0.3/0.5	7×2×1.0	128.74	35.45			12.68	4.74	53.74		58.90	100.92	95.57
263	DJYJVP-22	0.3/0.5	8×2×1.0	147.13	40.52			13.26	5.24	59.19		64.09	108.91	102.31
264	DJYJVP-22	0.3/0.5	9×2×1.0	165.52	45.58			16.02	5.83	65.62		70.21	118.35	110.27
265	DJYJVP-22	0.3/0.5	10×2×1.0	183.91	50.64			21.72	6.33	71.07		75.40	126.33	117.01
266	DJYJVP2-22	0.3/0.5	1×2×1.0	18.21	5.01			3.75	1.96		7.24	25.92	50.10	43.54
267	DJYJVP2-22	0.3/0.5	2×2×1.0	36.78	10.13			14.99	3.19		11.68	38.64	69.70	63.33
268	DJYJVP2-22	0.3/0.5	3×2×1.0	55.17	15.19			12.29	3.42		12.50	41.00	73.33	66.16
269	DJYJVP2-22	0.3/0.5	4×2×1.0	73.56	20.26			13.69	3.83		13.98	45.24	79.87	71.25
270	DJYJVP2-22	0.3/0.5	5×2×1.0	91.95	25.32			17.20	4.28		15.62	49.95	87.13	76.91
271	DJYJVP2-22	0.3/0.5	6×2×1.0	110.34	30.39			22.46	4.74		17.27	54.66	94.39	82.56
272	DJYJVP2-22	0.3/0.5	7×2×1.0	128.74	35.45			12.68	4.74		17.27	54.66	94.39	82.56
273	DJYJVP2-22	0.3/0.5	8×2×1.0	147.13	40.52			13.26	5.24		19.08	59.85	102.37	96.79
274	DJYJVP2-22	0.3/0.5	9×2×1.0	165.52	45.58			16.02	5.83		21.22	65.97	111.81	104.76
275	DJYJVP2-22	0.3/0.5	10×2×1.0	183.91	50.64			21.72	6.33		23.03	71.16	119.80	111.50
276	DJYJVP3-22	0.3/0.5	1×2×1.0	18.21	5.01			3.75	1.96		1.79	25.92	50.10	43.54
277	DJYJVP3-22	0.3/0.5	2×2×1.0	36.78	10.13			14.99	3.19		2.89	38.64	69.70	63.33
278	DJYJVP3-22	0.3/0.5	3×2×1.0	55.17	15.19			12.29	3.42		3.09	41.00	73.33	66.16
279	DJYJVP3-22	0.3/0.5	4×2×1.0	73.56	20.26			13.69	3.83		3.46	45.24	79.87	71.25
280	DJYJVP3-22	0.3/0.5	5×2×1.0	91.95	25.32			17.20	4.28		3.86	49.95	87.13	76.91
281	DJYJVP3-22	0.3/0.5	6×2×1.0	110.34	30.39			22.46	4.74		4.27	54.66	94.39	82.56
282	DJYJVP3-22	0.3/0.5	7×2×1.0	128.74	35.45			12.68	4.74		4.27	54.66	94.39	82.56
283	DJYJVP3-22	0.3/0.5	8×2×1.0	147.13	40.52			13.26	5.24		4.72	59.85	102.37	96.79

（续）

序号	型号	电压/kV	规格	导体	绝缘	分屏		填充	包带	总屏		内护套	钢带铠装	外护套
						编织铜丝	金属带			编织铜丝	金属带			
284	DJYJVP3-22	0.3/0.5	9×2×1.0	165.52	45.58			16.02	5.83		5.24	65.97	111.81	104.76
285	DJYJVP3-22	0.3/0.5	10×2×1.0	183.91	50.64			21.72	6.33		5.69	71.16	119.80	111.50
286	DJYJPVP-22	0.3/0.5	2×2×1.5	54.85	14.76	33.89		22.98	14.68	53.74		58.90	100.92	95.57
287	DJYJPVP-22	0.3/0.5	3×2×1.5	82.28	22.15	50.84		18.84	20.01	57.70		62.67	106.73	100.47
288	DJYJPVP-22	0.3/0.5	4×2×1.5	109.71	29.53	67.78		20.99	25.62	64.63		69.27	116.90	109.04
289	DJYJPVP-22	0.3/0.5	5×2×1.5	137.14	36.91	84.73		26.36	31.22	71.57		75.87	127.06	127.33
290	DJYJPVP-22	0.3/0.5	6×2×1.5	164.56	44.29	101.67		34.43	36.92	79.49		83.41	138.68	137.88
291	DJYJPVP-22	0.3/0.5	7×2×1.5	191.99	51.68	118.62		19.44	41.89	79.49		83.41	138.68	137.88
292	DJYJPVP-22	0.3/0.5	8×2×1.5	219.42	59.06	135.56		20.33	47.55	86.92		90.48	149.57	159.04
293	DJYJPVP-22	0.3/0.5	9×2×1.5	246.85	66.44	152.51		24.56	53.47	122.27		101.32	166.27	175.30
294	DJYJPVP-22	0.3/0.5	10×2×1.5	274.27	73.82	169.45		33.29	59.12	131.56		119.74	457.42	209.61
295	DJYJP2VP2-22	0.3/0.5	2×2×1.5	54.85	14.76		20.54	22.98	14.54		16.45	52.31	90.76	79.73
296	DJYJP2VP2-22	0.3/0.5	3×2×1.5	82.28	22.15		30.80	18.84	19.88		17.60	55.61	95.84	91.28
297	DJYJP2VP2-22	0.3/0.5	4×2×1.5	109.71	29.53		41.07	20.99	25.48		19.74	61.73	105.28	99.24
298	DJYJP2VP2-22	0.3/0.5	5×2×1.5	137.14	36.91		51.34	26.36	31.13		22.04	68.33	115.44	107.82
299	DJYJP2VP2-22	0.3/0.5	6×2×1.5	164.56	44.29		61.61	34.43	36.83		24.51	75.40	126.33	126.67
300	DJYJP2VP2-22	0.3/0.5	7×2×1.5	191.99	51.68		71.88	19.44	41.85		24.51	75.40	126.33	126.67
301	DJYJP2VP2-22	0.3/0.5	8×2×1.5	219.42	59.06		82.14	20.33	47.55		26.97	82.47	137.22	136.57
302	DJYJP2VP2-22	0.3/0.5	9×2×1.5	246.85	66.44		92.41	24.56	53.43		30.10	91.42	151.02	160.46
303	DJYJP2VP2-22	0.3/0.5	10×2×1.5	274.27	73.82		102.68	33.29	59.13		32.57	98.49	161.91	171.06
304	DJYJP3VP3-22	0.3/0.5	2×2×1.5	54.85	14.76		5.08	22.98	14.54		4.07	52.31	90.76	79.73
305	DJYJP3VP3-22	0.3/0.5	3×2×1.5	82.28	22.15		7.61	18.84	19.88		4.35	55.61	95.84	91.28
306	DJYJP3VP3-22	0.3/0.5	4×2×1.5	109.71	29.53		10.15	20.99	25.48		4.88	61.73	105.28	99.24
307	DJYJP3VP3-22	0.3/0.5	5×2×1.5	137.14	36.91		12.69	26.36	31.13		5.45	68.33	115.44	107.82
308	DJYJP3VP3-22	0.3/0.5	6×2×1.5	164.56	44.29		15.23	34.43	36.83		6.06	75.40	126.33	126.67
309	DJYJP3VP3-22	0.3/0.5	7×2×1.5	191.99	51.68		17.77	19.44	41.85		6.06	75.40	126.33	126.67
310	DJYJP3VP3-22	0.3/0.5	8×2×1.5	219.42	59.06		20.31	20.33	47.55		6.67	82.47	137.22	136.57
311	DJYJP3VP3-22	0.3/0.5	9×2×1.5	246.85	66.44		22.84	24.56	53.43		7.44	91.42	151.02	160.46
312	DJYJP3VP3-22	0.3/0.5	10×2×1.5	274.27	73.82		25.38	33.29	59.13		8.05	98.49	161.91	171.06
313	DJYJVP-22	0.3/0.5	1×2×1.5	27.16	7.31			5.74	2.42	20.99		33.46	61.71	51.84
314	DJYJVP-22	0.3/0.5	2×2×1.5	54.85	14.76			22.98	3.92	33.25		49.01	85.67	75.78
315	DJYJVP-22	0.3/0.5	3×2×1.5	82.28	22.15			18.84	4.24	35.85		52.31	90.76	79.73
316	DJYJVP-22	0.3/0.5	4×2×1.5	109.71	29.53			20.99	4.74	53.74		58.90	100.92	95.57

（续）

序号	型号	电压/kV	规格	导体	绝缘	分屏		填充	包带	总屏		内护套	钢带铠装	外护套
						编织铜丝	金属带			编织铜丝	金属带			
317	DJYJVP-22	0.3/0.5	5×2×1.5	137.14	36.91			26.36	5.29	59.68		64.56	109.63	102.92
318	DJYJVP-22	0.3/0.5	6×2×1.5	164.56	44.29			34.43	5.88	66.12		70.69	119.07	110.88
319	DJYJVP-22	0.3/0.5	7×2×1.5	191.99	51.68			19.44	5.88	66.12		70.69	119.07	110.88
320	DJYJVP-22	0.3/0.5	8×2×1.5	219.42	59.06			20.33	6.47	72.56		76.81	128.51	128.65
321	DJYJVP-22	0.3/0.5	9×2×1.5	246.85	66.44			24.56	7.25	80.98		84.82	140.86	139.86
322	DJYJVP-22	0.3/0.5	10×2×1.5	274.27	73.82			33.29	7.84	87.42		90.95	150.29	148.44
323	DJYJVP2-22	0.3/0.5	1×2×1.5	27.16	7.31			5.74	2.42		8.88	30.63	57.36	48.73
324	DJYJVP2-22	0.3/0.5	2×2×1.5	54.85	14.76			22.98	3.92		14.31	46.18	81.32	72.38
325	DJYJVP2-22	0.3/0.5	3×2×1.5	82.28	22.15			18.84	4.24		15.46	49.48	86.40	76.34
326	DJYJVP2-22	0.3/0.5	4×2×1.5	109.71	29.53			20.99	4.74		17.27	54.66	94.39	82.56
327	DJYJVP2-22	0.3/0.5	5×2×1.5	137.14	36.91			26.36	5.29		19.24	60.32	103.10	97.41
328	DJYJVP2-22	0.3/0.5	6×2×1.5	164.56	44.29			34.43	5.88		21.38	66.44	112.54	105.37
329	DJYJVP2-22	0.3/0.5	7×2×1.5	191.99	51.68			19.44	5.88		21.38	66.44	112.54	105.37
330	DJYJVP2-22	0.3/0.5	8×2×1.5	219.42	59.06			20.33	6.47		23.52	72.57	121.98	113.33
331	DJYJVP2-22	0.3/0.5	9×2×1.5	246.85	66.44			24.56	7.25		26.32	80.58	134.32	133.93
332	DJYJVP2-22	0.3/0.5	10×2×1.5	274.27	73.82			33.29	7.84		28.45	86.71	143.76	142.50
333	DJYJVP3-22	0.3/0.5	1×2×1.5	27.16	7.31			5.74	2.42		2.20	30.63	57.36	48.73
334	DJYJVP3-22	0.3/0.5	2×2×1.5	54.85	14.76			22.98	3.92		3.54	46.18	81.32	72.38
335	DJYJVP3-22	0.3/0.5	3×2×1.5	82.28	22.15			18.84	4.24		3.82	49.48	86.40	76.34
336	DJYJVP3-22	0.3/0.5	4×2×1.5	109.71	29.53			20.99	4.74		4.27	54.66	94.39	82.56
337	DJYJVP3-22	0.3/0.5	5×2×1.5	137.14	36.91			26.36	5.29		4.76	60.32	103.10	97.41
338	DJYJVP3-22	0.3/0.5	6×2×1.5	164.56	44.29			34.43	5.88		5.29	66.44	112.54	105.37
339	DJYJVP3-22	0.3/0.5	7×2×1.5	191.99	51.68			19.44	5.88		5.29	66.44	112.54	105.37
340	DJYJVP3-22	0.3/0.5	8×2×1.5	219.42	59.06			20.33	6.47		5.81	72.57	121.98	113.33
341	DJYJVP3-22	0.3/0.5	9×2×1.5	246.85	66.44			24.56	7.25		6.50	80.58	134.32	133.93
342	DJYJVP3-22	0.3/0.5	10×2×1.5	274.27	73.82			33.29	7.84		7.03	86.71	143.76	142.50

第 4 章　计算机电缆材料定额总价对比分析

4.1　不同燃烧特性计算机电缆的对比分析

计算机电缆根据其本身具有的燃烧特性分为普通计算机电缆、阻燃计算机电缆和耐火计算机电缆，三者的结构及材料定额总价对比分析如下。

4.1.1　普通计算机电缆、阻燃 C 级计算机电缆和耐火计算机电缆的结构对比分析

以普通计算机电缆 DJYPVP 9×2×1.0、阻燃 C 级计算机电缆 ZC-DJYPVP 9×2×1.0 和耐火计算机电缆 N-DJYPVP 9×2×1.0 为例，对三种不同燃烧特性的计算机电缆的结构进行比较，见表 3-4-1。

表 3-4-1　普通计算机电缆、阻燃 C 级计算机电缆和耐火计算机电缆的结构数据

（单位：mm）

型号	规格	导体结构	导体直径	耐火层规格	绝缘厚度	组包带厚度	分屏规格	分屏包带厚度	成缆包带厚度	总屏规格	护套厚度	参考外径
DJYPVP	9×2×1.0	1/1.13	1.13	—	0.6	0.05	0.12	0.05	0.05	0.20	1.4	21.8
ZC-DJYPVP	9×2×1.0	1/1.13	1.13	—	0.6	0.05	0.12	0.05	0.05	0.20	1.4	21.8
N-DJYPVP	9×2×1.0	1/1.13	1.13	2×6×0.14	0.6	0.05	0.12	0.05	0.05	0.25	1.5	28.8

4.1.2　普通计算机电缆、阻燃 C 级计算机电缆和耐火计算机电缆的定额总价对比分析

以普通计算机电缆 DJYPVP 9×2×1.0、阻燃 C 级计算机电缆 ZC-DJYPVP 9×2×1.0 和耐火计算机电缆 N-DJYPVP 9×2×1.0 为例，对三种不同燃烧特性的计算机电缆的材料定额进行比较，见表 3-4-2。

表 3-4-2　普通计算机电缆、阻燃 C 级计算机电缆与耐火计算机电缆的材料定额总价

型号	规格	材料分类	材料名称	材料规格	材料定额/（kg/km）	材料单价/（元/km）	小计/（元/m）	材料定额价/（元/m）	总重量/（kg/km）
DJYPVP	9×2×1.0	导体类	软圆铜线	1.13	165.52	46.91	7.76	21.55	653.48
		绝缘类	70 ℃高密度聚乙烯绝缘料	BU	28.73	14.48	0.42		

（续）

型号	规格	材料分类	材料名称	材料规格	材料定额/(kg/km)	材料单价/(元/km)	小计/(元/m)	材料定额价/(元/m)	总重量/(kg/km)
DJYPVP	9×2×1.0	绝缘类	70 ℃高密度聚乙烯绝缘料	WT	28.73	14.48	0.42	21.55	653.48
		护套类	70 ℃聚氯乙烯护套塑料	BK	134.59	7.08	0.95		
		辅材类	聚酯带	10×0.05	41.40	10.15	0.42		
		辅材类	聚酯带	35×0.05	8.27	10.15	0.08		
		功能类	编织型软态铜丝	0.12	136.14	50.61	6.89		
		功能类	编织型软态铜丝	0.2	90.88	49.71	4.52		
		辅材类	单股聚丙烯网状撕裂填充绳	20	19.22	4.43	0.09		
ZC-DJYPVP	9×2×1.0	导体类	软圆铜线	1.13	165.52	46.91	7.76	21.66	653.48
		绝缘类	70 ℃高密度聚乙烯绝缘料	BU	28.73	14.48	0.42		
		绝缘类	70 ℃高密度聚乙烯绝缘料	WT	28.73	14.48	0.42		
		护套类	70 ℃阻燃聚氯乙烯护套塑料	BK	134.59	7.88	1.06		
		辅材类	聚酯带	10×0.05	41.40	10.15	0.42		
		辅材类	聚酯带	35×0.05	8.27	10.15	0.08		
		功能类	编织型软态铜丝	0.12	136.14	50.61	6.89		
		功能类	编织型软态铜丝	0.2	90.88	49.71	4.52		
		辅材类	单股聚丙烯网状撕裂填充绳	20	19.22	4.43	0.09		
N-DJYPVP	9×2×1.0	导体类	软圆铜线	1.13	165.52	46.91	7.76	31.46	976.67
		绝缘类	70 ℃高密度聚乙烯绝缘料	BU	45.00	14.48	0.65		

（续）

型号	规格	材料分类	材料名称	材料规格	材料定额/（kg/km）	材料单价/（元/km）	小计/（元/m）	材料定额价/（元/m）	总重量/（kg/km）
N-DJYPVP	9×2×1.0	绝缘类	70 ℃高密度聚乙烯绝缘料	WT	45.00	14.48	0.65	31.46	976.67
		护套类	70 ℃聚氯乙烯护套塑料	BK	192.97	7.08	1.37		
		辅材类	聚酯带	15×0.05	57.97	10.15	0.59		
		辅材类	聚酯带	50×0.05	11.27	10.15	0.11		
		功能类	编织型软态铜丝	0.12	190.70	50.61	9.65		
		功能类	编织型软态铜丝	0.25	155.08	49.51	7.68		
		辅材类	单股聚丙烯网状撕裂填充绳	20	39.56	4.43	0.18		
		功能类	单面增强金云母耐火复合带	6×0.14	73.60	38.38	2.82		

从上述电缆结构及材料定额对比分析中可以看出，阻燃 C 级计算机电缆与普通计算机电缆的结构尺寸完全相同，差异之处在于因阻燃性能要求不同，两者所采用的护套材料及绕包材料不同，材料定额总价相差较小；耐火计算机电缆为了满足耐火性能的要求，在导体和绝缘之间增设耐火层，与普通计算机电缆相比，结构尺寸有所加大，材料定额总价相差较大。

4.2　不同编织屏蔽材料计算机电缆的对比分析

编织屏蔽计算机电缆根据编织材料分为铜丝编织屏蔽计算机电缆、铜包铝丝编织屏蔽计算机电缆和铜包铝合金丝编织屏蔽计算机电缆，屏蔽性能相同情况下，三者的结构及材料定额总价对比分析如下。

4.2.1　不同编织屏蔽材料计算机电缆的结构对比分析

理论和实践证明，直流电阻愈小则屏蔽效果愈好，由于铜包铝/铜包铝合金的直流电阻比铜大，为确保其屏蔽性能不低于铜线编织结构，需要适当增大铜包铝线/铜包铝合金线的规格以降低编织屏蔽层直流电阻，结构数据见表 3-4-3。

表 3-4-3　铜丝编织屏蔽，铜包铝丝编织和铜包铝合金丝编织屏蔽计算机电缆结构数据

型号	规格	导体结构	导体直径/mm	绝缘厚度/mm	组包带规格/mm	分屏规格/mm	分屏包带规格/mm	包带规格/mm	总屏规格/mm	护套厚度/mm	参考外径/mm
DJYPVP-1#	9×2×1.0	1/1.13	1.13	0.6	15×0.05	0.12	15×0.05	60×0.05	0.20	1.4	21.8
DJYPVP-2#	9×2×1.0	1/1.13	1.13	0.6	15×0.05	0.15	15×0.05	60×0.05	0.25	1.4	22.6
DJYPVP-3#	9×2×1.0	1/1.13	1.13	0.6	15×0.05	0.15	15×0.05	60×0.05	0.25	1.4	22.6

注：DJYPVP-1#为铜丝编织屏蔽，DJYPVP-2#为铜包铝丝编织屏蔽，DJYPVP-3#为铜包铝合金丝屏蔽。

4.2.2　不同编织屏蔽材料计算机电缆的定额总价对比分析

　　屏蔽性能相同情况下，铜丝编织、铜包铝丝编织和铜包铝合金丝编织屏蔽计算机电缆的材料定额总价见表 3-4-4。

表 3-4-4　铜丝编织、铜包铝丝编织和铜包铝合金丝编织屏蔽计算机电缆材料定额总价

型号	序号	材料分类	构成材料名称	材料规格	材料定额/(kg/km)	材料单价/(元/km)	小计/(元/m)	材料定额价/(元/m)	总重量/(kg/km)
DJYPVP-1#	9×2×1.0	导体类	软圆铜线	0.43	165.52	46.91	7.76	21.55	653.48
		绝缘类	70℃高密度聚乙烯绝缘料	BU	28.73	14.48	0.42		
		绝缘类	70℃高密度聚乙烯绝缘料	WT	28.73	14.48	0.42		
		护套类	70℃聚氯乙烯护套塑料	BK	134.59	7.08	0.95		
		辅材类	聚酯带	10×0.05	41.40	10.15	0.42		
		辅材类	聚酯带	40×0.05	8.27	10.15	0.08		
		功能类	编织型软态铜丝	0.12	136.14	50.61	6.89		
		功能类	编织型软态铜丝	0.2	90.88	49.71	4.52		
		辅材类	单股聚丙烯网状撕裂填充绳	20	19.22	4.43	0.09		
DJYPVP-2#	9×2×1.0	导体类	软圆铜线	0.43	165.52	46.91	7.76	15.00	550.07
		绝缘类	70℃高密度聚乙烯绝缘料	BU	28.73	14.48	0.42		
		绝缘类	70℃高密度聚乙烯绝缘料	WT	28.73	14.48	0.42		
		护套类	70℃聚氯乙烯护套塑料	BK	139.86	7.08	0.99		

（续）

型号	序号	材料分类	构成材料名称	材料规格	材料定额/（kg/km）	材料单价/（元/km）	小计/（元/m）	材料定额价/（元/m）	总重量/（kg/km）
DJYPVP -2#	9×2×1.0	辅材类	聚酯带	10×0.05	41.40	10.15	0.42	15.00	550.07
		辅材类	聚酯带	40×0.05	8.27	10.15	0.08		
		功能类	编织型软态铜包铝丝	0.15	70.24	44.35	3.12		
		功能类	编织型软态铜包铝丝	0.25	48.10	35.29	1.70		
		辅材类	单股聚丙烯网状撕裂填充绳	20	19.22	4.43	0.09		
DJYPVP -3#	9×2×1.0	导体类	软圆铜线	0.43	165.52	46.91	7.76	15.35	550.07
		绝缘类	70 ℃高密度聚乙烯绝缘料	BU	28.73	14.48	0.42		
		绝缘类	70 ℃高密度聚乙烯绝缘料	WT	28.73	14.48	0.42		
		护套类	70 ℃聚氯乙烯护套塑料	BK	139.86	7.08	0.99		
		辅材类	聚酯带	10×0.05	41.40	10.15	0.42		
		辅材类	聚酯带	40×0.05	8.27	10.15	0.08		
		功能类	编织型铜包铝合金丝	0.15	70.24	47.38	3.33		
		功能类	编织型铜包铝合金丝	0.25	48.10	38.32	1.84		
		辅材类	单股聚丙烯网状撕裂填充绳	20	19.22	4.43	0.09		

注：DJYPVP-1#为铜丝编织屏蔽，DJYPVP-2#为铜包铝丝编织屏蔽，DJYPVP-3#为铜包铝合金丝屏蔽。

从上述电缆结构及材料定额对比分析中可以看出，屏蔽性能相同情况下，铜包铝/铜包铝合金丝编织屏蔽计算机电缆比铜丝编织屏蔽计算机电缆外径略大；由于屏蔽材料单价上的差异，铜包铝/铜包铝合金丝编织屏蔽计算机电缆具有一定的价格优势。

第4篇　电缆品牌篇

第1章　优质计算机电缆制造企业考察要素

计算机电缆无论是从产品结构还是从工艺水平来看，都已经成为相对成熟的线缆产品，生产企业众多，但企业集中度低，市场混乱，行业内企业恶性竞争普遍存在。而这种混乱市场环境的直接表现则是各种计算机电缆假冒伪劣产品肆意横行，产品质量良莠不齐，给用户的选择带来了极大的困惑。这里提供一些标准供用户在选择企业和产品时作为参考，以便选到真正优质的计算机电缆。

1.1　生产管理

对于一个生产型企业来说，最重要的就是企业的生产了。生产管理经营得好，能够有效降低企业库存资金占压，提高劳动生产效率，降低企业生产成本，为企业带来巨大的经济效益，进而实现企业效率、成本和质量等方面的不断改善，提升企业的整体实力。

企业生产管理主要包括计划管理、采购管理、制造管理、品质管理、效率管理、设备管理、库存管理、士气管理以及最为重要的精益生产管理等9个方面。企业进行生产管理，就是为了达到高效、低耗、灵活和准时地生产合格产品，高效率地满足客户需要，缩短订货以及发货的时间，为客户提供满意的服务。

管理看板是管理可视化的一种表现形式，使各项数据与项目，特别是一些企业的信息实现透明化，管理看板是企业发现问题和解决问题的非常有效的手段，也是成就优秀现场管理必不可少的工具。

1.2　质量控制

电线电缆的生产不同于组装式的产品，可以拆开重装及更换零件，电线电缆的任一环节或工艺过程出现问题，都会影响整根电缆的质量，事后的处理都是十分消极的，不是锯短就是降级处理，要么报废整条电缆。质量缺陷越是发生在内层，而且没有及时发现并终止生产，那么造成的损失就越大。所以，电缆企业的质量控制很重要。

　　考察一个企业对待质量控制的态度，从企业投入的人员、资金和机构就可以看出来，一家专业的计算机电缆企业应设有专门的品质管理办公室、化学分析实验室、光谱分析实验室、电气性能实验室、机械性能实验室和物理性能实验室等，从杆材拉丝、绞合到导体热处理；从导体绝缘挤出、交联到绝缘线芯成缆；最后到铠装、护套、例行试验和包装出厂的每一个过程都有完善、严格的跟踪检验，即从源头开始控制，确保生产出的成品电缆拥有最高品质。对生产的产品进行全程质量控制，并在计算机电缆结构中进行相应标注，确保计算机电缆品质控制的可追溯性。严格执行不合格原材料不投产，不合格半成品不转序，不合格成品不出厂。

1.3　经济实力

　　计算机电缆主要原材料为铜、塑料和橡胶等，近年来这些原材料（特别是铜）价格波动较大，计算机电缆合同签订后，短的交货期 10 天左右，长的交货期一个月甚至几个月，经济实力弱的企业原材料基本没库存，都是随用随买。这期间如果原材料价格有了一定的攀升，他们就会采取拖、赖等方式推迟交货或不交货，有的甚至关门大吉。经济实力较强的企业对铜往往采取期货等方式，合同签订后就立即锁定主要原材料价格，再加上有长期正常库存备货，即使原材料价格变化再大，也能保证按期按量交货。

1.4　客户案例

　　客户的反馈是很具有参考价值的，应该重点了解一下客户使用计算机电缆的运行情况和售后维护情况，如果客户采购的电缆三天两头出现问题要企业进行售后维护，说明电缆质量有待考究。

1.5　增值服务

　　随着科技和经济的发展，电缆产品种类越来越多，用户不可能完全掌握各种电缆知识，电缆企业传统的被动服务模式已经不符合时代和社会的发展要求。变被动为主动，主动为用户解决可能遇到的各种问题，方才是知识经济时代服务竞争的真谛。
　　一家有实力的计算机电缆生产企业，不仅要能够提供最优质的计算机电缆产品，还应该能够提供整套的电缆传输解决方案；并帮助客户做《项目技术解决方案》《产品全寿命周期成本分析报告》等技术与商务方案；帮助客户提供电缆选型、安装指导、人员培训和运行监测等附加增值服务；向用户输出有关产品在敷设中应注意的事项，避免因敷设方法而影响产品性能；定期或不定期走访客户，主动征求顾客对公司的产品服务质量意见和建议；必要时参与特殊要求产品的设计，提供特殊要求的技术参数。以上服务如果企业没有专业的实力、没有对计算机电缆行业的重视和准备长期服务计算机电缆用户的态度，是很难做到的。

1.6　品牌文化

从一个企业的文化、经营理念和品牌积淀也可以感受到一个企业对待计算机电缆行业的态度，是空喊一些"绿色环保"的公关宣传口号，还是扎扎实实地做产品，为客户提供优质产品和服务，代表了不同企业不同的经营风格和对计算机电缆事业及用户的态度。前一种是假大空，后一种是低调务实，是真正站在客户的角度为客户考虑，把客户的利益放在优先的地位，把客户当做自己人一样来看待。一些不道德的企业为了商业利益欺骗客户，通过偷梁换柱等手法损害客户利益，用伪劣的计算机电缆低价冲击市场。这些行为不仅损害了客户利益，更致命的是给用户留下安全隐患，给计算机电缆行业健康发展造成负面的影响。这些不良行为是需要大家进行深刻揭露和批判的。

1.7　实地考察

由于国内电缆产品都是实行送检制度，行业内通行的给客户看的样品大多都是委托礼品公司制作的，检测机构出具的报告只是对送检样品负责。如果实际供货的产品出现了问题，损害的是用户的利益。一些不良的厂商就是钻政策的空子，把其他企业的样品换了标牌之后拿去相关检测机构检测，用正规工厂的产品当做自己的产品去做给客户看的样品，欺瞒检测机构和用户，也说自己有检验报告，样品也很漂亮，而实际供货的产品与样品相差甚远，甚至不能保证产品的质量。因此，最好要对生产企业进行实地考察，考察企业的真实实力和产品品质，确保买的产品与样品是一致的。如果一个企业的计算机电缆产品能够保证任意时候抽检的产品品质与送检的样品具有同样的质量和品质，那就是有保障的。

第2章　计算机电缆企业的征信评价

2.1　我国计算机电缆企业征信评价意义

　　计算机电缆市场非常需要诚信这一法宝，特别在危机下，只有树立以诚信提升计算机电缆企业竞争力的理念，铸造诚信优良形象，然后通过经营有方，精心打造品牌的线缆企业，才能有效提高自身的竞争优势，才能在市场经济的激流中永远立于不败之地，甚至于做大做强做优。可以说现实已经让大多数计算机电缆企业经营者意识到诚信是企业融入国际市场的"准入证"，更让他们认识到市场经济条件下企业诚信的重要性。因此在目前形势下，对于一个计算机电缆企业来说，必须加强企业诚信文化建设才能真正提高核心竞争力，从而保证企业在激烈的市场竞争中立于不败之地。

　　建立信用档案原则如下。

　　1）信用档案如影相伴，时刻影响着企业。信用档案是企业的信用身份证，是企业整体信用的动态展现，目前行业失信严重，客户为了安全，必然关注交易方的信用状况。档案优良，可给企业带来无限商机，帮企业决胜于无形；档案不良，客户在不觉间流失。信用档案就像一只无形的"手"，时刻以特殊方式影响着企业的发展。

　　2）信用档案中的信息均为《政府信息公开条例》和国务院《征信业管理条例》的规定可以采集的合法信息，不涉及企业的商业秘密；宪法规定任何单位和公民都有发布评价的权力，并对其真实性负法律责任。

　　建立信用档案的作用有以下几点。

　　第一，帮助企业赢得客户信任，提升销售量。在商务谈判中，档案优良，信誉良好，使合作更加顺利，缩短考察时间，降低成本，提高签约率，提升客户忠诚度；档案不良，临近签约的客户也会流失。人们在购买或签约前，都已习惯查询对方的信用状况。如果档案不良，会导致客户对企业负面扩大的联想，本能地"避凶趋利"，放弃合作。

　　第二，在发展新客户方面，档案优良帮助企业获得信任，吸引更多新客户慕名而至；档案不良，未曾谋面就被淘汰。现在的客户在合作和购买前，并不是直接去厂家，而是先上网搜查"商品名称"，圈定数个卖家，进行功能与价格比对，最后查看信用档案以决定与哪家合作。任何客户都会选择信用状况良好的企业，信用不良的企业在不觉间被淘汰。互联网时代，有这种交易习惯的群体已相当普遍。

第三，汇聚信用力量，提升诚信形象，增强信用核心竞争力。资质和荣誉，是企业最有价值的无形资产，是在发展过程中承担社会责任的重要见证。若陈列室内，无法让大众和客户知晓；挂于网站，因网上造假泛滥而易被怀疑，易被仿冒"搬迁"。把资质和荣誉记录到信用档案，可汇聚信用力量，提升诚信形象，赢得更多社会信任。

第四，赢得客户信任，获得合作商机，实现快速成长。小微企业规模小，实力弱，要想做大、做强，一定要有坚定的决心和长远规划，借助信用档案将现有的资质、许可和荣誉展示出来，提升信用分值，积累信用财富，奠立信任基础，让有限的无形资产得以彰显，以赢得客户信任和商机。这是小微企业快速成长的捷径，也是必由之路。

第五，外贸型企业：与国际接轨，开拓更大市场。很多国家早已建有社会信用体系，格外重视信用。外商对我国商家的信用一直高度关注，他们通过"谷歌"搜索国内企业的信用状况，每天都有大量的境外 IP 访问征信系统。外贸企业按照国际惯例完善信用档案，能够进一步提升信用形象，夯实信用基础，获得更多国外商家的订单；同时，因为信用档案不良而被莫名终止合作的商家已不在少数。

第六，经营状况不佳企业：规避信任风险，转化信任危机，扭亏为盈。企业经营状况不好时，更难赢得客户的支持，要沉下心来究其原因，是缺少客户？缺少员工？缺少好项目？还是缺少资金？这些问题的存在都可以通过建立良好的信用来解决。完善信用档案，重建良好的信任关系，客户、员工、资金和项目等都可以重新被吸引而来；如果没有了信用，一切都不会再有。

第七，让"知道"变为"信任"，是注重广告宣传企业高效之策。据统计，单纯的广告效应，成交率普遍较低。完善信用档案，让"知道"变为"信任"，才可以降低交易成本，提高成交率，使广告发挥出更大的效益，达到事半功倍之效。企业在经营中一旦出现被骗，打官司费时费力，往往是打赢了官司输了钱。有了信用档案，仅用几分钟的时间，把被骗的事实记录到对方的信用档案里，借用舆论及大众的监督威力迫使对方出面进行和解。这是低成本的解决办法之一。

2.2　我国计算机电缆企业征信评价流程

第一步：建立企业用户档案。

登记内容包括：企业基本资质、企业法人营业执照、组织机构代码、税务登记证、银行开户许可证和第三方征信认证，见表 4-2-1。

第二步：公布政府监管信息。

包括工商、税务、质检、法院、司法、海关、环保、国土、劳动、安检、食药、卫生、科技、版权、教育和住建等全部职能部门。

评价指标：合格条数，不合格条数，合格率。包括：①质量检查信息；②行政许可资质；③行政监管信息；④商标、专利和著作权信息；⑤人民法院的判决信息；⑥人民法院判定的被执行人信息；⑦人民法院核定的失信被执行人信息。

表 4-2-1　企业信用档案

企业信用档案			
单位名称			
信用分值		信用等级	
法定代表人		注册资金	
联系电话		传真电话	
主权商标		经营商标	
所在区域		信用网址	
详细地址		商务网址	
主营产品			
单位简介			

第三步：公布行业评价信息。

评价指标：良好条数、中性条数、不良条数和良好率。

包括：①体系、产品和行业认证信息；②行业协会（社会组织）评价信息；③水电气通信等公共事业单位评价。

第四步：媒体评价信息。

评价指标：良好条数、中性条数、不良条数和良好率。

第五步：金融信贷信息。

包括：①商业银行信贷评价信息（中国人民银行征信系统查询结果为准）；②民间借贷评价信息。

第六步：企业运营信息。

包括：①企业财务信息（该信息涉商业机密，需要获得授权才能查看）；②企业管理体系评估信息（专项服务）。

第 5 篇　常见问题篇

第 1 章　计算机电缆技术常见问题

1.1　标准规范常见问题

1. 计算机电缆制造标准发展历程？

关于计算机电缆制造标准，国内最新的标准（规范）为国家电线电缆质量监督检验中心于 2009 年发布实施的技术规范 TICW 6—2009《计算机及仪表电缆》，该技术规范编制主要参照 BS 5308:1986 标准《供内部安全系统用检测仪表电缆》。而在国家电线电缆质量监督检验中心尚未发布《计算机及仪表电缆》规范之前，计算机电缆生产制造厂家无论是产品的生产制造、企业标准的制定以及招投标等都参照 BS 5308:1986。BS 5308:1986 自 2005 年 12 月 21 日起作废，取而代之的是 BS EN 50288-7:2005《模拟和数字通信及控制中使用的多元件金属电缆　第 7 部分：仪器和控制电缆的分规范》。2009 年 7 月 31 日，由英国电缆协会（British Cables Association，BCA）发起、英国标准学会（Britain Standard Institute，BSI）制定的公共规范 PAS 5308:2009《控制及仪表电缆》发布实施。此公共规范作为英国标准 BS EN 50288-7:2005 的补充规范。2017 年 5 月，我国计算机及仪表电缆的行业标准（中华人民共和国机械行业标准），亦开始起草编制。

2. 什么是阻燃计算机电缆？应符合哪些标准？

阻燃电缆是指在规定试验条件下，试样被燃烧，在撤去试验火源后，火焰的蔓延仅在限定范围内，残焰或残灼在限定时间内能自行熄灭的电缆。它的根本特性是在火灾情况下有可能被烧坏而不能运行，但可阻止火势的蔓延。通俗地讲，电缆万一失火，能够把燃烧限制在局部范围内，不产生蔓延，保护其他的各种设备，避免造成更大的损失。阻燃计算机电缆除符合相应制造标准外，还需符合 GB/T 19666—2005《阻燃和耐火电线电缆通则》。

3. 什么是耐火计算机电缆？应符合哪些标准？

耐火电缆指在规定火源和时间下燃烧时仍能保持线路完整性的电缆。线路完整性指在规定的火源和时间下燃烧时，能持续地在指定状态下运行的能力。耐火计算机电缆除符合相应制造标准外，还需符合 GB/T 19666—2005《阻燃和耐火电线电缆通则》。

4. 计算机电缆的电气性能试验方法执行哪些国家标准？

导体电阻执行 GB/T 3048.4—2007《电线电缆电性能试验方法　第 4 部分：导体直流电阻试验》，电压试验执行 GB/T 3048.8—2007《电线电缆电性能试验方法　第 8 部分：交流电压试验》，绝缘电阻执行 GB/T 3048.5—2007《电线电缆电性能试验方法　第 5 部分：绝缘电阻试验》，电容及电容不平衡执行 GB/T 5441—2016《通信电缆试验方法》。

1.2　基础知识常见问题

1. 五大通用电缆是如何划分的？为什么计算机电缆通常归属于五大通用电缆之一的电气装备用电线电缆？

五大通用电缆是指裸电线和裸导体制品、电力电缆、通信电缆和光缆、电气装备用电线电缆以及电磁线（绕组线）。

1）裸电线及裸导体制品。指仅有导体，而无绝缘层的电缆产品，包括架空输、配电线路用的架空导线，以及铜、铝汇流排（母线）和电力机车接触线等。

2）电力电缆。在电力系统的主干线路中用以传输和分配大功率电能的电缆产品，包括 1～330 kV 及以上各种电压等级、各种绝缘的电力电缆。

3）通信电缆及光缆。通信电缆是传输电话、电报、电视、广播、传真、数据和其他电信信息的电缆，其中包括市内通信电缆、长途对称电缆和同轴（干线）通信电缆，传输频率为音频到几十兆赫。通信光缆是以光学纤维（光纤）作为光波传输介质，进行信息传输，由于其传输衰减小、频带宽、重量轻和外径小，又不受电磁场干扰，因此通信光缆已经逐渐替代了通信电缆。

4）电气装备用电线电缆。从电力系统的配电点把电能直接送到各种用电设备、器具的电源连接线路用电线电缆，以及电气装备内部的计测、信号控制系统中用到的电线电缆产品。这类产品使用面广，品种最多，而且大多要结合所用装备的特性和使用环境条件来确定产品的结构和性能，除大量的通用产品外，还有许多专用和特种产品，电气装备用电线电缆习惯上按产品用途分为八类：①低压配电电线电缆，主要指固定敷设和移动的供电电线电缆；②信号及控制电缆，主要指控制中心与系统间传递信号或控制操作用的电线电缆；③仪器和设备连接线，主要指仪器、设备内部安装线和外部引接线；④交通运输工具电线电缆，主要指汽车、机车、舰船和飞机配套用电线电缆；⑤地质资源勘探和开采电线电缆，主要指煤、矿石和油田的探测和开采用电线电缆；⑥直流高压电缆，主要指 X 射线机、静电设备等配套用电线电缆；⑦加热电缆，主要指生活取暖、植物栽培和管道保温等用电线电缆；⑧特种电线电缆，主要指耐高温、防火和核电站等用的电线电缆。

5）电磁线（绕组线）。以绕组形式在磁场中切割磁力线产生感应电流，或通以电流产生磁场所用的电线，包括具有各种特性的漆包线、绕包线和无机绝缘线等。

　　因计算机电缆被广泛地应用于发电、冶金、矿山、石油化工、交通和科技国防等领域，作为计算机网络（DCS 系统）、自动化控制系统的检测装置和仪器仪表连接用电缆，主要作用为传递信号或控制。故此，计算机电缆通常归属于五大通用电缆之一的电气装备用电线电缆。

　　2．什么是计算机电缆？为什么此类电缆称为计算机电缆？

　　计算机电缆，通常选用介电常数小的高分子材料作绝缘，具有介质损耗小、传输信号能力强和抗干扰性能好等特点，能可靠地传输微弱的模拟信号，可广泛地应用于发电、冶金、石油、化工和轻纺等部门的检测和控制用计算机系统或自动化装置，以及一般的工业计算机。因此类电缆和计算机控制系统的密切联系，电缆的名称由"控制和仪表电缆""数据传输控制和仪表电缆"和"计算机用控制电缆"逐渐向"计算机电缆"演变，最终行业内将此类电缆称为计算机电缆。

　　3．计算机电缆的额定电压是多少？其中 U_0 和 U 各代表什么含义？

　　一般情况下，计算机电缆的额定电压为 300/500 V，其中 U_0 表示电缆设计用的导体对地或金属屏蔽之间的额定工频电压，称相电压；U 表示电缆设计用的导体间的额定工频电压，称线电压。

　　4．计算机电缆根据屏蔽结构和屏蔽材料主要可分为哪几类？

　　计算机电缆按照屏蔽形式分为分屏蔽计算机电缆、总屏蔽计算机电缆及分屏蔽加总屏蔽计算机电缆。

　　计算机电缆按照屏蔽材料可分为铜线或镀锡铜线编织屏蔽计算机电缆、铜带（铜/塑复合带）绕包屏蔽计算机电缆、铝/塑复合带绕包屏蔽计算机电缆、钢带（钢/塑复合带）绕包屏蔽计算机电缆以及铝/塑复合带+铜丝编织复合屏蔽计算机电缆等。

　　5．计算机电缆根据铠装结构和材料主要可分为哪几类？

　　计算机电缆按照铠装形式和铠装材料可分为非铠装计算机电缆、双层钢带铠装计算机电缆和钢丝铠装计算机电缆。

　　6．计算机电缆常用导体截面积有哪几种？计算机电缆导体有哪几类？

　　计算机电缆常用导体截面积有 0.5 mm^2、0.75 mm^2、1.0 mm^2、1.5 mm^2 和 2.5 mm^2；根据 TICW 6—2009，计算机电缆导体有三类：第 1 种、第 2 种和第 5 种，第 1 种和第 2 种导体用于固定敷设的计算机电缆中，第 5 种导体用于移动敷设的计算机电缆中，也可用于固定敷设。

　　7．用于计算机电缆绝缘材料的交联聚乙烯与聚乙烯相比，有哪些优点？

　　交联聚乙烯与热塑性聚乙烯相比，具有以下优点：

　　（1）耐热性能

　　网状立体结构的交联聚乙烯具有十分优异的耐热性能，在 300 ℃以下不会分解及碳化，长期工作温度可达 90 ℃，特殊配方的交联聚乙烯，长期工作温度可达 125 ℃和 150 ℃。交联聚乙烯绝缘的电缆，也提高了短路时的承受能力，其短路时承受温度可达 250 ℃。

（2）绝缘性能

交联聚乙烯保持了聚乙烯原有的良好绝缘特性，且绝缘电阻进一步增大。其介质损耗角正切值很小，且受温度影响不大。

（3）机械特性

由于在大分子间建立了新的化学键，交联聚乙烯的硬度、刚度、耐磨性和抗冲击性均有提高，从而弥补了聚乙烯易受环境应力而龟裂的缺点。

（4）耐化学特性

交联聚乙烯具有较强的耐酸碱和耐油性，其燃烧产物主要为水和二氧化碳，对环境的危害较小，满足现代消防安全的要求。

8．计算机电缆如何选择屏蔽形式？

计算机电缆屏蔽形式有分屏蔽、总屏蔽和分屏蔽加总屏蔽三种。当应用场所需阻挡外界电磁波的干扰或防止电缆中的高频信号对外界产生干扰时，采用总屏蔽形式；当需要防止线对间的相互干扰时，采用分屏蔽形式；二种干扰都存在时采用分屏蔽加总屏蔽的形式。

9．计算机电缆如何选择铠装形式？

计算机电缆铠装可分为非铠装、钢带铠装和钢丝铠装三种。当电缆敷设于不受外力作用的场合时，采用非铠装结构；电缆敷设在地下时，工作中可能承受一定的正压力作用，可选择钢带铠装结构；电缆敷设在既有正压力作用又有拉力作用的场合（如水中、垂直竖井或落差较大的土壤中），应选用钢丝铠装结构。

10．什么是本安计算机电缆？

本安计算机电缆即用于本质安全电路中的计算机电缆，简称本安计算机电缆。对于电缆来说，本质安全就是在危险场所安装的电缆线路可能获得的能量，应限制在电气故障下可能出现的电缆火花或热表面不足以引起点燃水平。

1.3 生产制造中的常见问题

1．计算机电缆生产制造的基本流程？

计算机电缆的主要制造工艺有导体绞合、挤塑（交联）、成缆元件绞合、屏蔽、成缆、铠装、护套以及印字、检验、包装和入库等。根据屏蔽形式及有无铠装，计算机电缆制造基本工艺流程如图 5-1-1 所示。

2．计算机电缆导体退火基本原理及目的？

金属经过冷加工塑性变形后，内部晶粒碎化，晶格畸变和存在残余内应力，因而是不稳定的，它有向稳定状态下变化的自发趋向。但在室温下，原子的扩散能力很弱，变化很难进行。所以人们通过将变形的金属进行加热，使原子的动能增加，促使其用最短时间将金属恢复到冷加工前的机械性能和电性能，以便继续加工。

3. 导体正规绞合与非正规绞合之间的最大区别是什么？它们与单根导线相比，有哪些优点？

正规绞合与非正规绞合之间的最大区别是：正规绞合的各个单线都有一个固定的位置，一层一层有规则地绞合，绞线结构稳定，不易松散，圆整度好，但线间间隙大，生产效率比较低；非正规绞合的各单线之间没有固定的位置，各单线之间滑动余量很大，弯曲性好，生产效率高，但外形不圆整，结构稳定性差。

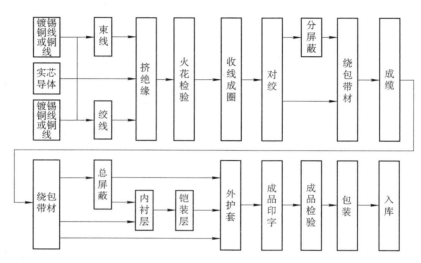

图 5-1-1　计算机电缆制造基本工艺流程

无论是正规绞合导体还是非正规绞合导体，它们与实芯单根导体相比具有以下特点。

（1）柔软性好

与相同截面积的单根导电线芯相比较，多根单线绞合的导电线芯更柔软。因为绞线在弯曲时受压缩的部分向受拉伸部分作微小的滑移，绞线弯曲的外力只要克服单线的弯曲应力和单线间的滑移摩擦力。而单根导线在弯曲时，单线外侧受拉伸，单线内侧受压缩，两者对弯曲产生阻力。

（2）可靠性高

单线在制造过程中由于受到材料性能、工艺及生产条件的限制，会出现一些缺陷，这些缺陷极大地影响单线的可靠性，而绞线则是由多根单线构成的，缺陷得以分散，导线的可靠性明显提高。

（3）强度高

相同截面积的绞线与单根导线相比强度要大得多。因为绞线中的单线直径比单根导线直径小得多，在使用同样杆材的情况下，小线径经受的变形程度高于大线径的变形程度，因而其强度也高，经绞合后引起的强度损失较小（约5%左右）。此外，在线材生产中接头是不可避免的，线材经接头后强度有所下降，但绞线中单线的接头按工艺要求都应间隔一定距离，而单线却无法做到这一点，这也是绞线强度高于单根导线的另一原因。

4．绝缘挤出的模具有几种类型？其优缺点是什么？

绝缘挤出的模具有三种类型，即挤压式、挤管式和半挤管式。其优缺点见表5-1-1。

表 5-1-1　绝缘挤出模具的优缺点

类型	优点	缺点
挤压式	挤出的塑料层结构紧密实，绝缘强度可靠；挤出的塑料能嵌入线芯的间隙，与导体或线芯紧密结合，无间隙；外表平整光滑	模具调整偏心不易；对模具的准确性要求高，产品质量对模具依赖性大；产量低；挤出的线芯弯曲性不好
挤管式	挤出速度快，产量高；挤包层厚度均匀，易调偏心，能节省材料；能有效提高制品的耐龟裂性；模具通用性大，配模简便	挤包层紧密性差，制品表面有线芯或缆芯绞合节距的痕迹
半挤管式	它吸收了挤压式和挤管式的优点，改善了挤压式不易调偏心的缺点，特别适用于挤包大规格绞线的绝缘	

5．计算机电缆导体绞合的质量控制点是什么？

1）导体材料应符合 GB/T 3956—2008 的规定，镀锡圆铜线应符合 GB/T 4910—2009 的规定。

2）单线直径、根数、绞向以及节距等应符合相关工艺要求。

3）外观：导体表面应光洁、无油污、无损伤绝缘的毛刺、锐边以及凸起或断裂的单线。

4）焊接质量：绞合线芯不允许有整体接头，绞合单线中允许接头，焊接处应牢固圆整，同一相邻两接头的距离应不少于 300 mm。

6．什么叫退扭绞合？在什么情况下效果显著？

退扭绞合就是使装有单线的各个线盘，借特有装置（退扭机构）始终保持水平位置，以确保每根单线在绞合过程中不产生自扭变形的绞合为退扭绞合。退扭只有在单线直径较大、节距较大和单线较硬时才会有良好的效果。

7．同一同心层绞合的绞线，相邻层绞向规定为相反，为什么？

1）绞线是圆形的，如相邻层采用同一绞向绞合时，容易产生外一层的单线嵌入内一层中去，从而破坏完整的圆形结构。

2）当绞线受到拉力时，各层产生的转动力矩相反，可以相互抵消，防止各层单线向同一方向转动而造成松股，同时还可避免绞线在未拉紧时产生打圈现象。

8．计算机电缆绝缘挤塑的质量控制点是什么？

1）绝缘厚度和外径：应符合相关工艺要求。

2）绝缘火花试验：在试验电压下，绝缘不发生击穿或闪络现象。

9．计算机电缆成缆质量控制点是什么？

成缆排列方式、节距、外径、包带宽度、厚度、绕包压边和方向应符合相关工艺要求。对于多芯电缆为了保证圆整度，减小电缆的外径，一般都需要将其绞合为圆形。绞合的机理与导体绞制相仿，由于绞制节距较大，大多采用无退扭方式。

成缆时应注意防止绝缘层被划伤。大部分电缆在成缆的同时伴随另外两个工序的完成：一个是填充，保证成缆后电缆的圆整和稳定；一个是绑扎，保证缆芯不松散。

10．计算机电缆钢带铠装间隙超标有几种可能的原因？如何排除？

计算机电缆铠装间隙超标的原因可能为：①节距齿轮配错；②钢带宽度过窄；③铠装前外径超过标准；④收线和牵引不同步使电缆的钢带间隙起伏。

计算机电缆铠装间隙超标排除方法：①开机选材严格按工艺要求执行；②缆芯上机前一定要检查外观和外径，发现异常及时报告；③设备运行时随时观察状态，发现异常及时排除，如果自行解决不了，要及时报修。

1.4　性能指标常见问题

1．铜用于电线电缆的导体的优点有哪些？

1）导电性好，仅次于银而居第二位。

2）导热性好，仅次于银和金而居第三位，热导率为银的 73%。

3）塑性好，在热加工时，首次压力加工量可达 30%～40%。

4）铜在干燥空气中具有较好的耐腐蚀性，但在潮湿空气中表面易生成有毒的铜绿。铜与盐酸或稀硫酸作用甚微。

5）易于焊接。

6）力学性能较好，有足够的抗拉强度和伸长率。

2．计算机电缆的绝缘材料应具有哪些优异的性能？

一般要求绝缘材料具有以下性能：

1）绝缘电阻较高。绝缘电阻是绝缘材料主要电气性能之一，都要求绝缘电阻不低于某一个数值。如果绝缘电阻值过低，则沿着电线电缆线路的漏电电流必然增多，造成电能的浪费，同时电能变为热能，增加了热击穿的可能性。

2）介质损耗角正切低。运行于交流电场中的绝缘层中会有泄漏电流通过，使绝缘层发热，这部分损耗称为介质损耗，介质损耗越大，发热越大，老化加速。为减小介质损耗，应采用介质损耗角正切小的绝缘材料，尤其是在高频与高压下应用的绝缘材料。

3）击穿强度高。击穿强度是一种材料作为绝缘体时的耐电强度的量度。它定义为试样被击穿时，单位厚度承受的最大电压，物质的击穿强度越大，其作为绝缘材料的质量越好。

4）机械加工性能好。绝缘材料需具有一定的柔性和机械强度，以利于生产制造和施工安装。

5）化学性能稳定。化学性能不稳定的绝缘材料经过一定时间，在外来因素的作用下，均会发生老化现象，其性能下降甚至无法运行。目前要求电缆的使用寿命一般不小于 30 年，因此其绝缘材料应具有优异的化学稳定性，经久耐用。

6）耐电晕性能好。绝缘材料应具有较好的耐电晕性，如果绝缘材料耐电晕性差，绝缘层中的气泡或内外表面的突起在高电场下易被电离而产生放电现象，放电时产生的臭氧对绝缘层具有破坏作用。

3．电缆绝缘和护套机械性能不合格存在哪些安全隐患？

绝缘和护套机械性能不合格会影响产品的正常使用，加速产品的老化，大大缩短产品的使用寿命，而且安装敷设过程中易出现绝缘体破损、断裂，造成绝缘、护套表层易被电压击穿，致使带电导体裸露，进而发生触电危险。

4．交联聚乙烯绝缘热延伸试验不合格对电缆使用有影响吗？

交联聚乙烯绝缘热延伸试验主要考核绝缘料在一定的温度条件下，材料分子结构发生变化的程度。它包括载荷下伸长率和冷却后永久伸长率两项指标。绝缘热延伸不合格其本质就是绝缘的交联度（凝胶含量）达不到要求，会造成绝缘材料的介电强度不合格，材料变软，绝缘厚度变薄，导致绝缘发生击穿。

5．计算机电缆绝缘加工工艺对产品的性能有何影响？

抗干扰能力强是计算机电缆的显著特点之一，在整个防强电磁干扰计算机电缆制造工艺中，绝缘工序是一个非常重要的环节，挤出绝缘的厚度、同心度等指标，将直接影响电缆的对地电容不平衡性，而对地电容不平衡性直接决定了电缆的抗干扰能力。因此，在绝缘工序中应重点注意：

1）采用高速挤出机，控制好生产线速，挤出机螺杆转速，放线与收线张力，保证绝缘挤出时均匀。

2）利用外径测偏仪更好地控制绝缘的厚度及同心度，保证绝缘厚度均匀、不偏心，表面圆整光滑；同时用电火花在线检测仪在线检测，防止绝缘线芯存在缺陷，及时去除有缺陷的绝缘单线。

6．计算机电缆的电容是如何计算的？

计算机电缆是由若干传输信号回路组成，属于对称电缆，对称电缆回路间的电容称工作电容。则单独回路电缆的工作电容计算公式为

$$C = \frac{\varepsilon_r \times 10^{-6}}{36\ln\dfrac{2a-d}{d}}$$

多回路电缆的工作电容计算公式为

$$C = \frac{\lambda \varepsilon_r \times 10^{-6}}{36\ln\left(\dfrac{2a}{d}\varphi\right)}$$

式中，屏蔽对线组 $\varphi = \dfrac{D_{\mathrm{S}}^2 - a^2}{D_{\mathrm{S}}^2 + a^2}$；非屏蔽对线组 $\varphi = \dfrac{(d_2 + d_1 - d)^2 - a^2}{(d_2 + d_1 - d)^2 \, a^2}$；$\lambda$ 为总绞入

系数（1.01～1.02）；D_{S} 为屏蔽内径，mm；a 为回路线芯中心距，mm；d 为导体直径，mm；d_1 为绝缘线芯直径，mm；d_2 为对线组直径，mm；ε_{r} 为等效相对介电常数。

7．计算机电缆电感是如何计算的？

对称电缆回路总电感计算公式为

$$L = \lambda \left[4\ln\left(\frac{2a - d}{d} + Q(x) \right) \times 10^{-4} \right.$$

式中，L 为计算机电缆回路的电感，H/km；λ 为总的绞入率；a 为回路两导线中心间的距离，mm；d 为导线直径，mm；$Q(x)$ 为 x 的特定函数。

1.5 安装应用常见问题

1．目前计算机电缆主要应用于哪些场合？

目前计算机电缆主要在石油、石化、化工、电力、冶金、造纸和环保等工业生产自动化控制系统（如电动单元组合式模拟仪表控制系统 ACS，计算机控制系统 CCS，集散控制系统 DCS 等）中得到了广泛应用。

2．计算机电缆为什么称为二次电缆？

二次电缆是指用于控制、信号传递和反馈的电缆，比如电动机操作柱控制电缆、计量、保护和电气通信电缆，都属于二次电缆。一次电缆是指动力电缆，即为用电设备提供电源的电缆。而人们所谈的计算机电缆主要用于控制、信号传递和反馈，所以称为二次电缆。

3．计算机电缆一般传输哪些信号？

计算机电缆在系统中作为电子计算机、仪表、传感器及执行机构之间的连接线，传输检测、控制、监察、报警和联锁等模拟信号，也可作为低频数字信号传输线。

4．不同类型计算机电缆适用的敷设场合？

非铠装第 1 种和第 2 种导体计算机电缆适于敷设在室内、电缆沟和管道等固定场合，如 DJYVP2、DJYP2VP2、DJYVP3 和 DJYP3VP3 等。

非铠装第 5 种导体计算机电缆适于敷设在室内、有移动的场合，如 DJYVRP、DJYPVRP、DJYVRP 和 DJYPVRP 等。

铠装计算机电缆适于敷设在室内、电缆沟和管道等能承受较大机械外力的固定场合，如 DJYVP2-22、DJYP2VP2-22、DJYVP2-32 和 DJYP2VP2-32 等。

5．在 DCS 系统中，根据传输信号类型计算机电缆敷设应注意哪些问题？

在 DCS 系统中，计算机电缆敷设时的注意事项如下：

1）Ⅰ类信号。热电阻信号、毫伏信号和应变信号等低电平信号。电缆屏蔽层必须单端接地。多个测点信号的屏蔽双绞线与多芯对绞总屏蔽电缆连接时，各屏蔽层应相互连接好，选择适当的接地点，实现单点接地。工频信号中的毫伏信号和应变信号应采用屏蔽双绞电缆，这样，可以大大减小电磁干扰和静电干扰。

2）Ⅱ类信号。0～5 V、4～20 mA、0～10 mA 模拟量输入输出信号、电平型开关量输入输出信号、触点型开关量输入输出信号和脉冲量输入输出信号。应保证屏蔽层只有一点接地，且要接地良好。

3）Ⅲ类信号。24～48 V DC 感性负载或者工作电流大于 50 mA 的阻性负载的开关量输出信号。对于Ⅲ类信号，允许与 220 V 电源线一起布线，也可以与Ⅰ类、Ⅱ类信号一起布线。但在后者情况下Ⅲ类信号必须采用屏蔽电缆，最好为屏蔽双绞电缆，且与Ⅰ类、Ⅱ类信号电缆相距 15 cm 以上。

4）Ⅳ类信号：AC 110 V 或 AC 220 V 开关量输出信号。对于Ⅳ类信号严禁与Ⅰ类、Ⅱ类信号捆在一起走线，应作为 220 V 电源线处理，与电源电缆一起布线，有条件时建议采用屏蔽双绞电缆。

6. 计算机电缆的发展趋势？

当今世界科学技术发展日新月异，正孕育着新的革命性突破。加工技术进入精加工时代，绿色制造正在兴起。从社会、经济发展的大趋势来看，计算机电缆作为生产工具和用能产品，今后若干年其产品创新的焦点可以概括为三个方面：一是提高计算机电缆的长期允许工作温度，开发和生产耐高温及耐超高温、耐超低温和耐特殊环境的产品，满足不同使用场合的需要；二是提高计算机电缆的屏蔽性能，满足信息传输、自动化系统和计算机网络的需要；三是开发各种阻燃、耐火计算机电缆，满足行业提高安全性的需要。

第2章　计算机电缆价格问题

1．普通计算机电缆、阻燃C级计算机电缆与耐火计算机电缆相比哪个成本高？

阻燃 C 级计算机电缆与普通计算机电缆的结构尺寸完全相同，差异之处在于因阻燃性能要求不同，两者所采用的护套材料及绕包材料不同，阻燃 C 级计算机电缆的成本稍高于普通计算机电缆；耐火计算机电缆为了满足耐火性能的要求，在导体和绝缘之间增设耐火层，与普通计算机电缆相比，结构尺寸有所加大，成本高于普通计算机电缆和阻燃C级计算机电缆。

2．影响计算机电缆价格变动的因素有哪些？

影响计算机电缆价格变动的因素主要包括以下几个方面：原材料、企业因素及企业的销售模式。

计算机电缆行业属于"重料轻工"的行业，原材料的价格、用量和材质对产品价格影响最为主要。

计算机电缆企业的生产及检测设备是进口还是国产的（从国外进口的设备价格十分昂贵，一般是国产设备价格的 3～10 倍），企业管理及制造成本的高低，产品利润率的高低，这几方面的因素均会影响计算机电缆的价格。

有些电缆企业为了节约公关成本和沟通成本，往往在全国各地设立经销点和代理商，代理商再通过批发市场或者工程商卖给最终消费者，甚至有时还不止这些环节。多一道环节，就会增加一次销售成本，最终消费者买到的电缆价格也就越高。而厂家直销的电缆企业，通过与最终消费者直接沟通，省去多道环节，降低了销售成本，电缆价格就会相对较低。

第 3 章　计算机电缆品牌竞争力问题

1．优质计算机电缆企业应具备什么要素？

计算机电缆无论是从产品结构还是从工艺水平来看，它已经成为相对成熟的线缆产品。为此，在选择和使用计算机电缆时，多多关注线缆企业的情况，一般来说优质计算机电缆制造企业应具备以下条件：

1）具有规范管理和完整质量控制体系的大中型电线电缆企业。

2）具有一定经济实力，合同履行力强的大中型电线电缆企业。

3）能够保障产品安全，抗风险能力强的大中型电线电缆企业。

4）能够提供完善售前、售中和售后服务的专业电线电缆生产企业。

5）能够保证产品技术先进性的专业电线电缆生产企业。

2．目前，国内有哪些优质计算机电缆企业？

目前国内计算机电缆企业主要集中在江苏、浙江和安徽，比较知名的企业有：远东智慧能源股份有限公司、江苏上上电缆集团有限公司、江苏赛德电气有限公司、宁波球冠电缆股份公司、浙江晨光电缆股份有限公司、安徽吉安特种线缆制造有限公司、安徽华宇电集团有限公司、安徽新亚特电缆集团有限公司、安徽埃克森科技集团有限公司和安徽太平洋电缆集团有限公司等。

3．如何提高电线电缆企业的品牌竞争力？

线缆企业发展的基础和决定性因素是技术创新，只有拥有强大的科技创新能力，拥有自主的知识产权，才能进一步提高公司的竞争力；优良的品质和完善的售后服务是品牌从内心打动顾客的砝码，是与客户心连心的纽带，可进一步强化品牌信任度和影响力；加强线缆企业品牌文化建设，明确品牌定位、清晰品牌诉求，从广度和深度两方面全面提升品牌美誉度。

附　　录

附录 A　计算机电缆通用技术规范

A.1　总则

A.1.1　一般规定

A.1.1.1　投标人应具备招标公告所要求的资质，具体资质要求详见招标文件的《商务部分》。

A.1.1.2　投标人或供货商应设计、制造和销售过计算机电缆产品，且使用条件应与本工程相类似或较规定的条件更严格。近三年至少有计算机电缆产品运行业绩。

A.1.1.3　投标人应仔细阅读招标文件，包括《商务部分》和《技术部分》的所有规定。由投标人提供的计算机电缆应与本规范中规定的要求相一致。卖方应仔细阅读包括本规范在内的招标文件中的所有条款。卖方提供货物的技术规范应符合招标书要求。

A.1.1.4　本规范提出了对计算机电缆技术上的规范和说明。

A.1.1.5　如果投标人没有以书面形式对本规范的条文提出异议，则意味着投标人提供的产品完全符合本技术规范书的要求。如有偏差，应在投标书中以技术专用部分规定的格式进行描述。

A.1.1.6　本规范所使用的标准如与投标人所执行的标准不一致时，按较高标准执行。

A.1.1.7　本规范将作为订货合同的附件。本规范未尽事宜，由合同双方在合同技术谈判时协商确定。

A.1.1.8　本规范中涉及的有关商务方面的内容，如与招标文件的《商务部分》有矛盾时，以《商务部分》为准。

A.1.1.9　本规范中的规定如与技术规范专用部分有矛盾时，以专用部分为准。

A.1.1.10　本规范提出的是最低限度的技术要求，并未对一切技术细节做出规定，也未充分引述有关标准和规范的条文，投标人应提供符合国家最新版本的标准和本规范的优质产品。

A.1.2　投标人应提供的资格文件

以下列明了对投标人的资质的基本要求，投标人应按下面所要求的内容和顺序提供详实的投标资料，否则视为非响应性投标。基本资质不满足要求、投标资料不详实或严重漏项将导致废标。

A.1.2.1　拥有权威机构颁发的 ISO 9000 系列的认证证书或等同的质量保证体系认证证书。

A.1.2.2　具有履行合同所需的生产技术和生产能力的文件资料。

A.1.2.3　有能力履行合同设备维护保养、修理及其他服务义务的文件。

A.1.2.4　投标人应提供招标方与买方认可的专业检测机构出具的不超过 5 年的与所招标型号相同或相近的计算机电缆型式试验报告，报告应由具有资质的第三方权威检测机构出具。

A.1.2.5　投标人所提供的组部件和主要材料如需向外协单位外购时，投标人应列出外协单位清单，并就其质量做出承诺。同时提供外协单位相应的例行检验报告、投标人的进厂验收证明、外协单位的相应资质证明材料和长期供货合同。

A.1.3　工作范围和进度要求

A.1.3.1　本规范适用于专用部分所有采购的计算机电缆。具体为：提供符合本技术规范要求的计算机电缆、相应的试验、工厂检验和试运行中的技术服务。

A.1.3.2　卖方在提供的电缆数量较大或买方认为重要的线路时，应在合同签订后不超过两周的时间内尽快向买方提交一份详细的生产进度表。这份生产进度表应以图表形式说明设计、试验、材料采购、制造、工厂检验、抽样检验、包装及运输，包括对每项工作及其过程足够详细的全部细节。

A.1.3.3　投标人应满足招标文件内交货时间要求。投标人对于因某种特殊原因造成的交货时间延误情况，应在投标文件中提供相应的采取补救措施的应急预案。

A.1.4　对设计图样、说明书和试验报告的要求

A.1.4.1　技术资料和图样的要求

A.1.4.1.1　如有必要，工作开始之前，卖方应提供 6 份图样、设计资料和文件经买方批准。对于买方为满足本规范的要求直接做出的修改，卖方应重新提供修改的文件。

A.1.4.1.2　卖方应在生产前 1 个月（特殊情况除外）将生产计划通知买方，如果卖方在没有得到批准文件的情况下着手进行工作，卖方应对必要修改发生的费用承担全部的责任，文件的批准应不会降低产品的质量，并且不因此减轻卖方为提供合格产品而承担的责任。

A.1.4.1.3　应在试验开始前 1 个月提交详细试验安排表。

A.1.4.1.4　所有经批准的文件都应有对修改内容加标注的专栏，经修改的文件应用红色箭头或其他清楚的形式指出修改的地方，应该在文件的适当地方写上买方的名称、标题、卖方的专责工程师的签名、准备日期和相应的文件编号。图样和文

件的尺寸一般应为 210 mm×297 mm（A4 纸型），同时应将修改的图样和文件提交给买方。

A.1.4.2　产品说明书

A.1.4.2.1　提供计算机电缆的结构型式的简要概述及照片。

A.1.4.2.2　说明书应包括型号、结构尺寸（附结构图）、技术参数、适用范围、使用环境、安装、维护、运输、保管及其他需注意的事项等。

A.1.4.3　试验报告

A.1.4.3.1　提供计算机电缆的出厂试验报告。

A.1.4.3.2　提供与所招标型号相同或相近的计算机电缆的型式试验报告。

A.1.4.3.3　需要时提供特殊试验报告，如阻燃试验和防白蚁试验等。

A.1.5　标准和规范

A.1.5.1　除本规范特别规定外，卖方所提供的设备均应按下列标准和规范进行设计、制造、检验和安装。所用的标准必须是其最新版本。如果这些标准内容矛盾，应按最高标准的条款执行或按双方商定的标准执行。如果卖方选用标书规定以外的标准，需提交与这种替换标准相当的或优于标书规定标准的证明，同时提供与标书规定标准的差异说明。

A.1.5.2　本条件中标明的参数数值是作为特殊强调的条款。

A.1.5.3　引用标准，引用标准一览表见表 A-1。

表 A-1　引用标准一览表

序号	标准号	标 准 名 称
1	GB/T 3956—2008	电缆的导体
2	GB/T 4910—2009	镀锡圆铜线
3	TICW 6—2009	计算机及仪表电缆
4	GB/T 2951—2008	电缆和光缆绝缘和护套材料通用试验方法
5	GB/T 2952—2008	电缆外护层
6	GB/T 3048—2007	电线电缆电性能试验方法
7	GB/T 19666—2005	阻燃和耐火电线电缆通则
8	JB/T 8137—2013	电线电缆交货盘
…		

这些标准应是现行的有效版本，同时在与上述标准各方达成协议的基础上鼓励研究采用上述最新版本的可能性。

A.1.6　投标人应提交的技术参数和信息

A.1.6.1　投标者应按技术规范专用部分列举的项目逐项提供技术参数，投标者提供的技术参数应为产品的性能保证参数，这些参数将作为合同的一部分。如与招标人所要求的技术参数有差异，还应写入技术规范专用部分的技术偏差表中。

A.1.6.2　每个投标者应提供技术规范专用部分中要求的全部技术资料。

A.1.6.3　投标者需提供计算机电缆的特性参数和其他需要提供的信息。

A.1.7　备品备件

A.1.7.1　投标人应提供安装时必须的备品备件。

A.1.7.2　招标人提出运行维修时必须的备品备件，见技术规范专用部分表B-5。

A.1.7.3　投标人推荐的备品备件，见技术规范专用部分表B-12。

A.1.7.4　所有备品备件应为全新产品，与已经安装设备的相应部件能够互换，具有相同的技术规范和相同的规格、材质和制造工艺。

A.1.7.5　所有备品备件应采取防尘、防潮和防止损坏等措施，并应与主设备一并发运，同时标注"备品备件"，以区别于本体。

A.1.7.6　投标人在产品质保期内实行免费保修，且对产品实行终身维修。并根据需要在15日内提供技术规范专用部分表B-5所列备品备件以外的部件和材料，以便维修更换。

A.1.8　专用工具和仪器仪表

A.1.8.1　投标人应提供安装时必需的专用工具和仪器仪表，价款应包括在投标总价中。

A.1.8.2　招标人提出运行维修时必需的专用工具和仪器仪表，列在技术规范专用部分表B-5中。

A.1.8.3　投标方应推荐可能使用的专用工具和仪器仪表，列在技术规范专用部分表B-12中。

A.1.8.4　所有专用工具和仪器仪表应是全新的和先进的，且须附完整及详细的使用说明资料。

A.1.8.5　专用工具和仪器仪表应装于专用的包装箱内，注明"专用工具""仪器""仪表"，并标明"防潮""防尘""易碎""向上""勿倒置"等字样，同主设备一并发运。

A.1.9　安装、调试、试运行和验收

A.1.9.1　合同设备的安装、调试，将由买方根据卖方提供的技术文件和安装使用说明书的规定，在卖方技术人员的指导下进行。

A.1.9.2　完成合同设备安装后，买方和卖方应检查和确认安装工作，并签署安装工作完成证明书，共两份，双方各执一份。

A.1.9.3　合同设备试运行和验收，根据招标文件规定的标准、规程和规范进行。

A.1.9.4　验收时间为安装、调试和试运行完成后并稳定运行24 h。在此期间，所有的合同设备都应达到各项运行性能指标要求。买卖双方可签署合同设备的验收证明书，该证明书共两份，双方各执一份。

A.2　通用技术要求

A.2.1　电缆结构

计算机电缆结构除符合以下要求外，其他未提及之处均应满足 TICW 6—2009 的规定。

A.2.1.1　导体

导体表面应光洁、无油污、无损伤绝缘的毛刺锐边以及凸起或断裂的单线。导体采用退火铜线或镀金属层退火铜线，固定敷设采用符合 GB/T 3956—2008 的第 1 种或第 2 种导体，移动敷设采用符合 GB/T 3956—2008 的第 5 种软导体，镀锡圆铜线应符合 GB/T 4910—2009 的规定，导体电阻符合 GB/T 3956—2008 的规定。

A.2.1.2　绝缘

绝缘应紧密挤包在导体上，且应容易剥离而不损伤绝缘体、导体或镀层。绝缘表面应平整光滑。绝缘厚度的平均值应不小于标称值。其最薄处厚度应不小于标称值的 90%–0.1 mm。

A.2.1.3　成缆元件

两芯、三芯或四芯绝缘线芯应均匀地绞合构成一个绞合单元。1.5 mm² 及以下任一成缆元件的最大绞和节距为 100 mm，2.5 mm² 及耐火型电缆任一成缆元件的最大绞和节距为 120 mm，星绞节距不大于 150 mm。无分屏蔽的电缆中，相邻单元间应采用不同的绞合节距。成缆元件可采用色带或数字或色谱识别。

A.2.1.4　成缆元件分屏蔽

分屏蔽可采用金属丝编织或金属带绕包或纵包形式。

金属丝编织屏蔽采用圆铜线或镀锡圆铜线，分别符合 GB/T 3953—2009 和 GB/T 4910—2009 的要求，编织单线直径不小于 0.12 mm，其编织密度应不小于 80%。

对于金属带屏蔽，屏蔽带下应纵放一根标称截面积不小于 0.2 mm² 的圆铜线或镀锡圆铜线作为引流线，金属屏蔽带厚度为 0.05～0.10 mm，重叠绕包层的重叠率应不低于 25%，纵包重叠率应不低于 15%。

屏蔽层的外面应绕包两层 0.05 mm 厚的聚酯带或其他在电缆最高额定工作温度下不会熔融的非吸湿性带材，每层的最小搭盖率为 25%，或者绕包一层，最小搭盖率为 50%。

A.2.1.5　成缆

缆芯应按同心式绞合，最外层绞向为右向。固定敷设用电缆，缆芯绞合节距应不大于成缆外径的 20 倍，移动敷设用软电缆，缆芯绞合节距应不大于成缆外径的 16 倍。缆芯外应重叠绕包一层厚度为 0.05 mm 的聚酯带，或其他在电缆最高额定工作温度下不会熔融的非吸湿性带材，绕包重叠率不小于 50%，或绕包两层，绕包重叠率不小于 25%。

A.2.1.6　总屏蔽层

屏蔽形式分金属丝编织、复合带材绕包或纵包以及铝/塑复合带＋铜丝编织等形式。

金属丝编织屏蔽采用软圆铜线或镀锡圆铜线，分别符合 GB/T 3953—2009 和 GB/T 4910—2009 的要求，编织单线直径符合 TICW 6—2009 的规定，编织密度应不小 80%。不允许铜线露在编织层外面，露出时应停车修整。铜线编织层不允许整体接续。

金属带屏蔽采用厚度为 0.05～0.10 mm 的软铜带或铝/塑复合带重叠绕包或纵包，重叠率不小于 15%。包带时应在金属带下纵向放置一根标称截面积不小于 0.5 mm² 的圆铜线或镀锡铜线构成的引流线。

采用铝塑复合带+铜丝编织的屏蔽形式时，铝/塑复合带的金属面应朝向铜丝编织层，铝塑复合带重叠率不小于 15%，铜丝编织密度不小于 80%。

总屏蔽层外允许重叠绕包一层 0.05 mm 聚酯带或在电缆最高额定工作温度下不会熔融的非吸湿性带材。

A.2.1.7　内衬层

内衬层（若有）可以采用挤包或绕包，标称厚度及最小厚度符合 GB/T 2952.3—2008 的规定。

A.2.1.8　铠装

铠装分为金属带和金属丝二种类型。

金属带铠装采用双层镀锌钢带，螺旋绕包两层，外层钢带的中间大致在内层钢带间隙上方，包带间隙应不大于钢带宽度的 50%，绕包应平整光滑。金属丝铠装应紧密，必要时可在铠装外疏绕一条最小标称厚度为 0.3 mm 的镀锌钢带。铠装层结构尺寸符合 GB/T 2952.3—2008 的规定。

A.2.1.9　外护套

外护套应紧密挤包在绞合的绝缘线芯或金属铠装层（若有）上，表面应光洁、色泽均匀。外护套的标称厚度以及平均厚度以及任一点最小厚度应符合 TICW 6—2009 的要求。

A.2.1.10　电缆阻燃和耐火要求

采用阻燃电缆时，电缆的阻燃特性和技术参数要求需符合 GB/T 19666—2005 的相关规定。

采用耐火电缆时，电缆的耐火特性和技术参数要求需符合 GB/T 19666—2005 的相关规定。

A.2.2　密封和牵引头

电缆两端应采用防水密封套密封，密封套和电缆的重叠长度不小于 200 mm，如有要求安装牵引头，牵引头应与线芯采用围压的连接方式并与电缆可靠密封，在运输、储存和敷设过程中保证电缆密封不失效。

A.2.3　技术参数

买方应认真填写技术规范专用部分技术参数响应表中的买方要求值，卖方应认真填写技术参数响应表中的卖方保证值。

A.3　试验

电缆的试验及检验要按照相关标准及规范进行。试验应在制造厂或买方指定的检验部门完成。所有试验费用应由卖方承担。

A.3.1　试验条件

A.3.1.1　环境温度

除个别试验另有规定外，其余试验应在环境温度为（20±15）℃时进行。

A.3.1.2　工频试验电压的频率和波形

工频试验电压的频率应在 49～61 Hz 范围之内，波形基本上应是正弦波形，电压值均为有效值。

A.3.2　例行试验

每批电缆出厂前，制造厂必须对每盘电缆按照 TICW 6—2009 要求进行例行试验。

A.3.3　抽样试验

抽样试验应按 TICW 6—2009 或买方要求进行。抽样试验主要项目参照表 A-2，若买方有特殊要求，可另行补充。

表 A-2　抽样试验主要项目

序号	试验项目	试验方法标准
1	结构和尺寸检查	TICW 6—2009
2	导体结构	GB/T 3956—2008
3	导体直流电阻	GB/T 3956—2008

A.3.4　型式试验

如卖方已对相同型号的电缆按同一标准进行过型式试验，并且符合 A.1.2.4 条的规定，则可用检测报告代替。如不符合，买方有权要求卖方到买方认可的具有资质的第三方权威检测机构重做型式试验，费用由卖方负责。重做的型式试验应按 TICW 6—2009 及本招标文件要求进行。

A.3.5　现场试验

现场试验执行 GB/T 50150—2006 标准。

A.4　技术服务、工厂检验和监造

A.4.1　技术服务

卖方应提供必要的现场服务。

A.4.1.1　卖方在工程现场的服务人员称为卖方的现场代表。在产品进行现场安装前，卖方应提供现场代表名单和资质，供买方认可。

A.4.1.2　卖方的现场代表应具备相应的资质和经验，以督导安装、负责调试和投运等其他各方面，并对施工质量负责。卖方应指定一名本工程的现场首席代表，其作为卖方的全权代表应具有整个工程的代表权和决定权，买方与首席代表的一切联系均应视为是与卖方的直接联系。在现场安装调试及验收期间，应至少有一名现场代表留在现场。

A.4.1.3　当买方认为现场代表的服务不能满足工程需要时，可取消对其资质的认可，卖方应及时提出替代的现场代表供买方认可，卖方承担由此引起的一切费用。因下列原因而使现场服务的时间和人员数量增加，所引起的一切费用由卖方承担：①产品质量原因；②现场代表的健康原因；③卖方自行要求增加人和天数。

A.4.2　工厂检验及监造

A.4.2.1　卖方应在工厂生产开始前7天用信件或电传通知买方。买方将派出代表或委托第三方（统称质量监督控制方）到生产厂家为货物生产进行监造和为检验做监证。

A.4.2.2　质量监督控制方自始至终应有权进入制造产品的工厂和现场，卖方应向质量监督控制方提供充分的方便，以使其不受限制地检查卖方所必须进行的检验和在生产过程中进行质量监造。买方的检查和监造并不代替或减轻卖方对检验结果和生产质量而负担的责任。

A.4.2.3　在产品制造过程的开始和各阶段之前，卖方应随时向买方进行报告以便能安排监造和检验。

A.4.2.4　除非买方用书面通知免于检验，否则不应有从制造厂发出未经检查和检验的货物，在任何情况下都只能在圆满地完成本规范中所规定的全部检验之后，才能发运这些货物。

A.4.2.5　若买方不派质量监督控制方参加上述试验，卖方应在接到买方关于不派人员到卖方和（或）其分包商工厂的通知后，或买方未按时派遣人员参加的情况下，自行组织检验。

A.4.2.6　货物装运之前，应向买方提交检验报告，相关要求由供需双方协商确定。

A.4.3　验收

A.4.3.1　每盘电缆都应附有产品质量验收合格证和出厂试验报告。电缆合格证书应标示出生产该电缆的绝缘挤出机的开机顺序号和绝缘挤出顺序号。

A.4.3.2　买卖双方联合进行到样后的包装外观检查。

A.4.3.3　买卖双方联合进行产品结构尺寸检查验收。

A.4.3.4　如有可能，买卖双方联合按有关规定进行抽样试验。

A.5　产品标志、包装、运输和保管

A.5.1　成品电缆的护套表面上应有制造厂名、产品型号、额定电压、每米打字和制造年、月的连续标志，标志应字迹清楚，清晰耐磨。

A.5.2　除非另有规定，电缆应卷绕在符合 JB/T 8137—2013 的电缆盘上交货，每个电缆盘上只能卷绕一根电缆。电缆的两端应采用防潮帽密封并牢靠地固定在电缆盘上。

A.5.3　在每盘电缆的外侧端应装有经采购方认可的敷设电缆时牵引用的拉眼或牵引螺栓。拉眼或牵引螺栓与电缆导体的连接，应能满足敷设电缆时的牵引方式和牵引该长度的电缆所需的机械强度。对机械强度的要求应由买方与卖方协商确定。

A.5.4　电缆盘的结构应牢固，筒体部分应采用钢结构。电缆卷绕在电缆盘上后，用护板保护，护板可以用木板或钢板。如采用木护板，在其外表面还应用金属带扎紧，并在护板之下的电缆盘最外层电缆表面上覆盖一层硬纸或其他具有类似功能的材料，以防碎石或煤渣等坚硬物体掉落在每匝电缆之间，在运输或搬运过程中损伤电缆外护套；如用钢板，则宜采用轧边或螺栓与电缆盘固定，而不应采用焊接固定。

A.5.5　在运输电缆时，卖方应采取防止电缆盘滚动的措施，例如将电缆盘放在托盘上。卖方应对由于未将电缆或电缆盘正确地扣紧、密封、包装和固定而造成的电缆损伤负责。

A.5.6　电缆盘在装卸时应采用专门的吊装工具以避免损坏电缆。

A.5.7　在电缆盘上应有下列文字和符号标志：①合同号、电缆盘号；②收货单位；③目的口岸或到站；④产品名称和型号规格；⑤电缆的额定电压；⑥电缆长度；⑦表示搬运电缆盘正确滚动方向的箭头和起吊点的符号；⑧必要的警告文字和符号；⑨供方名称和制造日期；⑩外形尺寸、毛重和净重。

A.5.8　凡由于卖方包装不当、包装不充分或保管不善致使货物遭到损坏或丢失时，不论在何时何地发现，一经证实，卖方均应负责及时修理、更换或赔偿。在运输中如发生货物损坏和丢失时，卖方负责与承运部门及保险公司交涉，同时卖方应尽快向买方补供货物以满足工程建设进度需要。

A.5.9　卖方应在货物装运前 7 天，以传真形式将每批待交货电缆的型号、规格、数量、质量、交货方式及地点通知买方。

A.6　投标时应提供的其他资料

A.6.1　提供全套电缆的抽样试验报告、型式试验报告和鉴定证书。

A.6.2　提供电缆结构尺寸和技术参数（见技术规范专用部分）。

A.6.3　提供计算机电缆的供货记录（表 A-3～表 A-7），对于与供货类似的电缆曾发生故障或缺陷的事例，投标者应如实提供反映实况的调查分析等书面资料。

A.6.4　提供对于某种原因造成的交货时间延误情况，将采取补救措施的应急预案。

表 A-3　3 年以来的供货业绩表

序号	工程名称	设备名称	供货数量	供货时间	投运时间	用户名称	联系人	联系方式
合计								

注：本表所列业绩均须提供最终用户证明材料。

表 A-4　工艺控制一览表

工艺环节	控制点	控制目标	控制措施
导体绞合			
绝缘工艺			
外护套工艺			
不限于上述项目			

表 A-5　主要生产设备清单

序号	设备名称	型号	台数	安装投运时间

表 A-6　主要试验设备清单

序号	设备名称	型号	台数	安装投运时间	备注

表 A-7　本工程人力资源配置表

序号	姓名	职称/职务	本工程岗位职责	本工程岗位工作年限

附录 B　计算机电缆专用技术规范

B.1　技术参数和性能要求

投标人应认真填写表 B-1～表 B-3 中投标人保证值，不能空格，也不能以"响应"两字代替。不允许改动招标人要求值。如有偏差，请填写表 B-9 技术偏差表。

B.1.1　计算机电缆结构参数

计算机电缆结构参数见表 B-1。

B.1.2　计算机电缆电气及其他技术参数

计算机电缆电气及其他技术参数见表 B-2。

B.1.3　计算机电缆非电气技术参数

计算机电缆非电气技术参数见表 B-3。

表 B-1　计算机电缆结构参数表

序号	项目		单位	标准参数值	投标人保证值	备注
1	电缆型号			(以铜芯聚乙烯绝缘电缆为例)		
2	导体	材料		铜	(投标人填写)	
		材料生产厂及牌号		(投标人提供)	(投标人填写)	
		对数×芯数×标称截面积	对×芯×mm²	18×2×0.75	(投标人填写)	对应 0.75 截面
				18×2×1.0	(投标人填写)	对应 1.0 截面
				18×2×1.5	(投标人填写)	对应 1.5 截面
		结构形式		圆形实心/圆形绞合/软导体	(投标人填写)	
		最少单线根数	根	(项目单位填写)	(投标人填写)	对应 0.75 截面
				(项目单位填写)	(投标人填写)	对应 1.0 截面
				(项目单位填写)	(投标人填写)	对应 1.5 截面
		单线直径	mm	(项目单位填写)	(投标人填写)	对应 0.75 截面
				(项目单位填写)	(投标人填写)	对应 1.0 截面
				(项目单位填写)	(投标人填写)	对应 1.5 截面
		导体外径	mm	(项目单位填写)	(投标人填写)	对应 0.75 截面
				(项目单位填写)	(投标人填写)	对应 1.0 截面
				(项目单位填写)	(投标人填写)	对应 1.5 截面

（续）

序号		项目	单位	标准参数值	投标人保证值	备注
3	绝缘	材料、生产厂及牌号		（投标人提供）	（投标人填写）	
		平均厚度不小于	mm	标称厚度	（投标人填写）	
		最薄点厚度不小于	mm	90%标称厚度-0.1	（投标人填写）	
4	成缆元件	聚酯带层数	层	（项目单位填写）	（投标人填写）	
		聚酯带厚度	mm	0.05	（投标人填写）	
5	编织分屏蔽	金属丝材料		（项目单位填写）	（投标人填写）	采用金属丝分屏时
		金属丝直径	mm	≥0.12	（投标人填写）	
		编织密度不小于	%	80	（投标人填写）	
6	带材分屏蔽	金属带材料		（项目单位填写）	（投标人填写）	采用金属带分屏时
		金属带厚度	mm	0.05～0.10	（投标人填写）	
		重叠率不小于	%	绕包：25 纵包：15	（投标人填写）	
7	成缆	缆芯绞合节距不大于		25倍成缆外径	（投标人填写）	
		聚酯带层数	层	（项目单位填写）	（投标人填写）	
		聚酯带厚度	mm	0.05	（投标人填写）	
8	填充层	填充材料		（项目单位填写）	（投标人填写）	
9	编织总屏蔽	金属丝材料		（项目单位填写）	（投标人填写）	采用金属丝总屏时
		编织密度不小于	%	80	（投标人填写）	
10	带材总屏蔽	金属带材料		（项目单位填写）	（投标人填写）	采用金属带总屏时
		金属带厚度	mm	0.05～0.10	（投标人填写）	
		重叠率不小于	%	15	（投标人填写）	
11	内衬层	材料		（项目单位填写）	（投标人填写）	
		最小厚度	mm	80%标称值-0.2	（投标人填写）	
12	钢带铠装层	材料		（项目单位填写）	（投标人填写）	采用钢带铠装时
		钢带厚度	mm	（项目单位填写）	（投标人填写）	
		钢带层数	层	2	（投标人填写）	
13	钢丝铠装层	材料		（项目单位填写）	（投标人填写）	采用钢丝铠装时
		钢丝直径	mm	（项目单位填写）	（投标人填写）	
14	外护套	材料、生产厂及牌号		（投标人提供）	（投标人填写）	
		标称厚度	mm	（项目单位填写）	（投标人填写）	对应0.75截面
				（项目单位填写）	（投标人填写）	对应1.0截面
				（项目单位填写）	（投标人填写）	对应1.5截面

（续）

序号	项目		单位	标准参数值	投标人保证值	备注
14	外护套	最薄点厚度不小于	mm	（项目单位填写）	（投标人填写）	对应 0.75 截面
			mm	（项目单位填写）	（投标人填写）	对应 1.0 截面
			mm	（项目单位填写）	（投标人填写）	对应 1.5 截面
15	电缆外径		mm	（项目单位填写）	（投标人填写）	对应 0.75 截面
			mm	（项目单位填写）	（投标人填写）	对应 1.0 截面
			mm	（项目单位填写）	（投标人填写）	对应 1.5 截面

表 B-2 计算机电缆电气及其他技术参数表

序号	项目	单位	标准参数值	投标人保证值	备注
1	电缆型号		（以铜芯聚乙烯绝缘电缆为例）		
2	20 ℃时铜导体最大直流电阻	Ω/km	24.5	（投标人填写）	对应 0.75 截面
			18.1	（投标人填写）	对应 1.0 截面
			12.1	（投标人填写）	对应 1.5 截面
3	导体温度	℃	70	（投标人填写）	正常运行时最高允许温度
4	绝缘电阻	MΩkm	3 000	（投标人填写）	
5	电容不平衡	pF (250 m)	500	（投标人填写）	
6	最大 L/R 比	μH/Ω	25	（投标人填写）	对应 0.75 截面
			25	（投标人填写）	对应 1.0 截面
			40	（投标人填写）	对应 1.5 截面
7	出厂工频电压试验	kV/min	1.0/1	（投标人填写）	有屏蔽或有铠装电缆
			1.5/1	（投标人填写）	无屏蔽和无铠装电缆
8	电缆盘尺寸	mm	（项目单位填写）	（投标人填写）	
9	电缆敷设时的最小弯曲半径	m	（项目单位填写）	（投标人填写）	
10	电缆运行时的最小弯曲半径	m	（项目单位填写）	（投标人填写）	
11	电缆敷设时的最大牵引力	N/mm²	（项目单位填写）	（投标人填写）	
12	电缆敷设时的最大侧压力	N/m	（项目单位填写）	（投标人填写）	
13	电缆质量	kg/m	（项目单位填写）	（投标人填写）	
14	电缆敷设时允许环境温度	℃	（项目单位填写）	（投标人填写）	
15	电缆在正常使用条件下的寿命	年	（项目单位填写）	（投标人填写）	
16	pH 值，最小值		4.3	（投标人填写）	采用无卤低烟电缆时填写
17	电导率，最大值	μS/mm	10	（投标人填写）	

（续）

序号	项目	单位	标准参数值	投标人保证值	备注
18	最大烟密度（低烟）		（项目单位填写）	（投标人填写）	采用无卤低烟电缆时填写
19	电缆阻燃级别		（项目单位填写）	（投标人填写）	采用阻燃电缆时填写
20	耐火性能（750 ℃，90+15 min）		1）2A 熔断器不断 2）指示灯不熄	（投标人填写）	采用耐火电缆时填写

表 B-3　计算机电缆非电气技术参数

序号	项目		单位	标准参数值			投标人保证值	备注
1	电缆型号			（以铜芯聚乙烯绝缘电缆为例）				
2	绝缘	老化前抗张强度不小于	N/mm^2	12.5			（投标人填写）	
		老化前断裂伸长率不小于	%	150			（投标人填写）	
		老化后抗张强度变化率不超过	%	±25			（投标人填写）	
		老化后断裂伸长率变化率不超过	%	±25			（投标人填写）	
		电缆段老化后抗张强度变化率不超过	%	±25			（投标人填写）	
		电缆段老化后断裂伸长率变化率不超过	%	±25			（投标人填写）	
3	外护套	外护套材料		PVC/ST1	PE	WH1	（投标人填写）	
		老化前抗张强度不小于	N/mm^2	12.5	12.5	9.0	（投标人填写）	
		老化前断裂伸长率不小于	%	150	150	125	（投标人填写）	
		老化后抗张强度不小于	N/mm^2	12.5		7.0	（投标人填写）	
		老化后断裂伸长率不小于	%	150		110	（投标人填写）	
		老化后抗张强度变化率不超过	%	±25	±25	±30	（投标人填写）	
		老化后断裂伸长率变化率不超过	%	±25	±25	±30	（投标人填写）	
		高温压力试验，压痕深度不大于	%	50		50	（投标人填写）	
		热冲击试验		不开裂		不开裂	（投标人填写）	
		低温冲击试验		不开裂		不开裂	（投标人填写）	
		低温拉伸，断裂伸长率不小于	%	20		20	（投标人填写）	
		炭黑含量标称值	%		2.5		（投标人填写）	

B.2　项目需求部分

B.2.1　货物需求及供货范围一览表，见表 B-4。

表 B-4　货物需求及供货范围一览表

序号	材料名称	单位	项目单位需求		投标人响应		备注
			型号规格	数量	型号规格	数量	
1							
2							
3							

B.2.2　必备的备品备件、专用工具和仪器仪表供货表，见表 B-5。

表 B-5　必备的备品备件、专用工具和仪器仪表供货表

序号	名称	单位	项目单位要求		投标人响应		备注
			型号和规格	数量	型号和规格	数量	
1							
2							
3							
4							
5							

B.2.3　投标人应提供的有关资料

B.2.3.1　电缆的有关设计资料：

1）电缆的截面图及说明。

2）牵引头和封帽的结构图。

3）电缆盘结构图。

B.2.3.2　电缆的放线说明。

B.2.3.3　上述资料要求为中文版本。

B.2.4　工程概况

B.2.4.1　项目名称：_____。

B.2.4.2　项目单位：_____。

B.2.4.3　项目设计单位：_____。

B.2.4.4　本工程_____回电缆自_____至_____，电缆路径长度分别_____m，电缆敷设于_____和_____。

B.2.4.5　电缆的名称、型号规格：_____。

B.2.5　使用条件

B.2.5.1　使用环境条件

使用环境条件见表 B-6。

表 B-6　使用环境条件

海拔：		不超过_____m
环境温度和湿度	最高气温：	_____℃
	最低气温　（户外）：	_____℃
	（户内）：	_____℃
	最热月平均温度：	_____℃
	最冷月平均温度：	_____℃
	环境相对湿度：	_____（25 ℃）
月平均最高相对湿度：		_____%（25 ℃下）
日照强度：		_____W/cm²

B.2.5.2　敷设条件、安装位置及环境

1）电缆直接敷设在　（项目单位填写）　内，是否按长期积水考虑（项目单位确定）。

2）敷设电缆时，电缆允许敷设最低温度在敷设前 24 h 内的平均温度以及敷设现场的温度不低于　（项目单位填写）　℃；厂家如有特殊要求请详细说明。

3）敷设方式为机械牵引敷设或人工敷设。

B.2.5.3　使用技术条件

1）电缆工作电压见表 B-7。

表 B-7　电缆工作电压　　　　　　　　　（单位：V）

额定工作电压 U_0/U	300/500

2）额定频率：50 Hz。

3）最小弯曲半径。

a）敷设安装时：____倍电缆平均外径。

b）电缆运行时：____倍电缆平均外径。

厂家如有特殊要求，请详细提供。

4）运行温度。

a）长期正常运行____℃；

b）短路（最长时间 5 s）____℃。

B.2.6　项目单位技术差异表

项目单位原则上不能改动通用部分条款及专用部分固化的参数，根据工程实际情况，使用条件及相关技术参数如有差异，应逐项在"项目单位技术差异表"中列出，见表 B-8。

表 B-8　项目单位技术差异表（项目单位填写）

（本表是对技术规范的补充和修改，如有冲突，应以本表为准）

序号	项目	标准参数值	项目单位要求值	投标人保证值
1				
2				
	……			

序号	项目	变更条款页码、款号	原表达	变更后表达
1				
2				
	……			

B.3　投标人响应部分

B.3.1　技术偏差

投标人应认真填写表 B-1～B-3 中投标人保证值，不能空格，也不能以"响应"两字代替。不允许改动招标人要求值。若有偏差投标人应如实、认真的填写偏差值于表 B-9 内；若无技术偏差则视为完全满足本规范的要求，且在技术偏差表中填写"无偏差"。

表 B-9　技术偏差表

序号	项目	对应条款编号	技术规范要求	偏差	备注

B.3.2　投标产品的销售及运行业绩表，见表 B-10。

表 B-10　投标产品的销售及运行业绩表

序号	工程名称	设备名称	供货数量	供货时间	用户名称	联系人	联系方式

B.3.3　主要原材料产地表，见表 B-11。

表 B-11　主要原材料产地清单

序号	材料名称	型号	特性/指标	厂家	备注

B.3.4　推荐的备品备件、专用工具和仪器仪表供货表，见表 B-12。

表 B-12　推荐的备品备件、专用工具和仪器仪表供货表

序号	名称	型号和规格	单位	数量	备注

附录 C　计算机电缆电气特性实测数据分析

本次试验由 2 家计算机电缆企业提供电缆样品，命名为企业 1、企业 2，由国家电线电缆质量监督检验中心（江苏）负责测试并出具检验检测报告，如图 C-1 所示。

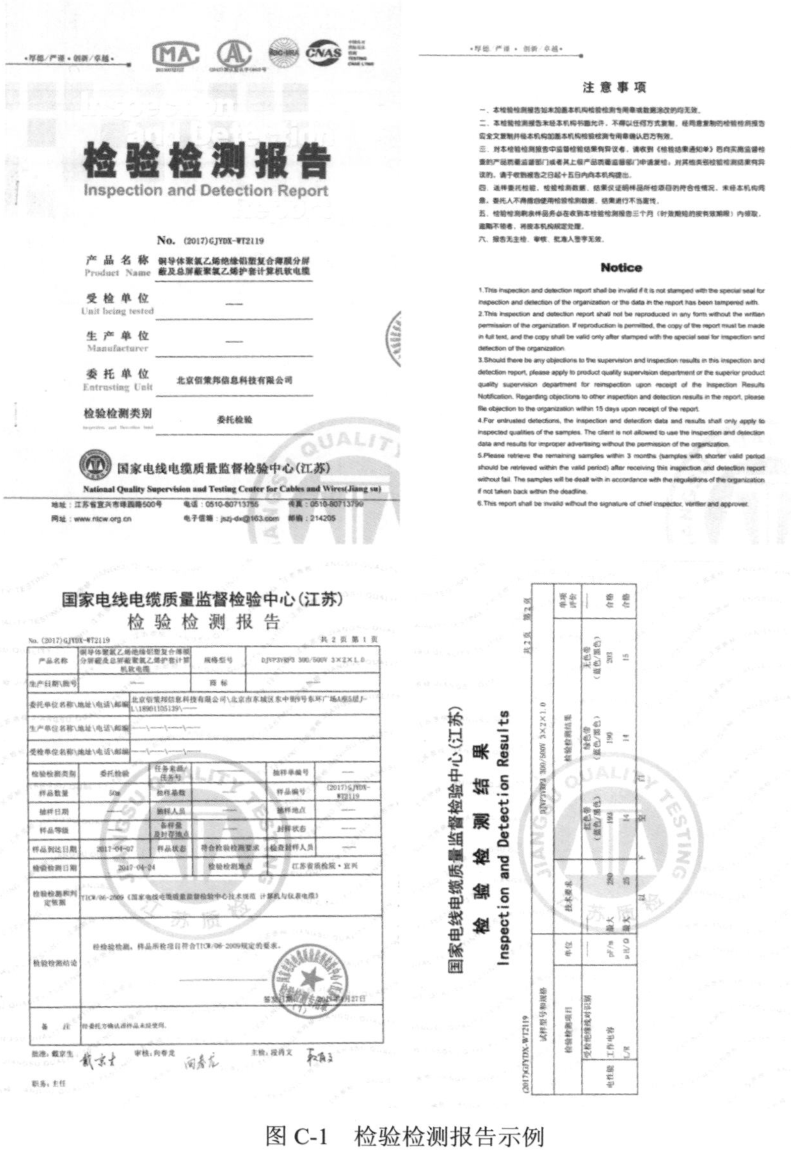

图 C-1　检验检测报告示例

C.1　工作电容

　　电容是一种储能装置，电缆可以近似看成一个电容器，对于长的线路如果电缆的电容过大，会影响线路的电压调整率。本节通过实测数据分析屏蔽结构、绝缘材料及截面积对工作电容的影响。

　　C.1.1　屏蔽结构对工作电容的影响

1. 试验方案及试验数据

　　测试聚氯乙烯绝缘计算机电缆（3×2×1.0、3×2×2.5）无屏蔽、分屏蔽加总屏蔽、总屏蔽三种屏蔽结构下的工作电容，试验数据见表 C-1。

表 C-1　不同屏蔽结构计算机电缆的工作电容　　　　　（单位：pF/m）

型号	规格	标准要求	企业 1			企业 2		
			红色带	绿色带	无色带	蓝/白	橙/白	绿/白
DJVVR	3×2×1.0	≤250	79	79	78	103	103	101
DJVP3VRP3	3×2×1.0	≤280	193	190	203	108	105	108
DJVVRP3	3×2×1.0	≤250	102	106	106	109	106	109
DJVVR	3×2×2.5	≤250	114	89	92	111	111	121
DJVP3VRP3	3×2×2.5	≤280	191	190	187	203	203	195
DJVVRP3	3×2×2.5	≤250	122	124	127	192	172	198

2. 数据分析及试验结论

　　由图 C-2 及图 C-3 数据显示，屏蔽结构对工作电容起着决定性的影响，无屏蔽的试样数值最低，总屏蔽的试样数值次低，分屏蔽加总屏蔽的试样数值最高，可得出屏蔽结构越简单，该项指标数值越低/越好的结论。

　　本次试验工作电容最劣实测值为 198，达到标准要求最大值的 79.2%，但能很好的满足标准要求，说明对于各种屏蔽结构的聚氯乙烯绝缘电缆，工作电容易于达标，可作为用户在验收时的次要关注点。

　　C.1.2　绝缘材料对工作电容的影响

1. 试验方案及试验数据

　　测试总屏蔽计算机电缆（3×2×1.0、3×2×2.5）在聚氯乙烯绝缘、聚乙烯绝缘两种绝缘材料下的工作电容，试验数据见表 C-2。

2. 数据分析及试验结论

　　由图 C-4 及图 C-5 数据显示，绝缘材料对工作电容同样起着决定性影响，聚乙烯绝缘的试样数值较低，聚氯乙烯绝缘的试样数值较高，可得出聚乙烯绝缘电缆相较聚氯乙烯绝缘电缆该项指标数值较低或较好的结论。

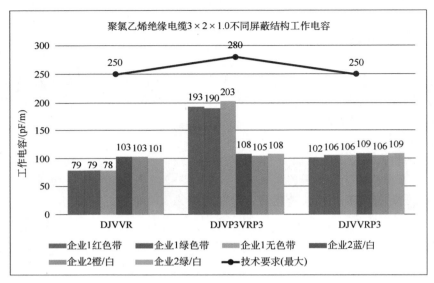

图 C-2　聚氯乙烯绝缘电缆 3×2×1.0 不同屏蔽结构的工作电容

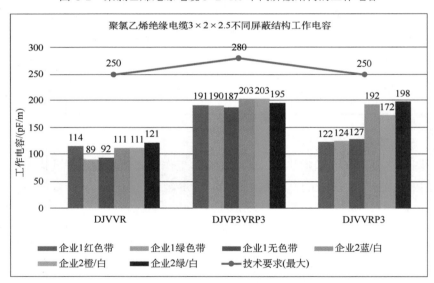

图 C-3　聚氯乙烯绝缘电缆 3×2×2.5 不同屏蔽结构的工作电容

表 C-2　不同绝缘材料计算机电缆工作电容　　　　　（单位：pF/m）

型号	规格	标准要求	企业 1			企业 2		
			红色带	绿色带	无色带	蓝/白	橙/白	绿/白
DJVVRP3	3×2×1.0	≤250	102	106	106	109	106	109
DJYVRP3	3×2×1.0	≤75	55	56	57	42	41	42
DJVVRP3	3×2×2.5	≤250	122	124	127	192	172	198
DJYVRP3	3×2×2.5	≤90	68	65	63	85	83	83

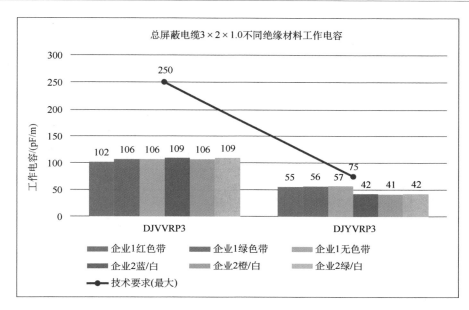

图 C-4　总屏蔽电缆 3×2×1.0 不同绝缘材料工作电容

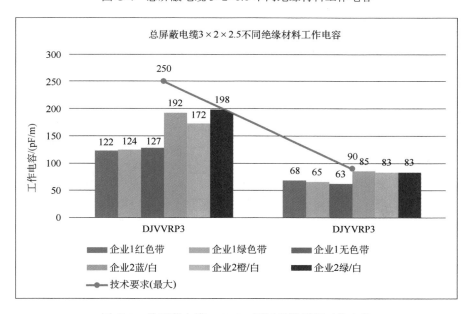

图 C-5　总屏蔽电缆 3×2×2.5 不同绝缘材料工作电容

　　本次试验工作电容最劣实测值为 85（聚乙烯绝缘），达到标准要求最大值的 94.4%，虽满足标准要求，但与标准要求最大值非常接近，容易超标，说明对于聚乙烯绝缘电缆的生产企业需要关注生产及测试环节，将工作电容作为重点关注项目，建议用户将聚乙烯绝缘电缆的工作电容列为验收时的主要关注点。

C.1.3　截面积对工作电容的影响

1. 试验方案及试验数据

测试聚氯乙烯绝缘总屏蔽、分屏蔽加总屏蔽计算机电缆在 3×2×1.0、3×2×2.5 两种截面积下的工作电容，试验数据见表 C-3。

表 C-3　不同截面积计算机电缆工作电容　　　　　　（单位：pF/m）

型号	规格	标准要求	企业 1			企业 2		
			红色带	绿色带	无色带	蓝/白	橙/白	绿/白
DJVVRP3	3×2×1.0	≤250	102	106	106	109	106	109
DJVVRP3	3×2×2.5	≤250	122	124	127	192	172	198
DJVP3VRP3	3×2×1.0	≤280	193	190	203	108	105	108
DJVP3VRP3	3×2×2.5	≤280	191	190	187	203	203	195

2. 数据分析及试验结论

由图 C-6 及图 C-7 数据显示，截面积对工作电容有一定的影响，截面积 1.0 mm^2 的试样数值整体趋势低于截面积 2.5 mm^2 的试样数值，可得出截面积越小，该项指标数值越低/越好的结论。

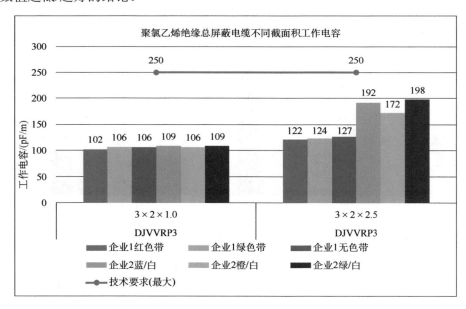

图 C-6　聚氯乙烯绝缘总屏蔽电缆不同截面积工作电容

本次试验工作电容最劣实测值为 198，达到标准要求最大值的 79.2%，说明对于各种截面积的聚氯乙烯绝缘电缆，工作电容易达标，可作为用户验收时的次要关注点。

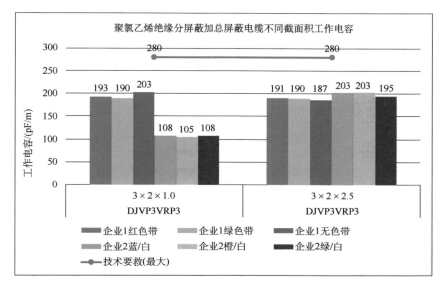

图 C-7　聚氯乙烯绝缘分屏蔽加总屏蔽电缆不同截面积工作电容

C.2　电感电阻比

电缆的最大容许电感和最大容许电容,对于本质安全系统是极其重要的性能参数。如果电缆的电容和电感值较大,可能会限制危险场所所用电缆的长度。对于本质安全系统,电缆的电容和电感值越小越好。但是在设计电缆结构时,这 2 个参数是相互矛盾的,如果减小其电容,电感则增大,反之亦然。

然而,大多数由最大允许电感参数导致的对电缆长度的限制,可以通过使用允许的电感电阻比加以解决。系统电缆长度增加时,电感增大的同时也伴随着电阻的增加,减小了在电路通断时电感所维持的电流,也就是削弱了电感的作用。因此,尽管电缆的电感变化,但只要电感电阻比满足本质安全系统的要求即可,该参数也是重要的本质安全性能参数。本节通过实测数据分析屏蔽结构、绝缘材料及截面积对电感电阻比的影响。

C.2.1　屏蔽结构对电感电阻比的影响

1．试验方案及试验数据

测试聚氯乙烯绝缘计算机电缆（3×2×1.0、3×2×2.5）在无屏蔽、总屏蔽、分屏蔽加总屏蔽三种屏蔽结构下的电感电阻比,试验数据见表 C-4。

2．数据分析及试验结论

由图 C-8 及图 C-9 数据显示,屏蔽结构对电感电阻比无明显影响,无屏蔽、总屏蔽和分屏蔽加总屏蔽结构电缆实测数值相近,可得出屏蔽结构对电感电阻比影响微弱的结论。

表 C-4　不同屏蔽结构计算机电缆电感电阻比　　　　　（单位：μH/Ω）

型号	规格	标准要求	企业 1			企业 2		
			红色带	绿色带	无色带	蓝/白	橙/白	绿/白
DJVVR	3×2×1.0	25	16	15	15	12	13	12
DJVVRP3	3×2×1.0	25	15	15	14	13	11	12
DJVP3VRP3	3×2×1.0	25	14	14	15	13	12	12
DJVVR	3×2×2.5	65	30	33	33	28	28	28
DJVVRP3	3×2×2.5	65	32	32	33	28	28	28
DJVP3VRP3	3×2×2.5	65	32	32	32	27	27	28

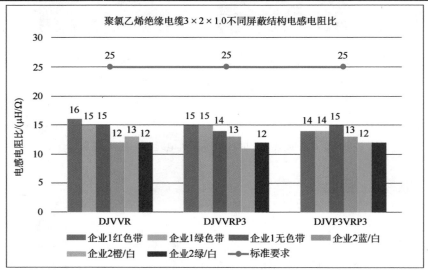

图 C-8　聚氯乙烯绝缘电缆 3×2×1.0 不同屏蔽结构电感电阻比

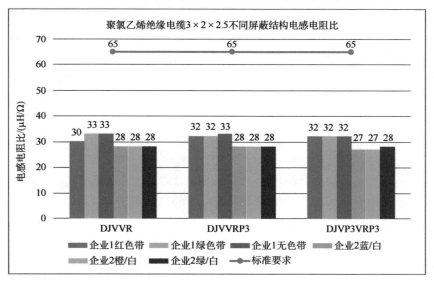

图 C-9　聚氯乙烯绝缘电缆 3×2×2.5 不同屏蔽结构电感电阻比

本次试验电感电阻比最劣实测值为 16，达到标准要求最大值的 64%，说明对于各种屏蔽结构的聚氯乙烯绝缘电缆，电感电阻比易于达标，可作为用户在验收时的次要关注点。

C.2.2　绝缘材料对电感电阻比的影响

1．试验方案及试验数据

测试总屏蔽计算机电缆（3×2×1.0、3×2×2.5）在聚氯乙烯绝缘、聚乙烯绝缘两种绝缘材料下的电感电阻比，试验数据见表 C-5。

表 C-5　不同绝缘材料计算机电缆电感电阻比　　　　　（单位：μH/Ω）

型号	规格	标准要求	企业 1			企业 2		
			红色带	绿色带	无色带	蓝/白	橙/白	绿/白
DJVVRP3	3×2×1.0	≤25	15	15	14	13	11	12
DJYVRP3	3×2×1.0	≤25	15	15	15	15	15	14
DJVVRP3	3×2×2.5	≤65	32	32	33	28	28	28
DJYVRP3	3×2×2.5	≤65	32	33	32	29	29	29

2．数据分析及试验结论

由图 C-10 及图 C-11 数据显示，绝缘材料对电感电阻比无明显影响，聚氯乙烯绝缘电缆与聚乙烯绝缘电缆实测数值相近，可得出绝缘材料对电感电阻比影响微弱的结论。

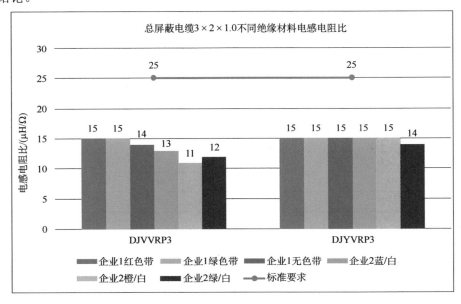

图 C-10　总屏蔽电缆 3×2×1.0 不同绝缘材料电感电阻比

本次试验电感电阻比最劣实测值为 15，达到标准要求最大值的 60%，说明对于聚氯乙烯绝缘和聚乙烯绝缘电缆，电感电阻比易于达标，可作为用户在验收时的次要关注点。

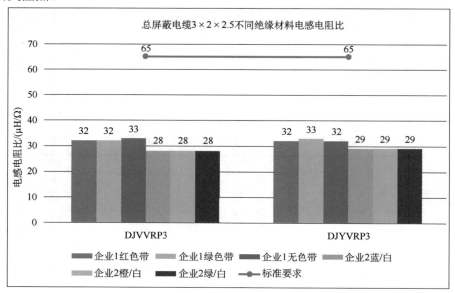

图 C-11　总屏蔽电缆 3×2×2.5 不同绝缘材料电感电阻比

C.2.3　截面积对电感电阻比的影响

1．试验方案及试验数据

测试聚氯乙烯绝缘总屏蔽、分屏蔽加总屏蔽计算机电缆在 3×2×1.0、3×2×2.5 两种截面积下的电感电阻比，试验数据见表 C-6。

表 C-6　不同截面积计算机电缆电感电阻比　　　　　（单位：$\mu H/\Omega$）

型号	规格	标准要求	企业 1			企业 2		
			红色带	绿色带	无色带	蓝/白	橙/白	绿/白
DJVVRP3	3×2×1.0	≤25	15	15	14	13	11	12
DJVVRP3	3×2×2.5	≤65	32	32	33	28	28	28
DJVP3VRP3	3×2×1.0	≤25	14	14	15	13	12	12
DJVP3VRP3	3×2×2.5	≤65	32	32	32	27	27	28

2．数据分析及试验结论

由图 C-12 及图 C-13 数据显示，截面积对电感电阻比存在决定性影响，截面积 1.0 mm^2 的试样数值较低，截面积 2.5 mm^2 的试样数值较高，可得出截面积越小，该项指标数值越低/越好的结论。

本次试验电感电阻比最劣实测值为 15，达到标准要求最大值的 60.0%，说明对于各种截面积的聚氯乙烯绝缘电缆，电感电阻比易于达标，可作为用户在验收时的次要关注点。

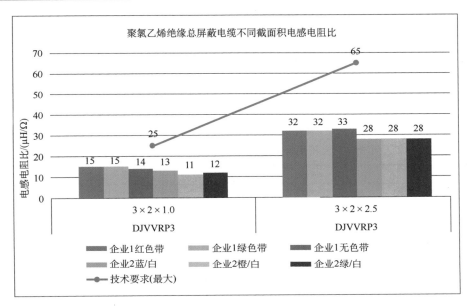

图 C-12　聚氯乙烯绝缘总屏蔽电缆不同截面积电感电阻比

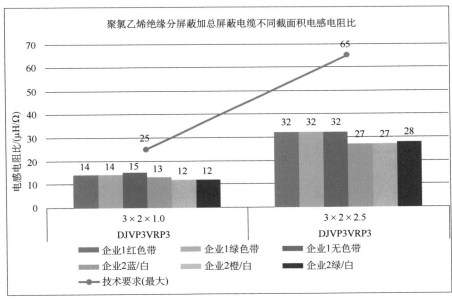

图 C-13　聚氯乙烯绝缘分屏蔽加总屏蔽电缆不同截面积电感电阻比

C.3　屏蔽抑制系数

屏蔽体屏蔽作用的大小常用屏蔽系数或屏蔽抑制系数表示。屏蔽作用就是屏蔽体在产品工作时保护其不受外界电磁场的干扰,同时限制产品中的电磁场不对外界的电子设备产生干扰的能力。

本节通过实测数据分析屏蔽结构、屏蔽材料对屏蔽抑制系数的影响。

C.3.1　屏蔽结构对屏蔽抑制系数的影响

1. 试验方案及试验数据

测试聚乙烯绝缘铝/塑复合带屏蔽和铜/塑复合带屏蔽计算机电缆在分屏蔽加总屏蔽、总屏蔽两种屏蔽结构下的屏蔽抑制系数，试验数据见表 C-7。

表 C-7　不同屏蔽结构计算机电缆的屏蔽抑制系数

型号	规格	标准要求	企业 1	企业 2
DJYP3VRP3	3×2×1.0	≤0.01	0.03	0.03
DJYVRP3	3×2×1.0	≤0.05	0.10	0.05
DJYP2VRP2	3×2×1.0	≤0.01	0.02	0.03
DJYVRP2	3×2×1.0	≤0.05	0.07	0.04

2. 数据分析及试验结论

由图 C-14 及图 C-15 数据显示，屏蔽结构对屏蔽抑制系数起着决定性的影响，分屏蔽加总屏蔽的试样数值较低，总屏蔽的试样数值较高，可得出屏蔽结构越复杂，该项指标数值越低/越好的结论。

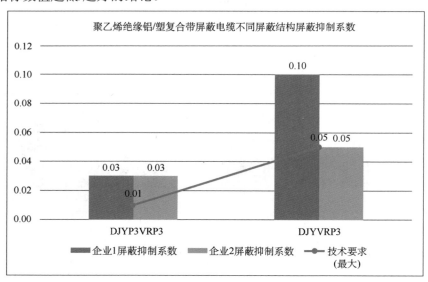

图 C-14　聚乙烯绝缘铝/塑复合带屏蔽电缆不同屏蔽结构屏蔽抑制系数

本次试验屏蔽抑制系数最劣实测值为 0.03，达到标准要求最大值的 300%，超出标准要求最大值 200%，说明对于各种屏蔽结构的电缆，屏蔽抑制系数不易达标，生产企业需要关注生产及测试环节，将屏蔽抑制系数作为重点关注项目，建议用户将其列为验收时的主要关注点。

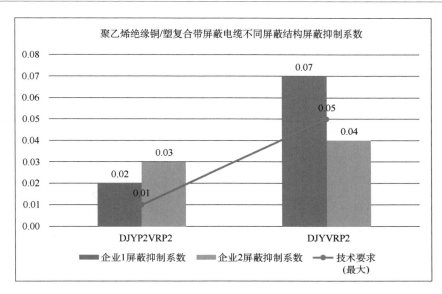

图 C-15　聚乙烯绝缘铜/塑复合带屏蔽电缆不同屏蔽结构屏蔽抑制系数

C.3.2　屏蔽材料对屏蔽抑制系数的影响

1．试验方案及试验数据

测试聚乙烯绝缘分屏蔽加总屏蔽、总屏蔽计算机电缆在铝/塑复合带屏蔽、铜/塑复合带屏蔽、铜线编织屏蔽三种屏蔽材料下的屏蔽抑制系数，试验数据见表 C-8。

表 C-8　不同屏蔽材料计算机电缆的屏蔽抑制系数

型号	规格	标准要求	企业 1	企业 2
DJYP3VRP3	3×2×1.0	≤0.01	0.03	0.03
DJYP2VRP2	3×2×1.0	≤0.01	0.02	0.03
DJYPVRP	3×2×1.0	≤0.01	0.02	0.02
DJYVRP3	3×2×1.0	≤0.05	0.10	0.05
DJYVRP2	3×2×1.0	≤0.05	0.07	0.04
DJYVRP	3×2×1.0	≤0.05	0.02	0.05

2．数据分析及试验结论

由图 C-16 及图 C-17 数据显示，屏蔽材料对屏蔽抑制系数有一定的影响，铝/塑复合带屏蔽、铜/塑复合带屏蔽、铜线编织屏蔽电缆的实测数值整体趋势依次降低，可得出在标准工艺条件下上述三种屏蔽材料中铜线编织屏蔽有利于电缆屏蔽抑制系数的结论。

本次试验屏蔽抑制系数最劣实测值为 0.03，达到标准要求最大值的 300%，超过标准要求最大值 200%，说明对于各种屏蔽材料的电缆，屏蔽抑制系数不易达标，生产企业需要关注生产及测试环节，将屏蔽抑制系数作为重点关注项目，建议用户将其列为验收时的主要关注点。

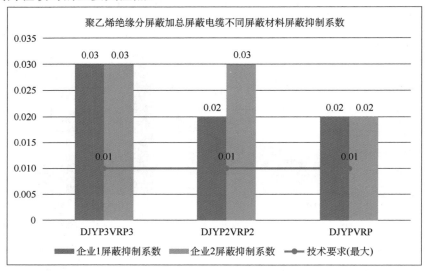

图 C-16　聚乙烯绝缘分屏蔽加总屏蔽电缆不同屏蔽材料屏蔽抑制系数

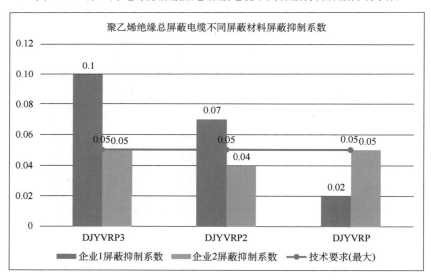

图 C-17　聚乙烯绝缘总屏蔽电缆不同屏蔽材料屏蔽抑制系数

　　理论和实践证明，屏蔽抑制系数除了与屏蔽结构和屏蔽材料有关外，还与屏蔽工艺参数有关，电缆采用铜丝编织屏蔽时，随着铜丝编织密度的增大，屏蔽抑制系数减小，编织密度越大，屏蔽效果越好。电缆采用带材屏蔽时，不同厚度带材对屏蔽效果的影响也应予以考虑，带材厚度不能太薄，带材厚度较薄时，屏蔽抑制系数较高，屏蔽效果不好，随着带材厚度的增加，屏蔽效果提高，但当带材厚度达到一定值后，屏蔽抑制系数的数值变化不再明显。

参 考 文 献

[1]   王春江，等. 电线电缆手册：第 1 册［M］. 2 版. 北京：机械工业出版社，2004.

[2]   徐应麟，等. 电线电缆手册：第 2 册［M］. 2 版. 北京：机械工业出版社，2004.

[3]   印永福，等. 电线电缆手册：第 3 册［M］. 2 版. 北京：机械工业出版社，2004.

[4]   汪景璞，邹元传. 电缆材料［M］. 北京：机械工业出版社，1982.

[5]   国家电线电缆质量监督检验中心. 计算机及仪表电缆：TICW 6—2009［S］. 北京：中国标准出版社，2009.

[6]   Instrumentation cables：BS 5308-1:2-1986［S］. 北京：中国标准出版社，1986.

[7]   Multi-element metallic cables used in analogue and digital communication and control –part 7 sectional specification for instrumentation and control cables：BS EN 50288-7:2005［S］. 北京：中国标准出版社，2005.

[8]   全国电线电缆标准化技术委员会. 电缆的导体：GB/T 3956—2008［S］. 北京：中国标准出版社，2009.

[9]   全国电线电缆标准化技术委员会. 镀锡圆铜线：GB/T 4910—2009［S］. 北京：中国标准出版社，2009.

[10] 全国钢标准化技术委员会. 铠装电缆用钢带：YB/T 024—2008［S］. 北京：冶金工业出版社，2008.

[11] 全国电线电缆标准化技术委员会. 阻燃和耐火电线电缆通则：GB/T 19666—2005［S］. 北京：中国标准出版社，2005.

[12] 全国电线电缆标准化技术委员会. 电缆和光缆在火焰条件下的燃烧试验：GB/T 18380—2008［S］. 北京：中国标准出版社，2008.

[13] 全国电线电缆标准化技术委员会. 在火焰条件下电缆或光缆的线路完整性实验：GB/T 19216.21—2003［S］. 北京：中国标准出版社，2003.

[14] 全国电线电缆标准化技术委员会. 取自电缆或光缆的材料燃烧时释出气体的试验方法：GB /T 17650—1998［S］. 北京：中国标准出版社，1998.

[15] 全国电线电缆标准化技术委员会. 电缆或光缆在特定条件下燃烧的烟密度测定：GB/T 17651.2—1998［S］. 北京：中国标准出版社，1998.

[16] 全国塑料制品标准化技术委员会. 电线电缆用软聚氯乙烯塑料：GB/T 8815—2008［S］. 北京：中国标准出版社，2009.

[17] 全国电线电缆标准化技术委员会. 通信电缆试验方法：GB/T 5441—2016［S］. 北京：中国标准出版社，2016.

[18] 全国电线电缆标准化技术委员会. 电工圆铜线：GB/T 3953—2009［S］. 北京：中国标准出版社，2009.

[19] 全国裸电线标准化技术委员会. 屏蔽用铜包铝合金线：NB/T 42018—2013［S］. 北京：

中国电力出版社，2013.

[20] 全国电子设备用高频电缆及连接器标准化技术委员会. 铜包铝线：GB/T 29197—2012 [S]. 北京：中国标准出版社，2013.

[21] 电力行业热工自动化标准化技术委员会. 火力发电厂分散控制系统验收测试规程：DL/T 659—2006 [S]. 北京：中国电力出版社，2006.

[22] 中国石油化工集团公司工程建设管理部. 石油化工仪表配管配线设计规范：SH 3019—2003 [S]. 北京：中国石化出版社，2003.

[23] 全国电器附件标准化技术委员会. 电控配电用电缆桥架：JB/T 10216—2013 [S]. 北京：机械行业出版社，2014.

[24] 中国工程建设标准化协会化工分会. 自动化仪表工程施工及质量验收规范：GB 50093—2013 [S]. 北京：中国计划出版社，2013.

[25] 国网北京电力建设研究院. 电气装置安装工程电缆线路施工及验收规范：GB 50168—2006 [S]. 北京：中国计划出版社，2006.

[26] 张庆达，等. 电缆实用技术手册：安装，维护，检修 [M]. 北京：中国电力出版社，2006.